高等学校艺术设计学科教材
设计形式系列

# 空间 第2版

# SPACE

詹和平 编著

东南大学出版社
·南京·

**图书在版编目(CIP)数据**

空间/詹和平编著.—2 版.—南京:东南大学出版社,2011.12(2019.9重印)

(高等学校艺术设计学科教材·设计形式系列)

ISBN 987-7-5641-3167-8

Ⅰ.空… Ⅱ.詹… Ⅲ.空间-建筑设计—高等学校—教材 Ⅳ.TU201

中国版本图书馆 CIP 数据核字(2011)第 250671 号

东南大学出版社出版发行

(南京市四牌楼 2 号 邮编 210096)

出版人:江建中

江苏省新华书店经销 江苏凤凰数码印务有限公司

开本:787 mm×1 092 mm 1/16 印张:21 字数:511 千字

2011 年 12 月第 2 版 2019 年 9 月第 4 次印刷

印数:4 001-5 500 册 定价:52.00 元

(凡因印装质量问题,可直接与读者服务部联系调换。电话:025-83792328)

高等学校艺术设计学科教材·设计形式系列

# 编辑委员会

# 总 序

邬烈炎

中国的艺术设计与设计教育进入新世纪后,正迅速地跨越了从工艺美术形态到艺术设计形态的转型期,而信息化、数字化设计的发展也已趋成熟;同时设计教育得到更为快速的发展,学校及学科数量急剧膨胀,招生规模大大增长,师资队伍日益庞大,学科建设也加大力度。它们对设计教育的课程设置、课题设计与教材编写提出了新的要求,具备了新的条件。

目前艺术设计教材的编写、出版种类繁多,然而综观其特点,大都反映出高度程式化与类型化的倾向,呈示为概述某个设计门类的技术性条件,重复地描述已被证实正确的理论、法则、公式,显露出轻原理、重技法,轻基础、重应用,轻原创、重程式等现象,不能反映教育规律与课程方法论的指导,从而难以激发学生的学习热情与实验兴趣。本丛书改变了大多数设计教材以具体专业方向、行业门类、设计形态作为内容编排方式的普遍做法,消解了那种单纯的专业与设计的习惯角度,以教材的名义对艺术设计教育的教学结构与课题重新洗牌。

本丛书的起点,是培养人的专业素质,在"厚基础、宽口径"的原则下,对设计的原理与元素、结构与形式进行优化,对内容、语言、方法进行整合;进行跨专业方向的综合性要素提取与形式归纳,对艺术设计的整体形式要素进行优化;在基本规律与方法叙述的基础上扩展基础理论的范畴与关于形式的知识视野。

本丛书的建构方式,是以艺术设计的构成要素与发展形式作为基本线索,这一系谱包括视觉、形式、形态、空间、图形、字体、编排、色彩、材料、装饰、光影等。几乎所有类型的设计形态都是由这些要素与形式重构而成,对它们的认识与掌握是以结构的视角解读设计语言,是以横向的视域进行拼贴。而这些碎片又具有独立的表现价值与完整的结构形态,从基础研究到专业设计,从历史发展到当代演化,从概念到分类,从本体语言到实际应用,它们从这一坐标系在内部充实与发展了设计的语法。

本丛书力求做到几个方面的结合,以期成为其特点:

1. 原理与应用。从对原理的解析出发,叙述要素与形式的本体意义,同时结合范例作品进行具体分析,描述在设计实践中的运用方式。

2. 实验与操作。作为一种积极的探索,既反映一定的前瞻性与实验意识,并兼及在课程教学中的可实施方式,具有可具体操作的条件。

3. 分解与综合。作为单项要素强调其分析性,进行形式语言极致阐释,扩大其信息量并跟踪国内外该范畴的新势态与新发展;在分析与阐释中,从演化、类型、语义、范式、法则、比较、运用、技术等方面实现具有大跨度的交叉性、复合性的描述与分析。

# 第二版前言

2004年，邬烈炎教授策划和主编了“高等学校艺术设计学科教材——设计形式系列”丛书。受邬老师委托，由我编写系列丛书之一《空间》。接受任务后，我感到很高兴，因为自大学毕业后，我就一直从事与空间设计有关的教学和研究工作，可以说，对“空间”这样一种事物有着浓厚兴趣，很想趁此次编写教材之际，将平时工作中的一些积累做一次系统而深入的梳理和总结。然而，我也感到有些压力，这主要表现在：一是编写的内容，本教材的主题很明确，但关于空间这个话题到底应该从哪些方面来展开？二是编写的体例，既然是教材，就有其自身的写作要求，那么学术性研究又该如何去体现？带着这种压力或者问题，我在查阅了大量资料和不断思考的基础上，于2005年花了整整10个月的时间编写完成了这部教材。教材围绕着空间这个主题，从概念、历史、形态、场所和环境五个方面展开，每一方面根据其内容，由基本知识、主要内容、专题讨论、理论研究、设计分析、教学指导与教学思考题等组成，期望从内容到形式构建空间的知识体系。

2006年，《空间》教材出版。几年来，教材得到了许多本科生、研究生的认同，并成为一些高等学校建筑专业、艺术设计专业的指定教材或教学参考书。这是对我前一段工作的极大鼓励，我因此也感到莫大的欣慰，心想总算完成了一件事情。五年过去了，教材仍在销售和使用，但时代却一刻不停地发展和变化着，五年前设定的空间知识体系随着时间的流逝，肯定还存在着这样或那样的问题。为此，在刘庆楚编辑的鼓励下，我于2011年上半年对教材进行了全面修订，希望通过这次及以后的修改，尽可能地减少教材中不完善的地方。本次修订在保持原有教材内容与形式不变的情况下，主要作了如下修改：

(1)第一章：空间概念，根据近年来学术研究的新成果，增加了现当代多学科的空间概念，特别是对当代“空间转向”问题作了介绍和讨论。

(2)第二章：空间历史，对中西传统建筑空间的发展历程作了重新描述和分析。

（3）第三章：空间与形态，对当代信息技术影响下的空间形态变异作了介绍和讨论，并调整了章节关系及内容安排。

（4）对全书不准确的文字作了修改，尽可能地增加图像资料，以期做到图文并茂。

从第一次编写到此次修订，本教材得到了许多老师、朋友、学生的支持和帮助。在这里，我要感谢邬烈炎老师，如果没有他的信任和支持，也就没有这部教材的诞生；感谢我的研究生赵楠艳、凌宇、周悦、曹田、成果等，如果没有他们的插图绘制、图片加工和样稿传递，也就不可能做到图文并茂；感谢东南大学出版社的刘庆楚先生，如果没有他的鼓励和催促，也就不可能这么快地出版第二版；最后，感谢使用和即将使用这部教材的学校、老师和学生，希望你们提出宝贵的意见，以便再版时修订，以求教材质量的进一步提高。

詹和平

2011 年 10 月

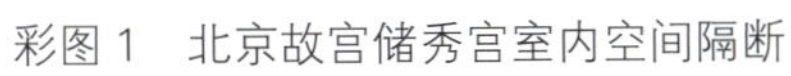

彩图 1　北京故宫储秀宫室内空间隔断

彩图 2　拙政园三十六鸳鸯馆室内空间隔断

彩图 3　北京故宫三大殿

彩图 4 网师园水池东侧半亭及周围景观

彩图 5 颐和园长廊

彩图 6 网师园曲廊

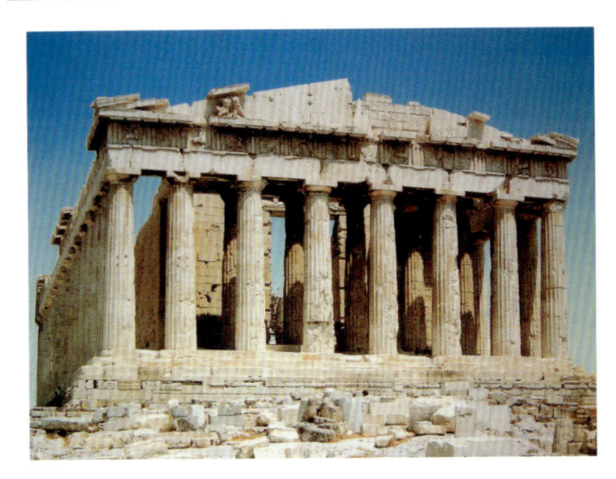

彩图 7　帕提农神庙遗址

彩图 9　万神庙室内空间

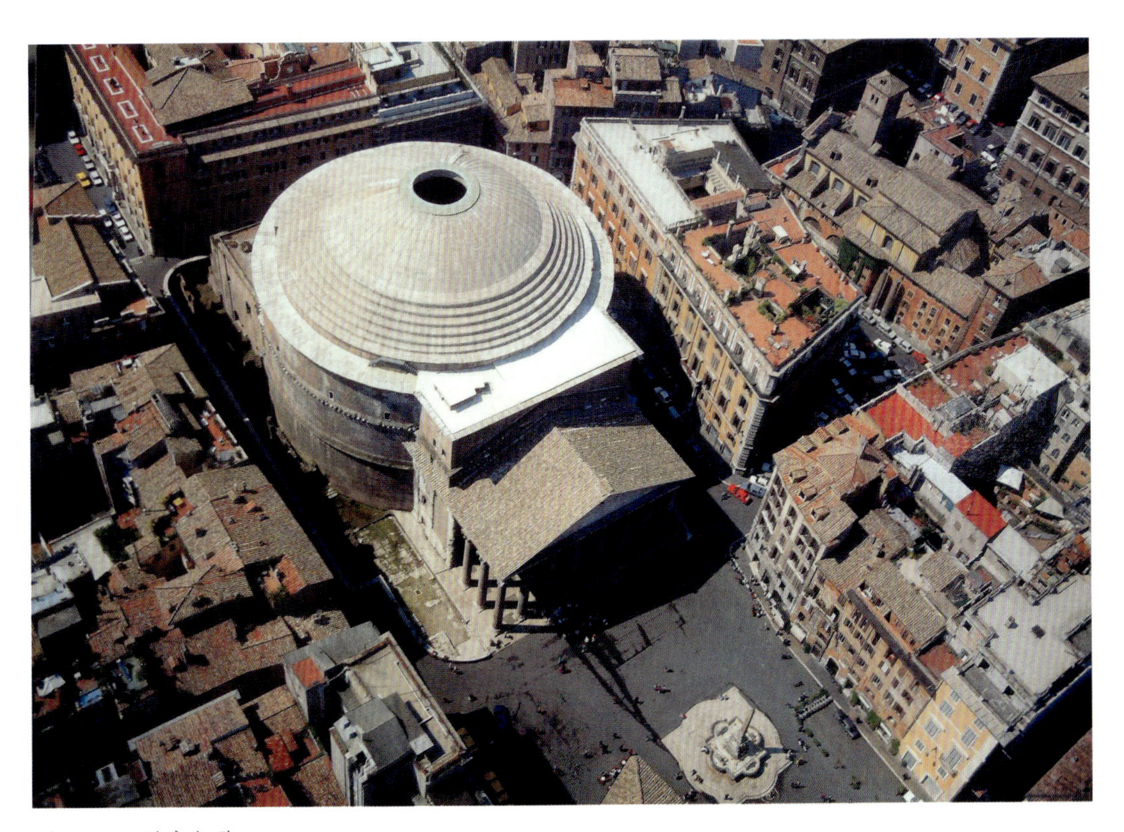

彩图 8　万神庙鸟瞰

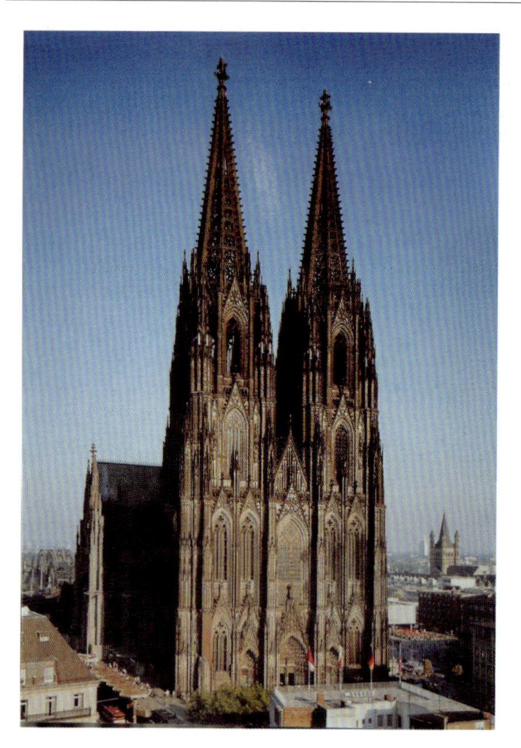

彩图 10　科隆主教堂正立面

彩图 11　科隆主教堂室内空间

彩图 12　佛罗伦萨主教堂穹顶

彩图 13　佛罗伦萨主教堂室内歌坛空间

彩图 14　圣彼得大教堂外观

彩图 15　圣彼得大教堂室内空间

彩图 16　圣彼得大教堂祭坛上的华盖

彩图 17　凡尔赛宫与城市环境

彩图 18　凡尔赛宫的花园

彩图 19　凡尔赛宫的镜廊

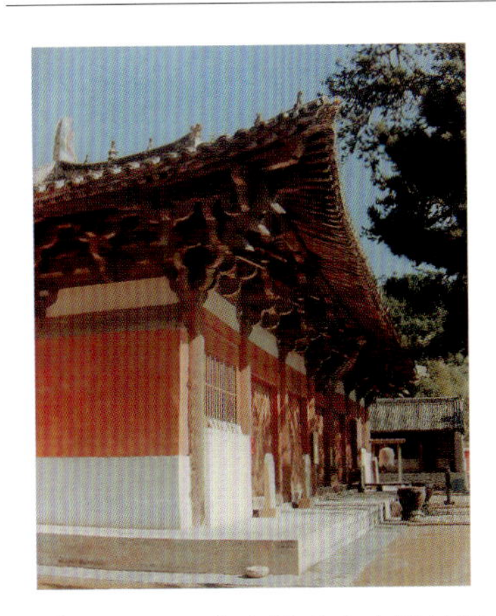

彩图 20　五台山佛光寺大殿外观

彩图 23　蓟县辽代独乐寺观音阁外观

彩图 21　五台山佛光寺大殿内槽空间

彩图 22　五台山佛光寺大殿外槽空间

彩图 24　蓟县辽代独乐寺观音阁室内空间

彩图 25　北京故宫太和殿外观

彩图 27　北京故宫太和殿当心间上方的金色龙井

彩图 26　北京故宫太和殿当心间

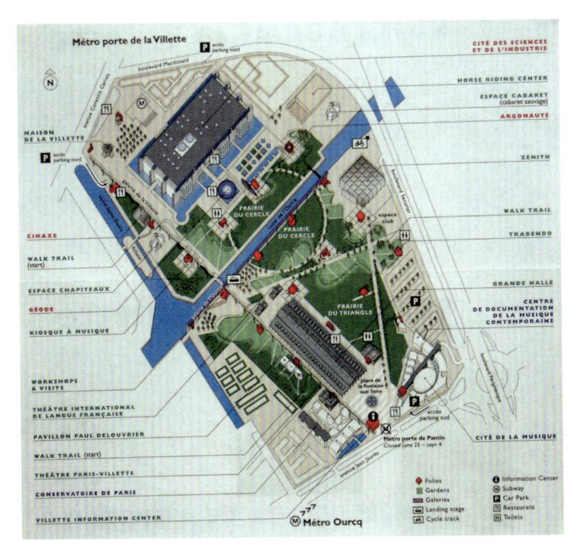


彩图 28　拉·维莱特公园轴测

彩图 29　拉·维莱特公园疯狂构筑物的组合

彩图 30　拉·维莱特公园疯狂构筑物之一

彩图 31　由山下眺望卡比多广场

彩图 32　卡比多广场中心处的罗马皇帝马古斯·奥赖里乌斯骑马铜像及后面的元老院建筑

彩图 33　玛丽亚别墅入口

彩图 34　玛丽亚别墅室内楼梯空间

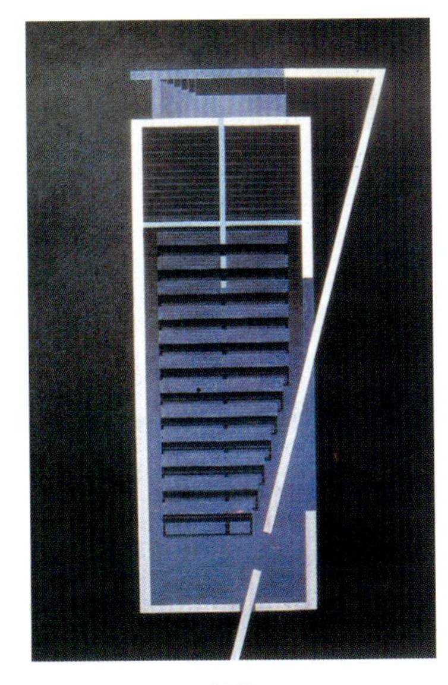

彩图 35　光的教堂平面

彩图 36　光的教堂室内空间

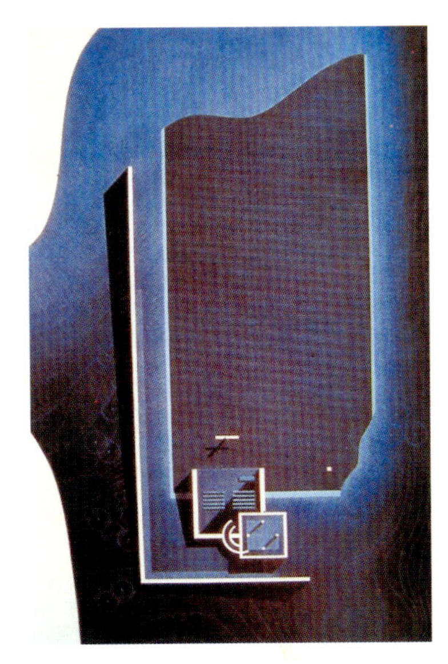

彩图 37　水的教堂平面

彩图 38　从教堂室内看十字架

彩图 39 德方斯的巨门

彩图 41 德方斯的大平台

彩图 40 从巨门远眺大平台及周围建筑环境

彩图 42　煤气罐新城外观

彩图 43　贴建在 B 座一侧的公寓

彩图 44　E 座室内空间

彩图 45　Bo01 欧洲住宅展明信片

彩图 46　Bo01 欧洲住宅展总平面

彩图 47　从“旋转的主体”鸟瞰 Bo01 新住区

彩图 48　卢浮宫外景

彩图 49　卢浮宫的中庭空间

彩图 51　现代艺术博物馆的一层大厅

彩图 50　蓬皮杜艺术与文化中心鸟瞰

彩图 53　大英博物馆的戈雷院

彩图 52　大英博物馆屋顶夜景鸟瞰

彩图 54　泰特现代外景

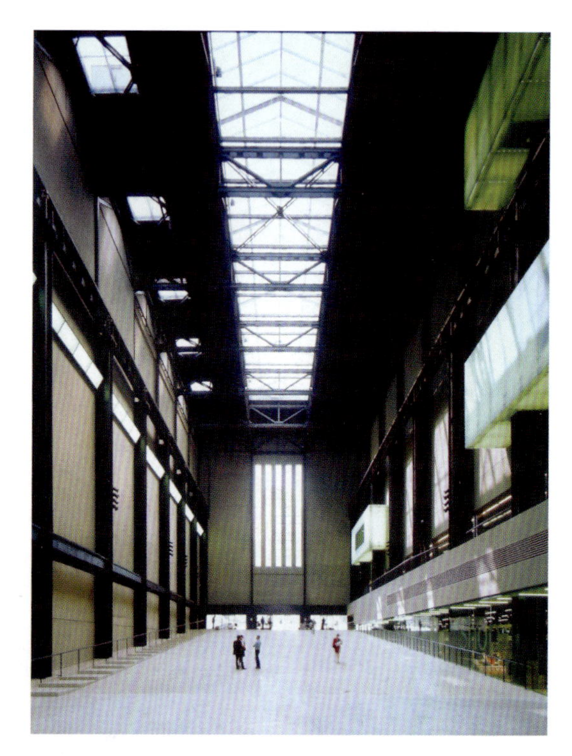

彩图 55　泰特现代的公共大厅

# 目　录

# 第一章 空间概念

## 第一节 概 述

### 一、多义的空间概念

“空间”(Space)对于人们来说,是一个既熟悉又陌生的词语。说它熟悉,是因为人们都会不断地重复使用它,并一向懂得用它来指明什么。然而,一旦对它进行探究,却会发现这个最普遍词语的概念又是那样的陌生。这种陌生表征在空间的概念具有“多义性”,使得我们很难用语言的方式对它作出具有普遍性的明确定义。

空间概念作为一种反映空间特有属性的思维形式,是人们在长期的生活实践中,从对空间的许多属性中,抽出特有属性概括而成的。它的形成,标志着人们对空间的认识,已从“空间经验”转化为“空间概念”,也即从空间的感性认识上升到空间的理性认识。空间经验是多种多样的,概括起来大致有三种:一是,说任何事物存在,一定意味着它在什么地方,而不在什么地方的物体是不存在的,这是所谓位置、地方、处所经验;二是,有“空”这种状态,这是所谓虚空经验;三是,任何物体都有大小和形状之别,有长、宽、高的不同,这是所谓广延经验[1]。空间概念作为是对空间经验的抽象,在以上三种空间经验的基础上,又形成了三种空间观:“处所经验反映的是物与物之间的相对关系,是空间关系论的经验来源;虚空经验反映的是某种独立于物之外的存在,是空间实体论的经验来源;广延经验反映的是物体自身的与物体不可分离的空间特性,是属性论的经验来源。”[2]于是,在近代哲学史上,就有了关于空间的“实体论”、“属性论”和“关系论”。任何一种空间概念都想将这三种空间经验统一起来,综合起来,但都遇到了困难,结果就出现了实体论、属性论与关系论的争论。

空间概念的多义性,还表征在不仅古代西方人的空间概念

[1]吴国盛.希腊人的空间概念.哲学研究,1992(11),67

[2]吴国盛.希腊人的空间概念.哲学研究,1992(11),67

[1]恩斯特·卡西尔著.人论.甘阳译.上海:上海译文出版社,2003,66
[2]包亚明主编.现代性与空间的生产.上海:上海教育出版社,2003,83
[3]包亚明主编.现代性与空间的生产.上海:上海教育出版社,2003,83
[4]辞海.上海:上海辞书出版社,2002,931

不同于古代中国人的空间概念,而且古代人的空间概念也不同于现代人的空间概念。这种不同,从一个方面说明了人类从古至今对"空间"这一命题的重视。因为空间是一切实在与之相关联的构架,我们只有在空间的条件下才能设想任何真实的事物[1]。因此,人类从最初的"定位"开始,获得一种空间经验,随着这种经验的不断积累,形成多种空间经验,然后又在多种空间经验的基础上,形成多种空间概念。有意思的是,法国哲学家亨利·列斐伏尔(Henry Lefebver)于1974年在他的代表作《空间的生产》(The Production of Space)一书中,可谓着重渲染了"空间"这一命题,他把空间分为如下诸种:绝对空间、抽象空间、共享空间、资本主义空间、具体空间、矛盾空间、文化空间、差别空间、主导空间、戏剧化空间、认识论空间、家族空间、工具空间、休闲空间、生活空间、男性空间、精神空间、自然空间、中性空间、有机空间、创造性空间、物质空间、多重空间、政治空间、纯粹空间、现实空间、压抑空间、感觉空间、社会空间、社会主义空间、社会化空间、国家空间、透明空间、真实空间以及女性空间[2]。这种不厌其烦的列举,直白地表明了一种观点:"空间从来就不是空洞的,它往往蕴涵着某种意义。"[3]

## 二、认识空间与创造空间

### 认识空间

"空间"一词源自于拉丁文"Spatium";德语中的"空间"(Raum)不仅指物质的围合,也是一个哲学概念,而在英语和法语中,物质的围合与哲学概念很难发生关系,于是,当德语的"空间"(Raum)被译为"空间"(Space)时,便丧失了原有的哲学含义。虽然如此,但这并不能否认"空间"的原初意思是一个哲学概念,而且,人类认识"空间",也是从哲学开始的。

2002年版的《辞海》对"空间"一词的解释就是如此:"在哲学上,与'时间'一起构成运动着的物质存在的两种基本形式。空间指物质存在的广延性;时间指物质运动过程的持续性和顺序性。空间和时间具有客观性,同运动着的物质不可分割。没有脱离物质运动的空间和时间,也没有不在空间和时间中运动的物质。空间和时间也是互相联系的。现代物理学的发展,特别是相对论,证明空间和时间同运动着的物质的不可分割的联系。唯心主义否认空间和时间的客观性,形而上学唯心主义则把空间和时间看成是脱离物质运动的,这些看法都是不科学的。空间和时间是无限和有限的统一。就宇宙而言,空间无边无际,时间无始无终;而对各个具体事物来说,则是有限的……"[4]。从《辞海》对"空间"一词的解释我们可以看到,空间是万物存在的基本形式,空间是物质存在的广延性和并存的秩序,时间是物质运动过程的持续性和接续的秩序,空间和时间与物质不可分离,空间与时间也不可分离。若要对空间问题寻根问底,就有必要深入了解空间与时间、运动、物质,以及人之间的各种关系,并把这些关系统一在"空间概念"之中。

不过,人类对空间以及空间各种关系的认识并不是一蹴而就的,而是经历了漫长的历史演进,才逐渐认识到的,并在人文科学和自然科学的领域中,建立起了种种关于空间概念的理论和学说。真正把"空间"作为一个独立概念并进行研究的首先发端于哲学,并在哲学上成为一项最具吸引力和最重要的任务之一。哲学上空间观念的形成与转变,又反映在数学、物理学、心理学的空间概念的确立上,并得到数学、物理学的科学实证,继而又对艺术学的空间概念的形成与转变产生直接的影响。可以说,哲学、数学、物理学、心理学和艺术学等的空间概念,都是相互关联的。所以,意大利建筑理论家布鲁诺·赛维(Bruno Zevi)认为,空间方面的解释"不像其他那些属于某一专门方面的解释,因为空间方面的解释可能是政治方面的、社会的、科学的、技术的、生理—心理的、音乐的和几何学的,或者是形式上的"[1]。

**创造空间**

人类除了认识空间,还要创造空间。因为人类自古以来,不只是为了感知空间、存在于空间、思考空间、在空间中发生行为,而且为了使空间打上人的意识的烙印,还要创造空间。挪威著名建筑理论家诺伯格·舒尔兹(Norberg Schulz)通过对前人的空间认识的系统总结,提出了五种空间概念,它们是:"实用空间"、"知觉空间"、"存在空间"、"认识空间"和"抽象空间"。按其顺序,实用空间为底边,抽象空间为顶点。但他认为这里还缺少了一个空间概念,这就是"创造空间"的概念。

舒尔兹将"创造空间"的概念解释为:"可称为表现空间或艺术空间,它同认识空间一同占据着仅次于顶点的位置。"[2]也即创造空间不仅是一个基本方面,而且是一个重要的概念。舒尔兹把"表现空间"或"艺术空间"也称之为"美学空间",他说:"表现空间的创造经常是建筑师、规划师这些专门家们的工作,但美学空间则开始由建筑理论家或哲学家们研究起来。"[3]由此可见,在"创造空间"中,是以"建筑空间"的创造和研究最为直接也最为重要。这是因为"建筑的目的就是生产空间,当我们要建造房屋时,我们不过是划出适当大小的空间,而且将它隔开并加以围护,一切建筑都是从这种需要产生的。但从审美观点上看,空间就更为重要,建筑师用空间来造型,正如雕刻家是用泥土造

[1][意]布鲁诺·赛维著.建筑空间论.张似赞译.北京:中国建筑工业出版社,1985,131

[2][挪威]诺伯格·舒尔兹著.存在·空间·建筑.尹培桐译.北京:中国建筑工业出版社,1990,8

[3][挪威]诺伯格·舒尔兹著.存在·空间·建筑.尹培桐译.北京:中国建筑工业出版社,1990,8

[1] [意]布鲁诺·赛维著.建筑空间论.张似赞译.北京:中国建筑工业出版社,1985,127

[2] [挪威]诺伯格·舒尔兹著.存在·空间·建筑.尹培桐译.北京:中国建筑工业出版社,1990,1

型一样。他把空间设计作为艺术品创作来看待,就是说,他力求通过空间手段,使进入空间的人们能激起某种情绪"[1]。无论是从实用的观点出发,还是从审美的观点出发,空间理应成为建筑追求的目标,也唯有建筑才能赋予空间以完全的意义。

不可否认,建筑在创造空间方面有着极其重要的地位。然而,在艺术创作中,除了建筑空间之外,还存在着"绘画空间"、"雕塑空间"的概念。三者的差别在于,建筑是在一个三维的环境中创造三维乃至四维空间;绘画是在一个二维的画面中表现三维乃至四维空间;而雕塑虽然也如同建筑那样创造空间,但雕塑与建筑又有着本质的不同。雕塑是以三维的实体占据空间,本身并不生产空间,并以一种客体的方式与人保持距离,人只能由外部欣赏它;而建筑则不然,它以三维的实体不仅占据空间,而且自身还能生产空间,人既可以由外部欣赏它,又可以进入其中体验空间。

建筑与绘画、雕塑虽有差别,但又有必然的联系。从艺术发展史的角度来看,传统的建筑与绘画、雕塑是相互结合、相辅相成的,只是发展到现代以后,它们之间的关系才出现了分离和复活。但是,即使是在这种分离和复活的现象中,我们仍然能感受到它们在艺术观念上的相互作用、相互影响,而且这种相互作用、影响的关系已被许多学者的研究所证实。因此,我们在阐述艺术学的空间概念时,是以建筑、绘画中的空间概念为对象进行讨论的,其目的是为了更全面地了解空间概念。

### 三、空间概念的缘起

人类早期对空间的认识概念并非是从空间的直接体验中抽象出来的,而是针对对象的具体定位而形成的一种空间经验。"定位"的对象可以按前与后、左与右、上与下、内与外、远与近、分离与结合、连续与非连续之类的关系来排列。从这个意义上讲,人的行为都具有空间性的一面。所以,舒尔兹提出:"人对空间感兴趣,其根源在于存在。它是由于人抓住了在环境中生活的关系,要为充满事件和行为的世界提出意义或秩序的要求而产生的。人对着'对象'定位是最基本的要求。"[2]

在早期文明的语言中,我们可以找到人类用于表示对对象进行定位的一些基本词汇,如东南、西北、中、上下、前后、左右等等,这些词汇并不是抽象的,而是指出了人所处的环境,表示出人在世界上所占的位置(图 1–1)。

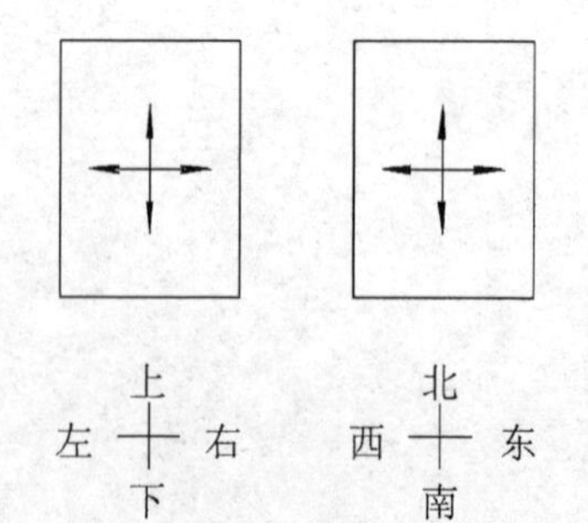


图 1–1 垂直空间方位和水平空间方位

中国人在上古时代,就从"日出而作,日落而息"的生活中,建立起了由"东"和"西"构成的最早的"二方位"空间意识。到了甲骨文时代,甲骨文中关于"四方"、"四风"及其祭祀方式的记载，可以证明在这一时代，逐渐形成了由“东”、“西”、“南”、“北”构成的“四方位”空间意识。在对空间的进一步认识中，人们又意识到空间并不仅仅只有四个方位，如《周易·系辞传》说：“易有太极，是生两仪，两仪生四象，四象生八卦”。而“八卦”正是周易的核心，于是，在原有东、南、西、北四个方位的基础上，又增加了“东南”、“东北”、“西南”、“西北”四个亚方位，由四方位发展出“八方位”。虽然方位在不断增加，但此时的八方位仍然只是平面的。当然，人们对空间的认识并没有仅仅停留在平面的层面上，而是逐渐与“天”和“地”或“上”和“下”的方位组合起来，《管子》说：“昔者皇帝得蚩尤而明于天道；得大常而察于地利；得屠龙而辨于东方；得祝融而辨于南方；得大封而辨于西方；得后土而辨于北方。皇帝得六相而天地治，神明至。”这里所说的“六相”，其空间方位已包括了天和地或上和下在内的立体的“六方位”。由此，平面的空间意识终于演变为立体的空间意识。此后，人们在对空间的不断认识中，自我意识逐渐觉醒，并将自我加入到这个立体的空间之中。老子在《道德经》里写道：“道生一，一生二，二生三，三生万物。”在这里，“一”为本体，“二”为本体所拥有，“三”由本体与本体所拥有的二组合，构成最基本的空间单元。在外在的空间方位中，作为本体的人

图 1-2　《钦定书经图说》中以表杆测影的定向方法

图 1-3　《钦定书经图说》中的中央与四辅图

[1]王贵祥.东西方的建筑空间.北京:中国建筑工业出版社,1998,62–73

的介入,是以“中”来表示的,于是中心的概念就此产生[1]。

这样,人们在原有平面空间,即平面四方位空间或平面八方位空间的基础之上,加入作为本体的人的“中”,就发展出平面“五方位”空间或“九方位”空间图式。若在原有立体空间,即四方位与上下两个方位组合而成的立体六方位空间中,加入“中心”,则发展出立体“七方位”空间图式(图1–2~图1–5)。

那么,对于两种不同的空间图式,中国人在文化上做出了怎样的抉择呢?西方人又是怎样抉择的呢?王贵祥先生研究认为,在实际的文化发展中,隐涵于中国文化中的七方位的立体空间观念,并没有在中国得到发展,而备受儒家文化青睐的五方位或九方位的平面空间观念,最终被确立下来,影响中国传统文化数千年。而在西方,希伯莱人从一开始就确立了以“上帝”为主导的七方位立体空间观,如“上帝七日创世说”,以及《圣经·旧

图1–4　汉规矩方圆镜所表现出来的四方八位

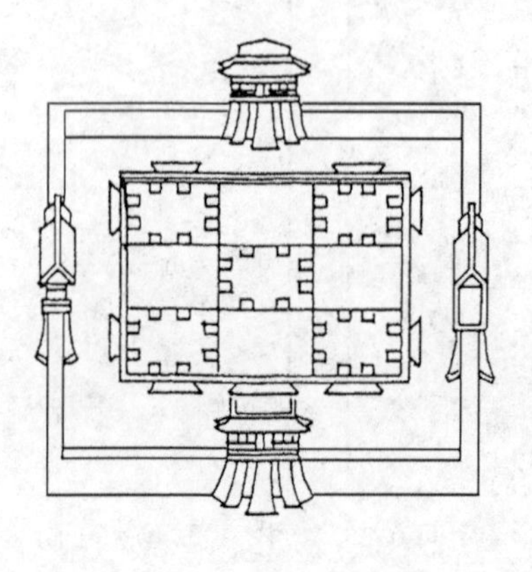

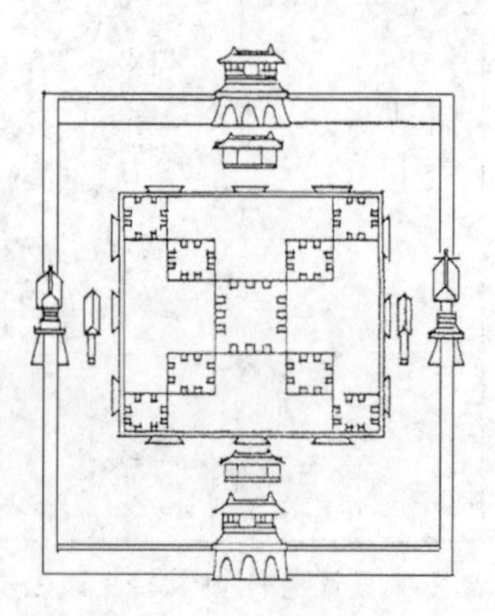

图1–5　《三礼图》中所绘的五室和九室明堂

约》中出现的比比皆是的有关圣数“七”的记述，就说明了这一点。在犹太文化，以及后来的基督教文化中也是如此，都承认上帝的至高无上，期待着人们对上帝天国的最后回归。因此，在犹太人以及基督徒的观念中，强化了垂直方位的空间系统。从人们最初建造“巴别塔”，以及后来建造摩西圣殿、所罗门圣殿、基督教堂，都是将空间的取向向着上帝的天国。正是由于这种强烈的观念，固化了西方人对空间垂直方位的强调，使人们对七方位立体空间图式取得了较强的认同[1]。

[1]王贵祥.东西方的建筑空间.北京:中国建筑工业出版社，1998,62-73

[2][挪威]诺伯格·舒尔兹著.存在·空间·建筑.尹培桐译.北京:中国建筑工业出版社,1990,2

## 第二节　西方空间概念

图1-6　德谟克利特(约公元前460-前370)

### 一、多学科的空间概念

#### 传统哲学、数学和物理学的空间概念

从古希腊开始，西方哲学家们就已经把空间作为探索和研究的对象。哲学家德谟克利特(Demokritos，约公元前460-前370，图1-6)较早提出了具有独立意义的空间概念，即“虚空”。他认为万物的始基是原子与虚空，原子是不可再分的最小的物质微粒，虚空是原子运动的场所，原子是“存在”，而虚空是“非存在”，但“非存在”并不等于“不存在”。他还认为由于原子和虚空都是无限的，因而空间也不是“创造”出来的。

图1-7　亚里士多德(公元前384-前323)

另一位哲学家亚里士多德(Aristoteles，公元前384-前323，图1-7)则反对这种虚空说，认为不存在无物质的虚空的空间，只有充满着物质的充实的空间。空间不是个别物体的广延性，而是某物体与包含着它的另一些物体之间的关系。因此，充实的空间里能够有变化，而虚空倒会把运动取消。在亚里士多德看来，所谓空间“就是一切场所的总和，是具有方向和质的特性的力动的场”[2]。亚里士多德对空间的研究，可以说是把原始性实用空间加以体系化的初步尝试，它对我们今天的概念具有某种启示作用。

图1-8　欧几里德(约公元前300年左右)

但是，为后世空间概念奠定理论基础的，与其说是亚里士多德的，不如说是以数学家欧几里德(Eukleides，约公元前300年左右，图1-8)的几何学(图1-9)为基础。他把空间定义为:“无限、等质，并为世界的基本次元之一。”这一定义的影响在很长时间里使人们对空间的认识和理解主要局限于该范围，并认为空间的属性理所当然的是如此。例如，直到18世纪末，康德仍从欧氏几何空间出发，把空间同事实现象加以区别，并看作独立

图 1-9 1482 年首次在威尼斯出版的欧几里德的《几何原本》

的、人类理解力的一个基本的“先验”范畴。后人将这种空间概念称为“欧几里德数学空间”或“欧几里德几何空间”。

欧几里德的空间理论，到了 17 世纪，由于导入了直角坐标体系，使它进入了最辉煌、最重要的完成阶段。这时期的意大利物理学家、天文学家伽利略(Galileo Galilei，1564–1642，图 1–10)把空间看作是物体运动的不变框架，建立了运动相对性原理和落体定律。由于伽利略对空间的探索，一种与以往空间理论不同的观念就此产生。伽利略把抽象的空间带入到了具体的现实中来，通过科学实验，构建了一种空间与物质本质一体化的认识。于是，空间不再是抽象的、思辨性的，而是作为一种负型物质，是具体的、可操作性的。

在法国哲学家、物理学家、数学家笛卡尔(Rene Descartes，1596–1650，图 1–11)的哲学中，物理学占据了很重要的成分。他认为物质只是广延性的东西，不能思想。物质的可分性是无定限的，不可能有什么不可分的原子存在，也不可能有任何虚空。可见，笛卡尔同亚里士多德一样，既反对原子，也反对虚空。在数学上，笛卡尔通过研究图形与点的关系，以及点与坐标的关系，创立了数学中极为重要的解析几何学，后人称为“笛卡尔几何”。同时，由他创造性地提出并被后人称为的“笛卡尔坐标体系”，成为研究几何空间的重要工具。

17–18 世纪，西方人对空间、时间、运动之间关系的认识还主要是凭借直觉经验，认为空间与时间是相对独立而存在的。英国物理学家、天文学家、数学家牛顿(Isaac Newton，1642–1727，图 1–12)也不例外，受到了这种习惯观念的支配，并由此抽象出他的“绝对空间”和“绝对时间”的概念。在 1687 年出版的《自然哲学的数学原理》(Philosophiae Naturalis Principia Mathematica，图 1–13)一书中，牛顿写道 :“绝对的空

图 1–10 伽利略(1564–1642)

图 1–11 笛卡尔(1596–1650)

图 1–12 牛顿(1642–1727)

间,其自身本性与一切外在事物无关,它处处均匀,永不迁移。相对空间是一些可以在绝对空间中运动的构架,或者是对绝对空间的量度。我们通过绝对空间与物体的相对位置而感知它,并且通常把它当做是不可移动的空间”。“绝对的、真实的和数学的时间,由其本性决定,自身均匀地流逝,它与一切外在事物无关,又称为‘延续性’;相对的、表象的和普通的时间是可感知和外在的(不论是精确的还是不均匀的)运动延续性的量度,它通常被用来代替真实时间”[1]。

[1]关洪著.空间——从相对论到M理论的历史.北京:清华大学出版社,2004,7—8

当牛顿的这种绝对空间和绝对时间概念一经发表,顿时受到不少同时代人的批评。德国哲学家、数学家莱布尼茨(Gottfried Wilhelm Von Leibniz,1646–1716,图 1–14、图 1–15)从单子论出发,与牛顿的绝对时空观展开了激烈的争论。他认为空间是事物并存的秩序,时间是事物接续的秩序,空间和时间都是事物之间的关系,是纯粹相对的东西,而不是独立存在的实体。事实上,这场发生在牛顿与莱布尼茨之间的争论,是古代的德谟克利特与亚里士多德的空间观两相对立的一种延续。

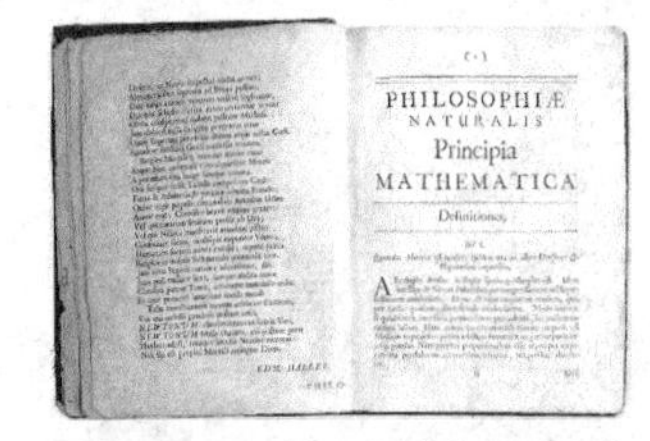

图 1–13 牛顿的《自然哲学的数学原理》

不过,牛顿的时空观在后来也赢得了一些哲学家们的支持。如德国哲学家、古典哲学的奠基人康德(Immanuel Kant,1724–1804,图 1–16)从根本上就反对把空间和时间理解为事物和事物的规定性。他认为空间和时间是人类感性的先天形式,是认识感性阶段的必要条件,空间是“外感官”的形式,时间是“内感官”的形式,一切来自于外界的感觉,都存在于空间里,而意识中的一切观念,则都存在于时间里。由于来自于外界的感觉,必定也进入到人的意识之中,所以,空间是外来观念的先天条件,而时间是外与内一切观念的先天条件。

图 1–14 莱布尼茨(1646–1716)

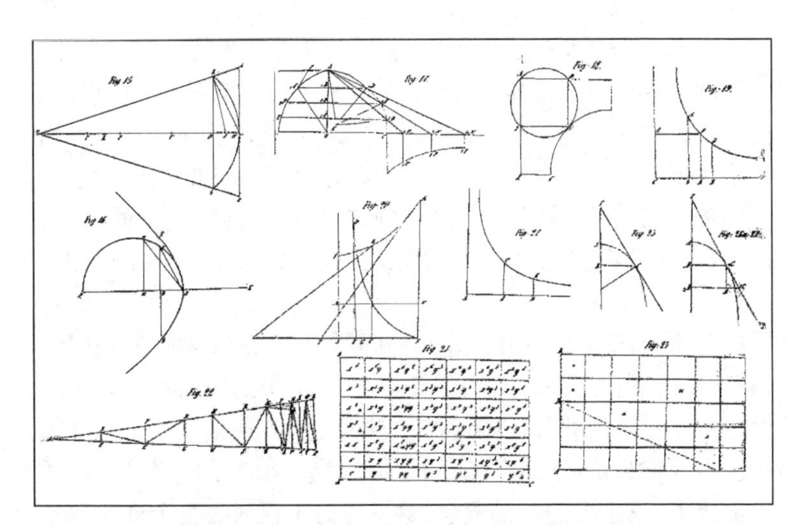
图 1–15 莱布尼茨在 1676 年独立发现了无穷小的微积分

图 1–16 康德(1724–1804)

[1]童明.空间神话.建筑师,2003(5),18

由此,康德把空间和时间的性质与事物自身的性质区别开来,并看作是独立的、人类理解力的一个基本的"先验"(apriori)范畴。

德国哲学家黑格尔(Georg Wilhelm Friedrich Hegel,1770–1831,图1–17)在《自然哲学》(Zweiter Teil der Enzykiopadie der philosophischen Wissenschaften :Naturphilosophie)一书中,分析和批判了牛顿、莱布尼茨和康德的空间观,在此基础上提出了自己的空间观。在黑格尔看来,人们决不能指出任何空间是独立不依地存在的空间,相反,空间总是充实的空间,决不能和充实于其中的东西分离开;时间并不像一个容器,事物本身就是时间性的东西。空间和时间都属于运动,运动是空间和时间的直接统一。虽然黑格尔对空间和时间的论断有着某些合理的因素,但他的时空观是建立在他所谓的物质不过是精神的外化表现的基础之上的,所以,他把空间定义为:"是外在于自身存在的无中介的漠然无别状态。"[1]但是这种虚无的"无别状态",并不能赋予空间以任何确凿可信的意义。

图1–17　黑格尔(1770–1831)

自公元前3世纪欧几里德几何空间的产生,由于它主要研究形体的长度、角度和平行性等的几何特征,因而,特别适用于描述由直线和平面所构成的形体。然而,随着人们对空间认识的不断深入,欧氏几何在复杂的空间描述方面,却越来越显示出它的局限性和不足之处。在这种背景下,于19世纪30年代,俄国数学家罗巴切夫斯基(Nicolai Ivanovich Lobachevsky,1793–1856,图1–18)采取了一个与欧氏几何第五条公理相反的命题作为前提,创立了一种新的"非欧几里德几何学",即双曲几何学,被后人称为"罗巴切夫斯基几何"。紧接着在1854年,德国数学家黎曼(Bernhard Riemann,1826–1866,图1–19)又采取了一个与以上两者都相反的命题作为前提,创立了另一种新的非欧几何学,即椭圆几何学,被后人称为"黎曼几何"。非欧几何的创立可谓意义重大,近现代科学理论已经证明,这三种几何学都是空间几何特性的反映。欧几里德几何反映的只是地面狭小范围内空间的特性,罗巴切夫斯基几何反映的是广大宇宙空间的特性,而黎曼几何反映的则是非固态物质空间的特性。也是在19世纪中期,德国数学家、物理学家高斯(Carl Friedrich GauB,1777–1855)的学生在数学研究中引入了地志学,主要是根据分析的需要而提出一些几何问题,这便是数学中另一门分科——"拓扑学"的产生,但拓扑学真正得到发展的,是在20世纪初。它是研究几何图形在一对一的双方连接变换下不变的性质,这种性质被称为"拓扑性质"。随着研究的不断深入,逐步形成了"拓扑空间"的概念,这一概念不仅成为整个现代数学的重要基础部分,而且也直接影响到其他学科的发展。

图1–18　罗巴切夫斯基(1793–1856)

图1–19　黎曼(1826–1866)

这样，在研究数学空间的领域中，就有了欧氏几何学、笛卡尔几何学、非欧几何学和拓扑学（对于拓扑学，有人认为它是一门独立研究空间关系的数学，也有人认为它是从属于非欧几何学的）等几种。与此相对，也就形成了欧几里德几何空间、笛卡尔几何空间、非欧几何空间和拓扑空间等几种概念。

在现代物理学中，物理学家爱因斯坦（Albert Einstein，1879–1955，图 1–20）的理论推断和实验大大改变了人们认识宇宙世界的方式。在他建立的“狭义”相对论理论中，揭示了物质与运动、空间与时间的统一性，否定了牛顿的绝对空间和绝对时间的概念。他认为空间与时间之间是相对的，而不是绝对的，物体不仅是三维的，而且是四维的。在人们熟知的长度、宽度和高度之外，他又增加了一个第四维空间，即“时间”，并把这四维综合起来，称为“时空连续统一体”（Space–Time Continuum）。由于在狭义相对论中，爱因斯坦还没有证实空间和时间不能离开物质，于是，他又把狭义相对论推广至引力场的研究中去，建立了“广义”相对论，进一步证实了空间和时间的性质依赖于物质的状态。爱因斯坦从他的相对论理论体系出发，把空间定义为：“将物体 B、C 附加到物体 A 上能够形成新的物体，就说我们延伸物体 A，使之与任何其他物体 X 相接触，物体 A 的所有延伸的总和称为‘物体 A 的空间’。”[1]也即，空间是物体 A 和非物体 A 之间所发生的关系的集合，也就是说，空间是物的关系的集合。

[1]赵冰．人的空间．顾孟潮等主编．当代建筑文化与美学．天津：天津科学技术出版社，1989，46

至此，古代的一个关于“空间”的哲学命题，经过人们的不断探索和研究，被分成了各种各样的空间概念，既有形而上学的哲学空间，也有抽象的数学空间和具体的物理空间。尽管哲学、数学、物理学上的空间观念有利于我们加深对空间概念的认识和理解，但也应该指出的是，它们仍只不过满足了人们对定位之根本要求的一部分。把单纯的全部体验定量化或抽象化，其结果只是得到了更加抽象的各种关系的认识世界的方式，可以说，这些空间概念与日常生活基本上还没有发生直接的关系。因此，有必要从人的视角对空间概念作进一步探讨。

**现代哲学、心理学和现象学的空间概念**

伴随着传统哲学空间概念的演进，一些哲学家在对空间概念的思辨过程中，也注意到人与空间的关系问题，并从主体意识和身体感知两个方面探索空间问题，建立了相应的“主体—身体”的空间概念。

图 1–20　爱因斯坦（1879–1955）

这一探索过程，可以追溯到 17 世纪法国哲学家笛卡尔在哲学上的独到贡献。正如上文所述，笛卡尔不仅在哲学、数学、物理学、天文学等方面取得了卓越成就，而且还提出了主客二

[1][法]莫里斯·梅洛－庞蒂著.知觉现象学.姜志辉译.北京:商务印书馆,2001,140

[2][法]莫里斯·梅洛－庞蒂著.知觉现象学.姜志辉译.北京:商务印书馆,2001,310

元分立的观点和著名的“我思故我在”的论断。在笛卡尔看来,物体与灵魂是两种完全不同的东西,具体到人本身,身体与心灵是相互分立的两个实体,而心灵比身体更为重要。他的这种观点为17-18世纪英国经验哲学所继承,以洛克、贝克莱和休谟为代表的经验论者对感知的探索为空间研究提供了新的途径。洛克(John Locke,1632-1704,图1-21)在《人类理智论》(An Enquiry Concerning Human Understanding)一书中区分了“知觉观念”与“感官经验”,他认为人的感官感觉必须经过心灵的加工才能成为一种知觉观念。在洛克看来,空间是通过人的视觉、触觉获得关于事物并存关系的观念,空间中的各个部分是不可分离的,也是不能运动的。贝克莱(George Berkeley,1685-1753,图1-22)受洛克观点的影响,他对视觉与空间关系的思考主要集中在了《视觉新论》(New Theory of Vision)一书中。在这部著作中,贝克莱提出了视觉、触觉决定空间知觉的观点,认为视觉、触觉经验构成了人的知觉经验,而人的空间经验也即人的空间知觉。贝克莱关于空间知觉的论断,对后来的心理学实验有着重要的启示作用,并被现代心理学理论所证实。休谟(David Hume,1711-1776,图1-23)延续了贝克莱关于空间知觉的研究,在《人性论》(A Treatise of Human Nature)一书中,休谟着重强调了空间观念的相对性,认为空间观念的形成起源于印象,而印象是通过视觉、触觉感知客体而投射在内心中的经验。

图1-21　洛克(1632-1704)

图1-22　贝克莱(1685-1753)

19世纪以后,西方哲学家们继续探索着“主体—身体”的空间概念,形成了一些不同于英国经验哲学的空间观念。比如,德国哲学家叔本华(Arthur Schopenhauer,1788-1860,图1-24)将非理性的意志作为主体,由意志主体性生发出时间、空间的形式;德国哲学家尼采(Friedrich Wihelm Nietzsche,1844-1900,图1-25)将主体的身体提到高于心灵的位置,身体通过张扬的意志而取代灵魂和意识,由此,身体与空间的关系得到凸显和重视。法国哲学家梅洛－庞蒂(Maurice Merleau-Ponty,1908-1961,图1-26)在吸收了前人关于意志、身体的双重主体观念的基础上,首次把现象学方法与生理心理实证研究结合起来,创立了“知觉现象学”,并深入探究了主体的心灵、身体与时间、空间的关系问题。庞蒂指出:“我的身体在我看来不但不只是空间的一部分,而且如果我没有身体的话,在我看来也就没有空间。”[1]他把空间定义为:“空间不是物体得以排列的(实在或逻辑)环境,而是物体的位置得以成为可能的方式。”[2]随后,庞蒂还把空间分为三种类型:第一种是身体和物体的空间,它以上下、左右、远近等具体的方位而呈现自身,是个体直接与自然物质的物理性质打交道的空间;第二种空间是描述的空间,

图1-23　休谟(1711-1776)

仅仅是一种描述空间的能力，比如几何学或其他空间理论对自然空间的科学化或理性化的构造；第三种空间是正常人的生动的知觉世界，是前两种空间形式的交织，在这一空间中，身体空间和描述空间达到了互补式的结合，既不是纯粹身体性的空间感知，也不是纯粹描述性的空间概念，两者在正常人的知觉世界中实现了完美的统一。[1]梅洛－庞蒂基于心理学和现象学的空间概念探究，对后来的空间研究产生很大的影响，以至于形成了心理学的空间概念和现象学的空间概念。

20世纪心理学开始研究“人”的空间问题，它把人对环境的体验作为问题提出来，并与空间知觉作为一个复合过程，用包括人的心理、行为、感情等方面的因素对空间进行研究，所取得的成果主要体现在以瑞士心理学家皮亚杰（Jean Piaget，1896–1980，图1–27）为代表的认知心理学中。皮亚杰的理论核心是，人的心理发展从婴儿直到成人，都是由于他（她）与外部世界相互作用的结果。为此，他提出了“组织”、“平衡”和“适应”一般发展原则。在这一原则中有一个非常重要的概念，即“图式”（Scheme）。所谓图式是人的头脑中的一种“意象”，它是人的心理活动的基本要素，图式的不断发展，也就是心理的不断发展过程。皮亚杰提出，我们的空间意识正是基于操作的图式，也即基于事物的体验。因此，他把空间定义为：“空间是生物体与其环境互动所得出的结果，在其中它不可能分离出由活动本身所感知之世界组织。”[2]而空间图式，“就是根据某种个人的特异性之外、普遍性的原型结构（附加社会文化条件的结构）那样的某种不变因素而成立的”[3]。皮亚杰之后，心理学上的空间概念逐渐在各种空间理论中崭露头角。

与此同时，德国哲学家海德格尔（Martin Heidegger，1889–1976，图1–28）从现象学的角度，创立了存在主义的空间

[1]王晓磊．论西方哲学空间概念的双重演进逻辑．北京理工大学学报（社会科学版），第12卷第2期，118

[2]赵冰．人的空间．顾孟潮等主编．当代建筑文化与美学．天津：天津科学技术出版社，1989，46

[3][挪威]诺伯格·舒尔兹著．存在·空间·建筑．尹培桐译．北京：中国建筑工业出版社，1990，7

图1–24　叔本华（1788–1860）

图1–25　尼采（1844–1900）

图1–26　梅洛－庞蒂（1908–1961）

图1–27　皮亚杰（1896–1980）

图1–28　海德格尔（1889–1976）

[1][挪威]诺伯格·舒尔兹著.存在·空间·建筑.尹培桐译.北京:中国建筑工业出版社,1990,7

理论。海德格尔认为人只有通过自身的存在才能理解空间,或者说空间是直接与人的存在相关联的世界。他把空间看作是人存在于世的"场所",这种场所的出现并不是外在的给予,而是人的本质力量的外在显现。为了更好地表达自己的空间思想,海德格尔在《筑·居·思》的演讲中借用荷尔德林的诗句"人诗意地栖居",来阐释筑造与栖居之间的关系。海德格尔把栖居看作是人存在的基本特征,把空间看作是人存在的有限范围,以此空间观对现代社会技术制约下的空间问题进行了有力批判。海德格尔之后,受其影响,许多学者都从存在主义的角度研究空间问题,比如法国哲学家巴什拉的《空间诗学》、美国地理学家段义孚的《空间与场所》、挪威建筑学家诺伯格·舒尔兹的《存在·空间·建筑》等。其中,舒尔兹在《存在·空间·建筑》一书中,系统总结了前人对空间的认识成果,提出了五种空间概念:

(1)肉体行为的实用空间(Pragmatic Space);

(2)直接定位的知觉空间(Perceptual Space);

(3)环境方面为人形成稳定形象的存在空间(Existential Space);

(4)物理世界的认识空间(Cognitive Space);

(5)纯理论的抽象空间(Abstract Space)[1]。

在这里,"实用空间"是把人的生理、行为统一在自然、有机的环境中的基础空间;"知觉空间"是指人对环境的认同性、同一性的定位空间;"存在空间"是把人归属于整个社会文化形成稳定形象的环境空间;"认识空间"意味着人对客观世界的空间可进行思考的认知空间;最后,"抽象空间"则是提供描述其他各种空间的工具,是纯理论的逻辑空间。这一顺序说明,以实用空间为底边,以理论空间为顶点,逐步抽象化,是其空间概念划分的主要特点。舒尔兹对空间概念的划分,已清晰地表达了空间概念的多义性和多样性,但应用于建筑这一人类创造的人工环境上,似乎仍感不足,所以他又提出了如上文所述的创造空间的概念。

从以上的讨论中我们可以看到,西方人为了在世界上自身定位的根本要求而对空间概念进行了长期的多学科的探索和研究。从传统哲学、数学、物理学的空间概念,到现代哲学、心理学、现象学的空间概念,表征着人类对空间概念的理解和运用逐渐繁复和系统起来。

**后现代哲学的空间概念**

美国社会学家丹尼尔·贝尔(Daniel Bell)在1973年出版了他的代表作《后工业社会的来临》(The Coming of Post-

Industrial Society）一书，率先从后工业社会理论入手，直观后现代主义的文化现象。自该著作出版以来，在国际学术界立即掀起了关于后现代主义的研究热潮。后现代主义思想主要是反对现代主义所强调的理性主义，拒绝整体性、确定性、统一性、权威、精英和规律等，主张各种思想观念可以不统一，并随着条件的变化而变化。正如法国后现代主义理论家利奥塔（Jean-Francois Lyotard）所认为的那样，后现代主义强调多样性、异质性、变化性和地方性。因此，后现代主义主张在探讨问题时，要将所探讨的事物放入特定的时间与空间中加以考虑。20世纪后半期，一些西方学者开始刮目相待人文生活中的空间问题，把以前给予时间和历史，给予社会和社会关系的青睐，纷纷转移到了空间上来，直接从空间入手探讨各种理论问题，于是形成了西方学界引人注目的“空间转向”。

这时期，率先对后现代主义空间理论进行探究的是法国哲学家亨利·列斐伏尔（Henry Lefebver，1901–1991，图1–29）。他在1974年出版了《空间的生产》（The Production of Space）一书，列斐伏尔在书中针对西方哲学史上重视时间而忽视空间的传统，要求恢复空间相对于时间的平等地位甚至崇高地位。他把空间当作日常生活批判的核心概念，提出了“社会空间”（Social Space）的概念，认为社会空间与社会生产之间的关系是辩证统一的，社会空间由社会生产，同时也生产社会。[1]在这一概念的基础上，列斐伏尔进一步提出了三元组合概念，即空间实践、空间的呈现和呈现的空间。“空间实践”是指空间性的生产，它主要围绕生产、再生产以及作为每一种社会构成的具体地点，这是一种具体化的、经验性的空间，也即感知的空间。“空间的呈现”指的是被概念化的空间，这是科学家、规划师、城市学家和各种类型的专家、政要的空间，也即构想的空间。“呈现的空间”乃是居住者和使用者的空间，这是在一切领域都能够找到的空间，它们存在于心灵和身体的物理存在之中，存在于从地方到全球的所有个人和集体的身份之中。[2]列斐伏尔所创立的空间生产理论，对后来空间哲学的研究产生了重大影响。

另一位推动后现代空间理论研究的是法国哲学家米歇尔·福柯（Michel Foucault，1926–1984，图1–30）。他在1976年发表了题为《其他空间》的演讲，福柯指出，20世纪预示着一个空间时代的到来，人们正处于一个“同时性”和“并置性”的时代，所经历和感觉的世界更可能是一个点与点之间相互联结、团与团之间相互缠绕的网络，而更少是一个传统意义上经由时间演化而成的物质存在。[3]在《空间·知识·权力》的访

[1]包亚明主编．现代性与空间的生产．上海：上海教育出版社，2003，47–48

[2]朱立元主编．当代西方文艺理论．上海：华东师范大学出版社，2005，489–491

[3]包亚明主编．现代性与空间的生产．上海：上海教育出版社，2003，9

图1–29　列斐伏尔（1901–1991）

图1–30　福柯（1926–1984）

谈中,福柯进一步提出"空间权力"的思想,认为空间是一切社会生活形式的基础,也是一切权利得以实现的基础。在《不同空间的正文与下文》中,福柯又提出"差异空间"的观念,指出差异地点的五项原则,并对地点的存在方式、功能以及隐喻意义进行了阐释,以使人们从一个新的视角去理解这些空间。[1]

此外,美国社会理论家弗雷德里克·詹姆逊(Fredric Jameson,1934-)也认为,当今世界已经从由时间定义走向由空间定义。在后现代社会中,空间具有主宰的地位,不仅时间具有空间性的特征,而且一切事物都被空间化了。在詹姆逊看来,后现代空间是一种"超空间",这个空间已经"超出单个的人类身体去确定自身位置的能力,人们不可能从感性上组织周围的环境和通过认知测绘在可绘制的外部世界找到自己的位置。"[2]面对这种全新的空间,詹姆逊进而提出需要发展一种全球性的"认知绘图",即以当前的空间概念为依据的政治文化模式,来理解当代空间。

通过列斐伏尔、福柯、詹姆逊等人对空间哲学的探究,空间在这个时代的重要性被充分地揭示出来。许多学科开始重视空间的重大意义,许多学者开始关注空间的重要作用,出现了人文学科与建筑学、城市规划、地理学等空间学科之间的交叉与渗透。

美国后现代地理学家戴维·哈维(David Harvey,1935-)在1990年出版了《后现代的状况》(The Condition of Postmodernity)一书,在书中哈维力图从20世纪晚期资本主义社会的经济转变,即从大规模的流水线生产向小规模、灵活的生产方式转变,来探讨资本主义文化从现代性向后现代性转变的根源。他认为资本主义生产方式的这种转变所导致的文化上的表现,就是人们体验时间和空间方式的改变,是新一轮的"时空压缩"。哈维提出的时空压缩的概念,是指:"资本主义的历史具有在生活步伐方面加速的特征,而同时又克服了空间上的各种障碍,以至世界有时显得是内在地朝着我们崩溃了"[3]。为进一步阐释时空压缩的概念,哈维特地引用了"通过时间消灭空间"、"正在缩小的地球"两张图片来表明他的思想和观点(图1-31、图1-32)。

另一位美国后现代地理学家爱德华·W·苏贾(Edward·W.Soja),在1989、1996、2000年分别出版了《后现代地理学》、《第三空间》和《后大都市》等重要著作,被称为"空间三部曲"。苏贾的空间观直接来源于他的老师——晚年的列斐伏尔,但他比列斐伏尔、哈维走得更远。在《后现代地理学》(Postmodern Geographies)中,苏贾在论述了福柯、伯杰、吉登斯、贝尔曼、詹姆逊,特别是列斐伏尔等"后现代地理学先驱者"的研究成果

[1]福柯著.不同空间的正文与下文.包亚明译.后现代性与地理学的政治.上海:上海教育出版社,2001,19-28

[2][美]弗雷德里克·詹姆逊著.文化转向.胡亚敏等译.北京:中国社会科学出版社,2000,15

[3][美]戴维·哈维著.后现代的状况:对文化变迁之缘起的探究.阎嘉译.北京:商务印书馆,2003,300

图 1–31 通过时间消灭空间

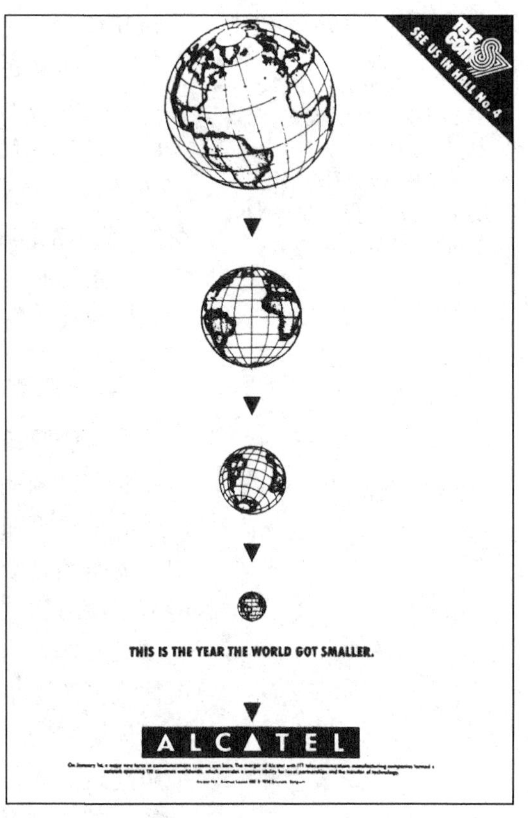


图 1–32 正在缩小的地球

后,主张一种历史的和地理的唯物主义,对空间、时间和社会存在的辩证关系进行根本性的思考。苏贾提出了“社会—空间辩证法”思想,认为空间关系与社会关系都源于生产方式,二者是辩证的不可分离的关系;社会中的各种生产关系既可以形成空间,又受制于空间;空间不是社会的反映,空间就是社会。[1]

在探究后现代空间的问题上,法国哲学家吉尔·德勒兹(Gilles Deleuze,1925–1995,图 1–33)具有重要的影响。福柯曾预言:20 世纪将会是“德勒兹时代”。Ian Buchanan 和 G.Lambert 主编的《德勒兹与空间》指出:“可以认为,吉尔·德勒兹是 20 世纪最重要的空间哲学家——他不仅贡献了极为丰富的关涉空间的新概念,而且空间也正是他从事哲学的方式。德勒兹曾言一切事物皆在内在性的平台上发生,他设想出一种巨大的荒漠般的空间,而概念则犹如游牧者一样在其间聚居流散”[2]。德勒兹在其哲学生涯中,可以说终其一生都在探讨“哲学是什么”的问题。在他看来,哲学不是探讨真理或关于真理的一门学问,而是创造概念的一门学科。为此,德勒兹创造了许多空间哲学的概念,比如光滑、条纹、游牧、定居、解辖域化、再辖域化、块茎、褶子、图解、生成等。德勒兹的空间哲学概念,目前已经广泛

[1] [美]爱德华·W·苏贾著.后现代地理学:重申批判社会理论中的空间.王文斌译.北京:商务印书馆,2004,116–129

[2] 麦永雄.后现代多维空间与文学间性——德勒兹后结构主义关键概念与当代文论的建构.清华大学学报(哲学社会科学版),2007(02),39

图 1–33 德勒兹(1925–1995)

[1]陈志华著.外国建筑史(十九世纪末叶以前).北京:中国建筑工业出版社,1979,28

[2]宗白华著.艺境.北京:北京大学出版社,1997,110

[3]维特鲁威著.建筑十书.高履泰译.北京:知识产权出版社,2001,187-188

渗透和影响了建筑、城市规划、电影、政治技术等领域,成为当代人思考空间问题的重要思想来源。

20世纪70年代后,哲学上出现的这场跨学科研究的空间转向,与以上哲学家们对空间的再发现、再重视、再思考是分不开的,使后现代哲学研究从社会空间扩展到地理空间,乃至建筑空间、艺术空间和文学空间,为空间概念研究开拓了新的视野,为空间阐释研究开拓了新的范式,这有助于我们更全面、深刻地理解后现代空间。

## 二、绘画的空间概念

### 古希腊罗马绘画的空间概念

西方绘画的渊源是古希腊艺术,而古希腊艺术的最高表现形式应是建筑和雕刻。建筑的主要成就是神庙建筑及以神庙为中心的圣地建筑群,经过几个世纪的反复推敲,反复琢磨,尽可能地表现出和谐、匀称、整齐、凝重、静穆的建筑形式美。雕刻的主要成就是人体雕刻,以人体作为雕刻的题材,表现了希腊人对人体之美的渴望,古希腊雕刻家费地(Phidias)说:“再没有比人类形体更完美的了,因此我们把人的形体赋予我们的神灵。”[1]神庙建筑和人体雕刻无不反映了希腊人对和谐、秩序、比例、平衡的追求,并成为他们对美的最高理想和标准。在这两种艺术形式中,充分表现了希腊人的“神的境界”和“美的理想”。

古希腊、古罗马绘画也就是以这两种艺术形式为基础,从而决定了它在空间表现上的发展路线。宗白华先生认为:“每一种艺术可以表现出一种空间感型。并且可以互相移易地表现它们的空间感型。西洋绘画在希腊及古典主义画风里所表现的是偏于雕刻的和建筑的空间意识。”[2]

这种偏于雕刻的和建筑的空间意识,确实存在于古希腊、古罗马的绘画中。虽然古希腊绘画早已失传,但我们可以从文献记载中了解到当时的绘画情况。古罗马建筑师、工程师维特鲁威(Marcus Vitruvius Pollio,公元前1世纪后半叶,图1-34)在《建筑十书》(The Ten Books on Architecture)中写道:“雅典的阿伽塔耳科斯按照埃斯库鲁斯的指示建造了悲剧舞台,留下了有关它的记载。德谟克里托斯和阿那克萨戈刺斯受到他的启发记载了相同的项目,即为使舞台的背景画面上由不真实的物体而成的真实的形象显出建筑物的外貌,画在没有凹凸的平面上的物体看去有些显得凹入而另一些又显得凸出,要怎样顺应眼睛的视线或(由物体而来的)放射线,把某处确定为一个定点,按照自然法则,才能使这些条线集中。”[3]根据维特鲁威的记载,希腊画家阿伽塔耳科斯(Abatharchus)已经提出“透视”画法,并

图1-34 维特鲁威(公元前1世纪后半叶)

利用这种画法在二维的画面中表现空间。再如1748年开始发掘的庞贝古城,发现了大量关于古罗马建筑、壁画、家具和日用品等的资料。在出土的壁画中,有些画面可以说是雕像的直接移入,仿佛雕刻的剪影;还有些画面是采用圆雕式的人体坐姿或站立在有"透视"的建筑空间里(图1-35~图1-38)。

当然,这时期所使用的"透视"画法,还不是我们现在所讲的真正意义上的透视画法,它还停留在希腊、罗马人对透视画法的直觉应用上。古希腊、古罗马绘画的偏于雕刻的和建筑的空间概念,体现了当时的艺术家们"以生动如真为贵"[1]的艺术追求。

[1]宗白华著.美学散步.上海:上海人民出版社,1981,238

**文艺复兴绘画的空间概念**

文艺复兴的绘画,发生了很大变化。这时期的艺术家们开始发现空间具有几何深度,而且这种几何深度可以通过一定的手段由艺术作品表达出来;反之,艺术作品也随之获得了前所未有的另一种情形的几何深度。美国建筑史学家吉迪恩(Sigfried Giedion)说:"佛罗伦萨文艺复兴的最大发明在于一个新的空间概念的产生,而这种空间概念由透视而被引入到艺术

图1-35 庞贝古城维蒂住宅的壁画

图1-36 庞贝古城壁画之一

图1-37 庞贝古城壁画之二

图1-38 庞贝古城壁画之三

[1]童明.空间神话.建筑师,2003(5),26

领域中来。"[1]

1420年,在佛罗伦萨发生了"艺术史上的一件大事"。建筑师、雕塑家、画家伯鲁乃列斯基(Fillipo Brune Lleschi,1379-1446,图1-39)为研究设计佛罗伦萨大教堂的穹顶建筑发明了一套有效办法,由一幅平面图和一幅正视图开始,将二者的平行线相交便可以画出一幅完美的透视图(图1-40、图1-41);在此基础上,伯鲁乃列斯基又确定了平行透视图中的主要视点或称为"消失点"。为证明他的发明,伯鲁乃列斯基利用自制的一种"装置",做了一个著名的"实验"。通过这个实验可以把从特定视点看见的"佛罗伦萨洗礼堂"的样子与在平面画板上描绘的洗礼堂的样子作一番比较。但可惜的是,伯鲁乃列斯基的这个装置已经失传,现在,我们只能从最早的《伯鲁乃列斯基传》中的描述,来判断这个装置大体上是怎样的。后人将这个装置和实验方法称之为"透视画法",伯鲁乃列斯基也因此被称为透视画法的发明人。

图1-39　伯鲁乃列斯基(1379-1446)

较早将透视画法运用于绘画创作中的,是当时的画家马萨乔(Masaccio,1401-1428)。他曾向伯鲁乃列斯基学习透视画法,在1425-1428年为佛罗伦萨圣母教堂创作了《三位一体》(图1-42)壁画。此壁画因成功运用了透视画法,从而引发了当时许多艺术家对透视的热爱和学习。关于伯鲁乃列斯基发明的透视画法,我们还可以从与伯鲁乃列斯基同时代的人,建筑师、画家阿尔贝蒂(Leone Battista Alberti,1404-1472,图1-43)在1435年写成的《论绘画》(De Pictura)一书中了解到。在该书的意大利译文上,题有"谨以此书献给伯鲁乃列斯基"的字样,同时,阿尔贝蒂在书中写道:"一幅绘画就是一个由一固定中心和若干固定方位射来的光线所构成的视觉金字塔某处的一个截面,

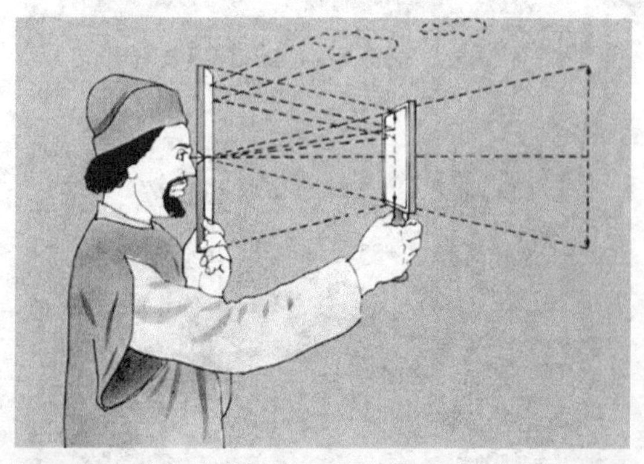
图1-40　伯鲁乃列斯基利用钻孔画板进行透视实验的示意图

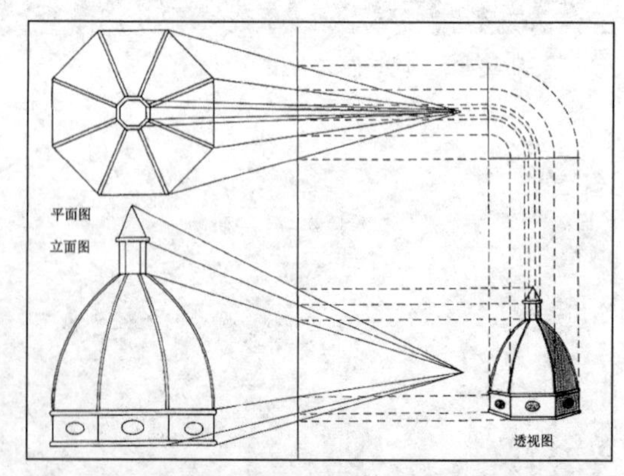

图1-41　伯鲁乃列斯基为设计佛罗伦萨大教堂的穹顶发明了一套办法,即由一幅平面图和一幅立面图开始,将二者的平行线相交便可以画出一幅透视图

图 1-42 马萨乔的《三位一体》壁画

[1]范景中编译.贡布里希论设计.长沙:湖南科学技术出版社,2001,244

图 1-43 阿尔贝蒂(1404-1472)

这个截面被艺术家用线条和颜色再现于某个表面上”(图 1-44)。“让我告诉你们我是怎样作画的。首先,我在画板上画一个大小由我任选的长方形,我把这个长方形当作一个敞开的窗户。我要画下的景物就仿佛是透过这个窗户看见的景物”[1]。阿尔贝蒂把绘画视为“窗户”的观念,事实证明,它是一种强有力的理性工具。以后,画家、科学家达·芬奇(Leonardo Da Vinci,1452-1519,图 1-45)曾做过这个实验(图 1-46),写过不少有关

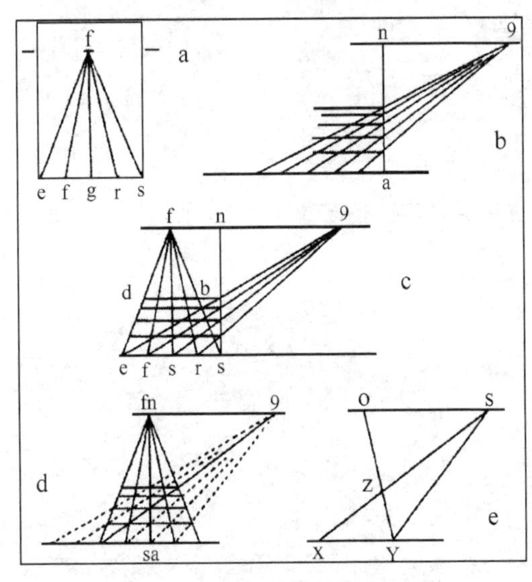

图 1-44 阿尔贝蒂的透视画法

图 1-45 达·芬奇(1452-1519)

图 1-46　达 · 芬奇的透视实验

透视画法的笔记，被后人整理并收录于他的《论画》中，他把透视画法分为三种，即“线透视”、“空气透视”和“消失透视”。德国画家丢勒( Albrecht Durer，1471–1528，图 1–47 ) 也曾做过这个实验，并于 1525 年出版《圆规和直尺测量法》一书，在书中他采用了若干幅插图来说明这个实验(图 1–48~ 图 1–51 )。

从此，透视原理在接下来的五百年里，成为西方绘画史中的一种支柱性的要素。它导致了一个与文艺复兴以前完全不同的空间概念，由过去长度与宽度组合的二维空间，转变为长度、宽度与深度组合而成的三维空间。在这个由透视构成的三维空间

图 1–48　丢勒进行透视实验的装置之一

图 1–49　丢勒进行透视实验的装置之二

图 1–47　丢勒( 1471–1528 )

图 1–50　丢勒进行透视实验的装置之三

图 1-51 丢勒进行透视实验的装置之四

中，每个空间要素都与一个中心视点有关，在一个二维平面中，精确地再现了空间中所观察到的画面，科学与艺术开始紧密地结合在一起。

**立体主义绘画的空间概念**

文艺复兴的透视空间发展到 19 世纪下半叶，空间概念又一次面临着新的挑战。摆在人们面前的可供选择的路线有两条：要么扼守传统的空间概念，要么转变传统的空间概念。由这两种空间观念的不断抗争，终于在 19 世纪末和 20 世纪初得到了西方绘画的回应。

首先是一批后印象主义画家站出来反对印象主义画派在传统绘画的写实技法和客观再现上所制造的高峰，主张强调作者的主观创造性，强调作品的艺术形象要异于客观形象等等。一些画家开始探索除了透视空间概念之外，是否还存在另一种新的空间概念。后印象主义绘画的代表人物塞尚（Paul Cezanne，1839–1906，图 1–52）率先放弃了印象主义画派面对物体外部形式的客观再现，以物体条理化、秩序化和抽象化的主观表现，来表达一种来源于物质世界又超越于物质世界的理想概念，以此唤起一种新的深度（图 1–53~ 图 1–55）。法国哲学家梅洛 – 庞

图 1–52 塞尚（1839–1906）

图 1–53 塞尚的《从贝尔维所见的圣维克托山》布上油画

图 1–54 塞尚的《普罗旺斯的山峦》 布上油画

图 1–55　塞尚的《静物》 布上油画

图 1–57　毕加索的《阿维尼翁的少女们》 布上油画

[1]童明. 空间神话. 建筑师,2003(5),28

蒂在研究了塞尚后说,世界在他面前不再是通过透视方式来表现,而是通过画家(观察者),通过集中所见的东西,才得以产生世界中的事物,因此,塞尚的作品显示了一种时间化了的深度[1]。

如果说塞尚作品已显示出"时间"这一深度的萌芽状态,那么到了立体主义绘画时,空间概念中的"时间"这一维度终于形成。以毕加索(Pablo Picasso,1881–1973,图 1–56)为代表的立体主义绘画继承了塞尚已经开始的实验,他从 1907 年创作了惊世之作《阿维尼翁的少女们》(图 1–57)后便开始了这种探索。该画可看作是毕加索建立自己风格的第一幅重要作品,也是他对传统的透视空间观念发起革命的一声春雷。

立体主义绘画彻底抛弃了用一个视点去描绘事物外形的方式,代之以采用不同视点去展示事物的真相。于是在二维的画面中,出现了同一事物所见形象的各种不同的体面,它们包括正面、侧面、顶面以及截面等等,彼此之间相互层叠、交错在一起,共同组合成一个全新的画面形象。对这种画面形象有一种解释认为:如果人们想从描绘对象在画面中的表现角度观看作品,则要求观看者在想象中进入他本来应当采取的空间位置,此时对于时间和运动的经验就会加进对这个不动形象的知觉运动中。但是,美国心理学家阿恩海姆(Rudolf Arnheim)则指出以上解释是错误的,并认为这种错误解释是来自于写实主义的公理:假设艺术作品应该照抄发生在物理空间中的视觉状态。而立体主义是把在物理空间中,通过时间而集合起来的经验,表现为二维对等物,因此一幅画作为静止的二维平面,观看者不必为了把画中事物不同的面恰当地分开,而想象自己在空间中

图 1–56　毕加索(1881–1973)

图 1–58　毕加索的《小提琴和葡萄》 布上油画

图 1–59　杜尚的《下楼梯的裸女》 布上油画

移动[1]。事实上也是如此，立体主义绘画通过时间创造了一个总体经验上的画面，与此同时，也为观看者提供了一个可以“移动”的空间。观看者仿佛不是置身于画外，而是与画家一起将自身引入到了画中的空间里（图 1–58~ 图 1–60）。于是，建立在时间上的移动就给传统的三维空间增加了新的一维空间，即“时间”成为“第四维空间”。

西方绘画的空间概念可谓经历了上述三个重要的发展阶段，从第一阶段古希腊罗马绘画的偏于雕刻的和建筑的空间概念，到第二阶段文艺复兴绘画的透视空间概念，进而转入到第三阶段立体主义绘画的时间—空间概念，每一阶段空间概念的形成与转变都是对前一阶段的扬弃，由此构成了绘画空间概念的历史。

**新表现主义绘画的空间概念**

英国艺术史家贡布里希（E.H.Gombrich）在第十六版《艺术的故事》（The Story of Art）最后一章“没有结尾的故事”中写道：“1989 年，当我准备本书的又一个新版本时，过去所说的又一次变成了往昔，因此，人们觉得，我也应该对那个问题做出回答。显然，在这其间，那个对 20 世纪艺术具有牢固影响的‘新传统’并未得到削弱。不过，就是出于这一原因，人们感到现代艺术运动已被如此普遍地接受，又如此令人尊敬，以致新传统已然成了‘一顶旧帽子’。显然，应该是另一次潮流转向的时刻了。正是在那个‘后现代主义’的口号当中凝结着这一期待。”[2]

这种对后现代主义的期待，在 20 世纪后半期的西方艺术中

图 1–60　契里柯的《神秘和忧郁的街道》 布上油画

[1] 鲁道夫·阿恩海姆著．艺术心理学新论．郭小平、霍灿译．北京：商务印书馆，1994，225

[2]［英］贡布里希著．艺术的故事．范景中译．北京：生活·读书·新知三联书店，1999，618

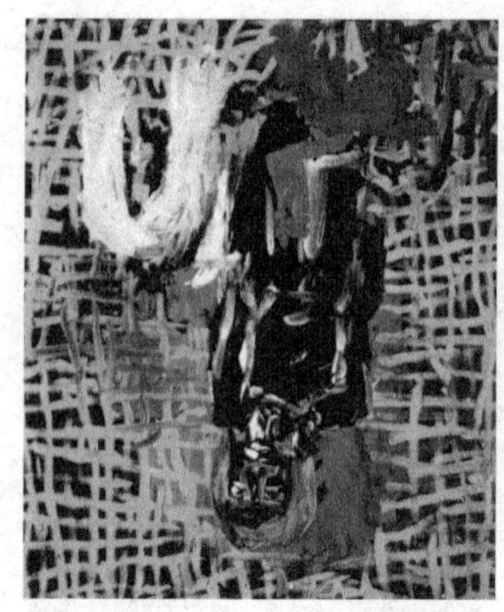

图 1-61　巴塞利兹的《出口》

图 1-62　彭克的《N.Y·N.Y》

得到了明显体现。虽然人们并不太愿意使用后现代主义这个术语，但自此以后的西方艺术又是如此的复杂，如此的多样，很难用某一个主义统而概之。而这种无法概括的多元发展，正是后现代艺术的一大特征。在众多后现代绘画中，形成于 70 年代末和 80 年代初的德国新表现主义绘画，在空间观念与形式上显得尤为突出。一方面，许多画家常涉猎政治历史题材，表现出强烈的社会责任感；从哲学思辩的高度，反思德国文化的根源；以反常规的绘画形式，表达人类的思想情感。比如，巴塞利兹（Georg Baselitz）常运用时代的错乱现象，将作品倒置悬挂，形成一个有着粗糙人物形象、图像知觉概念被倒置、生理反刍被转换成心理内省的绘画空间（图 1-61）；彭克（Penck）以"棍状人形"的纯符号形式，与象形文字、控制论符号、涂鸦痕迹、人类学意象等一整套语汇相混合，创作出一个对世界文化具有反讽式意味的绘画空间（图 1-62）；基弗（Anselm Kiefer）常以象征性形式、混合式材料和半抽象环境，反思德国历史和文化的遭际，创作出一个将历史和文化进行重新评价的绘画空间（图 1-63）。另一方面，许多画家完全抛弃了传统绘画中的透视和明暗，也放弃了现代绘画所追求的"纯绘画"形式，大胆使用综合材料，就连废弃物也不放过。比如，基弗创作的作品，除强调深邃的思想内涵外，还十分注重对各种材料的综合运用，在传统油画的画面上加进大量的油彩、树脂、稻草、沙子、乳胶、虫胶、废金属、照片、漆和火，以及各种废弃物，使绘画空间极具吸引力、冲击力和想象力（图 1-64）。

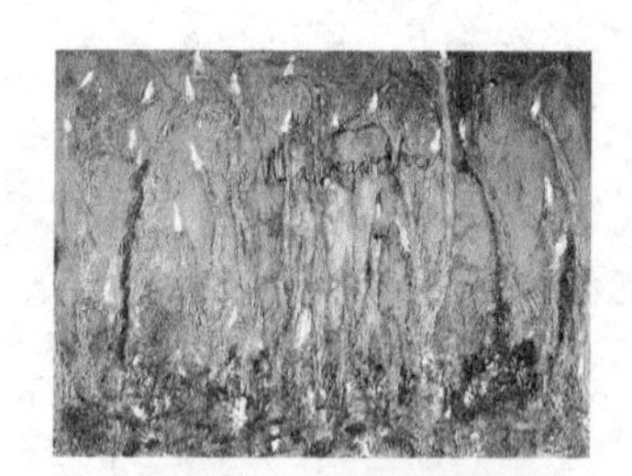

图 1-63　基弗的《玛格丽特》

图 1-64　基弗的《仲夏夜》

新表现主义绘画发展到 20 世纪末又有了新的变化，一些画家在从事绘画创作的同时，也进行装置艺术和新媒体影像的创作，打破了艺术表现手段的界限，使二维的绘画转变为三维的装置和多维的影像作品，从平面走向空间。比如，出生于 1960 年的克里斯蒂娜·奥麦尔（Cristina O）和出生于 1980 年的史琳·克雷兹曼(Schirin Kretschmann),两位都是当今德国新表现主义艺术家。在艺术观念和表现形式上,二人有着很大程度的相似性,就是对空间表现的不懈追求,以及对光、物和空间的充分运用与契合的大胆探索。不同之处体现在,克雷兹曼创作的空间作品,显示出强烈的绘画性和表现性特征,表现性通过绘画方式呈现出来,绘画性表现在空间中,华丽的色彩和神秘的光线互为合作,显现出明确的空间光效应(图 1-65);而奥麦尔创作的空间作品,则显示出更加强烈的装置性和阐释性特征,阐释性通过装置方式呈现出来(图 1-66),作品的创作思路正如她本人所说:"在我的作品中,我做一些实验,就像一些生活片断的经验,在这些强有力的视觉现象的背后确是真正的我所探讨的通用语言。就像这其中的光与色彩之间所共同承担的空间关系的可能性。同时,这种可能性空间关系,也必然要囊括在空间中的人、光、色所产生的虚幻图像、物体言语、相关材料以及光影幻象所在的空间,以及存在于它们关系之间的、可以用时间来解读的自身变幻等等一系列运动,都是我所要探讨的。"[1]

[1]陈红汗.后现代之后的新光明——从博依斯到当今德国空间表现主义艺术家:克雷兹曼和奥麦尔.画刊,2008(04),71

此外,需要指出的是,在当今信息技术的影响下,一些西方画家开始探索一种新的绘画空间概念。比如,查·戴维斯(Char Daries)先前从事绘画和电影创作,20 世纪 80 年代后开始潜心研究数码科技,她的作品在全球范围内主要的博物馆和画廊经常公开展览。通过她的作品,我们可以感受到"绘画空间"与"虚拟空间"之间的互动和结合,这种新的动向,有可能是绘画空间未来发展的一个方向。

## 三、建筑的空间概念

### 19 世纪建筑的空间概念

人类创造空间的活动自古以来就已发生,并一直持续到现在。但从诸多历史上遗留下来的建筑文献来看,几乎不存在涉

图 1-65　克雷兹曼的《丝网独奏 1》空间绘画装置

图 1-66　奥麦尔的《色与光》实物、光空间装置

[1][英]彼得·柯林斯著.现代建筑设计思想的演变1750–1950.英若聪译.北京:中国建筑工业出版社,1987,352–354

[2][德]戈特弗里德·森佩尔著.建筑四要素.罗德胤等译.北京:中国建筑工业出版社,2010,114

及空间这样一种事物的描述,直到一百多年以前,才由西方人认识到空间对于建筑活动的重要性。

英国建筑理论家彼得·柯林斯(Peter Collins)在对大量建筑论文考证的基础上提出:“直到18世纪以前,就没有在建筑论文中用过空间这个词。而将空间作为建筑构图的首要品质的观念,直到不多年以前还没有充分发展。”“从19世纪开始,就有许多德国的美学家在现代建筑的意义上来使用‘空间’这个术语。最好的例子是黑格尔,他的《艺术哲学》(基于1820年代的讲课内容)里,就大量地使用了这个术语。”[1]黑格尔对空间术语的使用及讨论,是基于建筑的原初目的,在他看来,“空间围合的重要性是建筑作为一种艺术的目的”。除黑格尔之外,也有的美学家从建筑审美感知的原因来讨论空间。

首次把空间引入建筑领域的是德国建筑师、建筑理论家戈特弗里德·森佩尔(Gottfried Semper,1803–1879,图1–67)。森佩尔在1851年出版的《建筑四要素》(Die vier Elemente der Baukunst)一书中,提出创造建筑形式的四个要素:壁炉、屋顶、围墙和墩台,在论述了四个要素的动因后,森佩尔立即将关注点集中在了“围墙”上,他认为:“无论附加含义如何,墙体都不能失去作为空间围合体的原始含义;我们可以通过墙面的彩绘来保留壁毯作为原始空间围合体的意象。只有当空间围合体以物质形式存在时,这种做法才能省略。”[2]后来,在“围墙”要素的基础上,森佩尔进一步形成了“穿衣服”的建筑装饰理论。可以看出,森佩尔的“空间围合”的观念,实际上延续了黑格尔把空间看作是建筑艺术目的的思想,这也是空间一词长期以来最为基本的含义。森佩尔之后,受其观念的影响,许多学者对建筑空间进行了探究。德国艺术学家康拉德·费德勒(Konrad Fiedler)在1878年的一篇论文中从森佩尔的理论出发,探讨了墙体作为现代建筑中纯粹空间围护的可能性。德国艺术学家奥古斯特·斯马苏(August Schmarsow)在1893年的演讲中赞同并大力提倡这种观点,提出“创造空间”的建筑抽象能力。荷兰建筑师亨德里克·贝尔拉格(Hendrik Berlage)在1904年的演讲中大力推崇斯马苏的观念,他把建筑学定义为“空间围护的艺术”。

图1–67 森佩尔(1803–1879)

通过众多的哲学家、美学家、建筑师、建筑理论家和艺术学家的探究,在19世纪末的德国,建筑学第一次被称为空间艺术。于是,长期以来一直被看成是房屋的建筑,终于找到了它的归属以及最为独特的意义。这种意义对于建筑来说,是其他艺术所不能比拟的。这正如赛维所说:“建筑除了仅有长和宽的空间形式——即面,供我们观看的——以外,还给了我们三度空间,就是我们站在其中的空间。这里才是建筑艺术的真正核心。各种艺术的职能，在许多点上是相互交错的；建筑就有许多与雕刻共同之处，与音乐共同的就更多了。但它也有它特殊的领域和自己独特的趣味。空间就是它所独占的。各种艺术中，唯有建筑能赋予空间以完全的价值。建筑能够用一个三度空间的中空部分来包围我们人；不管可能从中获得何等美感，它总是唯有建筑才能提供的。绘画能够描写空间；诗，例如雪莱的诗，能够唤起人们对空间的印象；音乐则能给我们空间的类似形象；但建筑则直接与空间打交道，它应用空间作为媒介，并把我们人摆到其中去。”[1]

[1]［意］布鲁诺·赛维著．建筑空间论．张似赞译．北京：中国建筑工业出版社，1985，124

**20 世纪 70 代以前建筑的空间概念**

进入 20 世纪后，建筑空间从更广泛的空间概念中被限定出来，成为建筑学领域的一项首要工作，建筑师和建筑理论家们在各自的工作范围内探索和研究着新的建筑空间概念。一些现代建筑的大师们在他们所创造的新建筑中，向世人展示了一种前所未有的建筑空间；基于这些新的建筑空间，建筑理论家们纷纷著书立说，其结果导致了各种建筑空间概念的不断涌现。

图 1–68 吉迪恩（1888–1968）

美国建筑史学家吉迪恩（Sigfried Giedion，1888–1968，图 1–68）在建立建筑空间概念上恐怕是最有贡献的理论家。他在 1941 年出版了《空间·时间·建筑》（Space，Time and Architecture）一书。在书中，吉迪恩把建筑史纳入到各种空间概念化的体系中，把人类的建造历史划分为三个前后相列的建筑空间概念的阶段：

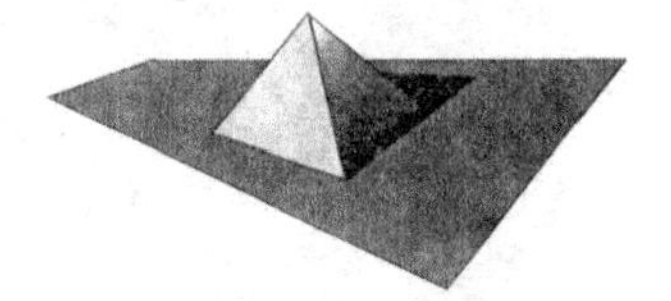
图 1–69　埃及金字塔图解

（1）人类在穴居时代，各种考证显示了他们有着惊人的创造力，但此时还不是建造。公元前 2000 年，偶尔出现了真正意义上的建筑，如美索布达米亚人和埃及人的金字塔。显然，这时的人们在思考着怎样去建造，不过暂时只是从外部出发，还没有出现真正的建筑空间。这可以称为第一个空间概念的阶段（图 1–69）。

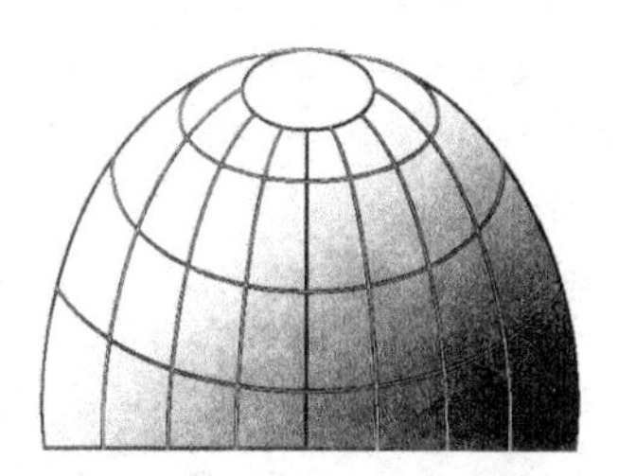
图 1–70　罗马万神庙图解

（2）到公元 100 年，古罗马万神庙第一次展示了一个被塑造的内部空间。它的意义在于，建筑空间得到了表达，而建筑外部却被忽略，至少是没有被赋予特别的意义。从此以后，建筑空间基本上同挖空的室内空间是一视同仁的，建筑空间由此步入历史。这种外部形式与室内空间的分离状态又持续了 2000 年。这可以称为第二个空间概念的阶段（图 1–70）。

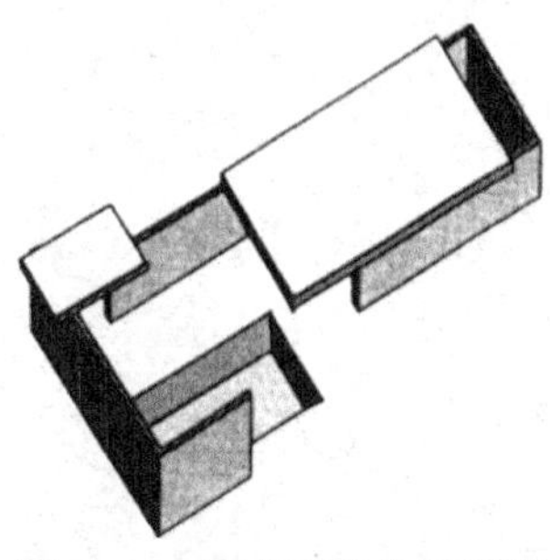
图 1–71　巴塞罗那世界博览会德国馆图解

（3）1929 年，密斯·凡·德·罗设计的巴塞罗那国际博览会的德国馆，使几千年的外部形式与室内空间的分离状态被一笔勾销。空间从封闭的墙体中解放出来，创造出室内空间之间，以及室内空间与外部空间之间自由流动、穿插和融合，产生了现代建筑的“流动空间”。这可以称为第三个空间概念的阶段（图 1–71）。

[1][挪威]诺伯格·舒尔兹著.存在·空间·建筑.尹培桐译.北京:中国建筑工业出版社,1990,9–10

[2][意]布鲁诺·赛维著.建筑空间论.张似赞译.北京:中国建筑工业出版社,1985,5

[3][意]布鲁诺·赛维著.建筑空间论.张似赞译.北京:中国建筑工业出版社,1985,19

吉迪恩对建筑空间概念的历史描述,摆脱了那种欧氏几何空间的思考方式,阐明了在人类意识中物质世界形象发生与发展的质的差异性。他说:"空间形象转移到情绪领域的过程,由空间概念来表现。它表明了人与环境的关系,精神上表现了人类对峙的现实。人们面前的世界,因空间概念而改变。如果空间概念起作用,则首先由该空间概念强制地、图形式地描绘出自己的位置。"[1]

意大利建筑理论家布鲁诺·赛维(Bruno Zevi)关于建筑空间概念及其重要性的论述,恐怕是后人引用得最多的观点。他在1957年出版了《建筑空间论》(Architecture as Space)一书。在书中,赛维抨击了用绘画、雕塑等艺术的评价方法来品评建筑的现象,强调了空间是建筑的主角,运用"时间—空间"观念观察了全部建筑历史。

针对传统建筑学中把古典建筑形式看作是一种"理想形式",而忽视建筑是为了营造空间这一根本目的,赛维指出:"问题在于建筑物事实上被当作似乎是雕塑品或绘画作品那样来评价,也就是说,当作单纯的造型形象,就其外表进行表面的品评,这不仅是评论方法上的错误,也是由于缺乏一种哲学见解而引起的概念错误。"[2]虽然建筑与绘画、雕塑在许多方面相互交错,但毕竟绘画是描绘空间,雕塑是塑造外部空间,而建筑是创造内部空间。只有这个内部空间,这个围绕和包含我们的空间才是评价建筑的基础,是它决定了建筑物审美价值的肯定或否定。在对绘画空间、雕塑空间和建筑空间分析的基础上,赛维给建筑空间的概念作了这样的定义:"空间——空的部分——应当是建筑的'主角'。"[3]

为进一步阐明建筑空间的概念和历史,赛维运用"时间—空间"观念对建筑历史进行了全面观察,并分析了每一时期建筑空间的基本特征。它们包括:(1)古希腊的空间和尺度;(2)古罗马的静态空间;(3)基督教的空间中为人而设计的方向性;(4)拜占庭时期节奏急促并向外扩展的空间;(5)蛮族入侵时期空间与节奏的间断处理;(6)罗曼内斯克式的空间和格律;(7)哥特式向度的对比与空间的连续性;(8)早期文艺复兴空间的规律性和度量方法;(9)16世纪造型和体积的主题;(10)巴洛克式空间的动感和渗透感;(11)19世纪的城市空间;(12)我们时代的有机空间。

挪威建筑理论家诺伯格·舒尔兹(Norberg Schulz)认为,1960年代以前的有关建筑空间方面的研究,由于概念规定不够明确以及缺乏"存在空间"这一关键结构,因此显得还不够完善。基于这种研究现状,舒尔兹在1971年出版了《存在·空间·建筑》(Existence, Space and Architecture)一书。在书中,舒尔兹十分详尽地分析和归纳了建筑空间理论的发展源流,提出了“存在空间”这一概念,论述了存在空间的诸要素和诸阶段。

舒尔兹以海德格尔的存在主义哲学为基础,并仰赖心理学、建筑学等方面的研究成果,首次将海德格尔的“存在空间”(Existence Space)概念引入到建筑空间的研究中。在舒尔兹看来,所谓“存在空间”,就是比较稳定的知觉图式体系,亦即环境的“意象”(Image)[1];所谓建筑空间,可以说就是把存在空间具体化[2]。二者的关系是,存在空间是构成人在世界内存在的心理结构之一,而建筑空间则是它的心理对应。

为了使存在空间的概念明确化和具体化,舒尔兹又提出了存在空间的五个阶段,它们是:(1)地理阶段,一个无法以欧几里德几何原理来理解的空间阶段,它是在“欧洲”、“国家”、“地区”这样的对象中来确立同一性的,突出了那里的文化的重要性。(2)景观阶段,通过人的行为与地区、植物分布、气候等的相互作用而形成,同一景观对不同的人来说,产生的意义却是不尽相同的。(3)城市阶段,在这一阶段,人自身的活动,即人与人工环境的相互作用,在多数场合决定着结构;个人可以找到一个在发展过程中与他人共有、并使自己得到最佳同一性感觉的结构化整体。(4)住房阶段,住房是把各种不同性质场所构成的空间具体化,作为担负意义作用的诸活动体系而被形象化。(5)用具阶段,用具为存在空间的最底层阶段,即家具和用品阶段,这个阶段的诸要素是作为住房中的焦点而起作用。

舒尔兹的建筑空间概念与其说是从属于体验,毋宁说是具有可以体验的结构。而在这一点上,可以从美国学者凯文·林奇(Keviu Lyuch)的思想中找到某些相似点。林奇在1960年出版了《城市意象》(The Image of The City)一书。在书中,林奇针对城市空间环境问题,提出了“可识别性”和“可意象性”两个概念。前者是后者的保证,但并非所有可识别性的环境都可以导致可意象性。可意象性是林奇首创的空间形态的评价标准,它不但要求城市空间结构脉络清晰、个性突出,而且应为不同层次、不同个性的人所共同接受。通过研究,林奇还提出了构成城市意象的五个要素,即道路、边界、区域、节点和标志。而这五个要素在舒尔兹的《存在·空间·建筑》著作中明显地被借用和发挥。

当然,在众多从事具体建筑实践的建筑师们的心目中,空间又是一个具象的概念。日本建筑师芦原义信在1975年出版了《外部空间设计》一书。在书中,他把空间定义为:“空间基本上

[1][挪威]诺伯格·舒尔兹著.存在·空间·建筑.尹培桐译.北京:中国建筑工业出版社,1990,19

[2][挪威]诺伯格·舒尔兹著.存在·空间·建筑.尹培桐译.北京:中国建筑工业出版社,1990,8

[1]芦原义信著.外部空间设计.尹培桐译.北京:中国建筑工业出版社,1985,1
[2][英]查尔斯·詹克斯著.后现代建筑语言.李大夏摘译.北京:中国建筑工业出版社,1986,78
[3]任军.当代建筑的科学观.建筑学报,2009(11),6

是由一个物体同感觉它的人之间产生的相互关系所形成的。"[1]根据一般常识,建筑空间是由"地板"、"墙壁"、"天花板"所限定。因此,芦原义信认为此三者乃是"限定建筑空间的三要素"。由于构成建筑空间的要素不同,于是就可以区分"内部空间"和"外部空间"。在书中,芦原义信还提出了"空间秩序"、"逆空间"、"积极空间与消极空间"、"加法空间与减法空间"等许多富有启发性的概念。

以上对西方建筑空间概念的发展作了简要阐述,需要指出的是,虽然20世纪西方建筑空间概念有了许多变化,但这些变化都与现代建筑思想的确立有着密切的关系:一是,当现代建筑产生之时,空间概念的根本地位就已形成;二是,当现代建筑发展到20世纪60年代,由于某些现代主义的思想遭到质疑,才导致建筑空间概念的层出不穷。

**20世纪80年代以后建筑的空间概念**

英国后现代建筑理论家查尔斯·詹克斯(Charles Jencks)在1977年出版的《后现代建筑语言》(The Language of Post-Modern Architecture)一书中,将20世纪60年代以后建筑空间所出现的变化称为"后现代空间",并从语言学上对现代派空间与后现代空间进行了比较。他认为:"现代派视空间为建筑艺术的本质,他们追求透明度和'时空'感知。空间被当成各向同性,是由边界所抽象限定了的,又是有理性的。逻辑上可对空间从局部到整体,或从整体到局部进行推理"。"与之相反,后现代空间有历史特定性,植根于习俗;无限的或者说在界域上是模糊不清的;'非理性的',或者说由局部到整体是一种过渡关系。边界不清,空间延伸出去,没有明显的边缘。"[2]詹克斯所界定的后现代空间的一些基本特征,在后来的建筑空间发展中,可以说越来越趋于明显,甚至走得更远。

如上文所述,西方当代哲学、绘画都发生了空间转向,建筑学也不例外,也发生了空间上的转向。有学者认为:"如果说20世纪八九十年代西方建筑理论界关注的是哲学理论的话,那么在新的世纪关注点集中到了科学。"[3]下面,主要从哲学、科学理论对建筑理论的影响,考察空间概念的变化。

当代建筑师常借鉴相关的哲学理论,发展出各式各样的建筑理论。这种现象在一些解构主义建筑师那里表现得尤为突出,如法国的屈米、美国的彼得·艾森曼、德国的丹尼尔·里伯斯金、荷兰的库哈斯等都是代表人物。屈米(Bernard Tschumi)主要以巴尔泰斯、德里达和福柯的哲学为基础,认为建筑的乐趣,"在于空间的概念和经验意想不到的巧合,在于建筑碎片在愉悦中碰撞和融合,在于建筑文化被无休止的分解和建筑规则被超越”[1]。在此观念的基础上，屈米进一步提出“事件·位移·空间”的概念，认为：“只有事件、空间和位移三个层次之间的显著关系是为建筑经验所做的。”[2]艾森曼(Peter Eisenman)先后以乔姆斯基的结构主义哲学、德里达的解构主义哲学和德勒兹的后现代哲学为基础，提出“弱形式”的建筑理论，以此来反对意味着强意义和图像学的“强形式”；在《视野的展开：电子媒体时代的建筑》一文中，艾森曼提出“回头看”的空间概念，认为这种想法开始取代以人类为中心的主题，回头看关心的是从空间的理性化中把主题分离出来的可能性，换句话说，就是允许主题拥有一种空间的视野。[3]为了达到这种空间回头看的目的，艾森曼采用了德勒兹关于“折叠”的概念和策略。里伯斯金(Daniel Libeskind)也是以解构主义哲学为基础，提出了他的空间概念。在2001年一次《建筑空间》的演讲中，里伯斯金把建筑空间看作是一种“冒险”，认为建筑有三个维度，即阅读、写作和记忆。“阅读建筑不是阅读文本，而是在传达和解读文本这个意义上的阅读——这些文本的表意语言并不是直白明了的。写作建筑不是写作文学文本，而是在把自己写进包含各种可能性的作品这个意义上的写作——这些可能性包括关联、姓名、地点、人物、日期以及反射和折射建筑的光等未知构造。第三个维度，记忆的维度，则把建筑带入了现实。”[4]在里伯斯金的概念性项目和实际性项目的设计中，我们都可以看到这种空间概念的表达。

当代建筑师还常常借鉴相关的科学理论和方法，发展出形形色色的建筑理论。实际上解构主义建筑师们在借助哲学理论的同时，也借助各种科学理论来形成他们的建筑理论。比如，艾森曼借助生物学、几何学和地质学等，形成他的“弱形式”理论；里伯斯金借助复杂性科学、数学等，形成“非线性建筑”；库哈斯(Ram Koolhaas)在社会学的基础上，借助数据分析等，形成“社会形态学”；盖里(Frank Gehry)借助几何学、自由曲面等，形成“随机形”；哈迪德(Zaha Hadid)借助形态学、流体力学等，形成“塑性建筑”；蓝天组借助非线性科学等，形成“开放建筑”。除此以外，21世纪的许多建筑师都进行了这方面的探索和研究，具有代表性的建筑师有美国的格雷格·林恩(Greg Lynn)，他以德勒兹哲学为基础，借鉴拓扑学、生物学、形态学和力学等，发展出“动态形式”理论，将传统意义上的静态空间推向一个新的动态空间的领域。荷兰的联合网络工作室(UN Studio)借鉴拓扑学、非欧几何学等，发展出“流动力场”；荷兰的NOX建筑事务所借鉴计算机、生物学和化学等，发展出“软建筑”；英国的FOA建筑事务所借鉴生态学、地质学和拓扑学等，发展出“系统

[1][美]查尔斯·詹克斯，卡尔·克罗普夫编著.当代建筑的理论和宣言.周玉鹏等译.北京：中国建筑工业出版社，2005，281

[2][美]查尔斯·詹克斯，卡尔·克罗普夫编著.当代建筑的理论和宣言.周玉鹏等译.北京：中国建筑工业出版社，2005，293

[3][美]查尔斯·詹克斯，卡尔·克罗普夫编著.当代建筑的理论和宣言.周玉鹏等译.北京：中国建筑工业出版社，2005，313–315

[4]彭茨等编.剑桥年度主题讲座：空间.马光亭等译.北京：华夏出版社，2006，42–43

[1]罗小未、张家骥、王恺.中国建筑的空间概念.顾孟潮等主编.当代建筑文化与美学.天津:天津科学技术出版社,1989,59

发生论”;澳大利亚的ARM建筑事务所借鉴复杂性科学、混沌学、分形几何学等,发展出“复杂建筑”;美国的渐近线设计组借鉴计算机、数学,发展出“数字建筑”,等等,不一而足。以上建筑师及建筑事务所基于信息时代的到来,纷纷对信息时代背景下的建筑空间理论与实践进行了广泛的探索,从目前的研究现状来看,虽然尚未形成统一而完整的理论体系,但也取得了许多新的进展,主要表现在以下几个方面:

(1)空间领域的拓展。由“物理空间”拓展到“信息空间”,二者之间的交互联系更加紧密,界限渐趋模糊。

(2)空间观念的改变。建筑空间概念发生了改变,过去仅有“实体空间”,而现代信息技术能够建构“虚拟空间”。

(3)空间形态的突破。一方面表现在实体空间上,出现了许多动态复杂的形态;另一方面,表现在虚拟空间中,形成了一些纯数字化的超空间的形态。

(4)空间生成的数字化。传统的空间生成,往往需要借助笔尺、图纸和模型等,在具体的空间生成中,很难解决形体的复制、转换等环节,而计算机的运用正好弥补了这种缺憾,在建构空间的过程中,很容易进行切割、扭曲、滑动、重叠等操作,使当代空间生成达到了前所未有的自由和复杂。

# 第三节 中国空间概念

## 一、古代哲学的空间概念

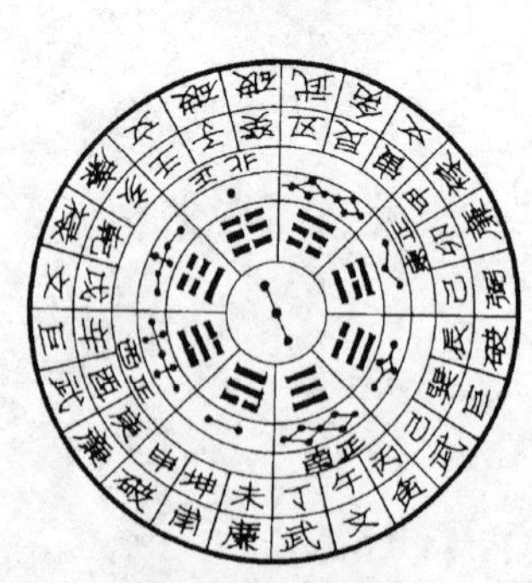


图1-72 太极图(也称为阴阳图)和八卦图

中国古代哲学具有丰富的哲学思想和众多的哲学流派,总的来说,它主要是由儒、道、佛三者的统一和互补组合而成。如果审视各派的基本哲学思想,就会发现它们在空间意识方面有着许多相似之处,尽管它们所使用的哲学语言各不相同,但其核心是一致的。也就是,“空间是两种对立力量和谐而又动态地共存的统一体,它们相互依存、相互作用、相互促进与相互转化”[1]。

**《易经》的空间意识**

早在儒学、道教和佛教哲学产生以前,中国的哲学家就在殷周时代以《易经》成书于世。《易经》虽属占卦书,但在其神秘莫测的形式下面,蕴含着深刻的哲学思维和朴素的辩证法思想,因而在中国哲学史上占有重要的地位。殷周的哲学家在《易经》中把“变”看作是宇宙的普遍规律。他们从自然现象的日光向背、昼夜更替中建立了“一阴一阳谓之道”的阴阳学说,认为世上万物皆来源于变化，而变化是对立的阴阳两极相互作用的结果，同时也正是这种变化，又使对立的阴阳两极共存于相互作用、相互转化的统一体。太极图也称为阴阳图，就是阴阳学说的典型代表。《易经》中用阳爻“-”和阴爻“- -”两种爻象来表示这两种对立力量，并根据自然现象中天、地、雷、风、水、火、山、泽等不同的阴阳对立、变化统一规律构成了八卦，共六十四种卦象（图 1-72、图 1-73）。六十四卦又由三十二个对立的卦组成，其

图 1-73　正在研究太极图的中国哲学家们

[1]老子,第四十二章
[2]老子,第四十章
[3]老子,第十一章

卦的爻象和爻辞反映了自然界和社会生活中的"大人"与"小人"、吉与凶、得与失、益与损、泰与否、既济与未济等一系列对立统一的现象。爻辞中有"小往大来"、"大往小来"、"无平不陂,无往不复"等等,都表现了物极则反的观点,承认对立的力量可以相互转化。利用阴阳八卦图,来解释宇宙万物生成和灭亡的变化,并由此进一步引申出社会、人生的变迁。正是《易经》的阴阳学说,为中国的空间概念奠定了最早的也是最根本的哲学范畴。

**儒、道、佛的空间意识**

图 1–74 孔子(公元前 551—前 479)

儒学创始人孔子(公元前 551– 前 479,图 1–74)继承了《易经》学说,他不仅把《易经》作为儒学的重要经典著作,而且承认事物的变化,认为隐藏在事物背后的那不为人所见的力量就是事物发展的动因。孔子所讲的"道"是"中庸",也即"中庸之道"。中庸又谓之"中行"、"中道"。这种中立而不倚的哲学思想,要求认识万物时,只看到事物的两个对立面,上与下、左与右其中之一方面,而没有看到另一方面都是错误的;要求处理万事时,既不能"过",也不能"不及",主张"过犹不及",过和不及都不好,均偏离了中道。孔子在肯定了"中庸"是立身行事的最高标准的同时,也强调万事万物中两个对立力量中"阳"的创造力,着重于对"有"的定性、定位与其特性的发挥。因此,以孔子为代表的儒家学说是要建立一种既有社会秩序又能满足人们生活的哲学,也就是入世的哲学。

图 1–75 老子(相传春秋末期)

道教学派创始人老子(相传春秋末期,图 1–75)的哲学思想主要体现在他的《老子》著作中。老子说,"道"是万物之本,即"道生一,一生二,二生三,三生万物,万物负阴而抱阳,冲气以为和。"[1]老子又说:"天下之物生于有,有生于无。"[2]这里所说的"有"和"无",其实是上述阴阳对立统一范畴的进一步发展。而"有"与"无"又是"有无相生"的关系。可见,这两个对立力量是和谐而又动态地共存,它们相互依存、相互转化,周而复始永不停息的规律,正是老子所谓的"独立而不改,周行而不殆"的"道"。空间作为看不见摸不着的、无规定性的"无",与具有一定形态的实体的"有"也是如此,它们相互依存、相互作用共处于一个连续运动的统一体。所以老子说:"三十幅共一毂,当其无,有车之用。埏埴以为器,当其无,有器之用。凿户牖以为室,当其无,有室之用。故有之以为利,无之以为用。"[3]深刻揭示了"有"与"无"的辩证关系。以老庄为代表的道教哲学,在强调"无"之功能和作用的同时,也把"无为而自然"作为他们的人生哲学,也就是出世的哲学。

自印度佛教传入中国后,不久就为中国文化所同化,逐渐产生出中国化的佛教哲学。究其原因,其中之一就在于它们有着共同的宇宙空间意识。佛教强调:“色不异空,空不异色,色即是空,空即是色。”“空”在佛教中并不意味着一无所有,而是指宇宙中那个同人们感觉器官能够感触认识的“色”相对而言的另一面。“空”与“色”的这种两相对等,隐喻着物质世界与非物质世界彼此共存和相互转化的关系。佛教教义中的因果、轮回都强调对立的两极在更高层次的时空结构中相互转化,不仅要考虑到在世,还要考虑到前世和来世[1]。

从以上中国古代哲学关于空间意识的简要阐述中,我们可以看到,空间是一个通过阴阳、有无、色空……等等两个对立力量和谐共存的动态的统一体,它们相互依存、相互作用、相互促进与相互转化。正是这种独特的空间意识,使中国的空间概念不是一种“处于物质元素之间的空隙”,而是一种“位于更高层次的关于宇宙、自然界、社会与人生的意念”[2]。正是这种意念深刻影响着古代中国人的生活方式、审美意识和艺术表现。

## 二、山水画的空间概念

根据历史的发展线索,中国山水画的空间概念可以划分为三个阶段:魏晋南北朝山水画的空间概念、唐宋山水画的空间概念和元明清山水画的空间概念。每一阶段空间概念的演进都是后一阶段对前一阶段的继承,是进一步的深化和完善,由此呈现出连续性的发展特征。

### 魏晋南北朝山水画的空间概念

具有独立意义的中国山水画正式发创于魏晋南北朝时期。山水画的开创人可推到南朝的画家宗炳(375–443)和王微(414–443),他们二人都是山水画理论的奠基者,尤其是在透视画法的阐述上即空间意识的特点上透露了千古秘蕴。

宗炳在《画山水序》中写道:“且夫昆仑山之大,瞳子之小,迫目以寸,则其形莫睹,迥以数里,则可围于寸眸。诚由去之稍阔,则其见弥小。今张绡素以远映,则昆阆之形,可围于方寸之内。竖划三寸,当千仞之高;横墨数尺,体百里之远。”[3]在这段话中,不仅瞳孔的“近大远小”的基本透视原理得到阐明,而且“张绡素以远映”其实讲的就是一种透视法,甚至连使用的材料——“绡素”,与后来达·芬奇使用的“玻璃”、丢勒使用的“纱幕”,在功用上都是完全一致的。可见,宗炳一语道破了透视法,这无论是在技术上还是在认识上都无可争议地要早于西方。

王微在《叙画》中又写道:“古人之作画也,非以案城域,辨方州,标镇阜,划浸流,本乎形者融,灵而变动者心也。灵无所见,故所托不动,目有所极,故所见不周。于是乎以一管之笔,拟

[1]罗小未、张家骥、王恺.中国建筑的空间概念.顾孟潮等主编.当代建筑文化与美学.天津:天津科学技术出版社,1989,60

[2]罗小未、张家骥、王恺.中国建筑的空间概念.顾孟潮等主编.当代建筑文化与美学.天津:天津科学技术出版社,1989,59

[3]王伯敏著.中国绘画通史(上册).北京:三联书店,2000,148–149

[1]宗白华著．艺境．北京：北京大学出版社，1997，114–115

[2]宗白华著．艺境．北京：北京大学出版社，1997，224

[3]宗白华著．艺境．北京：北京大学出版社，1997，215

太虚之体，以判躯之状，尽寸眸之明。”[1]王微在这段话中明确地提出要反对写实绘画，指出绘画不是面对实景，而是“以一管之笔，拟太虚之体”。也就是说，那无限的充满生机的空间才是绘画的真正对象和最高境界。所以，要从这“目有所极，故所见不周”的狭隘视野，以及实景中解放出来，放弃“张绡素以远映”的透视法。

宗炳和王微早在南朝时代，就已道破了透视法，但这种透视法在山水画中却始终没有得到运用，反而以一种无所谓的态度放弃了它的发展。由这两位山水画的开创人决定和指明了中国山水画的发展路线和方向。

**唐宋山水画的空间概念**

唐宋时期山水画的发展已经成熟，并于五代两宋达到了它的黄金时代。自南朝宗炳和王微放弃了西方式的透视法后，经过几个世纪的不断探索和研究，北宋画家郭熙（1023–1085）和自然科学家、思想家沈括（1031–1095）通过对山水画构图的总结，提出并建立了中国式的透视法。

郭熙在《林泉高致》中写道：“山有三远：自山下而仰山巅，谓之高远；自山前而窥山后，谓之深远；自近山而望远山，谓之平远。高远之色清明，深远之色重晦，平远之色有远有晦。高远之势突兀，深远之意重叠，平远之意冲融而缥缥缈缈。其人物之在三远也：高远者明了，深远者细碎，平远者冲澹。明了者不短，细碎者不长，冲澹者不大。此三远也。”[2]郭熙总结的山水画构图之法“三远法”：高远、深远、平远，实质上是一种不同于西方透视法的中国式的透视法。

图 1–76　范宽的《溪山行旅图》

郭熙除了总结出“三远法”以外，还提出了画花的观察角度，认为应从上往下俯视，以得其全貌。但郭熙对这个方法并没有做进一步的总结。倒是沈括在《梦溪笔谈》里明确了这个原则，他说：“大都山水之法，盖以大观小，如人观假山耳。若同真山之法，以下望上，只合见一重山，岂可重重悉见，兼不应见其溪谷间事。”[3]事实上，沈括是以此话来批评画家李成（919–967）所采用的“仰画飞檐”的画法。在沈括看来，画家画山水画，并不是像常人那样，站在平地上的某一个固定地点，仰首看山，而是采用俯视的方式，笼罩全景，以整体看待局部，即“以大观小”。

建立在郭熙的“三远法”和沈括的“以大观小”之法的中国式透视法，是一种有着多个不同视点的透视法。这种透视法通过俯与仰、前与后、近与远的视线方式以及彼此的关系，构筑了一个渗透“时间”因素的空间概念。而这种空间概念与文艺复兴时期产生的单一视点透视法所带来的空间概念是大相径庭的；同时这种空间概念也只能是在塞尚或更后些的立体主义绘画中才可能产生和形成。在这里,我们无意于讨论中西绘画史上这种跨越时空的不谋而合,只是想说明山水画发展到北宋时期,因中国式透视法的提出,从而建立了明确的空间概念。

这种空间概念可以通过北宋山水画家范宽(约950–1027)的《溪山行旅图》(图1–76)就可以领悟到。范宽在画中利用了两个或多个视点的方法,使在绝顶上俯视的山峰与从另一较低处仰视的山腰同时处于一个画面中,这种违背西方透视法的构图方式,即使是在今天看来,也并未使我们觉得它在透视学上有什么异常,相反,它却让我们完全沉浸于画中所带来的博大精宏的空间境界中。再如北宋画家张择端所绘的《清明上河图》,同样也是以中国式的透视法将汴河两岸数十里的景象,分为"郊

图1–77　张择端的《清明上河图》(局部)

[1]宗白华著.艺境.北京:北京大学出版社,1997,288

野”、“汴河”、“城关”不同的场面组织在一个完整的画面里,通过这种全景式的构图展现出北宋首都汴京从城郊农村到城市街市的繁华情景(图1–77)。

**元明清山水画的空间概念**

山水画发展到元代,“意境”的构置方式更多地由“写境”转变为“造景”。“写境”即“景中情”,“造景”即“情中景”;两种方式虽有不同,但无不以“情”和“意”为主导。元代在对主要趋向于写实传统的唐宋山水画的改造中,由再现性的写实风格走向表现性的写意风格,出现了山水画发展的又一个高峰。而这个高峰的实现,离不开文人画所起的决定性作用。一些文人画家本身就是诗人、书法家,更是将诗、书、画的结合推向完美的艺术境界,使元代山水画完成了诗书画印的统一(图1–78)。

元代以后,山水画通过调动诗、书、画、印一切可能的艺术手段,在造景的过程中,创造出形神一致、情景交融的意境来。反映在画面空间上,则是通过虚与实、疏与密、黑与白、浓与淡等的处理来实现。清代画家笪重光在《画筌》一文中写道:“空本难图,实景清而空景现。神无可绘,真境逼而神境生。位置相戾,有画处多属赘疣。虚实相生,无画处皆成妙境。”[1]寥寥数语道出了画面空间的表现方法。“实景”与“空景”的关系在于,实景的充分表达,无需空景的衬托;反之,空景的虚空处理,则更有利于实景的显现。画面空间因“有画处多属赘疣”,而“无画

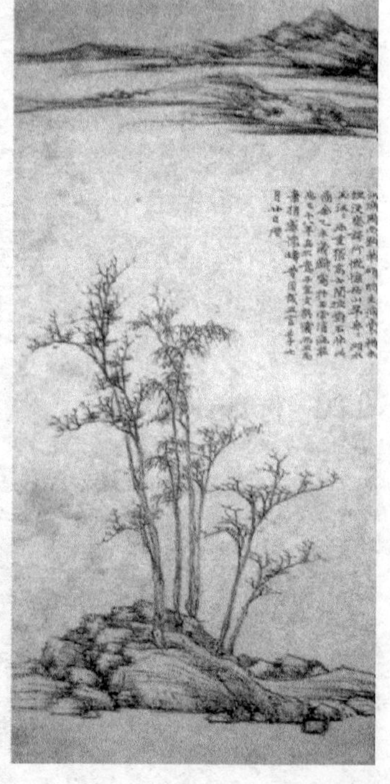

图1–78　倪瓒的《六君子图》(左图)和《渔庄秋霁图》(右图)

处皆成妙境”。这种虚实相生,无画处皆成妙境,也正是哲学上的空间概念在山水画中的具体体现。

另一位清代画家邹一桂说:“西洋人善勾股法,故其绘画于阴阳远近,不差锱黍,所画人物、屋树,皆有日影。其所用颜色与笔,与中华绝异。布影由阔而狭,以三角量之。画宫室于墙壁,令人几欲走进。学者能参用一二,亦具醒法。但笔法全无,虽工亦匠,故不入画品。”[1]邹一桂以中国山水画的传统立场认为西方绘画“笔法全无,虽工亦匠”,这自然是一种成见,西方绘画也不是不注重笔法,不讲究艺术境界。然而,在邹一桂的这段话中,却无意中道出了中西绘画在空间表现上的主要差异,即源自于两种完全不同的透视法。

[1]宗白华著.艺境.北京:北京大学出版社,1997,109

由此可见,中国山水画在南朝时放弃了西方式的定点透视法,在北宋时建立了中国式的散点透视法,其目的是利用这种透视法在二维的画面上,通过形神、情景、意象、虚实、动静的相依相生,来表达和创造出种种只可意会不可言传的情感、情趣、韵味和意境。

### 三、建筑的空间概念

从古代遗留下来的建筑文献来看,似乎不存在对空间这样一种事物的直接描述。但从其他古代典籍中,我们可以找到有关建筑空间的描述。比如,老子关于空间的一段至理名言,就是最好的佐证。因此,在这里把它作为中国建筑的空间概念作进一步的阐述。

**老子的建筑空间概念说**

《老子》第十一章说:“三十幅共一毂,当其无,有车之用。埏埴以为器,当其无,有器之用。凿户牖以为室,当其无,有室之用。故有之以为利,无之以为用。”在这段话中,老子要表达的含义实际上是比说明空间的价值在于“无”更为深刻的哲学思想。如上文所述,老子作为中国道教哲学的创始人,在他的学说中,“有”与“无”是代表着宇宙中两个对立力量的方面,万事万物都不可能只有“有”而没有“无”,也不可能只有“无”而没有“有”,也即“有”与“无”是相互依存、“有无相生”的关系。因此,老子在这段话中与其说是要说明“无”在车轮、陶器和居室中的作用,莫如说是通过三个具体的事物来说明“有”与“无”的对立统一的辩证关系。

若从建筑的角度来解释,房屋的门窗、墙垣是实体,由门窗、墙垣所限定出来的则是空间,实体为“有”,空间为“无”。由“有”与“无”的关系,可知建筑实体与建筑空间即是相依相生的关系。老子的这段关于建筑实体与建筑空间关系的名言,不

[1]项秉仁编著.赖特.北京:中国建筑工业出版社,1992,40

仅中国的建筑师喜欢引用,就连外国的建筑师也常常引用,甚至把它作为格言置于书籍的扉页。可见,它是具有世界性影响的。而这种影响的形成,又与美国建筑师赖特(Frank Lloyd Wrignt, 1869-1959)的功绩分不开。

赖特在他的"有机建筑"观念中主张空间是建筑的主体,他曾多次谈到并著书写到他的这一观念与中国老子空间学说的关系。他说:"据我所知正是老子,在耶稣之前五百年,首先声称房屋的实在不是四片墙和屋顶,而是在于内部空间,这个思想完全是异教徒的,是古典的所有关于房屋的观念的颠倒。只要你接受这样的概念,古典主义建筑就必然被否定。一个全新的观念进入了建筑师的思想和他的人民生活之中。我对这个观念的认识是直觉的。起初,我在以自己观念建造房屋时并不知道老子。我是很晚才发现老子的,而且纯属偶然。有一天我刚从院子踏进屋内,顺手掂起日本使节刚刚送来的一本书,就在这本书里,我读到了刚才所说的这个观念,它精确地表达了曾经在我思想和实践中所抱有的想法:'房屋的实在不是在四片墙和屋顶而在其内部居住的空间'。正是这样!原先我曾自诩自己有先见之明,认为自己满脑子装有人类需要的伟大的预见。因此我起初曾想掩饰,但终究不得不承认,我只是后来者。几千年前就有人作出了这一预言……我不能把这本书藏起来,也无法否认这一事实,因而沮丧万分。不过我又想到自己毕竟不是乞灵于老子。这是一个更深蕴的客观存在的事实,是永恒的并被坚持下去的事实。"[1]

从赖特的这段文字中我们可以了解到,老子的空间学说,在20世纪初期,因赖特的推崇,使它在建筑领域中具有了极其重要的地位和意义,也使它在世界范围内得到推广。然而,更为可贵的是,赖特将老子的空间学说进一步深化,转化为他的"连续性空间"的概念,在赖特去逝18年后的1977年,这一概念在国际建筑师协会通过的《马丘比丘宪章》中得到充分肯定,并确认为20世纪30年代现代主义建筑在建筑语言上所取得的成就之一。

**宗白华的建筑空间概念说**

在中国把"空间"作为建筑的一个基本要素,并真正意识到"空间"对于建筑的重要性的,大概是在20世纪初期。同西方19世纪末发展情况一致,对建筑空间的注意,也首先发端于美学。

中国著名美学家,也是中国建筑美学第一位拓荒者的宗白华先生(1897-1986,图1-79),在他长达半个多世纪的文艺美学研究中,建筑始终是他无法割舍的对象。然而遗憾的是,"这位大师对建筑美学的建树,并没有进入当代中国建筑家的视野。80年代开始的建筑美学研究,也没有接着宗白华讲。这或许是

图1-79 宗白华(1897-1986)

因学科间的隔阂，或许因这位大师所持的‘美学散步’式的治学风格……但正是这位学贯中西的大师，在似乎不经意的‘美学散步’中，已经为建筑美学建立了旁人难以企及的平台”[1]。

宗白华先生从1926年起，在《艺术学》和《艺术学(讲演稿)》中，探讨了作为艺术门类的建筑，并敏锐地将空间作为建筑的首要品质。在1928–1930年撰写的《形上学》一文中，他从中西哲学路线、中西法象的异同出发，论述了中西哲学思想的相同和相异，兼对中西建筑美学思想作了比较。1936年，他发表了《中西画法所表现的空间意识》、《论中西画法的渊源与基础》论文。1943年，他在一系列论文中探讨了“意境”问题，其中包括《中国艺术的写实精神》、《中国艺术意境之诞生》、《论文艺的空灵与充实》(1946年发表)等。1949年，他又发表了《中国诗画中所表现的空间意识》一文。从1960年代开始，宗白华先生有意撰写中国建筑美学的专论，其间发表了一系列的论文，从中可以看出他对建筑美学的浓厚兴趣和深层思考，如《道家与古代时空意识》(1959)、《中国艺术表现里的虚与实》(1961)、《中国美学史中重要问题的初步探索》(1979)等。

从以上罗列的美学论文中不难发现，宗白华先生对诗词、书法、绘画、建筑艺术中所表现的空间意识一向都非常重视和强调，并进行了持续的探索和研究。事实上，早在20世纪20年代，他就通过一系列的论文，提出了空间是建筑艺术的首要品质，并从空间这一视角把建筑艺术定义为：“建筑为自由空间中隔出若干小空间又联络若干小间而成一大空间之艺术。”[2]宗白华先生对建筑空间的认识，是植根于他的“生命本体论”观点的。他认为：建筑为创造空间的艺术，最初的目的为“应用”(Practical)，由此表现其“理想”(Idea)。也即，空间的深层意义，在于表达“生命的节奏”。所以，他在老子的哲理中发现了这种意义：“建筑和园林的艺术处理，是处理空间的艺术。老子就曾说：‘凿户牖以为室，当其无，有室之用’。室之用是由于室中之空间。而‘无’在老子又即是‘道’，即是生命的节奏。”[3]

宗白华先生不仅对中国艺术中的空间意识进行了研究，还对中西艺术中的空间意识作了比较。以建筑空间为例，他认为中国园林建筑艺术所表现的空间美感是具有民族特点的，与西方建筑有很大的不同：“古希腊人对于宇宙四周的自然风景似乎还没有发现。他们多半把建筑本身孤立起来欣赏。古代中国人就不同。他们总要通过建筑物，通过门窗，接触外面的大自然界。‘窗含西岭千秋雪，门泊东吴万里船’(杜甫)。诗人从一个小房间通过千秋之雪、万里之船，也就是从一门一窗体会到无限的空间、时间。这样的诗句多得很……都是小中见大，从小空间

[1]朱永春．宗白华建筑美学思想初探．建筑学报，2002(11)，44
[2]朱永春．宗白华建筑美学思想初探．建筑学报，2002(11)，45
[3]宗白华著．艺境．北京：北京大学出版社，1997，367

[1]宗白华著.艺境.北京:北京大学出版社,1997,369—370
[2][意]布鲁诺·赛维著.建筑空间论.张似赞译.北京:中国建筑工业出版社,1985,16

进到大空间,丰富了美的感受。外国的教堂无论多么雄伟,也总是有局限的。但我们看天坛的那个祭天的台,这个台面对着的不是屋顶,而是一片虚空的天穹,也就是以整个宇宙作为自己的庙宇。这是和西方很不相同的。”[1]

值得一提的是,宗白华先生对建筑空间概念的提出,与西方现代主义建筑创立新的空间概念的时间大体同步。但他对空间意义的论述,与西方现代建筑对空间几何形体和实用功能的强调,又有很大的不同:前者是将空间与作为主体的人和作为客体对象的自然发生关系,后者是将空间与科学和技术建立关系。所以,这两种空间观念在本质上是有很大差别的。

## 第四节　建筑空间类型

### 一、几种空间分类

在当今建筑学中,与空间一词连在一起创造出来的新概念可谓层出不穷,一方面表明了人们对建筑空间的重视程度越来越高涨,另一方面也反映出系统地把握建筑空间变得越来越困难。建筑师和建筑理论家们根据他们对建筑的认识、对空间的理解的不同,在提出不同空间概念的同时,也对空间类型进行划分,形成了各种各样的空间类型。在这里,主要从内外空间的划分及所形成的空间类型做一些讨论。

赛维说:“每一个建筑物都会构成两种类型的空间:内部空间,全部由建筑物本身所形成;外部空间,即城市空间,由建筑物和它周围的东西所构成。”[2]也就是说,每一座建筑物都包括了“内部空间”和“外部空间”这两种类型。但赛维并没有把外部空间看作是建筑空间,而是称为“城市空间”。其实,赛维对建筑空间的论述,主要局限在建筑的“内部空间”,强调内部空间是建筑的主角,是建筑的主要内容,是建筑艺术表现的主体,这是赛维建筑空间理论的亮点和精华。而对于建筑的外部空间,赛维显然不够重视,甚至忽视它的存在。

有意思的是,被赛维忽视的外部空间,却由芦原义信以“外部空间”为名加以研究,弥补了赛维建筑外部空间的缺陷。芦原义信从建筑空间实践的角度,把空间分为内部空间和外部空间两种类型,然后着重对外部空间的概念、要素、设计手法和秩序建立等问题,作了深入而系统的论述,最后指出:“外部空间设计就是把‘大空间’划分成‘小空间’,或是还原,或是使空间更充实更富于人情味的技术。一句话，也就是尽可能将 N 空间 P 化。”[1]

另一位日本建筑师黑川纪章认为，由于将事物区分成非“是”即“否”、非“室内”即“室外”，或者非“精神”即“躯体”，就使这两个极端之间的边缘地带上的那份温和荡然无存，牺牲于理性。[2]为此，他提出了一种介入室内与室外之间的空间类型，即“灰空间”，并且发现这种灰空间在日本人对空间的多样化处理方法中明显可见，例如，京都房屋的格子门、数寄屋式建筑中的室外走廊等，它们代表了一种典型的东方式的空间观念。

事实上，以上三种类型的空间在中国传统建筑中大量存在。以灰空间为例，正如《中国建筑史》所指出的那样，中国建筑“在古代茅茨土阶的条件下就用屋顶出挑的部分再次创造了一个檐下空间，以及亭廊等下部的廊下空间，形成了中国特有的空间层次，即在古代中国人的室外自然空间与室内生存空间之间横亘着院落空间、檐下空间、廊下空间等多重屏障，两极之间的多层次中性空间正是中国建筑群多层次的具体表现”[3]。由建筑空间的多层次性，我们可以把建筑空间分为三种类型，即内部空间、外部空间和灰空间。为充分阐明三种类型的建筑空间，下面结合中国传统建筑加以具体分析。

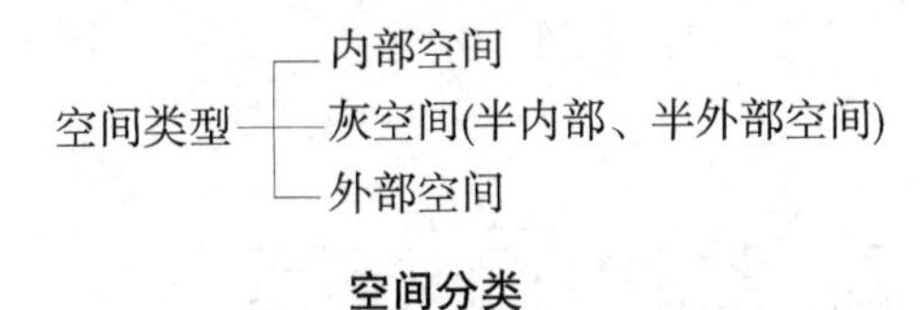


**空间分类**

## 二、类型之一：内部空间

从建筑构成来说，建筑空间是由“地板”、“墙壁”、“天花板”所限定。因此，芦原义信认为此三者乃是“限定建筑空间的三要素”；建筑师“就是在地面、墙壁和天花板上使用各种材料去具体地创造建筑空间”[4]。这三种基本要素可看成是限定建筑空间的“实体”部分，而由这些实体的“内壁”围合而成的“虚空”部分，则是建筑的内部空间。

虚空部分是相对于实体部分而存在的，二者是有无相生的关系。当作为围合的实体被拆除时，被围合的空间也就不存在；而当作为围合的实体建立起来时，被围合的空间的存在也就使实体的围合更具有意义。实体与空间的关系，若用现在的话来说，就是对立统一的关系。事实上，早在几千年前，老子就对这种关系作了哲学思辩，指出它们是“利”与“用”的关系。而“用”是相对于内部空间的使用者——人而言的，因此对空间的讨论，最终都要落实到人的空间，人的存在空间，乃至人性化的空间这

[1]［日］芦原义信著．外部空间设计．尹培桐译．北京：中国建筑工业出版社，1985，110

[2]黑川纪章．从新陈代谢到共生．郑时龄，薛密编译．黑川纪章．北京：中国建筑工业出版社，1997，218

[3]东南大学潘谷西主编．中国建筑史（第四版）．北京：中国建筑工业出版社，2001，241

[4]［日］芦原义信著．外部空间设计．尹培桐译．北京：中国建筑工业出版社，1985，2

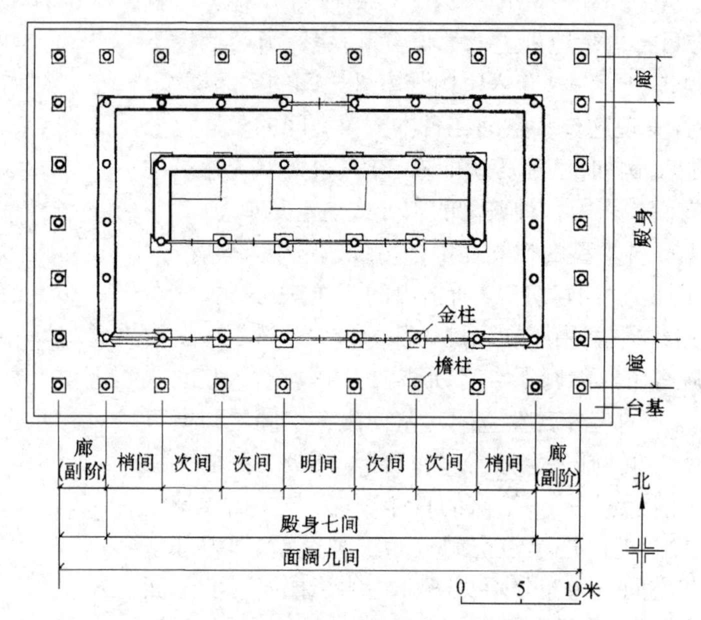


图 1–80　面阔 9 间,殿身 7 间的重檐单体建筑平面

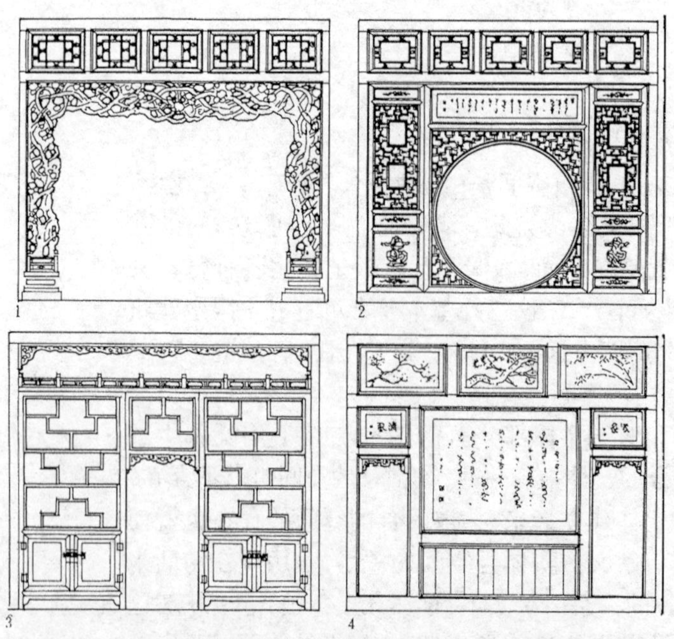


图 1–81　室内空间隔断 ;(1)落地罩,(2)圆光罩, (3) 多宝阁,(4)太师壁

一主题上来，才更具有意义。内部空间与外部空间和灰空间相比，可以说，内部空间是与人的关系最为密切的一种建筑空间类型。

中国传统建筑内部空间的形制如何，在一定程度上受到建筑材料和结构的制约。以最基本的单体建筑的构成来说，它的平面是以“间”为单位，由间构成单体建筑，而“间”又是由相邻两榀房架所构成。单体建筑最常见的平面是由3、5、7、9等单数的开间组成的长方形（图1-80）。至于长方形平面的进深多少，往往要与房屋的屋架要用多长的梁架同时考虑，因为古代建筑的用材主要是以木材为主，使得大梁的长度受到严格限制。通过确定梁架结构，不但可以得出平面的进深，还可以得出屋顶的高度。可见，建筑内部空间的形制与梁架结构有着密切的关系。而这种梁架结构正是中国传统建筑所特有的木构架结构，它的特点是以柱、梁、檩、枋作为承重构件，墙壁不承重，只起到围合、分隔和稳定柱子的作用，故有“墙倒屋不塌”的说法。建筑的内部空间，就是源于这种木构架结构的条件下形成的，它是不同于源自承重墙结构的内部空间。因此，内部空间就可以按照使用功能的要求，进行自由灵活的分隔，而不必受到结构的限制。

内部空间的分隔在唐代以前主要依靠“织物”来实现，而到了宋代则采用“木装修”（宋称“小木作”）来完成。《营造法式》中列出了7类小木作制度，共42个品种，用于室内隔断的就有10个品种，充分说明了宋代小木装修的发达和成熟。如作为隔断用的“隔扇”，唐代已有，宋代广泛使用，到了明清则更为普遍。它一般作为建筑物的外门或内部隔断，每间可用4、6、8扇，每扇均由边框、抹头等构件组成，分为花心与裙板两部分，唐代花心常用直棂或方格，宋代又增加了球纹、古钱纹等，明清时代的纹式则更多，已不胜枚举。再如作为半隔断用的“罩”，一种是落地罩，

图1-82　北京故宫太极殿室内空间隔断

图1-83　苏州留园林泉耆硕馆室内空间隔断

[1][日]芦原义信著.外部空间设计.尹培桐译.北京:中国建筑工业出版社,1985,3
[2][日]芦原义信著.外部空间设计.尹培桐译.北京:中国建筑工业出版社,1985,3、5
[3][日]芦原义信著.外部空间设计.尹培桐译.北京:中国建筑工业出版社,1985,5

另一种是飞罩,其形式可谓多种多样(图1-81)。隔扇和罩虽然都有分隔内部空间的作用,但二者又有不同,前者能使内部空间既可以完全封闭也可以完全开敞,后者能使内部空间隔而不断,似分未分。此外,屏风、博古架等都是分隔内部空间的常用手段。在北京故宫、颐和园和苏州古典园林建筑中,我们可以看到大量这方面的经典作品(图1-82、图1-83、彩图1、彩图2)。

### 三、类型之二:外部空间

外部空间是相对于内部空间而言的,如果说建筑实体的“内壁”围合而成的“虚空”部分,形成了建筑的内部空间;那么建筑实体的“外壁”与周边环境共同组合而成的“虚空”部分,则形成了建筑的外部空间。

芦原信义对外部空间的概念作了这样的定义,外部空间“是从在自然当中限定自然开始的。外部空间是从自然当中由框框所划定的空间,与无限伸展的自然是不同的。外部空间是由人创造的有目的的外部环境,是比自然更有意义的空间”[1]。由于被“框框”所划定,框框以内的外部空间是向内集中的“向心空间”,可以把它认为是“积极空间”;而框框以外的自然则是向外发散的“离心空间”,又可以把它认为是“消极空间”。积极与消极是相对于人而言的,只有满足人的意图和功能的外部空间,方可称之为积极空间。如今,外部空间已显示出越来越重要的地位和作用,人们从私密或半私密性的内部空间进入到公共或半公共性的外部空间,进行着广泛的社会交往,反映了人们对于户外活动的向往和需要。

既然内部空间和外部空间都如此重要,那么我们如何从建筑构成的角度,来区分这两种建筑空间的类型呢?芦原义信从他的建筑空间三要素出发,认为外部空间“可以说是‘没有屋顶的建筑’空间。即把整个用地看作一幢建筑,有屋顶的部分作为室内,没有屋顶的部分作为外部空间考虑”[2]。也就是说,内部空间是由地板、墙壁、天花板三个要素所限定;而外部空间则是由地面和墙壁这两个要素所限定。“外部空间就是用比建筑少一个要素的二要素所创造的空间”[3]。

在中国传统建筑中,并不是把各种使用功能都集中于一座单体建筑内来加以解决的,单体建筑只不过起到一个或数个功能用房的作用。当需要更多功能用房时,而单体建筑又无法满足,就会采用多座单体建筑来承载。这样,就由多座在功能上相互联系的单体建筑组合而成建筑组群。建筑组群的组合方式是以“庭院”为基本单元,当建筑组群规模不大时,可利用一个或二个庭院来组合;而当建筑组群规模较大时,则需要再设置更

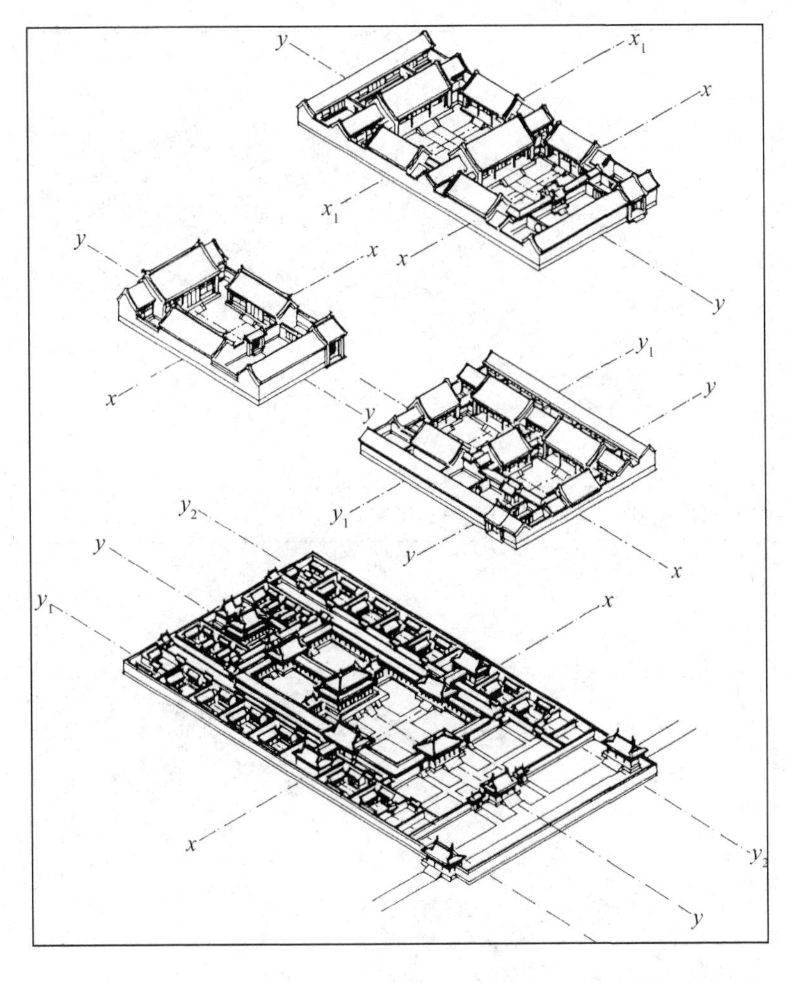


图 1-84　庭院组合

多的庭院，于是，庭院就成了中国传统建筑组群布局的灵魂（图 1-84）。以庭院为单元，平面铺开式的建筑组群可谓中国传统建筑的主要特征，虽然单体建筑的“体量”不大，但组群建筑的“数量”却很大。

庭院的围合方式多种多样，既可以用院墙、回廊、房屋围合，也可以采用以上的综合方法围合而成，形成封闭的庭院空间。由于庭院空间的独特作用，使它成为内部空间的延续，在内部空间不甚发达的情况下，庭院空间就可以成为有效补充。庭院空间在建筑组群的布局中，主要有两种完全不同的艺术手法：一种是，沿着一条纵向轴线，对称或不对称地布置一系列形状与大小各异的庭院和建筑，形成空间上的序列，使人们在体验了这些庭院和建筑的空间序列后，由艺术感受最终达到某种精神境界的升华。如北京故宫（图 1-85、彩图 3）。另一种是，采用没有轴线的自由布置的庭院和建筑，由于没有轴线，在空间布局上也就显得特别自由灵活，不拘一格。如苏州古典园林（图 1-86、图 1-87、彩图 4）。

图 1–87 苏州网师园水池东侧半亭及竹外一枝轩景观

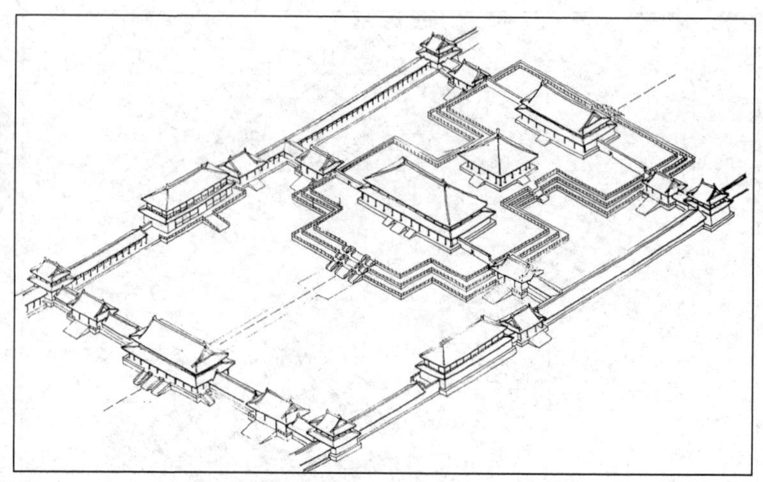

图 1–85 沿轴线布置的北京故宫三大殿

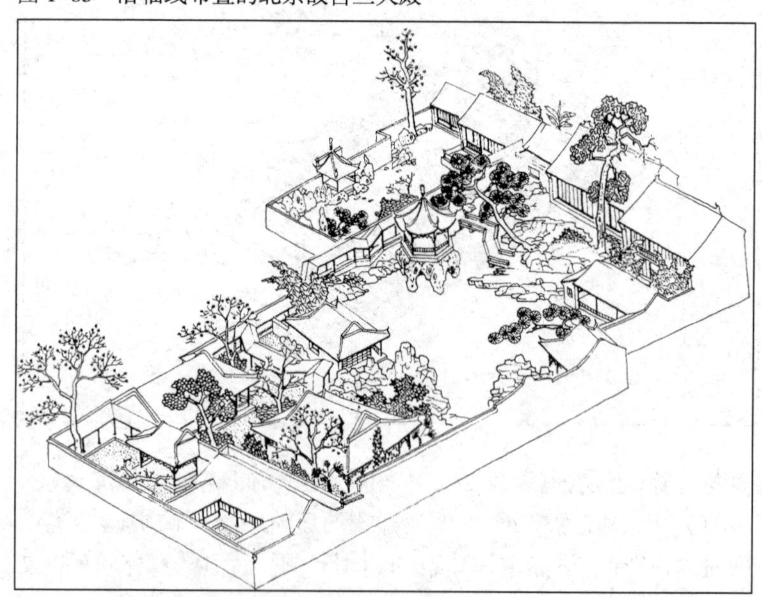

图 1–86 没有轴线自由布置的苏州网师园

## 四、类型之三 :灰空间

根据芦原义信的建筑空间三要素,已知内部空间由地板、墙壁、天花板三要素所限定,外部空间由地面、墙壁两个要素所限定。而灰空间则可认为是由地面、天花板两个要素所限定。

"灰空间" 概念是由日本建筑师黑川纪章提出。他在《日本的灰调子文化》一文中指出 :"作为室内与室外之间的一个插入空间,介于内与外的第三域……因有顶盖可算是内部空间,但又开敞故又是外部空间的一部分。因此,'缘侧' 是典型的 '灰空间',其特点是既不割裂内外,又不独立于内外,而是内和外的一个媒介结合区域。" [1]这里所说的 "缘侧",是指日本传统建筑中的檐下空间。实际上,这种檐下空间,以及廊下空间、亭下空

[1]黑川纪章. 日本的灰调子文化. 世界建筑,1981(1)

间大量存在于中国传统建筑中。由黑川对灰空间概念的提出和界定，我们可以看到，在建筑空间的类型上，除了内部空间和外部空间以外，还有的就是这种介于室内外之间的灰空间，它具有半室内、半室外的空间特性。

上文从建筑构成的要素方面对内部空间与外部空间进行了区分，需要进一步指出的是，内部空间与外部空间并不是完全隔绝的，二者之间又存在着必然的联系。现代主义建筑创造了“流动空间”的概念，意指通过墙体的穿插、渗透使室内与室内空间、室内与室外空间之间相互融合。事实上，在中国、日本传统建筑中，由于灰空间的存在，通过它的中介、连接、铺垫、过渡作用，早已打破了内部空间与外部空间的界限，使两种不同性质的空间走向融合。从现代建筑的空间概念到中日传统建筑的灰空间，都说明了内部空间与外部空间并非是孤立的和对立的，反而证实了人们在长期的建筑实践中，不断探索着如何消解室内外空间的截然界限。

在中国传统建筑中，由于庭院式建筑的特点，“廊”也就成了建筑中不可或缺的组成要素。廊具有用于交通联系，供人休憩、游玩和欣赏的功能，其形式有前廊、回廊、游廊等。前廊常设于殿堂建筑的前面，是建筑本身的一部分，因一面向着庭院，所以能起到殿堂内部空间与庭院外部空间的过渡作用，也是构成建筑造型上虚实变化的重要手段。回廊常用于围合庭院，对庭院空间的大小、形状起着限定作用，并能造成开敞、连通、闭塞等不同的空间效果。游廊多出现在园林建筑中，起着划分景区、增加景深、引导观赏路线以及造成空间变化等的作用。如北京颐和园中的“长廊”，长达 728 米，共 273 间，把前山各组建筑联系起来，成为前山的主要交通纽带，同时也是供人休憩、游玩和欣赏的去处。长廊的一个显著特点是，梁枋上的彩画共有 14000 多幅，但没有一幅是重复的。而更为重要的是，它是横亘在昆明湖与万寿山之间的一处半室内、半室外的廊空间（图 1-88、图 1-89、彩图 5）；还有苏州网师园的长廊也是如此（彩图 6）。

图 1-88　北京颐和园长廊之一

图 1-89　苏州拙政园水廊

总而言之，建筑空间包括了内部空间、外部空间和灰空间三种类型，这种多类型、多层次的建筑空间在中国传统建筑中表现得尤为突出，其特征具体表现在："灵活的内部空间"、"庭院式的外部空间"和"廊的半内部、半外部空间"。

［教学目的］

1. 了解中西诸学科的的空间概念及其发展脉络。

2. 理解建筑的内部空间、外部空间和灰空间概念。

［教学框架］

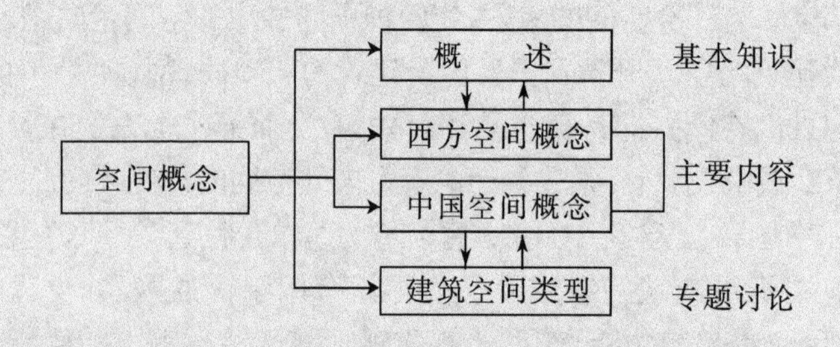


［教学内容］

1. 概述：空间概念的多义性，空间概念的形成和分类。

2. 西方空间概念：多学科、绘画、建筑的空间概念。

3. 中国空间概念：古代哲学、山水画、建筑的空间概念。

4. 建筑空间类型：几种空间分类、内部空间、外部空间和灰空间。

［教学思考题］

1. 在中西诸学科中，有哪些重要的空间概念？请将它们归纳、整理出来，并理解其含义。

2. 如何理解20世纪70年代后西方学术界发生的"空间转向"，尝试从哲学、绘画或建筑学的角度加以回答。

3. 如何理解内部空间、外部空间和灰空间概念，它们之间有什么区别与联系？

# 第二章 空间历史

## 第一节 概 述

### 一、中西传统建筑空间的发展特征

赛维说："在各种艺术中，唯有建筑能赋予空间以完全的价值。建筑能够用一个三度空间的中空部分来包围我们人；不管可能从中获得何等美感，它总是唯有建筑才能提供的。"[1]基于这种观点，本章在阐述"空间历史"时，不再像上一章"空间概念"那样作宏观的梳理，而是将其内容定位在建筑空间的发展历史上。试图通过建筑空间历史的描述和分析，由抽象的空间概念过渡到具象的建筑空间上来。此外，需要指出的是，作为上下几千年的建筑历史，本章并非是要涉及它们的全部，而是针对中西传统建筑中的空间问题作一简要讨论。

从世界文明史来看，古代曾经出现过七个主要的独立建筑体系，其中有的建筑体系已成为历史或流传不广，如古埃及、古西亚、古印度和古代美洲建筑等，唯有欧洲建筑、伊斯兰建筑和中国建筑被认为是世界上三大建筑体系。这其中又以欧洲建筑、中国建筑延续的时间最长，地域最广，影响也最大。不过，综观欧洲建筑和中国建筑的发展历史，它们又有着不同的发展路线，呈现出不同的发展特征。

以欧洲建筑为主体的西方建筑的历史，主要呈现为一种"阶段性"的发展特征。这种发展特征正如陈志华先生指出："欧洲作为一个整体，它的历史悠久，经历的阶段最多，每一阶段都发展得很充分，阶段性鲜明，因此，它的建筑的历史内容丰富多彩，有特殊的意义。"[2]所以，在由陈志华所著的《外国建筑史》（19世纪末叶以前），以及由同济大学罗小未主编的《外国近现代建筑史》这两本重要著作中，我们可以看到，西方建筑史经历了十分鲜明的阶段性发展：由古代到中世纪建筑，由中世纪到文艺复兴建筑，由文艺复兴到古典主义建筑，再由古典主义进而

[1]［意］布鲁诺·赛维著．建筑空间论．张似赞译．北京：中国建筑工业出版社，1985，124—125

[2]陈志华著．外国建筑史（19世纪末叶以前）（第二版）．北京：中国建筑工业出版社，1997，3

[1]李允鉌著．华夏意匠．香港：广角镜出版社出版，中国建筑工业出版社重印，1985，17

[2]《中国古代建筑史》五卷：第一卷，包括原始社会、夏、商、周、秦、汉建筑，刘叙杰主编，2003年出版；第二卷，包括三国、两晋、南北朝、隋唐、五代建筑，傅熹年主编，2001年出版；第三卷，包括宋、辽、金、西夏建筑，郭黛姮主编，2003年出版；第四卷，包括元、明建筑，潘谷西主编，2001年出版；第五卷，清代建筑，孙大章主编，2002年出版。以上五卷于2009年又出版了第二版。

[3]梁思成著．中国建筑史．天津：百花文艺出版社，1998，13

[4][意]布鲁诺·赛维著．建筑空间论．张似赞译．北京：中国建筑工业出版社，1985，37

转入到19世纪以来的近代建筑，并最终进入到20世纪初叶在世界建筑史上具有广泛影响的“现代建筑运动”。这种阶段性的发展过程，同样也为西方建筑领域所认同，如前些年由中国建筑工业出版社组织力量翻译并出版的由世界著名建筑史学家撰写的一套“世界建筑史丛书”中，就包括了《希腊建筑》、《罗马建筑》、《拜占庭建筑》、《罗马风建筑》、《哥特建筑》、《文艺复兴建筑》、《巴洛克建筑》、《新古典主义建筑与19世纪建筑》和《现代建筑》等等。

反观中国传统建筑的历史，则主要呈现为一种“连续性”的发展特征。这种发展特征正如李允鉌先生所说：“中国建筑是中国文化的一个典型的组成部分，它一如整个中国文化一样，始终连续相继，完整和统一地发展。”[1]所以，当我们阅读中国建筑史，如梁思成所著的《中国建筑史》、刘敦桢主编的《中国古代建筑史》、东南大学潘谷西主编的《中国建筑史》、肖默主编的《中国建筑艺术史》，以及近年来由多位学者撰写的代表了当今中国建筑史研究重要成果的五卷本《中国古代建筑史》[2]等等，不难发现，在这些著作中都传递出一个共同的认识，即中国传统建筑经历了十分明确的连续性发展：秦汉建筑是中国建筑的形成阶段，是发展的第一个高潮；唐宋建筑是成熟阶段，是发展的第二个高潮，也是中国建筑的高峰；明清建筑则是总结阶段，是继秦汉、唐宋建筑发展之后的最后一个高潮。

西方建筑的阶段性发展与中国建筑的连续性发展，形成了中西不同的建筑历史的发展特征。这两种发展特征不仅体现在中西建筑的布局、形式、结构、材料、装饰等层面，也体现在中西建筑的空间层面上，使西方建筑空间的发展呈现出阶段性特征，中国建筑空间的发展呈现出连续性特征。

## 二、影响建筑空间发展的“两个因素”

梁思成先生说：“建筑显著特征之所以形成，有两因素：有属于实物结构技术上之取法及发展者，有缘于环境思想之趋向者。”[3]赛维说：“含义最完满的建筑历史，是一种具有多种决定因素的历史，它传述历代建筑，几乎囊括了人类所关注事物的全部。建筑所满足的是如此多样的各种需要，因此，若要确切地描述其发展过程，就等于是书写整个文化本身的历史。这里应当历述造成这个历史的各种因素，并阐明有时是这个因素为主，有时又是另一个因素为主，综合地起作用而产生了各种不同的空间概念。”[4]在这里，主要从思想文化、技术条件两个因素，来讨论它们对建筑空间的形成与发展的影响，虽然这种影响没有涵盖各种因素，但它已经涉及建筑空间的诸多方面。

**宇宙观与自然观**

在思想文化因素中，天人关系可谓是最基本、最重要的问题。西方文化在远古人类意识中就已出现天人混沌不分的认识，随着文明的发展，对“天”的认识便有了明确的指向，即古希腊文化中的“诸神”以及古希伯莱文化中的“上帝”，由此产生了诸神与人不分、上帝与人相分的两种不同认识。以后，由希伯莱人创立的犹太教又经基督教的继承，更加信奉至高无上创造了天地万物的上帝（图 2–1）。基督教在其后的发展中，逐渐奠定了欧洲中世纪的思想基础，并深刻影响了西方文化的发展方向。所以，不少学者认为西方古代宇宙观是“神人相分”。希腊文化与希伯莱文化中有一点是一致的，即持有相同的自然观。希腊神话中普罗米修斯帮助人类偷取火种的故事，《圣经 · 创世纪》

图 2–1　12 世纪西班牙的一幅壁毯；壁毯中央是上帝，在他的周围，从左至右分别是亚当创造出夏娃，象征着自然生物的鸟和鱼，以及亚当为动物命名

图 2–2　人类建造“巴别塔”

[1]春秋繁露·阴阳义
[2]二程遗书,卷六

中记载的人类齐心协力建造“巴别塔”的故事(图2-2),以及人类始祖亚当、夏娃违背上帝的意志,偷吃禁果的故事等,都反映了西方古代文化中人与自然的对抗。同样,受基督教文化的影响,西方古代文化虽将人与自然看成是上帝的创造物,但也接受了人类被赋予上帝自己的形象,并享有对自然控制的特权,自然是作为人类的对立面而存在的。因此,西方古代的自然观是“物我二分”。

在中国古人的原始意识中也深藏着混沌未开的天人不分思想。春秋战国,这一思想又被众多的哲学家们提升为对整个宇宙的本源认识,如“天”、“道”、“阴阳”、“气”等。汉代哲学家、政治家董仲舒(公元前179–前104)说:“以类合之,天人一也。”[1]宋代哲学家张载(1020–1077)则在前人思想的基础上,明确提出“天人合一”的宇宙观。宋代哲学家、理学创始人之一程明道(1032–1085)也说:“天人本无二,不必言合。”[2]在这种宇宙观的定位下,中国古人形成了与之相适应的自然观。在老庄哲学中,就已阐明了“道法自然”、“我自然”、“返朴归真”等的深刻哲理。事实上,在中国古代文化中,对“自然”一词的理解,就包含了“自”与“然”这两个部分,即人类自身与周围物质世界。也就是说,中国人的自然观是将自然看作是包括人类自身在内的“物我一体”的观念,强调人与自然的和谐共生。

在这两种不同的宇宙观和自然观的影响下,中西传统建筑空间呈现出不同的发展旨趣。西方传统建筑追求的是一种“体量”上的扩大,它是将各种复杂的功能共同组织在一座个体建筑中,以个体建筑为基础,在平面方向和竖直方向上作最大限度的伸展。每一座有着巨大体量的个体建筑与周围自然环境往往缺乏应有的沟通,形成一种以自然为背景,截然孤立的空间氛围。建筑墙体是实体、固定的,也是厚重的,加上门窗都不很大,这样就很难达到室内外空间的沟通,造成一个与室外自然相隔绝的室内空间。

中国传统建筑追求的是一种“数量”上的增加,它是将各种使用功能分别布置在单体建筑中,以单体建筑、入口、廊庑、墙垣等围合而成的庭院为单元,构成在平面方向上可以无限延伸的建筑组群。而镶嵌在建筑组群中的庭院空间,又是自然空间,使得建筑与自然建立了一种有机的联系。建筑墙体则是虚体与实体相生,活动与固定并存,显得十分的灵活轻便。建筑的正面或背面(如南方建筑)常采用可以开启的隔扇门窗,使庭院自然空间与建筑室内空间互为流通,达到了建筑空间与自然的交融。

关于中国建筑与自然的关系,英国学者李约瑟(Joseph Needham)在他的名著《中国科学技术史》(*Science and Civilization in China*）一书中指出："中国人在一切其他表达思想的领域中，从没有像在建筑中这样忠实地体现他们的伟大原则，即人不可被看做是和自然界分离的，……自古以来，不仅在宏伟的庙宇和宫殿的构造中，而且在疏落的农村或集中的城镇居住建筑中，都体现出一种对宇宙格局的感受和对方位、季风、风向和星辰的象征手法。"[1]

**宗教与伦理**

西方文化包括两个源头：一是古希腊文明；二是古希伯莱文明。前者为西方文化奠定了理性精神，后者为西方文化提供了宗教尺度。希伯莱人在公元前1750年创立了犹太教，犹太人与神订立公约，即"神人立约"，所以，犹太教的经典《圣经》又称为《旧约全书》。罗马帝国时代，犹太教的一支继承了犹太教的立约之说，认为耶稣降世是上帝与人重新立约，于是又产生了"新约"。耶稣降世成人，死后复活成基督，所以这支宗教信仰又称为"基督教"。《圣经》告诫信徒们："你们要思念上面的事，不要思念地上的事。"[2]指出和规定了人存在于世的意义，在于"上面"而不在于"地上"。这样，就把人生的意义，完全寄托于上帝，寄托于超越世间的精神欢乐的彼岸，而把现世看作是一切痛苦根源的此岸。基督教的这种"对超越的向往"的宗教信仰，可谓影响了西方文化的方方面面。

在对待宗教问题上，中国文化与西方文化不同，古代中国人很早就意识到"天"或"神"的局限性，从而更多地着眼于现世的人间性。《礼记》说："事鬼敬神而远之。"就已说明当时"神本"观念的衰落和"人本"观念的兴起，人们关注的不是超越世间的彼岸，而是倾向于现世的此岸。于是，在中国古代文化以后的发展中，宗教信仰逐渐让位于儒家思想。因为儒家是入世的哲学，它所考虑的是如何做人，以及人与人之间的人际规范。《礼记》中所规定的"亲亲、尊尊、长长、男女有别"的原则，成为指示现世的人伦秩序。由此，这种秩序就成为人们关注的重心。当然，在儒学中也包含了敬天或敬神的思想，如祭天、祭祖、祭孔的儒家礼仪，但与西方宗教相比，儒家思想并不具备典型的宗教形态和意义。所以，中国文化是"淡于宗教"[3]，而"浓于伦理"。

宗教信仰与伦理秩序深刻影响了中西建筑活动，使得宗教建筑成为西方传统建筑的最重要类型，而宫殿建筑则成为中国传统建筑的最重要类型。在建筑空间的创造上，西方宗教建筑着力于垂直方向和水平方向的发展，并向上下、东西两个方向延伸空间。自下而上的方向，源于背离大地，面向苍穹的方位取向；由西向东的方向，源于背离太阳沉沦的西方，面向太阳升腾的东方的方位取向。自然，由方位取向也就决定了建筑轴线是上下

[1] [英]李约瑟著．中国科学技术史(第4卷，物理学及相关技术，第3分册，土木工程与航海技术)．汪受琪等译．北京：科学出版社，2008，64

[2] 新约·歌罗西书

[3] 参考梁漱溟先生的观点，见梁漱溟著．东西文化及其哲学．北京：商务印书馆，1999

图 2-3 中国人以北为尊的空间方位取向

孔子拜北斗七星图，选自《圣迹图》

[1]王贵祥.东西方的建筑空间.北京:中国建筑工业出版社,1998,79

轴线和东西轴线。中世纪哥特式教堂无不体现了这种向上腾飞、坐东朝西的空间布局形式,表达了上帝对信徒的慈悲,以及上帝至高无上的威严。

中国宫殿建筑则着力于水平方向的发展,并向南北方向延伸空间。由南向北的方向,源于古代中国人从对天空星相的星占和观察中,逐渐形成了以“北辰”为尊的观念,并由此衍生出相对应的,在大地上以“北”为尊的方位取向[1](图 2-3、图 2-4)。同样,由方位取向也就决定了建筑轴线是南北轴线。明清紫禁城可谓典型代表,集中体现了南北中轴线、左右对称、坐北朝南

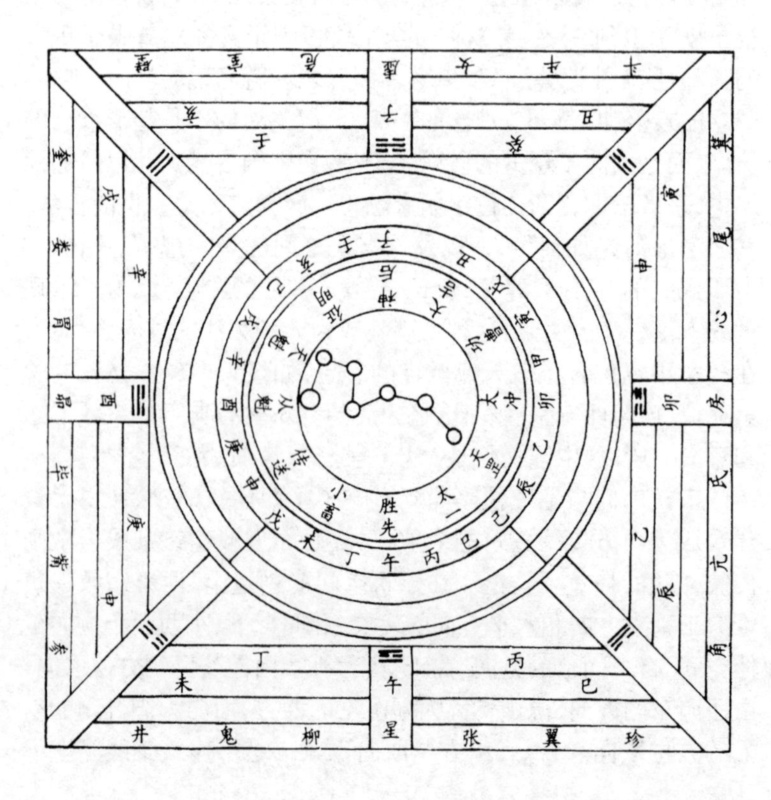


图 2-4 以北斗为中心的汉代式盘,中国人的方位抉择

的空间布局形式，表达了天子与子民的尊卑有别和等级制度，以及天子至高无上的威严。

**理性与审美**

古代西方人对事物的认识，往往沉迷于对事物本质的认知，而本质并非是直观经验所能把握的，于是，常运用抽象符号，来建立公理公式，探寻纯粹方法。所以，西方人的思维模式可以说是"思辨理性"。西方传统美学正是基于这种思维模式，使它具有以"真"为美的价值取向。首先，认为真实是美。古希腊哲学家柏拉图（Platon，公元前427–前347）和亚里士多德都说"模仿自然"是艺术的本质，尽管他们对这一概念的阐释不尽相同，但还是强调了艺术以生动如真为贵。其次，进一步认为可知事物才是美。即"只有可知事物才是真实的、完美的和永恒的；而可感事物则是表象的、有缺陷的和暂时的"[1]。可见，艺术的模仿并不仅仅是事物的表象，而是揭示事物的真实，探寻美的普遍规律和方法。古代西方人正是凭借了这种思辨理性的精神和以真为美的观念，提炼和归纳出"形式美"原则，认识到抽象几何形中所蕴含的秩序美。表现在艺术创作中，则是偏于写实，重在形式的塑造。

与西方人的思维模式相比，古代中国人的思维模式则是"实践理性"。这一模式无不渗透于艺术以及其他领域中，使中国传统美学充满了实践理性的精神。在中国传统美学中，首先，形成了主要是以"善"为美的价值取向。《礼记》说："先王之制礼乐也，非以极口腹耳目之欲也，将以教民平好恶而反人道之正也。"[2]明确指出了礼乐的功用在于教化人们"平好恶而反人道之正"。其次，"真"也是存在的，但它是从属于"善"的。庄子说："真者，精诚之至也，不精不诚，不能动人"。"真在内者，神动于外，是所以贵"[3]。在以儒学思想为主导的社会文化结构中，儒学所规定的礼制秩序成为维持现世的准则，并以此准则作为善的标准。因此，"尽善"才能"尽美"，则成了维系古代社会几千年的审美标准。由于实践理性的精神和主要以善为美的观念，使古代中国人从来就没有像西方人那样把形式美问题作为一个独立的范畴。表现在艺术创作中，则是偏于写意，重在意境的创造。

不同的理性精神和审美观念同样反映在建筑艺术中。西方传统建筑由于追求个体建筑的创造，在基本的造型元素上，都是具有人工趣味的纯粹几何形态。建筑外观的处理，有意强调由砖石砌筑的体量的各个部分，使建筑有着明显的实体量的感受。如屋顶的处理就是如此，或巨大的穹隆顶，或林立的尖塔，不仅富有几何形式的意味，而且也表现出向外扩张和向上伸展

[1]［英］伯特兰·罗素著．西方的智慧．崔权醴译．北京：文化艺术出版社，2005，19

[2]礼记·乐记

[3]庄子·渔父

[1]梁思成著．中国建筑史．天津：百花文艺出版社，1998，13

的造型特性。室内空间的处理，则通过装修、装饰等手段，创造出十分复杂、华丽的内部空间。

中国传统建筑由于追求组群建筑的创造，在单体建筑方面，并不刻意强调实体的体量感，这样，就无所谓几何形态，反而都是具有自然趣味的非几何形态。建筑外观的处理，由于出挑的屋檐、檐下的回廊、墙上的隔扇门窗的组合，使建筑造成虚体量的感受。屋面的凹曲线与檐口翼角凸曲线的结合，又使建筑在整体上表现出一种内敛的造型特性。室内空间的处理，虽然也是通过装修、装饰等手段，但却创造出简洁、素雅的内部空间。不过，这种风格特征发展到清代中期以后又发生了变化。

**材料与结构**

梁思成先生说："凡一座建筑物皆因其材料而产生其结构法，更因此结构而产生其形式上之特征。"[1]可见，材料与结构对于一座建筑物的形式特征的形成也起着重要的制约作用。

西方建筑在古代就已形成对石材的偏爱，并把它作为主要的建筑材料。由于石材的坚固性和耐久性，可能是这种偏爱的原因之一，古罗马建筑师维特鲁威在《建筑十书》中，提出了建筑三原则——"坚固、实用、美观"，其中，把"坚固"作为原则之一，就很能说明问题。在书中，维特鲁威还对石、砖等材料的种类、性质、用法等作了详尽的论述。西方传统建筑就是以这种砖石材料为基础，形成了与之相适应的"砖石结构"（图 2–5、图 2–6）。这种结构的特点：一是，承重结构与围护结构相重合。也就是说，砖石结构既是承重结构，也是围护结构。二是，开间

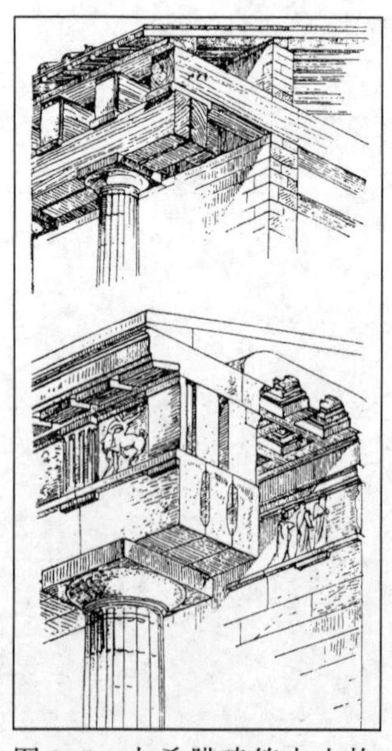

图 2–5　古希腊建筑由木构向石构的过渡

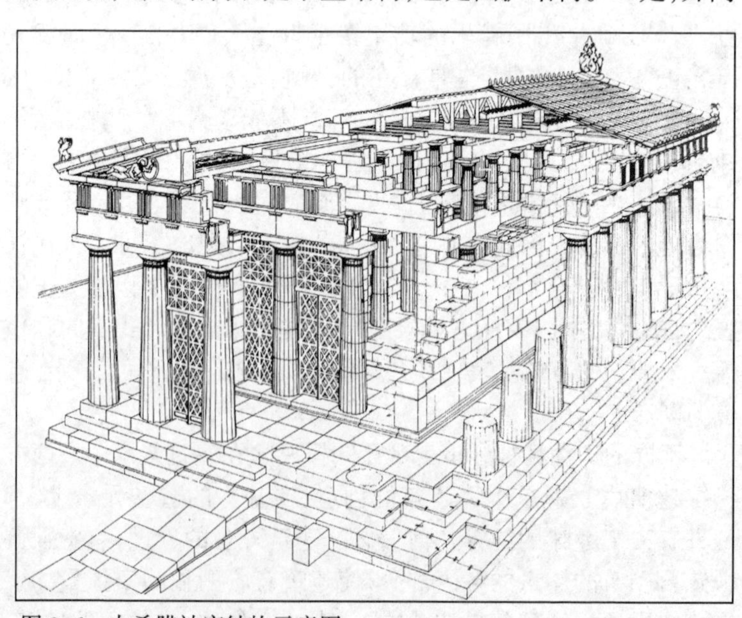

图 2–6　古希腊神庙结构示意图

较宽与进深较深。由于砖石结构可以避开梁架尺寸因材料所带来的严格限制,因而能够获得较宽开间和较深进深的结构组织。西方传统建筑在后来的发展中,结构上虽然经历了多次创新,但仍属于砖石结构。只是到了现代建筑后,建筑结构才摆脱传统的砖石结构的束缚,发展出"框架结构"。

中国建筑在古代同样也有自己钟爱的材料,即木材,并把它作为主要的建筑材料。关于中国传统建筑为什么选择以木材为主的建筑材料,而没有选择石材,在建筑界有多种说法,形成了诸家学说。其中,梁思成先生认为,中国人有"不求原物长存之观念"[1],反映在建筑中就是不求永远。中国传统建筑在以木材为建筑材料的基础上,发展出独特的"木构架结构"。这种结构方式主要有"穿斗式"与"抬梁式"两种(图 2–7、图 2–8)。

[1]梁思成著.中国建筑史.天津:百花文艺出版社,1998,16

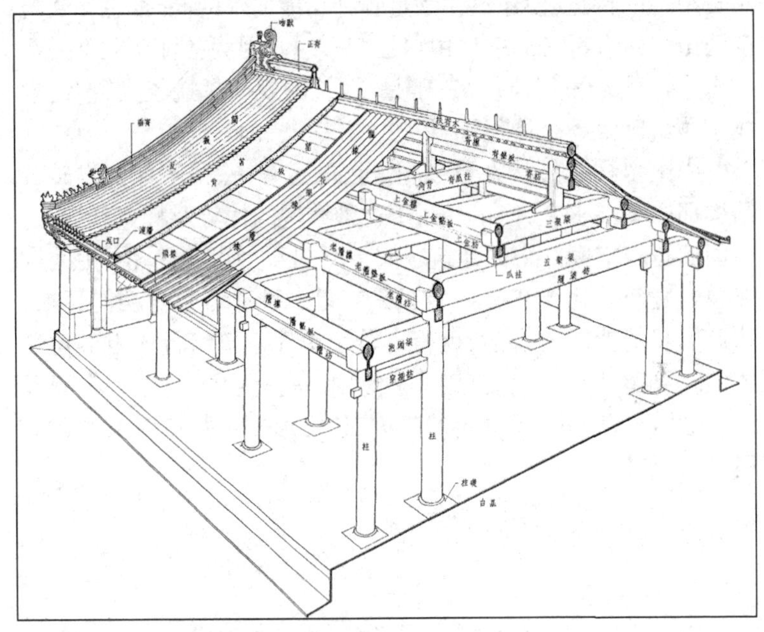

图 2–7　抬梁式木架构示意图

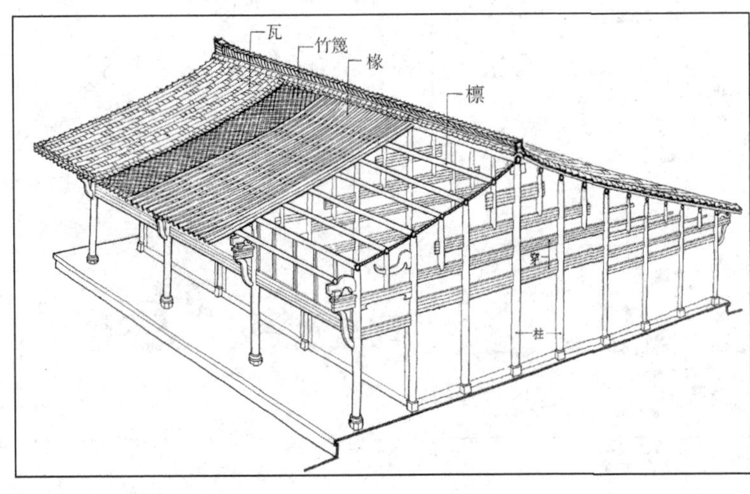


图 2–8　穿斗式木架构示意图

它的特点：一是，承重结构与围护结构相分离。由于木构架结构是通过柱、梁、枋、檩等构件来构成框架承载楼面和屋顶的荷重，因而墙体不承重，只起到围护的作用，因此有“墙倒屋不塌”的说法。二是，开间较宽与进深较浅。这是因为建筑的进深受到梁架尺寸的限制，而梁架尺寸又受到木材长度的严格制约，所以建筑进深一般都很浅。建筑的开间则可以随着梁架数的增加而不断地加宽，从结构技术上讲，建筑开间可以任意延伸。

材料与结构为中西传统建筑空间的发展提供了必要的技术条件。实际上，西方传统建筑空间的每一次变化，都离不开砖石结构的重大变革。古希腊的梁柱结构、古罗马的券拱结构、中世纪的各种拱券结构的形成以及在建筑中的应用无不如此。由于砖石结构的特点，使建筑在满足各种功能要求的同时，也使建筑空间由小变大、由低变高、由单层变多层。因为各种功能都是在一座个体建筑里得以解决，于是，建筑的规模越造越大，最终形成了体量巨大的个体建筑。

中国木构架结构在形成与发展的过程中，虽不如西方砖石结构那样不断求变，但正是由于这种结构的优势及特点，成就了中国的建筑空间。中国建筑空间是以“间”为基本单位，由间构成单体建筑。由于单体建筑只是满足一种或者数种功能要求，因此当功能要求复杂后，就得以若干单体建筑组合成组群建筑才能得到解决。于是，建筑空间就由一座变多座，由一组变多组，如此延展下去，规模越造越大，最终形成了数量庞大的建筑组群。

图 2–9　穴居→地面房屋（左图）和巢居→干阑式建筑（右图）发展示意图

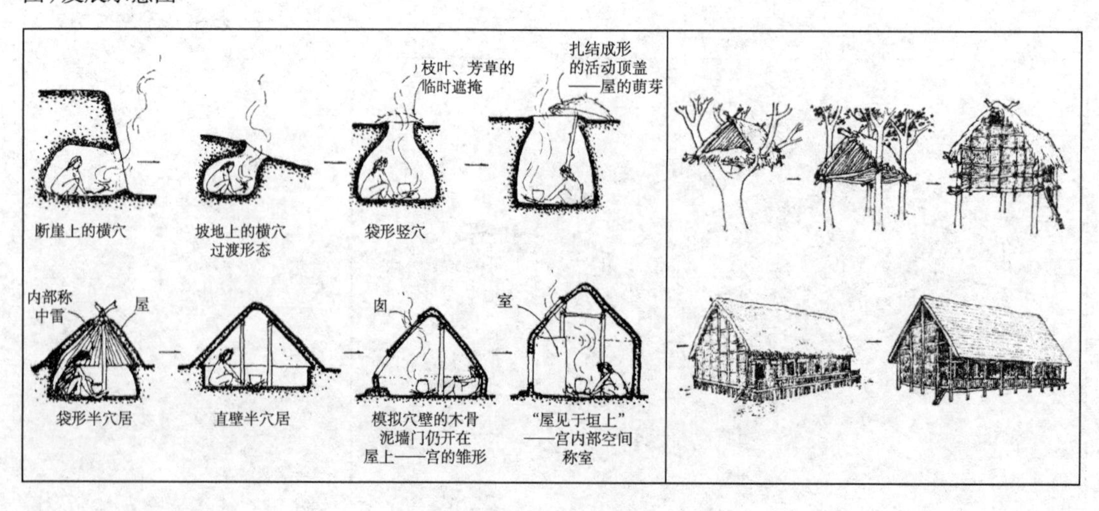

## 三、建筑空间的起源

建筑空间的起源可以追溯到史前时代,先民们为了基本的生存在与自然界作斗争的过程中,创造了史前建筑。据中外学者研究发现,在目前所知的世界上大多数地区,史前时代的建筑大都具有许多相似之处,最初都是为了生存而构筑巢居、穴居建筑,以后都是为了集体活动而产生"大房子"建筑,进而又都是为了祭祀活动而设立祭坛、神庙建筑等。随着建筑的使用目的不同,建筑空间的性质也日益复杂化。

图 2-10　马克·安东尼·洛吉耶将一座"原始棚屋"定为建筑的起源

最初的房屋经历了由天然遮蔽所发展到人工遮蔽所的过程。在我国许多地区已经发现的原始房屋遗址大量存在,这其中具有代表性的房屋遗址主要有两种:一种是"巢居";另一种是"穴居"。巢居发源于长江流域,由一棵或几棵相邻大树上共构一巢,最后演变为干阑式建筑。穴居发源于黄河流域,由竖穴和半穴居,最终发展为木骨泥墙的地面房屋(图 2-9)。法国学者马克·安东尼·洛吉耶(Marc-Antoine Laugier,1713-1769)在 1755 年出版的《论建筑》著作中,将一座"原始棚屋"设定为建筑所有可能形式的起源,并认为建筑的柱、楣、山墙都起源于原始棚屋,成为所有建筑的尺度和标准(图 2-10)。法国建筑史学家维奥莱特·勒·杜克(Eugène-Emmanuel Viollet-le-Duc,1814-1879)在 1876 年出版的《历代人类住屋》(The Habitations of Man in All Ages)著作中,以"第一座住屋"为题,设想了先民们正在建造房屋的情况。他们先将树干的顶端捆扎在一起,然后在周围的表面上利用小的树干和树枝将它们编织起来,于是形成了一种圆形树枝棚式的房屋(图 2-11)。当然,除了以上几种原始房屋外,还有帐篷式房屋(图 2-12)、水上房屋、长方形房屋等。这些房屋均反映出某种共通的特征,即先民们为了躲避来自大自然的侵袭而营造建筑,虽然建筑的形式各异,但都是基于各地的气候条件、地理特征、地方材料发展起来的。

图 2-11　维奥莱特·勒·杜克设想的"第一座住屋"

进入氏族社会后,先民们便过着以农业为主的定居生活,出现了氏族聚落。在聚落中,除了主要用于物质生活的住房之外,还出现了一些与精神生活密切相关的房屋,这些房屋的最早代表就是所谓的"大房子"。它在聚落中可能兼有集会和祭祀的功能。例如,中国仰韶文化时期的陕西临潼姜寨聚落遗址,居住区共分为五组,每组都以一座大房子为核心,其他较小的房屋则环绕着中央空间与大房子作环形布置(图 2-13)。在西安半坡村遗址,大房子室内有四根柱子,中央是一个火塘(图 2-14);甘肃秦安大地湾遗址的大房子室内有两根柱子,中央也是一个火

图 2-12　1871 年,由 W.H. 杰克逊拍摄的美国爱达荷州一户班诺克居民之家

塘。令人惊奇的是,这种相似的情况在欧洲迈锡尼文化遗址中也有发现。在迈锡尼文化遗址建筑组群的中央,往往有一座称为“麦加仑”式的建筑,也即大房子的意思,其室内通常也有四根柱子,中央是一个火塘。据考古学研究,火塘最初主要是出于炊事食物和取暖之用,久而久之,人们对待火塘的态度由实用转为崇拜,并与氏族祖先的崇拜结合在一起。

到了殷商时代,有了“祀于内为祖,祀于外为社”的制度,即祭祀祖先在室内,祭祀自然神灵在室外,把奉祀祖先神位的房屋称为“神庙”,而把奉祀自然神灵的建筑称为“祭坛”。中国最古老的神庙遗址发现于红山文化时期的辽宁建平县,它是一座有着多重空间组合的女神庙(图 2–15)。在内蒙古大青山一带也发现了两座祭坛遗址,两座祭坛都是沿轴线采用石块堆砌而成,所不同的是,一座祭坛沿由南向北的轴线形成方坛,另一座祭坛沿由北向南的轴线形成圆坛(图 2–16)。在其他早期文明中,同样存在着大量献给神灵的建筑,如埃及的金字塔、两河流域的山岳台、美洲古代的金字塔等等。在欧洲早期文明中也发现了类似的祭祀自然神灵的建筑遗址,如英国索尔兹伯里的“石环”,据说巨石的排列和组合与太阳、月亮、星辰的移动有关,可能是用于观测太阳或星相,并进行某种与太阳崇拜相关的祭祀活动(图 2–17)。法国卡纳克大西洋海洋一带,有超过 10000 块的巨石朝着海洋排列,被后人称之为“列石”(图 2–18)。再如地中海马耳他岛上的原始神庙遗址等(图 2–19)。

从以上早期建筑的发展情况来看,由最初的居住建筑演进到后期的公共建筑、宗教建筑,建筑的性质发生了很大变化。人

图 2–13　陕西临潼姜寨聚落遗址复原

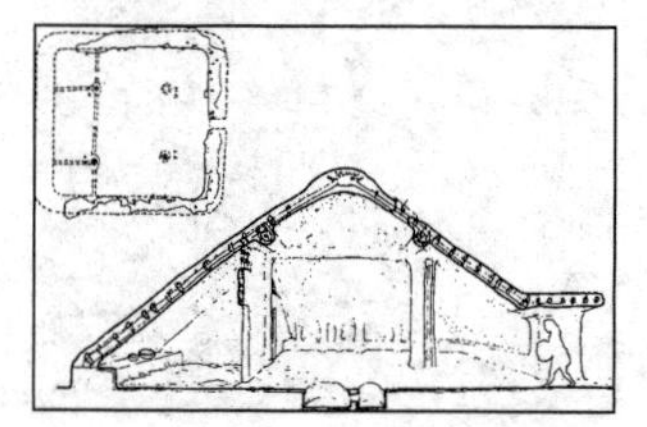

图 2–14　西安半坡村遗址“大房子”复原

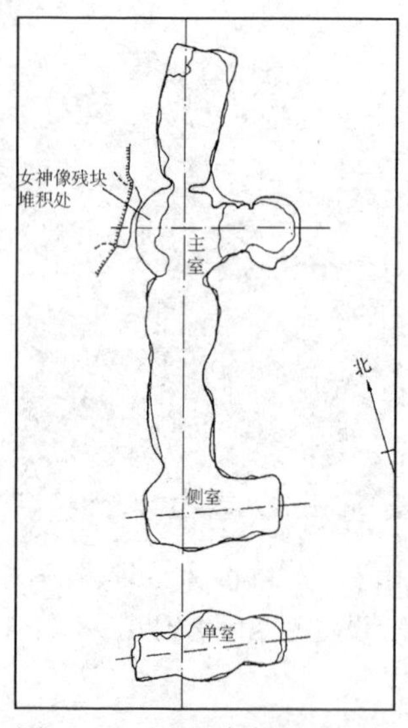


图 2–15　辽宁建平县牛河梁女神庙遗址

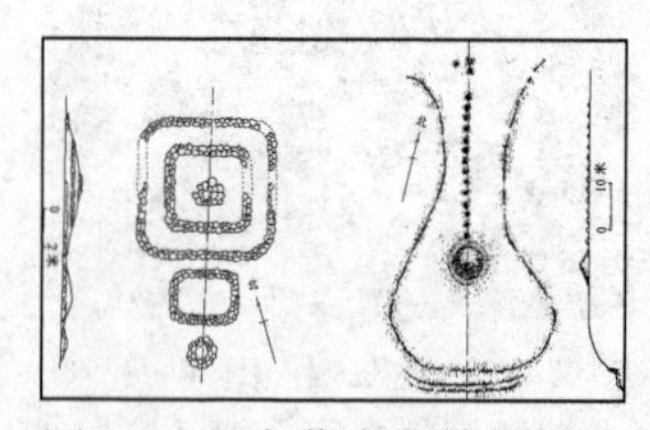

图 2–16　内蒙古原始祭坛遗址二座

图 2–17　英国索尔兹伯里的“石环”

图 2-18　法国卡纳克大西洋海洋一带的“列石”

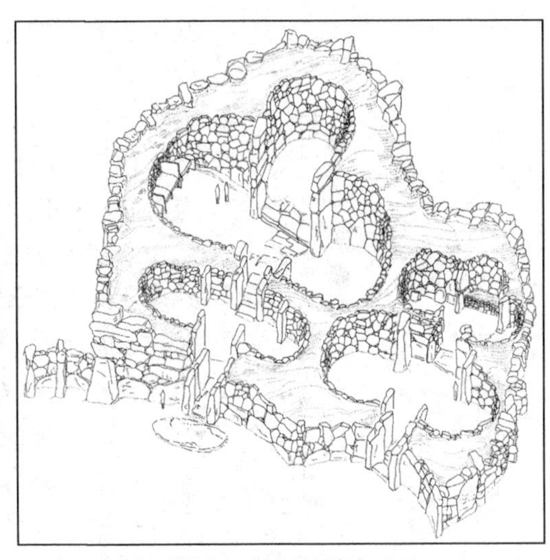

图 2-19　马耳他岛上的原始神庙遗址

们对建筑空间的追求，不再仅仅把它看作是物质生活的工具，同时也把它看成是满足精神生活的场所。由人的生活空间，发展到与神相沟通的中介空间。

## 第二节　西方传统建筑空间发展历程

### 一、古代建筑空间

西方古代建筑主要包括了爱琴文化建筑、古希腊建筑和古罗马建筑。爱琴文化建筑与古埃及建筑相互影响，它的一些建筑成就由古希腊建筑所继承，通过这种关系，古埃及建筑也对古希腊建筑产生了影响。由于希腊文化与爱琴文化的关系，在阐述西方古代的建筑空间时，主要着重于古希腊建筑和古罗马建筑。总的来说，古希腊建筑是欧洲建筑的开拓者，它所取得的成就为古罗马建筑所继承；但古罗马建筑在其基础上又有着非凡的创造，达到了古典时期建筑的最高峰。所以，欧洲人有一句谚语：“光荣归于希腊，伟大归于罗马。”

**古希腊建筑空间**

在希腊文化中，希腊人对神人关系的认识并没有做出严格的区分。关于这一点，我们可以通过希腊神话了解到，神话中的诸神与人相差无几，同样具有人的喜怒哀乐，同样像人一样争奇斗胜，不时还出现一些半神半人形象的描述，以及神与人之间所发生的故事的记述。神话中所体现出来的这种神人不分的交融景象成为希腊文化的一个重要特点。这种特点也直接反映在希腊建筑中。古希腊建筑经历了荷马文化、古风文化、古典文化和希腊化四个时期的发展，它的主要成就是神庙建筑，以及以神庙为中心的圣地建筑群。

最初的神庙只有一间“圣堂”，其形制脱胎于爱琴文化的宫殿建筑的“正室”（图 2–20）。由于神庙的圣堂是用来祭祀守护神的场所，而宫殿正室是用来祭祀祖先的地方，代表了先进与保守两种不同的文化。因此，新的神庙形制也就不可能沿用旧的宫殿形制。首先，在建筑内部空间方面，圣堂里的守护神祭坛代替了正室里的象征祖先崇拜的火塘；其次，在建筑外观方面，在室外进行的对守护神的祭祀活动代替了在室内进行的对祖先的祭祀活动。事实也是如此，在圣地上人的各种活动都是在室外进行的，神庙处于活动的中心，因此它的外观也就显得格外的重

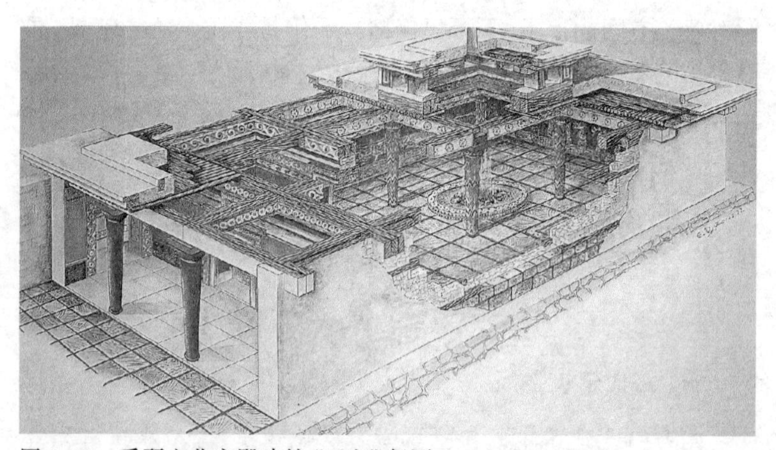

图 2–20　爱琴文化宫殿建筑“正室”复原

图 2–21　雅典卫城复原

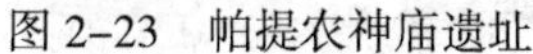
图 2–23　帕提农神庙遗址

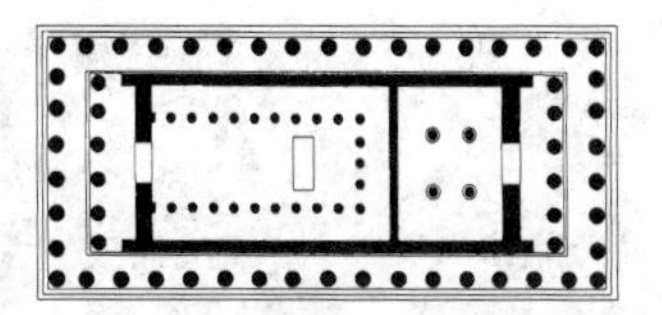
图 2–22　帕提农神庙平面

要(图 2–21)。在长期的建筑实践活动中,希腊人逐渐认识到这一点,并将神庙建筑由“前廊式”发展到“围廊式”形制,由“木结构”过渡到“石结构”梁柱体系。

例如,著名的雅典卫城的帕提农神庙,就是一个典型的由四周柱廊环绕着中央圣堂和方厅的建筑形制,除屋顶以外,全部用白色大理石建造。它的内部空间被分成东、西两半,朝东的一半是一个不大的封闭的圣堂,内部除大门一面之外,另外三面都设有多立克列柱,列柱的中央,立有守护神雅典娜的雕像,雕像是用象牙和黄金制成,显然,这个封闭的圣堂是为雅典娜而设的空间。在圣堂之外,有一个用多立克柱环绕而成的柱廊空间,这是为人们祭祀守护神时,举行游行和礼仪等活动而设的空间,或者说是为人而设的空间(图 2–22、图 2–23、彩图 7)。其实,构成这些柱廊的柱子本身,已经体现了古希腊以人体为美的人本主义思想,如多立克柱式是模仿男性人体,爱奥尼克柱式是模仿女性人体。如果说这种模仿还过于抽象,那么有的神庙则直接把具象的人体形式作为柱子的造型。如伊瑞克提翁神庙的“人像柱”,就是一个典型的例子(图 2–24、图 2–25)。

由此可见,希腊神庙建筑的中央圣堂是一个封闭的神的空间,环绕中央圣堂的柱廊则是一个明敞的人的空间,人与神的交融不是在内部,而是在外部,在圣地上,在卫城上。正如英国建筑理论家帕瑞克·纽金斯说:“庙宇与其他建筑物(公共场所或市场)都是外部建筑。他们的全部兴趣和追求都表现在建筑的外部。……人与众神相互间的影响发生在室外。”[1]

[1]帕瑞克·纽金斯著.世界建筑艺术史.顾孟潮、张百平译.合肥:安徽科学技术出版社,1990,100

图 2-25　伊瑞克提翁神庙的“人像柱”

图 2-24　伊瑞克提翁神庙遗址

**古罗马建筑空间**

古罗马经过长期的对外扩张，于公元前 30 年建立了帝国。这一特殊的发展经历，使罗马文化形成了两种不同的特征：一方面，尊重传统，强调秩序，崇尚军事威力；另一方面，敬重希腊文化。由于军事征服，罗马帝国控制了西欧大部分地区，尤其是希腊化地区，因无法抗拒希腊文化的魅力，这个地区被统一后，它们的文化交流融合，经济发达，技术空前进步。古罗马正是在这样一种文化氛围，以及优越的经济、技术条件下，特别是凭借古代世界最进步的建筑技术——券拱结构，创造了伟大的建筑。古罗马建筑经历了伊特鲁里亚、罗马共和国和罗马帝国三个时期的发展。古罗马建筑的类型很多，但公共建筑和神庙建筑是它的主要代表。

古罗马继承了古希腊的宗教以及神人交融的观念，但在神庙建筑的形制、空间上却有着不同的表现。罗马神庙不像希腊神庙那样建在圣地上，而是建在城市广场边；也不像希腊神庙那样采用围廊式，而是采用前廊式。例如著名的罗马万神庙，在早期就是前廊式的，重建时仍是如此。万神庙的内部空间是一个由半球形穹顶覆盖的圆形空间，穹顶直径和顶端高度都是 43.3m，沿墙壁下部设有 8 个凹进的大券，其中一个是大门，另外 7 个是壁龛，供奉诸神的雕像，墙壁上部是相互交错的镶板和假窗，穹顶表面用框格装饰，中央有一个直径为 8.9m 的圆洞，是室内唯一的采光源，室内地面用彩色大理石板铺设，墙壁下部也用彩色大理石板贴面，上部及穹顶表面抹灰，装饰华丽（图 2-26、图 2-27、彩图 8、彩图 9）。从帕提农神庙到万神庙，建筑的形制、空间、结构、材料、装饰等都发生了很大变化，但有一点是相同的，即建筑空间都追求神与人的交融。

罗马人在世俗性的公共建筑空间方面，也表现出非凡的创

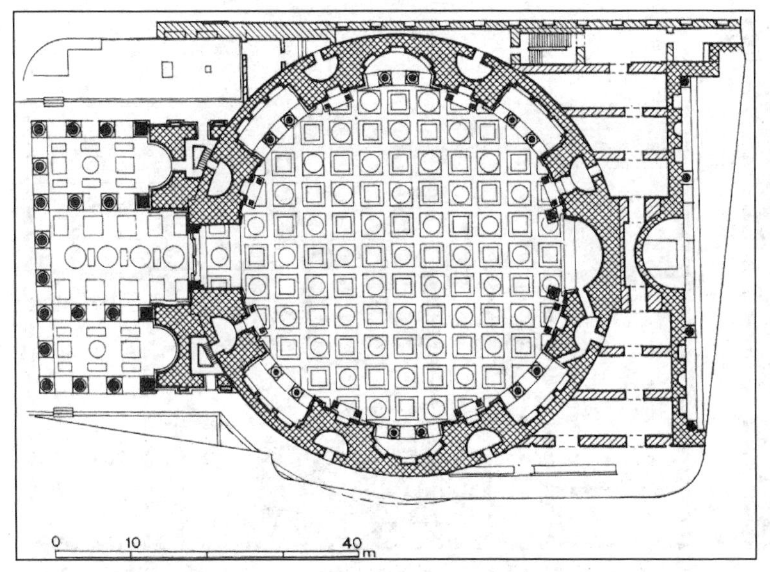


图 2-26　万神庙平面

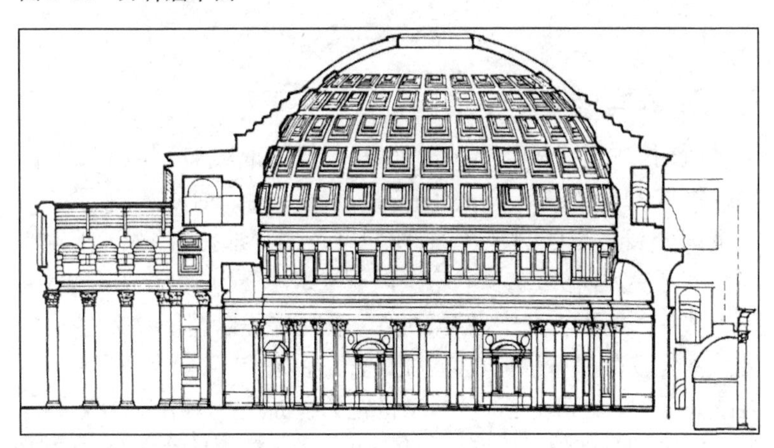

图 2-27 万神庙剖面

造性。在罗马帝国时代,公共浴场非常流行,不仅数量多,而且规模也大,当时最负盛名的浴场是卡拉卡拉浴场和戴克利先浴场。卡拉卡拉浴场的主体建筑长 216m,宽 122m,戴克利先浴场的主体建筑长 240m,宽 148m,由于浴场使用了券拱结构体系,摆脱了承重墙的束缚,内部空间可以在纵横交错的轴线上产生出许多的变化,空间组织既简洁又丰富,开创了空间序列的艺术手法(图 2-28、图 2-29)。如果把公共浴场与万神庙进行比较,可以看出建筑的空间,从单一空间发展到复合空间,空间在建筑中的地位和作用大大提高。

罗马建筑在空间方面所取得的成就,正如诺伯格·舒尔兹所说:"与古希腊建筑的雕塑性相反,罗马建筑一般被看作是空间性的。在罗马建筑中,首次出现了宏大的室内空间和复杂的空间组合。"[1]

[1][挪]克里斯蒂安·诺伯格·舒尔茨著.西方建筑的意义.李路珂,欧阳恬之译.北京,中国建筑工业出版社,2005,44

图 2-29　卡拉卡拉浴场复原

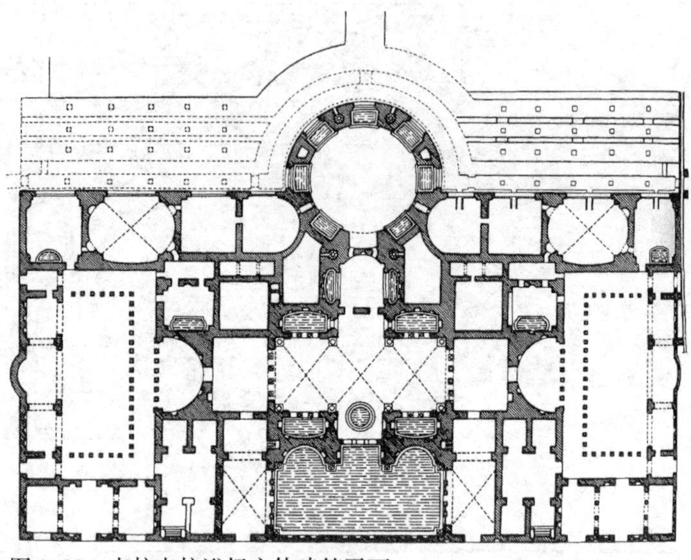

图 2-28　卡拉卡拉浴场主体建筑平面

## 二、中世纪建筑空间

所谓“中世纪”，从时限上来说，一般是指从 476 年西罗马帝国灭亡到 15 世纪文艺复兴之前的大约一千年的时间。395 年，罗马帝国分裂为东西两个帝国，西罗马帝国定都拉韦纳，后于 476 年为日耳曼人所灭，东罗马帝国以君士坦丁堡为中心，到 1453 年为土耳其人所灭。在中世纪，西方文化主要是以基督教文化为主流。基督教在罗马帝国晚期就已盛行，后来，它又分为两大宗派，西欧是天主教，东欧是正教。中世纪的欧洲是一个由基督教会统治的世界。对基督的信仰与皈依，以及对基督的神性之存在的研究，成为中世纪文化的主要内容。反映在建筑上，即是基督教建筑成为这时期的主要建筑类型。中世纪建筑大致经历了早期基督教建筑、拜占庭建筑、罗马风建筑和哥特式建筑的发展。

**早期基督教建筑空间**

早期基督教建筑，包括定都后的帝国西部、分裂后的西罗马帝国以及西罗马帝国灭亡后长达数百年的西欧建筑，由于建筑类型主要是基督教教堂，所以称为“早期基督教建筑”（early Christian architecture）。最初，罗马帝国境内的基督徒因受到来自宗教及政治上的迫害，还没有公开的礼拜场所，信徒们只能利用住宅中比较宽敞的房间以及用来对死者实行土葬的地下墓室，作为秘密举行宗教礼仪的场所，由此形成早期基督教教会的“宅邸教堂”和“地下墓室”教堂。[1]这两种特殊的教堂，可看成是向基督教建筑发展的一种过渡形式。

[1] [英]乔治·扎内奇著. 西方中世纪艺术史(第二版). 陈平译. 杭州：中国美术学院出版社，2006，1-3

313年，罗马帝国颁布了《米兰敕令》(Edict of Milan)，承认基督教为合法宗教，于是开始有了专门教堂。初期，基督教利用古罗马的其他建筑类型加以改造，以此作为临时性的教堂，与此同时，还模仿古罗马的纵向式和集中式形制，建造自己独有的教堂。纵向式形制的教堂，由巴西利卡发展而来，逐渐形成“拉丁十字”式，室内由中厅、侧廊、两翼、祭坛、圣坛等几个部分组成，由中厅列柱所产生的一种导向祭坛和圣坛的“单向空间”，成为巴西利卡式教堂的主要特点。第一座巴西利卡式教堂是罗马的拉特兰圣约翰教堂，代表作是罗马的“老圣彼得教堂”。集中式形制的建筑，平面多为圆形、多边形，室内由中央空间、外圈回廊两个部分组成，空间集中而统一是其特点，但不像巴西利卡形制那样有着明确的方向性。代表性的集中式建筑是罗马的圣康斯坦察陵墓。

罗马的老圣彼得教堂，由君士坦丁皇帝(Constantine，306-337在位)建造。它原先是建在圣彼得墓葬上的一座圣祠，后来扩建成了用于礼拜仪式的教堂。老圣彼得教堂的室内空间很宏大，由中厅、侧廊、两翼、祭坛、圣坛等组成，而圣坛就坐落在圣彼得墓葬之上，其上部建有从希腊运来的六根螺旋形大理石柱。室内装饰很豪华，墙面以大理石、壁画、镶嵌画装饰，华丽的柱头直接取自古罗马建筑(图2-30、图2-31)。老圣彼得教堂及其他早期教堂建筑，对后来西方宗教建筑的发展产生了深远的影响。

**拜占庭建筑空间**

从5世纪起，在东罗马帝国出现“拜占庭”(Byzantine)建筑。拜占庭文化中世俗的皇权始终占据着主导的地位。在拜占庭帝

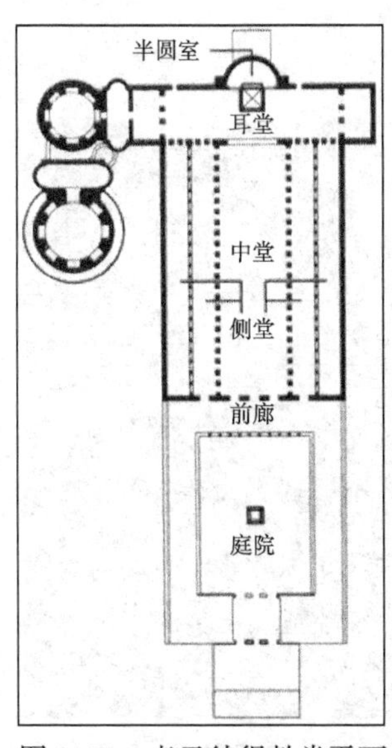

图2-30　老圣彼得教堂平面

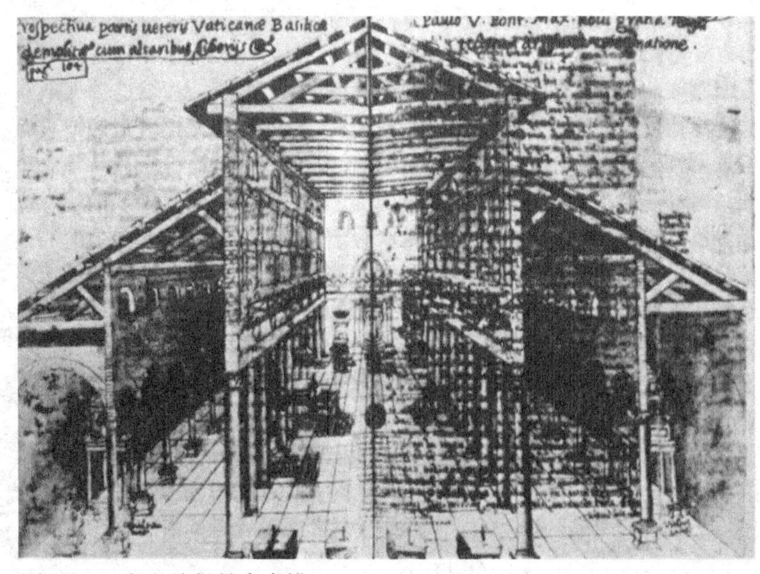
图2-31　老圣彼得教堂素描

国前期，皇权就很强大，正教教会只是皇帝的奴仆，即使到了查士丁尼（Justinian，527–565 在位）大帝统治的极盛时期也是如此。由于皇权的主导地位和决定作用，大量的古希腊罗马文化被保存和继承下来，加上特殊的地理位置关系，也吸取了波斯、两河流域的文化成就。拜占庭建筑正是在这两种文化的基础上，形成了自己独特的体系。

拜占庭人以砖为材料、以拱券为结构，创造了以“帆拱”支承穹顶的建造方法，为营造宏大、复杂的建筑空间提供了技术支持。初期教堂的形制既有巴西利卡式也有集中式的，由于东正教不像天主教那样重视圣坛上的宗教仪式，而宣扬信徒之间的亲密关系，于是，逐渐放弃了巴西利卡式，以集中式为主流，后来，在集中式形制的基础上，又发展出“希腊十字”式。这两种形制的室内空间，其中心都在穹顶的下方，而东端的圣坛又要求成为室内空间的重点，似乎教堂形制与宗教仪式不相适合，但此类问题经过拜占庭人的设计与建造，在教堂中得到了很好的解决，创造了既集中统一又曲折多变的教堂空间，如圣索菲亚大教堂就是代表实例。

圣索菲亚大教堂长 77m，宽 71.7m，呈长方形，中央是一个正方形空间，四角各建有一个巨型柱墩，支承着上面的帆拱，帆拱之上坐落着大穹顶，直径 32.6m，高 54.8m。中央穹顶下的空间与东西两侧的空间完全贯通，与南北两侧的空间明确隔开。这样，东西贯通的空间就比较适合宗教仪式的需要，东西两侧的半穹顶向中央圆形穹顶的层层抬高，不仅造成了步步扩大的空间层次，而且有了明确的向心性，突出了中央空间的统率地位，显得集中而统一。南北两侧的空间透过柱廊与中央空间相连通，

图 2–32 圣索菲亚大教堂外观

图 2–33 圣索菲亚大教堂室内空间

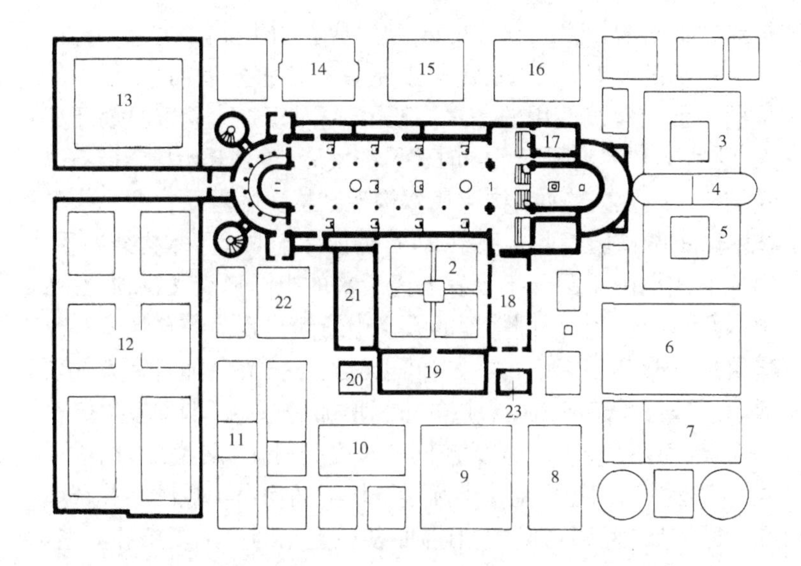


图 2-34 朝圣道路上的瑞士圣伽尔修道院平面，这座早期的修道院建筑群已为后来的建筑所取代，但从平面图中可一睹它当年的规模。

它们的内部空间又通过柱廊的进一步划分，变得曲折而多变。教堂内部的采光主要来源于穹顶底脚的窗子，一共 40 个，这些窗子仿佛使穹顶漂浮在一条来自天国的金色光带上。室内地面用马赛克、彩色大理石板铺设，墙面、柱墩、柱子全用彩色大理石板贴面，穹顶和拱顶也用马赛克装饰，并衬以金色，在具有神性光线的照射下，显得富丽堂皇、色彩斑斓（图 2-32、图 2-33）。

**罗马风建筑空间**

9-12 世纪，西欧建筑因采用古罗马半圆形拱券结构，在形式上略显古罗马风格，而被称为“罗马风”（Romanesque）建筑。这时期，西欧宗教建筑进入了一个新的发展阶段，天主教会发起了一场大的宗教活动，由对“圣物”的崇拜，激起“朝圣”的热潮，信徒们不远千里、成群结队地徒步到收藏有圣物的教堂去朝拜。于是，沿着朝圣的道路，建起了修道院教堂（图 2-34、图 2-35）。后来，从修道院教堂发展到城市教堂，随着城市教堂的

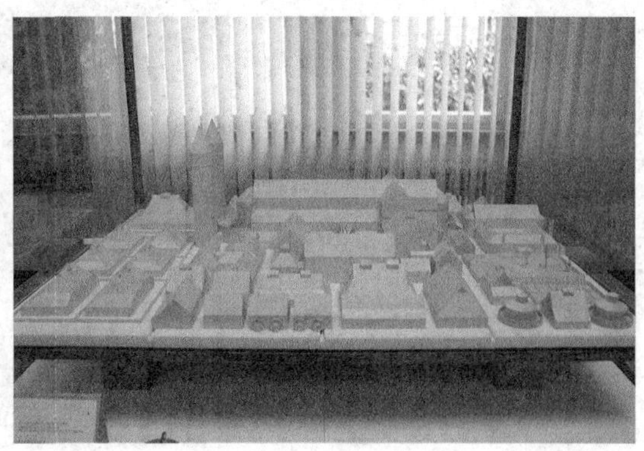

图 2-35 圣伽尔修道院模型

重要性不断增长，终于成为当时建筑成就的主要代表。

初期的罗马风建筑，由早期基督教建筑发展而来，但由于早期基督教建筑使用的是木构架屋顶，难以加大跨度且易于失火，这些不利因素阻碍了当时建筑的发展，于是开始探索砖石拱券结构，期望以这种结构取代木构架结构。随着对古罗马拱券技术的不断试验，到 11 世纪，砖石拱顶终于取代了木构架屋顶，拱顶形式也由半圆形拱顶发展为后来的半圆形交叉拱顶，在法国、西班牙、英国、德国等地的教堂中纷纷出现。在这场罗马风建筑的试验和变革中，教堂空间也得到了发展。随着宗教礼仪活动的日益复杂和信徒数量的不断增加，教堂空间越造越大，在平面、剖面两个方向上扩大空间的长度和高度。不仅如此，为了收藏“圣物”，一些教堂在半圆形圣坛空间增设了数间小礼拜室和一圈回廊，回廊与侧廊相连通，使教堂空间更加复杂和完整。代表实例有法国的圣塞尔南主教堂、德国的施派尔主教堂、英国的达勒姆主教堂和意大利的比萨主教堂等。

法国的圣塞尔南主教堂，是一座典型的位于朝圣道路上的罗马风教堂。它的平面布局采用了拉丁十字式，大门朝西，圣坛在东端，圣坛建有小礼拜室和回廊，立面上厚重的柱墩支撑着覆盖中厅的半圆形拱顶，两侧廊的上方都建有楼廊。柱墩与拱顶框架组合所形成的节奏，产生了连续向前推进的空间层次。纵

图 2-36 圣塞尔南主教堂鸟瞰

图 2-37 圣塞尔南主教堂室内空间

向中厅与横向两翼交叉点的上方，在屋顶上建有一座采光塔，照明了祭坛，使它成为幽暗的内部空间里的最亮点。由这两个方面的因素，引导着人们的视线朝向祭坛，投向位于祭坛后面的半圆形圣坛（图 2–36、图 2–37）。

**哥特式建筑空间**

12 世纪以后，罗马风建筑的进一步发展，即是以法国教堂为代表的“哥特式”（Gothic）建筑。西欧教堂的形制、结构、空间经过罗马风的发展，已经有了不小的进步。但是，它的拱顶结构还没有得到完全的解决，因拱顶厚重，连带墙壁、柱墩也很厚重，窗子窄小，导致内部空间不仅狭隘，而且昏暗。经过一段时间的探索，一种近似于“框架式”的结构体系在法国、英国和德国等地的城市教堂中几乎同时产生，罗马风教堂所暴露出来的问题也随之迎刃而解。哥特式教堂通过使用尖券、肋架拱、飞扶壁等结构方式，使中厅的进深得到延伸，高度向高空发展，中厅的侧高窗和侧廊的窗子大开，不仅如此，在装饰等一切地方，尖券代替了半圆券，建筑的形象因此单纯而统一。

在哥特式教堂的发展中，不同地区和国家的教堂形成了一些自己的特点。例如，法国的教堂比较重视哥特式结构的整体性，它有第一座哥特式教堂——圣丹尼斯修道院教堂（图 2–38），较早使用飞扶壁的巴黎圣母院，以及有着纯正哥特形式的沙特尔主教堂（图 2–39），同时，它也是西欧拥有哥特式教堂最多的国家。英国的教堂并不十分看重哥特式结构的整体性，而是将哥特式看作是一种装饰体系，随着教堂建筑的发展，这种装饰特点越来越明显，如西敏寺修道院、剑桥皇家学院礼拜堂（图 2–40）等。德国的教堂主要受到法国的影响，强调哥特式的

图 2–38 圣丹尼斯修道院室内空间

图 2–39 沙特尔主教堂室内空间

图 2–40 剑桥皇家学院礼拜堂室内空间

图 2–41　米兰主教堂

结构体系，尽可能做到井然有序，充满理性精神，如科隆主教堂（彩图 10、彩图 11）。意大利的教堂在哥特式结构方面则比较保守，常用木桁架，哥特形式也不是那么纯粹，最大的哥特式建筑是米兰主教堂（图 2–41）。

哥特式教堂内部空间的特点，主要表现在两种空间动势的组织上。一条是水平向的，向纵深延伸。中厅的宽度不宽，但进深很长，一般都在 120m 以上，两侧的柱墩间距也不大。于是，形成了很强的向祭坛、圣坛延伸的动势。祭坛上铺金绣银，成为教士们讲经布道、制造宗教情绪的地方。祭坛后面（东面）的圣坛，基于此期宗教神学中对上帝“真光”（True Light）的追求，加上结构上的突破，使教堂的窗子大开，最终，圣坛也变成了一个充满光明的“终点性”空间。而这恰恰是把来自东方太阳的光辉与上帝的荣光合而为一的结果。另一条是垂直向的，向高空发展。由于结构上的突破，中厅越造越高，一般都在 30m 以上，柱墩支撑着散射出去的拱肋，尖拱尖券，造成了很强的向上升腾的动势。哥特式的柱头渐渐消退，柱墩与拱肋之间的界限被削弱，于是，由各种构件组合而成的结构，看上去就像一个整体结构，从地下生长出来，枝干挺拔，向上发散。由此，就产生了水平、向前的与垂直、向上的两种动势的矛盾，相比较而言，水平、向前的动势仍处于支配地位。

从早期基督教建筑发展到哥特式建筑,如果对它们的空间属性进行分析,我们不难发现,教堂东端的圣坛,象征着进入上帝天国的门户,代表着神的空间;圣坛西侧的祭坛,是教士们进行宗教礼仪的地方,是一个中介性的空间;祭坛西侧的中厅和侧廊,是信徒们进行礼拜的场所,代表着人的空间。由自西向东、水平向前的动势,它引导着人们的脚步趋向圣坛,引导着人们的视线朝向圣坛,引导着人们的心理飞向上帝天国。总之,西欧中世纪的教堂空间,体现了以神为中心的空间特征。

图 2–42 伯鲁乃列斯基雕像

### 三、文艺复兴与巴洛克建筑空间

14 世纪,从意大利开始,掀起一场以人文主义思想为基础的"文艺复兴"(Renaissance)运动,以后,这场运动遍及整个欧洲。人文主义思想的核心是肯定人生,面向现实世界。由于古希腊罗马文化是面向现实人生的,一时间掀起了搜求、学习和研究古典文化遗物的热潮,出现了一种由中世纪的基督教文化向古典的希腊罗马文化复归的趋势。当然,代表着新的文艺复兴文化也会遭到传统的中世纪文化的反击,在两种不同文化的激烈斗争中,文艺复兴运动经历了曲折的发展过程。体现在建筑中也是如此,意大利文艺复兴建筑经历了早期文艺复兴建筑、盛期文艺复兴建筑、晚期文艺复兴建筑以及同时产生的巴洛克建筑三个时期的发展。文艺复兴建筑的主要成就,是教堂和府邸建筑。

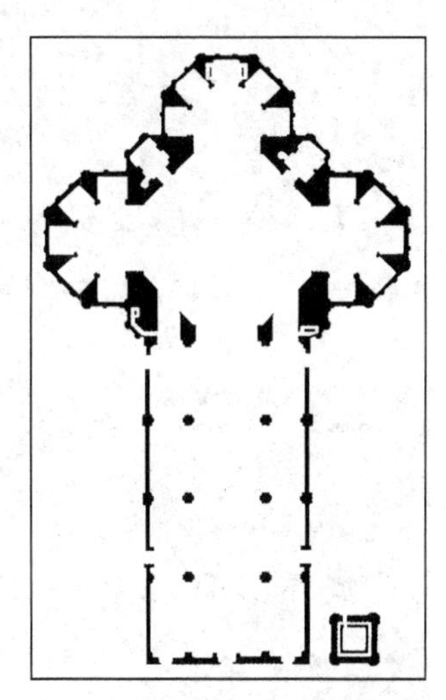

图 2–43 佛罗伦萨主教堂平面

#### 早期文艺复兴建筑空间

从 14 世纪下半叶起,文艺复兴运动开始在佛罗伦萨出现,新的建筑风格逐渐改变着这座古老城市的的建筑面貌。标志着文艺复兴建筑开端的,是由建筑师伯鲁乃列斯基(图 2–42)设计的佛罗伦萨主教堂的穹顶。正是这座具有划时代意义的建筑,在西欧中世纪以来的基督教堂中,第一次以其高达 107m,内部直径达 42m,高约 30m 的巨大穹顶,覆盖着教堂的主要空间——"歌坛"。由于穹顶的显赫地位和作用,使主教堂具有了集中式形制的倾向,突破了中世纪教堂惯用的拉丁十字式形制。人们的脚步不再是无止境地趋向圣坛,眺望圣坛上方那神秘莫测的上帝"真光",而是在歌坛,在歌坛上方的穹顶倾泻而下的明媚阳光中,就真切地感受到与上帝同在的自信与自豪。而这一切,归根到底,都取决于穹顶的成功创造(图 2–43 ~ 图 2–46、彩图 12、彩图 13)。陈志华先生将它的历史意义归结为:第一,"它是在建筑中突破教会的精神专制的标志";第二,"它是文艺复兴时期独创精神的标志";第三,它"标志着文艺复兴时期科学技术的普遍进步"。[1]

[1]陈志华著.外国建筑史(19 世纪末叶以前)(第三版).北京:中国建筑工业出版社,2004,134

图 2-44 佛罗伦萨主教堂设计草图

图 2-45 佛罗伦萨主教堂室内空间

图 2-46 佛罗伦萨主教堂穹顶内部

图 2–47　巴齐礼拜堂室内空间

伯鲁乃列斯基是文艺复兴时期最早对集中式建筑进行探索的人，其代表作是圣洛伦佐教堂老圣器室和巴齐礼拜堂。其中，巴齐礼拜堂的外部体量和内部空间，尺度都不大，平面形制使用了集中式，大厅为一规整矩形，中央上方有一个隆起的穹顶，造型简洁单纯，四周有一圈圆形高侧窗。大厅后面是圣坛，为一方形，用一个小穹顶覆盖。大厅门前是前廊，正中也有一个小穹顶。从前廊到大厅，再从大厅到圣坛，形成了一个以穹顶为中心的颇有变化的空间序列。显然，大厅是这一空间序列的高潮所在，它被有意识地表现出来(图 2–47)。

在伯鲁乃列斯基、米开罗佐、阿尔伯蒂等早期建筑师的共同努力下，有意把古典建筑要素、集中式形制、几何形状和数学比例引入到建筑中，使当时建筑的形体与空间都发生了巨大变化，新的建筑更加理性、和谐和完美。

**盛期文艺复兴建筑空间**

从 15 世纪末，文艺复兴的建筑理论开始活跃起来。1485 年出版的阿尔伯蒂的《论建筑》(De Re AEdification，图 2–48)，就是文艺复兴时期最重要的理论著作。此后，一些建筑理论家们又陆续出版了一些理论著作，其中，帕拉第奥(Andrea Palladio，1508–1580，图 2–49)在 1570 年出版的《建筑四书》(II

EONIS BAPTISTE ALBER
TI DE RE AEDIFICATORIA.
INCIPIT LEGE FELICITER.
VLTAS ET VARI
AS ARTES QVE AD
VITAM BENE
BEATEQVE AGE
DAM FACIANT
SVMMA INDV
STRIA ET DILIGE
TIA CONQVISI
TAS NOBIS MA
IORES NOSTRI
TRADIDERE.

图 2–48　阿尔伯蒂《论建筑》中的一页

图 2-51　伯拉孟特（1444-1514）

图 2-49　帕拉第奥（1508-1580）

图 2-50　帕拉第奥《建筑四书》封面

Quattro libri dell' Architectura，图 2-50），它的重要性仅次于阿尔伯蒂的著作。文艺复兴的建筑理论家们认为“美是客观的”、“美就是和谐与完整”、“美有规律”，这些基本观点调动了人们去感知美、认识美的规律的能动性，从而促进了建筑构图的理性化和科学化。反映在具体的建筑创作中，则认为圆形和正方形是最完美的几何形，于是他们以这种几何形来建造建筑。

这时期，罗马在教皇尤利乌斯二世（Julius Ⅱ，1443-1513）的统治下，开始成为意大利的政治文化中心，许多建筑师、艺术家纷纷向罗马云集，使罗马很快成为文艺复兴运动的第二个中心。由伯拉孟特（Donato Bramante，1444-1514，图 2-51）设计的坦比哀多小教堂，标志着盛期文艺复兴建筑的到来。它是一座集中式的圆形建筑物，教堂周围有一圈多立克式的柱廊，上部经由鼓座有穹顶覆盖，下部有地下墓室。“集中式的形体、饱满的穹顶、圆柱形的神堂和鼓座，外加一圈柱廊，使它的体积感很强……建筑物虽小，但有层次，有几种几何体的变化，有虚实的映衬，构图很丰富。环廊上的柱子，经过鼓座上壁柱的接应，同穹顶的肋相首尾，从下而上，一气呵成，浑然完整。它的体积感、完整性和它的多立克柱式，使它显得十分雄健刚劲”[1]。这些特征也反映在教堂的内部空间中，更为重要的是，圣坛与其它部位的空间形式几乎并无二至，共处于一个在穹顶覆盖下的完整空间中，倒是空间的中央部分被刻意地标志出来，并为人所用（图 2-52、图 2-53）。

文艺复兴时期最具代表性的建筑物，是罗马的圣彼得大教堂。它开始于盛期文艺复兴，结束于晚期文艺复兴，在长达 100 余年的设计与建造过程中，经历了曲折而复杂的斗争。斗争的

[1] 陈志华著．外国建筑史（19 世纪末叶以前）（第三版）．北京：中国建筑工业出版社，2004，140

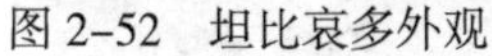

图 2-52 坦比哀多外观

图 2-53 坦比哀多室内圣坛

焦点，在于教堂是采用拉丁十字式形制，还是采用集中式形制。圣彼得大教堂最初的方案，是由伯拉孟特设计。它是一个希腊十字式的，四臂较长，四角还各有一个较小的十字形空间，建筑的四个立面完全一样，这显然是一个集中式的方案。后来，伯拉孟特的方案遭到教会的反对，经过几次反复的斗争，最后选定的方案是由米开朗基罗（Michelangelo Buonarroti，1475–1564，图2–54）设计的。他抛弃了拉菲尔（Raphael Santi，1483–1520）等人先后设计的拉丁十字式方案，延续和发展了伯拉孟特的集中式方案。他加大了支撑穹顶的4个墩子，简化了四角的布局，在正立面增加了柱廊。由此，集中式形制比拉丁十字式形制更为完整雄伟，也更具有纪念性（图2–55）。

从建成的圣彼得大教堂来看，内部空间巨大而高敞，一个直径为41.9m，内部高达123.4m的大穹顶覆盖着教堂的中央空间——祭坛。在这一空间中已经看不到西欧中世纪教堂中那种特定的空间形式，既不强调水平向前的朝向圣坛的动势，也不突出圣坛所在的半圆形空间。半圆形的圣坛与同样是半圆形的两翼，几乎处于同等的地位，有着同样的空间形式。无论是圣坛空间、两翼空间，还是入口空间，都犹如众星捧月似地烘托出中央空间的突出地位。当人们进入到内部空间时，也就很自然地流入到中央空间，这里既是祭坛的所在地，也是人们活动的地方，明媚的阳光从高敞的空间之上的穹顶倾泻而下，使每个进入其中的人们都能沐浴其中。人们在空间中感受到的，不仅仅是居

图 2-54 米开朗基罗（1475–1564）

于至上地位的神的伟大,也是具有无穷创造力的人的伟大。

后来,由于教会对这种形制的反对,由卡洛·马代尔诺(Carlo Maderno,1556–1629)在米开朗基罗的集中式教堂之前,增加了一个巴西利卡式大厅,使原教堂的集中式形制,略显拉丁十字的式样。但这个式样,已经不可能是中世纪的拉丁十字式形制。教堂的集中式形制决定了这座建筑的内部空间,新增的巴西利卡空间无论是开间、进深,还是高度,都无法与后部巨大而高敞的集中式空间相抗衡。相反,它倒是成了集中式空间必要的前导性空间(图 2–56、图 2–57、彩图 14、彩图 15)。人们在

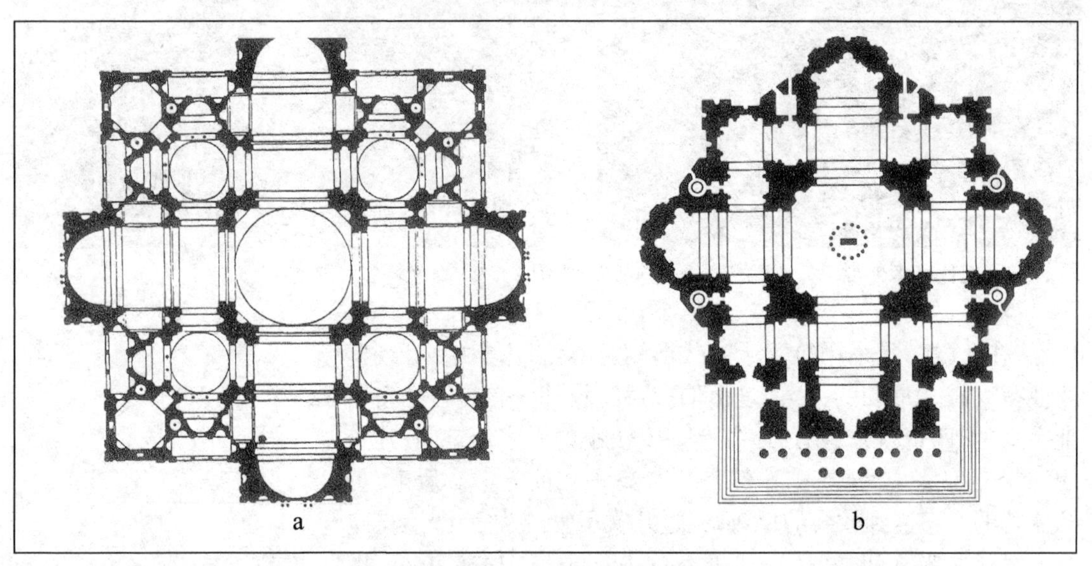


图 2–55 圣彼得大教堂平面 ;(a)伯拉孟特的平面,(b)米开朗基罗的平面

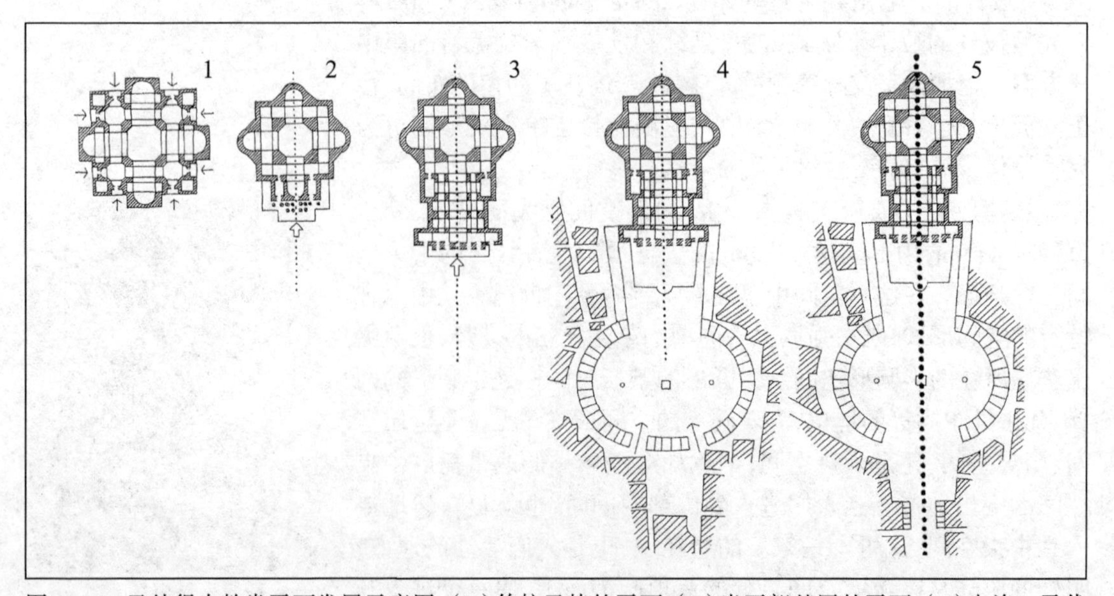


图 2–56 圣彼得大教堂平面发展示意图 :(1)伯拉孟特的平面,(2)米开朗基罗的平面,(3)卡洛·马代尔诺的平面,(4)贝尔尼尼的平面,(5)Piacentini 和 Spaccarelli 的平面

图 2–57 圣彼得大教堂室内空间之二

这样的空间中，再一次感受到了与神同在的自信与自豪。总之，文艺复兴的建筑空间，通过对空间中人的重视，体现了以人为中心的空间特征。

这种空间特征同样体现在府邸建筑中，如晚期文艺复兴帕拉第奥设计的维琴察的圆厅别墅就是如此。别墅采用了集中式的构图，正方形的平面位于一个高大的台座上，4 个立面完全相同，每个立面的正中都有一个希腊式的柱廊作为前廊，屋顶中央是一个隆起的穹顶。建筑外观统一完整，具有纪念性的品质。别墅的内部空间充分反映了外观形式，周围的房间都是按照纵横两条轴线对称布置，烘托出轴线交叉处的中央圆形大厅。圆厅通过四个方向的门厅与外部自然界保持联系，顶部的穹顶有自然光线照入（图 2–58~ 图 2–60）。人站在这样一个圆厅中，可以体验到某种人位于自然宇宙的中心，感受到人所具有的主宰四方的能力。

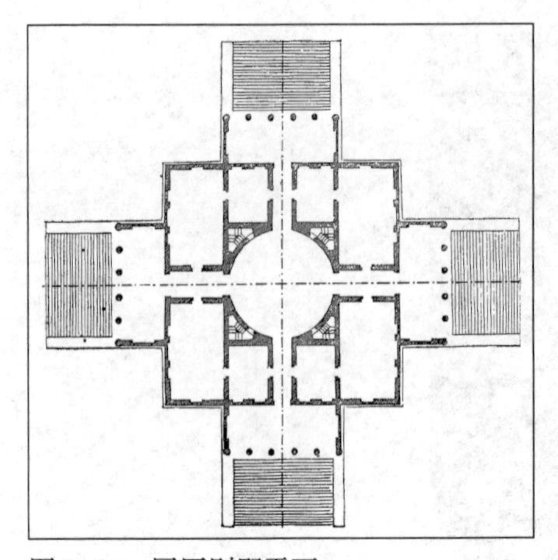
图 2-58 圆厅别墅平面

图 2-59 圆厅别墅外观

文艺复兴建筑自意大利诞生后,对欧洲其他一些国家产生很大影响。法国于 16 世纪上半叶由哥特式向文艺复兴式转变,代表实例有尚堡、枫丹白露宫等;西班牙于 15 世纪末产生了一种“银匠式”(Plateresque)的装饰风格,代表实例是格拉纳达主教堂;尼德兰于 16 世纪出现了由弗洛里斯·德·弗里恩特(Cornelis Floris de Vriendt,1514–1575)设计的安特卫普市政厅那样的建筑作品;英国于 16 世纪下半叶在中世纪“都铎风格”(Tudor Style)的基础上,使用了一些文艺复兴建筑的构件,代表实例是威尔特郡的朗里特府邸、德比郡的哈德威克府邸,17 世纪初,曾两度游学意大利的宫廷建筑师琼斯(Lnigo Jones,1573–1652)采用文艺复兴建筑的手法,设计了格林威治的女王宫及泰晤士河边的白厅的宴会厅,从而使英国建筑摆脱了中世纪的影响。

图 2-60 圆厅别墅室内空间

**巴洛克建筑空间**

意大利文艺复兴建筑发展到晚期,建筑创作中出现了两种倾向:一些建筑因强调自由创造、追求新颖奇特,表现出“手法主义”(Mannerism)倾向,这种倾向在 17 世纪被天主教会利用,发展为“巴洛克”(Baroque)建筑;另一些建筑由于讲究古典规范,表现出“教条主义”倾向,而这种倾向在 17 世纪被欧洲学院派吸收,成为“古典主义”建筑之滥觞。实际上,在文艺复兴盛期,就已出现手法主义的端倪,如米开朗基罗设计的圣洛伦佐教堂新圣器室和劳伦齐阿纳图书馆等(图 2-61、图 2-62)。劳伦齐阿纳图书馆的门厅,是一个近似于方形的空间,在正中有一个大阶梯,形体富于变化,墙面上的壁柱成双成对,嵌入到墙里面,并且用涡券支撑。显然,这些手法不太符合结构逻辑,但它们却使空间富有雕塑感、体积感和动态感。

图 2-61　圣洛伦佐教堂新圣器室

图 2-62　劳伦齐阿纳图书馆前厅室内空间

文艺复兴晚期，教堂建筑中也出现了这种倾向，维尼奥拉（Giacomo Barozzi da Vignola，1507-1573）设计的耶稣会教堂即是如此。由于该教堂十分符合耶稣会的布道目的，经特伦特宗教会议（Council of Trent）决定，它成为后来整个欧洲耶稣会教堂的范本。教堂立面按照维尼奥拉原先的设计，应该简洁一点，而现在有着丰富装饰的立面，是由波尔塔（Giacomo della Porta，1537-1602）设计完成的，它标志着巴洛克建筑风格的产生（图 2-63 ~ 图 2-65）。自此以后，这种风格的建筑便在罗马发展起来。在早期，卡洛·马代尔诺把巴洛克风格推进了一大步；盛期，巴洛克风格的发展与贝尔尼尼（Gianlorenzo

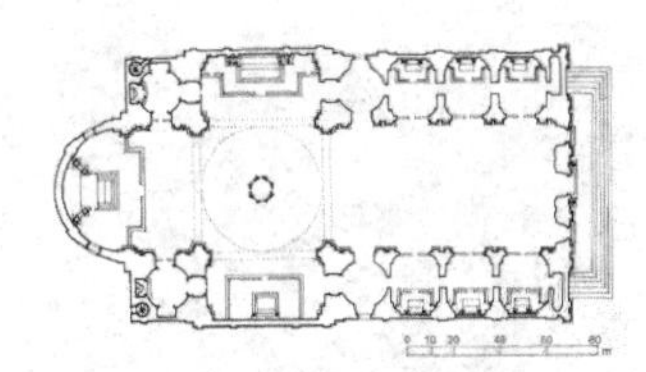
图 2-63　耶稣会教堂平面

图 2-64　耶稣会教堂外观

图 2-65　耶稣会教堂室内空间

图 2-66　贝尔尼尼(1598-1680)

Bernini,1598-1680,图 2-66)、波洛米尼(Francesco Borromini,1599-1667,图 2-67)、科尔托纳(Pietro da Cortona,1596-1669)等建筑师的贡献密不可分;晚期,在罗马工作的建筑师还有拉伊纳尔迪(Carlo Rainaldi,1611-1691)、丰塔纳(Carlo Fontana,1638-1714)等,他们把巴洛克风格带入了 18 世纪。巴洛克建筑既不同于古典建筑、文艺复兴建筑,也区别于后来的古典主义建筑,体现出一种反建筑"常规"的特有现象,建筑实体和空间被赋予动态,建筑与雕塑和绘画的界限被打破,建筑结构采用非理性的组合。

贝尔尼尼巴洛克风格的代表作是圣彼得大教堂内位于中央空间祭坛上的华盖(彩图 16)。波洛米尼设计的罗马的四喷泉圣卡罗教堂是巴洛克建筑的代表作。教堂的立面是一个波浪形的曲面,很突出也很有力。它的内部空间是一个椭圆形,虽然面积不大但高度较高,沿墙面有许多深深的装饰着凸出圆柱的壁龛和凹间,弯曲多变的檐口上接穹顶。穹顶自下而上、由大到小、由多边形到椭圆形,层层过渡,最终由底部的四个大券演变到顶部的鼓座、穹窿和采光亭。采光亭和穹顶底部的高侧窗有光线照入。整个教堂的形式变化多端,空间相当复杂,充满动态感和渗透感(图 2-68~ 图 2-70)。

图 2-67　波洛米尼(1599-1667)

意大利巴洛克建筑自罗马形成后,对欧洲其他一些国家也产生很大影响。德国于 17 世纪下半叶不少建筑师留学意大利回国后,将巴洛克建筑与本国建筑风格结合起来,形成了德国的巴洛克建筑,代表实例是纽曼(Balthasar Neumann,1687-1753)设计的维尔茨堡主教宫、班贝格的十四圣徒朝圣教堂。奥地利于 18 世纪上半叶形成了巴洛克建筑,代表实例是维也纳的卡尔教堂、上观景宫。西班牙于 17 世纪中叶兴起巴洛克建筑,到 18 世纪上半叶,建筑中甚至产生了一种"超级巴洛克"(Super baroque)风格,代表实例是格兰纳达的拉卡图亚教堂圣器室。此外,意大利巴洛克建筑对 17 世纪拒斥这种风格的法国古典主义建筑也产生了很大影响。

#### 四、古典主义与洛可可建筑空间

17 世纪,比意大利巴洛克建筑稍晚产生的,是法国的"古典主义"建筑。这时期的欧洲,自然科学有了突破性的进展,哲学上形成了反映这些自然科学重大成就的唯理主义,认为几何学和数学是适用于一切知识领域的理性方法。美学上也认为应该制定理性的艺术规则和标准,艺术中的结构要像数学一样清晰明确,符合逻辑。法国从 15 世纪起便致力于国家的统一,到末期,建立了中央集权的民族国家,17 世纪,随着国力的增强,

图 2-68　圣卡罗教堂外观

图 2-69 圣卡罗教堂室内空间

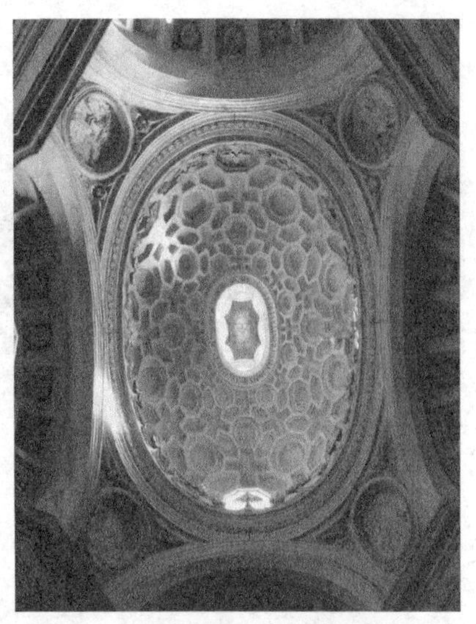

图 2-70 圣卡罗教堂穹顶内部

已经成为欧洲最强大的中央集权国家。在国王路易十四(Louis XIV,1638-1715)执政期间,竭力崇尚古典主义建筑风格,提倡在服务于君主和显示君权的宫廷建筑中,能够反映中央集权有组织、有秩序的古典主义文化。法国古典主义建筑大致经历了早期古典主义建筑、盛期古典主义建筑和古典主义之后的洛可可风格三个时期的发展。古典主义建筑的主要成就,是宫殿和府邸建筑。

**早期古典主义建筑空间**

17 世纪上半叶,法国的王权不断加强,颂扬至高无上的君主,成为当时政治思想的主题。反映在建筑创作中,宫殿建筑的地位变得越来越重要。由于 17 世纪中叶法国文化中普遍形成了古典主义的潮流,在建筑中,这个潮流也就很自然地同 16 世纪意大利建筑中追求严谨的柱式和纯正的学院派相合拍,利用它的成就和权威,在宫廷贵族的建筑中产生了一种新的"柱式建筑"的风格。代表这种风格的,是弗·孟莎(Francois Mansart,1598-1666)设计的巴黎的麦松府邸。整个建筑的构图都是由柱式来控制,建筑立面用叠柱法作水平划分,而垂直划分仍保留了法国 16 世纪以来就有的 5 段式,内部空间有一个大楼梯把上下层的房间联系起来,各房间相互贯通,有丰富的壁柱、山花、线角、雕刻装饰等,使整个空间显得特别雅致精洁,明净如洗(图 2-71、图 2-72)。虽然这座建筑还不是典型的古典主义,但它已经显示出古典主义的端倪。

由建筑学家勒伏(Louis Le Van,1612-1670)、室内装饰家勒布伦(Charles Le Brun,1619-1690)、造园家勒诺特(Andre Le

图 2–71　麦松府邸外观

图 2–72　麦松府邸室内空间

图 2–73　孚—勒—维贡府邸外观

图 2–74　孚—勒–维贡府邸室内空间

Notre, 1613–1700）共同设计的巴黎近郊的孚—勒—维贡府邸，已经颇具古典主义的韵味。整个建筑平面与麦松府邸很相似，也是 U 字形，但孚—勒—维贡府邸的轴线更为突出，轴线上的椭圆形客厅是内部空间的中心，客厅上方的穹顶又是外部形体的中心（图 2–73、图 2–74）。府邸轴线的延长即为花园的轴线，花园在府邸的统率之下，它们的主次关系十分明确。花园因采用对称的几何形，以及点缀其中的柱廊、雕塑、喷泉等，从而创造了法国古典主义的园林艺术。该府邸的设计，为后来的凡尔赛宫建设奠定了很好的基础。

**盛期古典主义建筑空间**

受当时哲学观念、美学思想的影响，古典主义建筑理论在 17 世纪中期同其他古典主义艺术如绘画、文学等同时趋于成熟。以古典主义建筑理论家、皇家建筑学院第一任教授弗朗索瓦 · 布隆代尔（Francois Blondel, 1617–1686）为代表的建筑家们认为，建筑中的所谓“绝对的规则”就是“纯粹的几何结构和数学关系”，“他们把比例尊为建筑造型中决定性的，甚至唯一的因素”；而“柱式给予其他一切以度量和规则”，只有柱式建筑才

图 2–75　卢浮宫东立面

图 2–76　卢浮宫阿波罗厅

是“高贵的”，非柱式建筑则是“卑俗的”[1]。由于古典主义强调构图中的“主次关系，突出轴线，讲求配称”，而这恰好与绝对君权的封建等级制度相吻合，于是，古典主义建筑很快就成为维护君主制国家的恰当手段，并于路易十四统治时期达到建筑发展的最高峰，建造了代表古典主义建筑最高成就的宫殿建筑。

盛期第一座古典主义建筑，是卢浮宫东立面的重建。法国建筑师经过与意大利巴洛克建筑师的反复较量，最终，以勒伏、勒布伦和佩罗（Claude Perrault，1613–1688）共同设计的方案获得批准，并得到建造。建成后的卢浮宫东立面，采用了水平方向作 5 段划分，垂直方向作 3 段划分，二者都以中央一段为主体的立面构图，得到了古典主义建筑发展以来“第一个最明确、最和谐的成果”[2]（图 2–75）。此外，勒布伦还做了卢浮宫阿波罗厅的室内设计，室内装饰是巴洛克式的（图 2–76）。

[1] 陈志华著 . 外国建筑史（19 世纪末叶以前）（第三版）. 北京：中国建筑工业出版社，2004，190–191

[2] 陈志华著 . 外国建筑史（19 世纪末叶以前）（第三版）. 北京：中国建筑工业出版社，2004，194

古典主义最重要的建筑作品，是凡尔赛宫的建筑和园林。当国王路易十四看了孚—勒—维贡府邸后，便把它的设计者勒伏、勒布伦和勒诺特召去，为国王重建凡尔赛宫。凡尔赛宫的建筑，是在旧府邸的基础上，经过勒伏、于·阿·孟莎（Jules Hardouin Mansart，1646–1708）等建筑师的设计，向南、北、西三个方向作了很大的扩展，而东面的原三合院基本保持不变。建成后的建筑外观，构图完整，轴线对称，主次分明，强调了古典柱式在立面设计中的重要作用，建筑的形体简洁，结构清晰，风格端庄厚重（图 2–77、图 2–78、彩图 17、彩图 18）。建筑中最主要的大厅是"镜廊"，室内设计由勒布伦负责。镜廊呈长条形，长 76m，宽 9.7m，高 13.1m，顶部用筒形拱顶覆盖，东面墙上镶有 17 面大镜子，与西面 17 扇落地长窗及从窗外引入的花园景色交相辉映，镜子、落地长窗之间用科林斯壁柱装饰，柱身为深绿色大理石，柱础和柱头都是铸铜后镀金，柱头上还带有两翼的太阳装饰，象征路易十四的王权，拱顶上绘有 9 幅国王史迹的壁画，地面用拼木地板铺设。整个大厅装饰奢华富丽，也是巴洛克式的（彩图 19）。

在这之后，于·阿·孟莎又设计了凡尔赛宫的礼拜堂，以及巴黎的恩瓦立德教堂等。从表面上看，两座教堂的风格比较接近，如内部空间中都使用了侧窗和高侧窗，除圣坛以外，其它

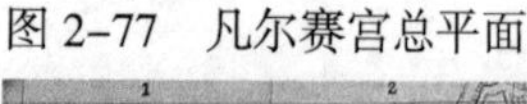
图 2–77　凡尔赛宫总平面

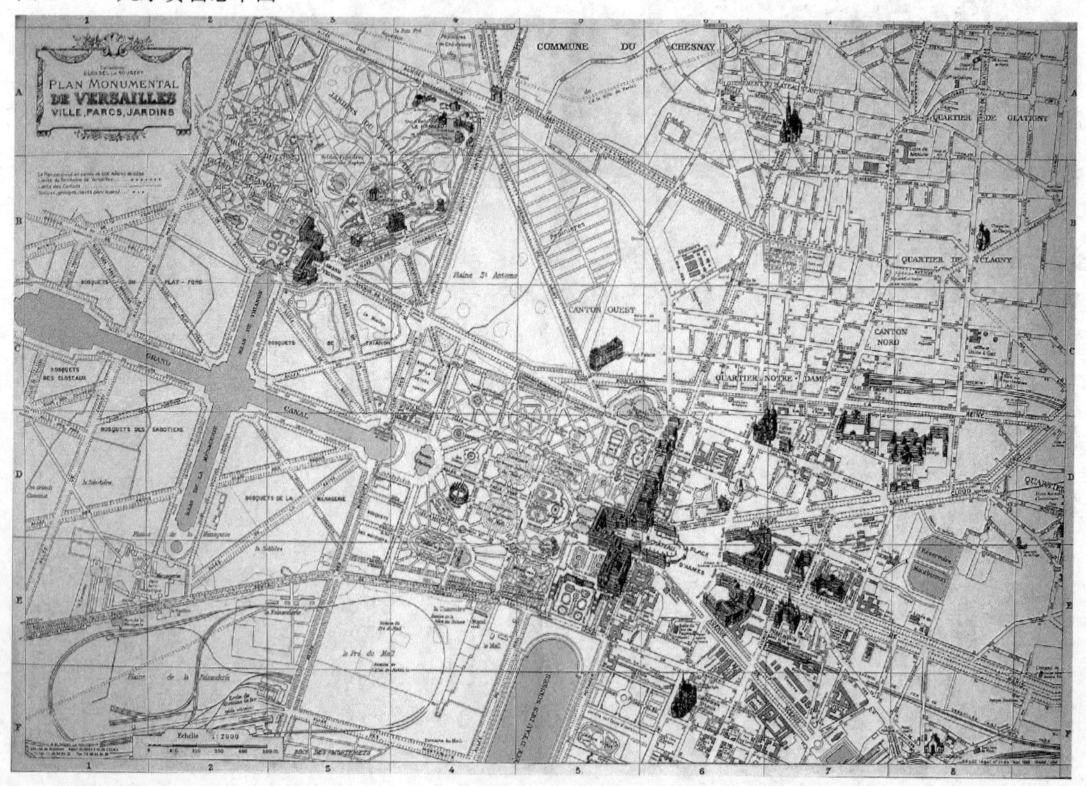

图 2–78　凡尔赛宫的建筑和花园鸟瞰

地方都用白色或灰白色的石材构件，不外加色彩，顶部都绘有宗教题材的壁画等。但礼拜堂基本上是拉丁十字式形制，室内以圣坛空间为重点，空间流动而渗透，装饰奢华富丽；而恩瓦立德教堂是希腊十字式形制，室内以中央空间为中心，空间集中而统一，装饰很有节制。所以，凡尔赛宫礼拜堂的室内是巴洛克式的，恩瓦立德教堂的室内是古典主义的（图 2–79、图 2–80）。

从以上几件古典主义建筑作品来看，由于国王、贵族对生活趣味的追求，使奢华富丽的巴洛克风格在室内空间的装饰方面占有重要地位。但崇尚理性毕竟是 17 世纪法国哲学、政治、文化艺术的主流，反映在建筑中，又使古典主义在建筑空间的构图、形体、结构等方面占有绝对的主导地位。因此，古典主义的建筑空间，是在采用巴洛克装饰的同时，更多地是追求"理性"的尊严和权威。

法国古典主义建筑诞生后，很快就为欧洲先后步入君主制的国家所效仿。荷兰于 17 世纪中叶形成了属于它自己的古典主义建筑。西班牙于 18 世纪在宫殿建筑中使用了法国古典主义的样式，代表实例是马德里的西班牙皇宫。英国于 17 世纪下半叶在宫殿建筑中从法国古典主义吸取营养，先后建造的索莫塞特大厦和温彻斯特宫都是模仿凡尔赛宫的，而汉普顿宫是荷兰古典主义风格。

图 2-79　凡尔赛宫礼拜堂室内空间

图 2-80　恩瓦立德教堂室内空间

**洛可可建筑空间**

同意大利文艺复兴建筑之后出现了巴洛克建筑一样，法国古典主义建筑之后出现了洛可可建筑。18 世纪初，法国君权开始衰退，贵族们不再想着挤进凡尔赛宫，而是考虑如何在巴黎建造私邸，享受安逸生活。由于贵族控制着当时的文化艺术，于是产生了一种新的思潮，被称为“洛可可”（Rococo）。

这时期，府邸代替了宫殿、教堂建筑而成为时代的宠儿，洛可可风格也随之在这些府邸中形成。在建筑形制上，它们不再追求排场而讲求实惠，关心平面的功能分区是否合理，用精致而亲切的客厅和起居室代替过去豪华的沙龙，喜欢圆形、椭圆形或圆角多边形的房间。在室内装饰上，它们既不同于古典主义的理性，也不同于巴洛克的夸张，抹去了一切建筑母题，地面用木地板，墙面多用木镶板和镜子，画着小幅绘画，塑着浅浮雕，线角和雕饰都是细而薄的，没有体积感。室内装饰追求优雅、别致、轻松的格调。洛可可风格的代表作是勃夫杭（Gabriel Germaine Boffrand，1667-1754，于·阿·孟莎的学生）设计的巴黎的苏俾士府邸客厅。它是一个椭圆形的房间，墙面是白色的，顶棚是蓝色的，在墙面与顶棚、白色与蓝色之间采用了丰富的装饰，位于顶棚中心的枝形水晶吊灯，把这一切通过镜子的多次反射，创

图 2-81 苏俾士府邸客厅

造了一种柔美、安逸、华丽,又有些迷离的空间效果(图 2-81)。

法国洛可可建筑也对欧洲一些国家产生了影响。如 18 世纪德国的宫殿建筑,特别是柏林的夏洛登堡的金廊和波茨坦新宫的阿波罗大厅,把洛可可风格变得毫无节制,到了肆无忌惮的地步。

### 五、复古思潮与探求新建筑空间

从 18 世纪下半叶到 20 世纪初,由于工业革命和资产阶级革命,西方建筑在资本主义化的同时,也反映着当时的政治形势。新兴资产阶级出于政治上的需要,在建筑创作上企图从历史建筑中寻求思想上的共鸣,于是出现了复古思潮。然而,当这股思潮持续到 19 世纪下半叶,由于工业生产的发展,新的建筑类型越来越多,新的建筑功能越来越复杂,新的建筑材料和结构不断涌现,为解决新建筑所提出的问题,于是又出现了对新建筑的探索。

#### 复古思潮的建筑空间

建筑中的复古思潮是指从 18 世纪中叶到 19 世纪末在欧美

[1][意]布鲁诺·赛维著.建筑空间论.张似赞译.北京:中国建筑工业出版社,1985,80

流行的“古典复兴”、“浪漫主义”和“折衷主义”。

“古典复兴”(Classical Revival)是这时期欧美文化中最先出现的一种思潮,受法国启蒙运动,以及自然科学和美术考古进展的影响,它使资产阶级认识到古典建筑不仅可以反映资产阶级革命的政治目的,而且它在艺术质量上也远远超过了当时流行的巴洛克和洛可可。于是,在法国出现了罗马复兴,英国出现了罗马复兴、希腊复兴,德国出现了希腊复兴,美国出现了罗马复兴、希腊复兴。于是,就有了法国的波尔多剧院、巴黎万神庙,英国的英格兰银行、不列颠博物馆,德国的柏林宫廷剧院、新博物馆,美国的国会大厦等。“浪漫主义”(Romanticism)是这时期欧洲文化中的另一种思潮,在建筑中也得到了反映,不过影响较小。它主要流行于英国,经历了“先浪漫主义”和“浪漫主义”建筑两个发展阶段,由于浪漫主义建筑是以哥特风格出现,所以也称为“哥特复兴”。代表实例有英国的国会大厦等。“折衷主义”(Eclecticism)是这时期欧美文化中最后出现的一种思潮,它为了弥补古典复兴、浪漫主义在建筑上的某些局限性,主张对历史上的各种风格可以任意模仿,各种样式可以自由组合,所以也被称为“集仿主义”。代表实例有法国的巴黎歌剧院(图2-82、图2-83),而美国在1893年举行的芝加哥国际博览会,则是折衷主义建筑的一次大检阅(图2-84)。

无论是照搬某一种历史风格的古典复兴、浪漫主义,还是揉合了各种历史风格的折衷主义,尽管在形式与空间上可能取得一些进展,但它们毕竟同历史建筑没有本质上的区别。所以,赛维说:“从室内空间的观点看,十九世纪在艺术趣味上变化甚多,但没有什么新的观念出现。”[1]

图2-82 巴黎歌剧院外观

图2-83 巴黎歌剧院室内空间

图 2-84 1893 年芝加哥世界博览会

**对新建筑空间的探索**

19 世纪下半叶,由于工业革命所引起的工业生产和科学技术的大发展,要求有一种与历史建筑有着很大不同的新建筑。但这种新建筑又与历史上遗留下来的建筑观念和形式发生了尖锐的矛盾,具体表现在,需要经济实用、大型内部空间、快速施工方法的建筑,而这些又是旧的建筑所不能解决的。于是,欧美建筑在这时期的发展出现了巨大的变化,首先,表现在建筑的新类型、新材料和新技术上,其次,表现在对新建筑的空间与形式的探索上。

在建筑的新类型、新材料和新技术上,过去那种在建筑中占主导地位的类型,如神庙、教堂、宫殿、府邸和纪念性建筑等,开始让位于工业厂房、火车站、图书馆、博物馆、商业大厦、办公建筑和大量性住宅建筑等。新旧建筑类型的转变,或者说新的建筑类型的产生,体现了一种“实用”的建筑目的,即建筑主要是因社会生产和生活的需要而建造。这种需要,既不同于宗教建筑满足精神性的需要,也不同于宫殿和府邸建筑满足少数人的需要,而是一种具有广泛社会性的需要。正是出于社会生产和生活的需要,新建筑开始使用钢铁、玻璃和钢筋混凝土等材料,使用新的结构方式、构造方法和施工方法,向传统的结构方式提出挑战,创造了前无古人的大跨度结构,出现了有着大跨度的钢铁桥梁、大型内部空间的工业厂房、火车站和展览馆、大型钢铁结构和玻璃外壳的博览会建筑。如 1851 年伦敦世界博览会上的“水晶宫”,长度 555m,宽度 124.4m(图 2-85、图 2-86);再如

图 2-85 1851 年伦敦世界博览会水晶宫外观

图 2-86 1851 年伦敦世界博览会水晶宫室内空间

1889 年巴黎世界博览会上的机械馆,长度为 420m,跨度为 115m(图 2-87、图 2-88)。显然,这些有着大跨度结构、大型内部空间的新建筑,是旧的建筑所无法达到的,因此,对于适合新的结构和空间的新的建筑形式的探索,也就成了顺理成章的事情。

在对新建筑的空间与形式的探索上,出现这种潮流的是在 19 世纪下半叶和 20 世纪初的欧洲和北美建筑中,主要包括了反对传统形式的欧洲"新艺术运动"建筑;追求适应新结构和新材料的新形式的"维也纳学派",以及由此派生出来的"分离派"建筑;追求实用功能的美国"芝加哥学派"的高层建筑;强调工业化造型的"德意志制造联盟"的建筑等。在这种新潮流中,既有思想鲜明的建筑理论,也有反映这些思想的建筑实践。如维也纳学派的瓦格纳(Otto Wagner,1841-1918)在 1895 年出版的《现代建筑》(Moderne Architektur)一书中,指出"新结构、新材料必导致新形式的出现,并反对历史样式在建筑上的重演"[1];维也纳的另一位建筑师路斯(Adolf Loos,1870-1933)反对把建筑列入艺术范畴,他主张建筑以实用与舒适为主,[2]甚至提出了"装饰即罪恶"的著名口号。芝加哥学派的沙利文(Louis Henry Sullivan,1856-1924)最先提出了"形式服从功能"的口号,他认为世界上一切事物都是"形式永远服从功能,这是规律"。因此,建筑"要给每个建筑物一个适合的和不错误的形式,这才是建筑创作的目的"[3]。于是,一座座与历史建筑截然不同的新的建筑空间与形式不断涌现,如麦金托什(Charles Rennie Mackintosh,1868-1928)设计的格拉斯哥艺术学校图书馆、瓦格纳设计的维也纳的邮政储蓄银行、路斯设计的斯坦纳住宅、沙利文设计的芝加哥百货公司大厦、彼得·贝伦斯(Peter Behrens,1868-1940)设计的德国通用电气公司透平机车间……等等,不胜枚举。

[1] 罗小未主编 . 外国近现代建筑史(第二版). 北京 :中国建筑工业出版社,2004,36
[2] 罗小未主编 . 外国近现代建筑史(第二版). 北京 :中国建筑工业出版社,2004,37
[3] 罗小未主编 . 外国近现代建筑史(第二版). 北京 :中国建筑工业出版社,2004,42

图 2-87 1889 年巴黎世界博览会机械馆外观

图 2-88 1889 年巴黎世界博览会机械馆的三铰拱

从以上欧美建筑两种发展趋势来看,显然后者具有强大的生命力,同时我们还可以看到,19 世纪下半叶以来的欧美建筑,无论是出于怎样的名目,都预示着一场真正意义上的建筑革命的到来。建筑空间的发展也是如此,由于建筑目的发生了根本性的改变,使得这时期具有探索性的建筑空间,既不同于古典、中世纪、文艺复兴、巴洛克的建筑空间,也不同于古典主义、洛可可的建筑空间,而是体现出以追求“实用”之目的的空间特征。当然,这种特征也许还不够清晰明确,但在随之而来的 20 世纪 20 年代逐渐兴起的“现代建筑运动”中得到了充分的体现。

# 第三节 中国传统建筑空间发展历程

## 一、夏商周至秦汉建筑空间

从新石器时代,经夏商周,到秦汉,中国建筑在漫长的历史演变中,经过了夏商周的孕育期后,于秦汉进入了它的形成期。在新石器时代末期,各新石器文化发达地区人口密集、经济发达,出现社会分工和权力集中,产生了凌驾于氏族公社之上的原始国家——古国;经过进一步发展,出现了更为成熟的国家——方国;在方国的基础上,又发展出更为强大并为其他方国拥戴的国家——宗主国。[1]夏、商、周就是这种宗主国。秦朝是中国历史上第一个统一的国家。秦始皇一方面统一全国文字、律令、度量衡;另一方面废封藩、置郡县、修驰道、筑长城。汉朝

[1]苏秉琦著.中国文明起源新探.北京:商务印书馆,1997

是继秦以后第一个中央集权、强大而稳定的王朝。西汉初年采取恢复和发展的政策，到汉武帝时，社会稳定，经济、科技和文化都取得很高的成就。在这种社会背景下，西汉建筑也有很大的发展，形成中国建筑发展史上第一个高峰。

**夏商周建筑空间**

据考古发掘，夏代的建筑遗址情况比较清楚，商周两代的建筑遗址也有较多发现，既有城市，也有宫殿、宗庙、陵墓、居住建筑等。在这些遗址中，又以宫殿建筑所取得的成就最为突出。如河南偃师二里头一号和二号宫殿、河南偃师尸沟乡商城、湖北黄陂县盘龙城商朝宫殿、安阳小屯村殷墟宫殿、陕西岐山凤雏村西周宫殿（或宗庙？）遗址、秦咸阳一号宫殿遗址等等。建筑的形制已从单幢房屋扩展到组群建筑，具有代表性的是在夏代出现了“庭院式建筑”，到春秋战国又出现了“台榭建筑”。

晚夏河南偃师二里头一号宫殿，整个建筑东西向 108m，南北向 100m，四周用回廊环绕，南面回廊正中有大门，东北部折进的回廊中间也有一处门址，庭院北部有一座殿堂。殿堂东西向面宽 30.4m，八间，南北向进深 11.4m，三间，下为土台，高 0.8m。殿堂内部的空间格局已不明，但杨鸿勋先生根据《考工记》中夏代宫室“夏后氏世室”的“一堂”、“五室”、“四旁”、“两夹”的记载，对殿堂内部作了复原研究。即前部正中面宽六间、进深两间的部位是开敞的“堂”，作为处理政务、朝会群臣和举行祭祀的场所；堂的后部是“五室”，作为生活起居用；堂的左右两侧是“四旁”，室的左右两角是“两夹”，都作为附属用房（图 2-89、图 2-90）。二里头一号宫殿开创了中国古代宫殿建筑的先河，它表明单体殿堂内部可能存在“前堂后室”的空间划分，建筑组群已经呈现出用回廊环绕的庭院式布局。

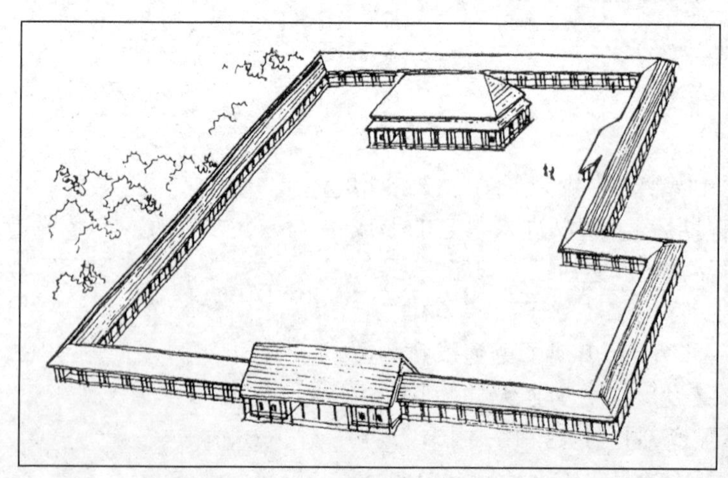

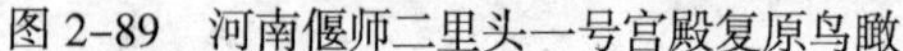

图 2-89　河南偃师二里头一号宫殿复原鸟瞰

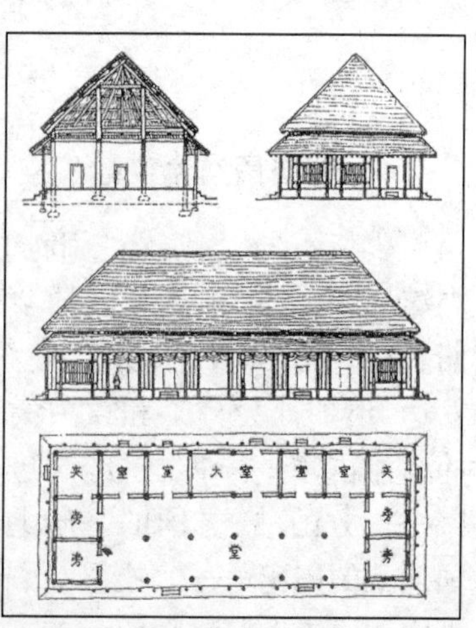


图 2-90　河南偃师二里头一号宫殿殿堂复原

春秋战国,在建筑上出现了“高台榭,美宫室”的风气。秦国咸阳一号宫殿遗址,就是一座台榭建筑。夯土台长 60m,宽 45m,高 6m,经杨鸿勋先生复原,宫殿平面呈曲尺形,下层平面四周为回廊,回廊南北处各有室数间;上层南部为平台,北部和东部为敞厅,东南角有一室,西部有室数间;中央有一座二层高的楼,高出周围房屋之上,使建筑外观犹如三层(图 2-91~ 图 2-93)。台榭建筑是利用大体量的夯土高台与小空间的木构廊屋相结合,它反映了当时人们在木构技术尚未成熟的条件下,不得不通过夯土高台来建造高大建筑的意愿。随着木构技术的进

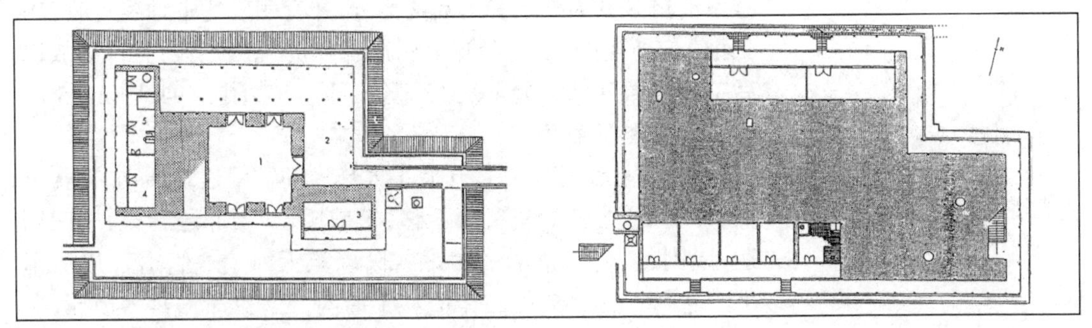

图 2-91 秦国咸阳一号宫殿复原平面

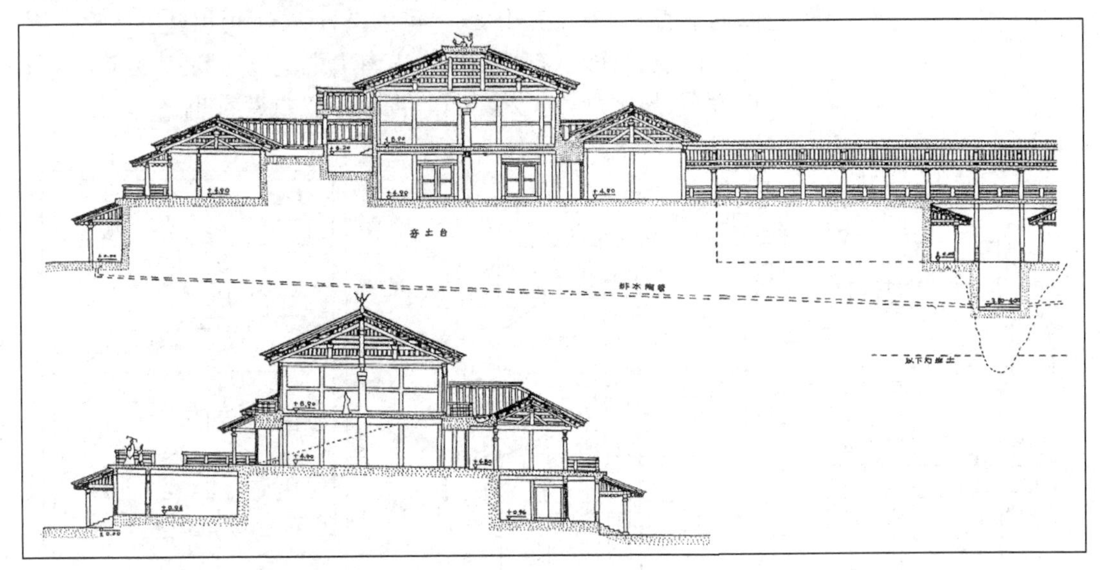

图 2-92 秦国咸阳一号宫殿复原剖面

图 2-93 秦国咸阳一号宫殿复原透视

[1]中国大百科全书建筑·园林·城市规划.北京:中国大百科全书出版社,1988,170

[2]何清谷撰.三辅黄图校释.北京:中华书局,2005

[3][汉]司马迁著.史记.北京:中华书局,1959年

[4][汉]司马迁著.史记.北京:中华书局,1959年

步,台榭建筑在汉代以后基本上被淘汰。

此外,据《考工记》记载,周代宫殿已初步形成"前朝后寝"形制。前朝有"外朝"、"内朝"、"燕朝"三朝(又称"大朝"、"日朝"、"常朝")和"皋门"、"应门"、"路门"三门。外朝在宫城正门应门前,门外有阙。内朝在宫内应门、路门之间,路门内为寝,分主寝和后寝。据潘谷西先生研究,"《考工记》在西汉中期被发现,作为《周礼》中佚失的《冬官》,经东汉末郑玄注释,被正式列为儒家经典。故《考工记》所载宫室制度在汉代宫殿中并无反映,对汉以后各代的宫室却有极大的影响。这些宫室大都要依照《考工记》,把宫室严格区分为外朝和内廷两部分,并有明确的中轴线。但《考工记》中所述的三门,经郑玄引用郑众的说法扩大为五门,故以后各代宫殿外朝部分都是'三朝五门'"[1](图2–94、图2–95)。

**秦汉建筑空间**

秦始皇统一全国后,开展了大规模的宫殿建筑活动。据《三辅黄图》记述:"始皇穷极奢侈,筑咸阳宫,因北陵营殿,端门四达,以则紫宫,象帝居;渭水灌都,以象天河;横桥南渡,以法牵牛。"[2]秦始皇27年,"作信宫于渭南,已,更命信宫为极庙,象天极"[3]。秦始皇35年,"营作朝宫渭南上林苑中。先作前殿阿房,东西五百步,南北五十丈,上可以坐万人,下可以建五丈旗。周驰为阁道,自殿下直抵南山。表南山之颠以为阙,为复道,自阿房渡渭,属之咸阳,以象天极,阁道绝汉抵营室也"[4]。以一系

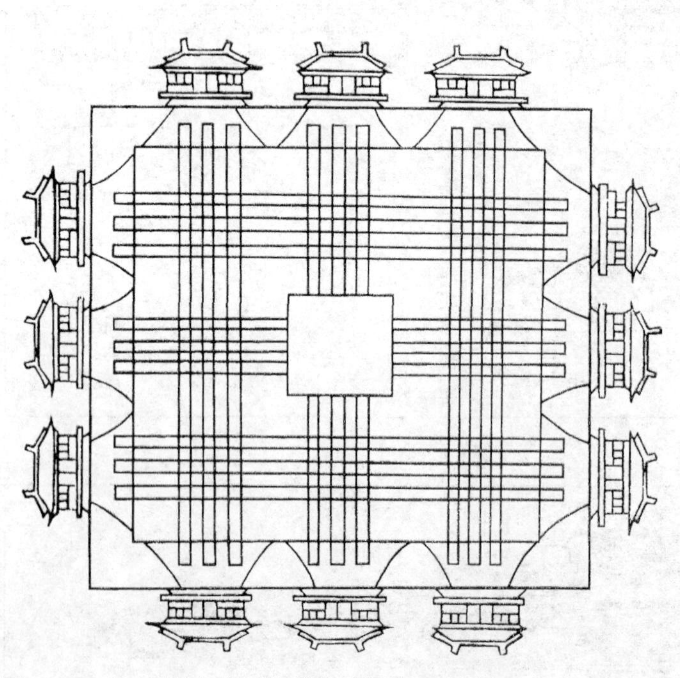

图2–94 宋·聂崇义《三礼图》中的周代王城图

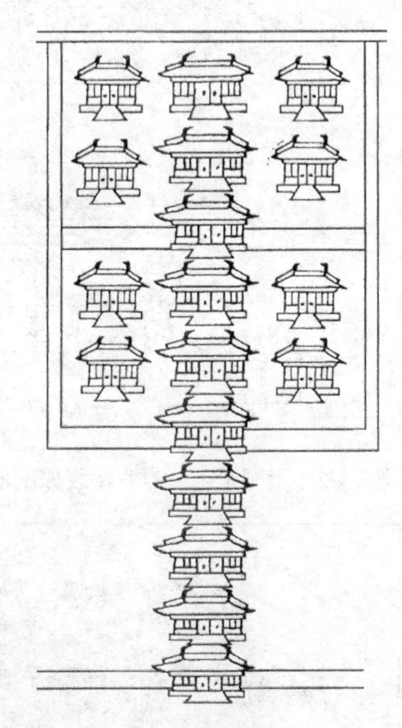

图2–95 宋·聂崇义《三礼图》中的周代宫寝图

列人间宫殿极力模仿天宇,追求与天同构的境界。由于秦代仅存在 15 年,一些庞大的建筑计划尚未完成便寿终正寝。但从遗留下来的秦始皇陵遗址看,建筑规模十分宏大。如秦始皇陵兵马俑坑,据考古发掘,共发现 4 座俑坑,1 号坑平面呈长方形,面积 $12600m^2$,由 6000 兵马组成主力军阵 ;2 号坑平面呈曲尺形,面积约 $6000m^2$,以战车和骑兵为主组成军阵 ;3 号坑平面呈凹字形,面积约 $520m^2$,仅有 70 个兵马,似是指挥部 ;4 号坑是尚未建成就废弃了的空坑。[1]由俑坑的面积大小、兵马俑数、战车实物以及实战兵器,可以想见秦代建筑空间的巨大尺度和恢宏气势(图 2-96~ 图 2-98)。

西汉初年的建筑活动,也集中在宫殿建筑的营造上。汉高祖修筑长乐宫,随后又在其西面建未央宫,作为正式宫殿。到汉武帝盛世时,大兴土木建造桂宫、明光宫和建章宫。据考古发掘和文献记载,这些宫殿不仅规模巨大、装饰华丽,而且模仿天宫进行营造。如西汉初年萧何为刘邦建造未央宫,大事奢华,缘于“天子以四海为家,非壮丽无以重威,且无令后世有以加也”[2]的观念。汉武帝时,未央宫前殿已是“以木兰为棼橑,文杏为梁柱,金铺玉户,华欂壁珰,雕楹玉碣,重轩楼槛,青锁丹墀,左碱右

[1]侯幼斌,李婉贞编 . 中国古代建筑历史图说 . 北京 :中国建筑工业出版社,2002,28

[2][汉]司马迁著 . 史记 . 北京 :中华书局,1959 年

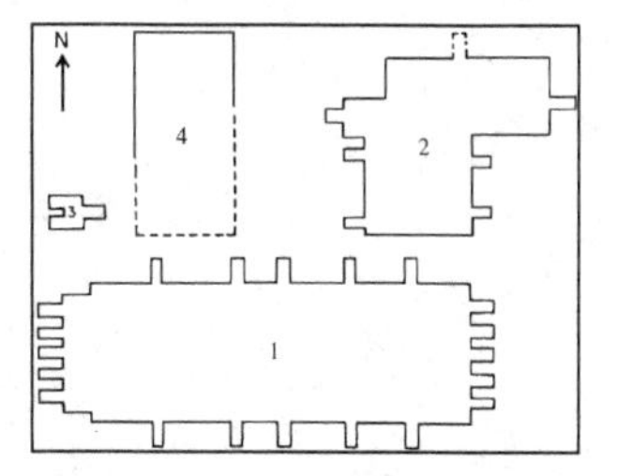

图 2-96　秦兵马俑坑总平面示意

图 2-98　2 号兵马俑坑遗址

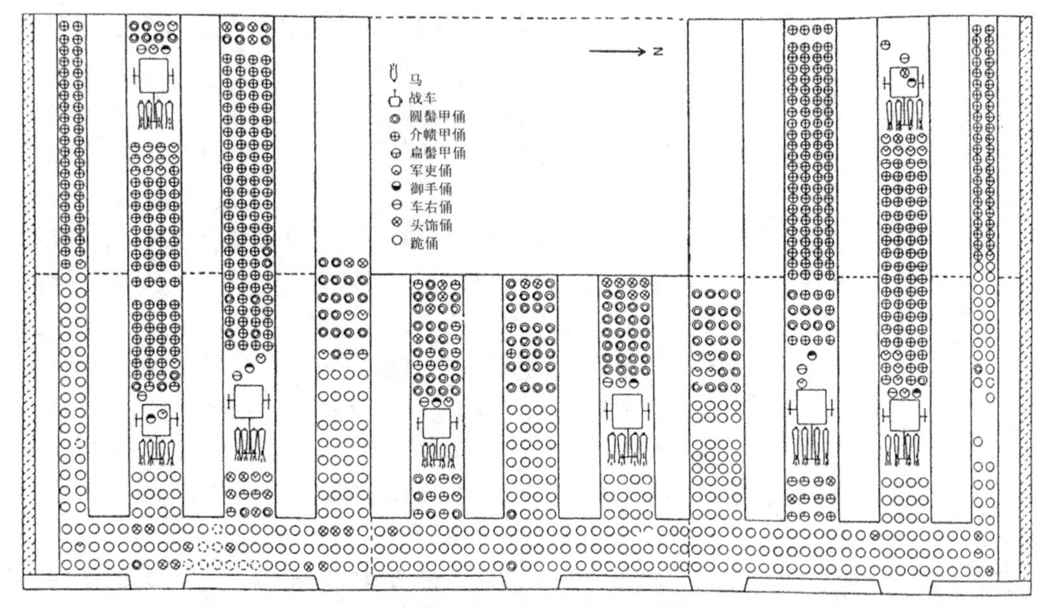


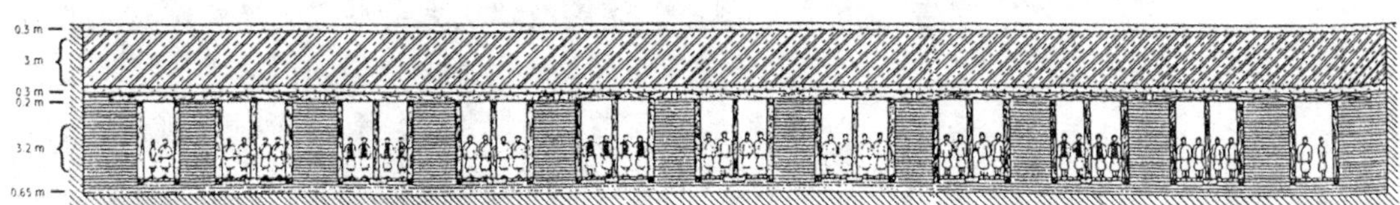

图 2-97　2 号兵马俑坑平面和剖面

平。黄金为壁带,间以和氏珍玉,风至其声玲珑然也"[1]。再如建章宫,"其前殿高过未央前殿。有凤阙,背饰铜凤。又有井干楼和置仙人承露盘的神明台。宫内还有河流、山岗和辽阔的太液池,池中起蓬莱、方丈、瀛洲三岛"[2]。完全是天宫的写照。

[1]何清谷撰.三辅黄图校释.北京:中华书局,2005

[2]刘敦桢主编.中国古代建筑史(第二版).北京:中国建筑工业出版社,1984,49

此外,汉代的宫殿,以前殿为其主体建筑,两侧设东西厢,前殿用于大朝,东西厢用于日常朝会,形成三朝横列的形制。这种形制与《考工记》所记载的周代纵列三朝的制度不同。后来,两晋、南北朝宫殿的前殿,受到汉代东西厢建筑形制的影响,在主殿的两侧建东西堂,主殿作为大朝,东西堂作为日常朝会之所。

从夏商周建筑到秦汉建筑,虽然讨论的对象都已不存,但我们可以根据考古发掘、文献记载和现代学者的复原研究,了解它们的发展概况,认识和理解空间观念与形式。如河南偃师二里头一号宫殿的庭院式、秦咸阳一号宫殿的台榭式、周代宫殿的三朝纵列式、汉代宫殿的三朝横列式,而秦汉宫殿与天宇相合的设计思想,反映了这时期的建筑空间是追求神与人的交融。

## 二、魏晋南北朝至唐宋建筑空间

从魏晋南北朝,经隋唐五代,到宋代,中国建筑在经历了魏晋南北朝的融合期后,于唐宋进入了它的成熟期。魏晋南北朝时期,中国经历了一个长期战乱和南北分裂的局面,在造成社会不稳定、经济严重破坏的同时,也促进了民族的大融合、印度佛教的传播,出现了南北文化、中外文化的交流。隋朝建立后,结束了战乱和分裂的局面,虽然隋代持续的时间很短,但兴建了都城大兴和东都洛阳,为唐代长安和洛阳两京的建设奠定了基础。唐代是中国历史上一个统一、巩固、强大、昌盛的王朝。唐代初年大力发展生产,政治清明,经济发展,文化、科技都取得辉煌成就。正是在这种社会背景下,唐代开始大规模的建设,形成了中国建筑发展史上第二个高峰。宋辽金时期,中国又处于南北分裂的局面,北宋在政治上采取对外妥协的政策,但在经济上,农业有所发展,商业、手工业发达。南宋时,随着政权相对稳定,经济、文化都得到较快发展,农业、手工业、商业兴盛。在此背景下,宋代建筑继续向前发展,并达到一个新的高度。

### 魏晋南北朝建筑空间

佛教自东汉初年经过西域传入中国,经魏晋南北朝,由于帝王贵族的尊信和提倡,使佛教建筑大量兴建。虽然这时期的城市、宫殿、陵墓等建筑都得到一定程度的发展,但佛教建筑显然是这时期最重要的建筑类型,佛寺、佛塔和石窟寺得到了充分发展,对当时建筑空间的进步起到了推动作用。

佛寺是佛教建筑中的主要类型。据北魏《洛阳伽蓝记》记

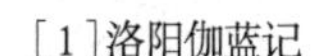

述，当时洛阳的重要佛寺就有40余所，而永宁寺为最大者。该寺平面为方形，四周用院墙环绕，院墙四面都有门，门内建塔，塔后建佛殿。初期佛寺布局与印度相仿佛，仍以塔作为主要崇拜对象，将塔建于佛寺的中央，形成了一种“中心塔式”的佛寺空间布局。此外，北魏洛阳还有许多佛寺是由贵族官僚的府邸和住宅改建而成，当时盛行“舍宅为寺”的风气，常“以前厅为佛殿，后堂为讲堂”[1]，并不建塔，这样，中国庭院式建筑便用于佛寺中，形成了一种“宅院式”的佛寺空间布局。

[1]洛阳伽蓝记

佛塔的概念和形制源自于印度，是用来埋藏舍利（释迦牟尼遗骨）而建造的实心建筑物，供信徒们绕塔礼拜之用，具有纪念性圣墓的性质。佛塔传入中国后，虽然塔的用途和功能未变，但塔在其他方面发生了许多变化。比如，印度佛塔与中国东汉已有的多层木构楼阁相结合，形成了中国式的木塔，塔内不但供奉佛像，还可以登临远眺。永宁寺塔就是当时最宏伟的一座木塔。根据遗址和复原，永宁寺塔的平面呈正方形，每面9间，方格柱网，平面中央处为一个实心体，约20m见方，由木柱和夯土构成，从一到六层逐渐缩小，七到九层全为木结构。塔的高度，文献说法不一，有说“高一千尺”，有说高“四十九丈”、“四十余丈”，复原图采纳的高度是四十九丈，加上塔刹，总高为147m（图2-99、图2-100）。

石窟寺是在山崖上开凿出来的洞窟型佛寺。从石窟的布局来看，形制主要有三种：一种是塔院式，第二种是佛殿式，第三

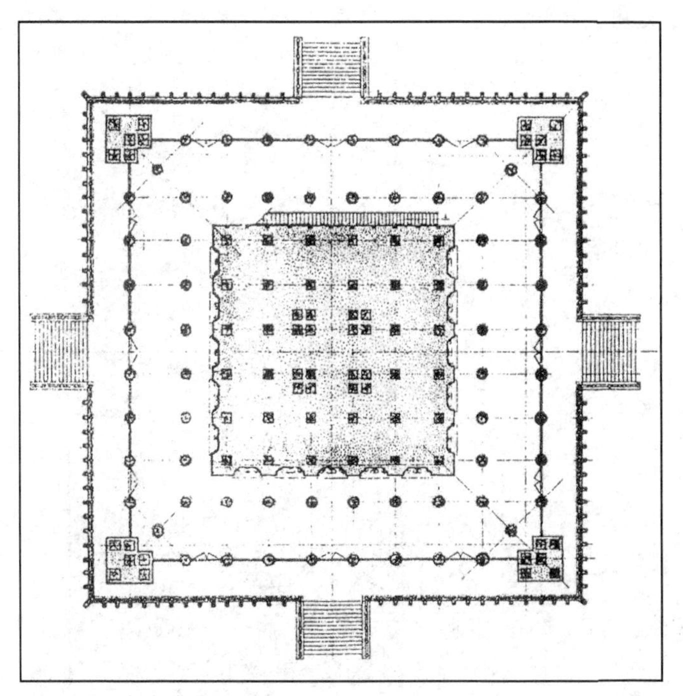

图2-99　永宁寺塔平面复原

图2-100　永宁寺塔外观复原

图 2–101　敦煌莫高窟北魏第 254 窟

种是僧院式。“塔院式”石窟在印度称为支提窟，石窟内部空间中用于支撑窟顶的中心柱，常被刻成佛塔的形象，这种石窟可看成是对中心塔式佛寺的模仿（图 2–101）。“佛殿式”石窟是中国创造的，石窟内部空间没有中心塔柱，以佛像为主要内容，在后壁和左、右两壁凿佛龛，或只在后壁凿佛龛，这种石窟又可看成是对宅院式佛寺的模仿（图 2–102）。“僧院式”石窟在印度称为毗诃罗，主要供僧众打坐修行之用，石窟内部空间的后壁凿佛龛，左右两侧凿小窟，每小窟仅供一僧打坐，不过，这种石窟在当时很少，仅见于北朝。

图 2–102　太原天龙山北齐第三窟室内空间示意图

这时期建造的太原天龙山北齐第 16 窟，被认为是"最为精美"的实例。石窟大厅为一规整的方形，沿纵横两条轴线在后壁和左、右两壁都凿有佛龛以容纳佛像，佛龛为一券形空间，装饰华丽，窟门前有前廊，面阔三间，八角形列柱有明显收分，檐壁上的斗栱和卷杀雕刻精准。从前廊到窟门，从窟门到大厅，再从大厅到佛龛，形成了一个以大厅为中心的颇有变化的空间序列（图 2–103）。到这时，佛教建筑的中国化，已达到了相当完善的程度。

图 2–103　太原天龙山北齐第十六窟平面、立面和剖面

**隋唐建筑空间**

隋统一中国后，在建筑上主要兴建都城大兴城和东都洛阳城。这两座都城后来都被唐朝所继承，进一步充实发展而成为长安城和洛阳城。隋代大兴宫附会《周礼》的三朝制度，纵列三朝：广阳门（唐改称承天门）为大朝，大兴殿（唐改称太极殿）为日朝，中华殿（唐改称两仪殿）则为常朝。唐初将大兴宫改名为太极宫，后来又兴建大明宫，成为唐代政治中心的所在地。大明宫使用了传统的"前朝后寝"制度，全宫分为外朝和内廷两大部分，外朝纵列三朝：含元殿为大朝，宣政殿为日朝，紫宸殿为常朝；内廷以太液池为中心，池西侧有麟德殿。经考古发掘和复原研究，含元殿高出地面 10 余米，殿身东西向面宽 76m，11 间，南北向进深 29m，4 间，左右两侧外接廊道，廊道两端再向南折与翔鸾、栖凤二阁相连。殿前有长达 70 余米的供登临朝见之用的阶道，谓之"龙尾道"。整个建筑造型雄伟、壮丽，表现了唐代的兴盛和气魄（图 2–104）。麟德殿是另一座重要建筑，它是皇帝赐宴群臣和各国使节，观看杂技和乐舞的地方。据发掘和复原，它由前、中、后殿以及最后一座"障日阁"组合而成，前中后

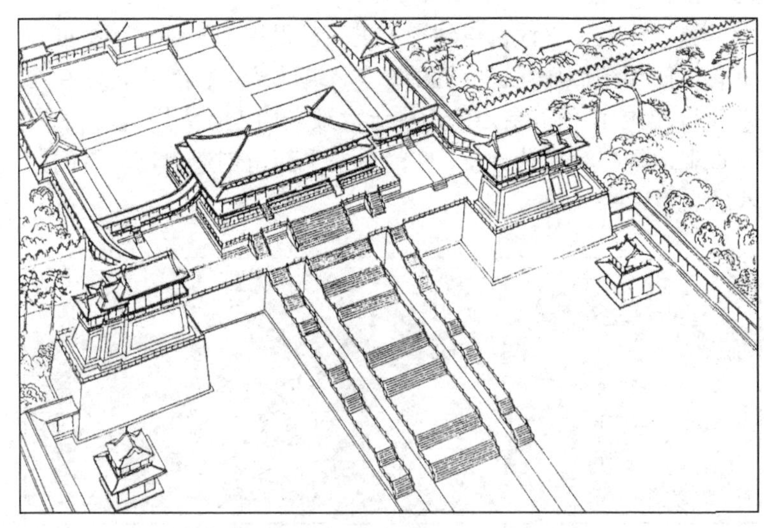

图 2–104　大明宫含元殿复原鸟瞰

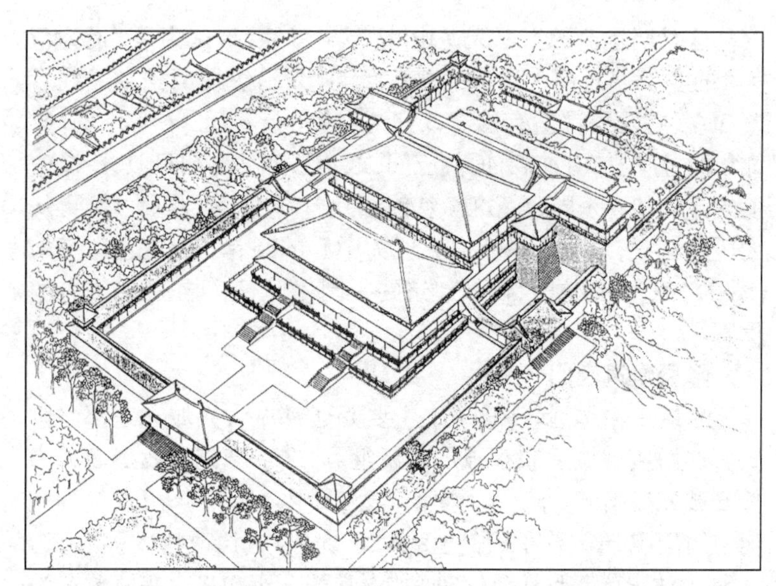

图 2-105 大明宫麟德殿复原鸟瞰

三殿面宽都是 58m，11 间，障日阁面宽 9 间，前殿进深 4 间，中殿进深 5 间，后殿和障日阁进深都是 3 间，四殿总进深达 85m，共 17 间，面积约为明清故宫太和殿的三倍，堪称中国古代最大的殿堂。殿两侧还有楼阁相辅，四周用回廊环绕，形成了以中央殿堂为主体的回廊院布局（图 2-105）。

这种“回廊院”式的布局在唐代建筑中使用很普遍，除大明宫遗址以外，还可见于《戒坛图经》、敦煌壁画中（图 2-106、图 2-107）。在建筑组群的布局方面，以回廊院作为布局单元，由数个乃至数十个回廊院组合而成，其中，又有一个是居于中央地位的主回廊院，而主回廊院的中央，则是整个建筑组群的主体殿堂之所在。

佛教建筑在唐代也得到了了进一步发展。佛寺建筑组群在布局上使用了回廊院式，作为单体建筑的殿堂也有实物留存至今，即著名的山西五台山的南禅寺大殿和佛光寺大殿，让我们可以直观地领略到唐代建筑“在简单的平面里创造丰富的空间艺术的高度水平”[1]。

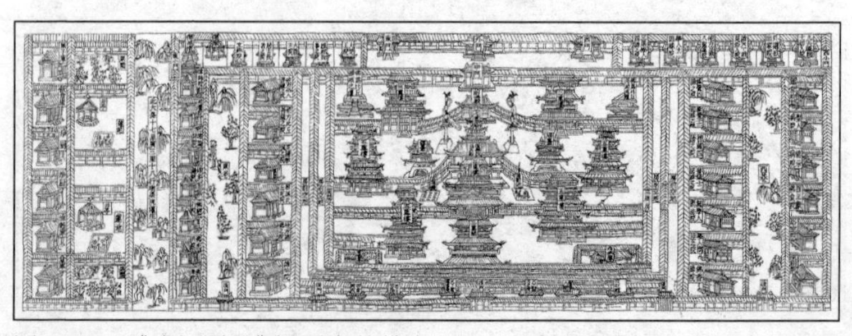

图 2-106 《戒坛图经》插图中的佛寺

图 2-107　敦煌莫高窟第 148 窟壁画中的唐代佛寺

[1]刘敦桢主编．中国古代建筑史（第二版）．北京：中国建筑工业出版社，1984，134

以佛光寺大殿为例，大殿面宽 7 间，34m，进深 4 间，17.66m；正立面中央五间设板门，两端各一间开直棂窗；其余三面围以实墙，仅在两侧山墙后部开小直棂窗。殿内有一圈“金柱”（即外檐柱以内的一圈柱子），把内部空间分为两个部分：金柱以内面宽 5 间，进深 2 间的空间称为“内槽”，金柱以外与檐柱之间一周的空间称为“外槽”。内槽后半部有一座巨大佛坛，坛高 0.74m，坛上有唐代造像，对着开间正中的三座主佛分别是释迦、阿弥陀和弥勒坐像，左右散立着弟子菩萨、天王等诸像。另外，还有两座现实人物像。为适应内外槽的空间布局，在梁架结构的基础上，使用了一层方格网状的“平棋”天花，这样，就形成了两套屋架。于是，天花及天花以下的明栿、斗栱等构件就成了组织空间的重要手段。为区分内外槽空间，突出内槽空间的重要地位，外槽前部进深只 1 间，斗栱只出了一跳，而内槽进深 2 间，斗栱用了四跳，来承接明栿，明栿上又用斗栱与天花处的平棋枋相连接。由于明栿不是直接与天花相接，加上斗栱之间的空档，使得空间的高度要比实际的高度要大。由此形成了内外槽大与小、高与低、宽与窄的两个完全不同的空间。为使内槽空间与佛像取得协调的关系，各间立柱上的四跳斗栱全部采用偷心造，没有横栱和横枋，使得内槽空间被划分成五个较小的空间，每个小空间又与一组佛像相对应，加上佛像和“背光”的精心设计，使得内槽空间与佛像组成有机的整体（图 2-108~ 图 2-110、彩图 20 ~ 彩图 22）。

**宋辽金建筑空间**

北宋汴梁宫殿是仿洛阳宫殿改建的，沿用了传统的三朝制度，大庆殿为大朝，垂拱殿为日朝，紫宸殿为常朝，但由于地形限制，三殿前后并不在同一条轴线上。金中都大内宫殿又是仿汴梁宫殿建造的，但它纠正了汴梁宫殿的轴线错位，正宫大安

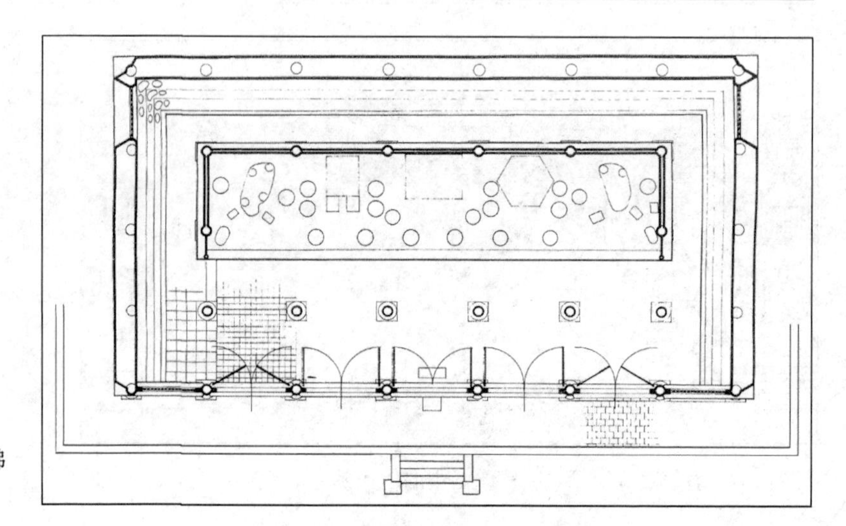

图 2-108　山西五台山佛光寺大殿平面

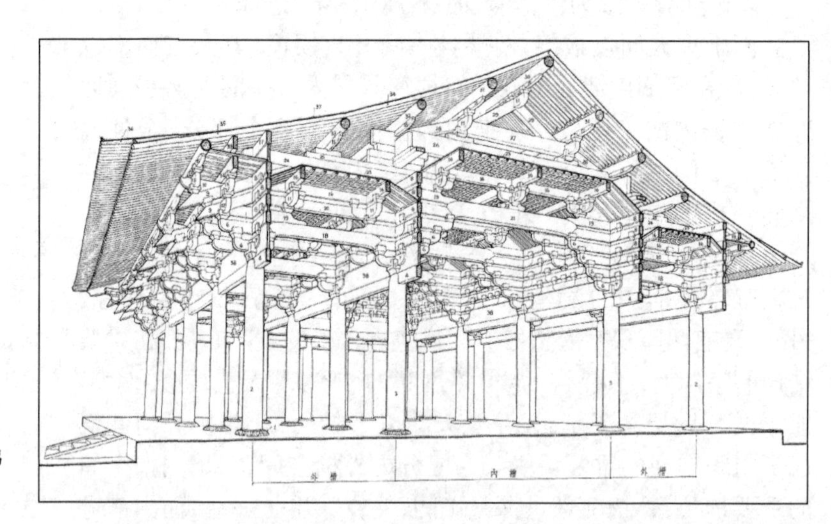

图 2-109　山西五台山佛光寺大殿结构示意图

图 2-110　山西五台山佛光寺大殿室内空间

殿与后宫仁政殿都在中轴线上严格对齐。宋、金宫殿与唐代宫殿相比，建筑规模明显减小。比如，北宋汴梁宫殿的大庆殿，面阔 9 间，南宋临安宫殿的垂拱殿，面阔 5 间，金中都宫殿的大安殿，面阔 11 间，金刘秀屯宫殿的正殿，面阔 9 间，44.5m，进深 5 间，22.8m，而此殿是“已发现的宋、辽、金时期建筑中规模最大、规格最高的，当属金上京的重要宫殿基址”[1]。宫殿建筑组群的布局，在原来回廊院式的基础上，进一步发展为“廊庑院”式。这种布局方式保留了回廊院式的一些特点，但由“回廊”改用“廊庑”，使建筑的使用面积得到增加，廊庑院比回廊院更切合实用。不仅如此，廊庑院中央的主体建筑，也由过去的“横长形”发展为“工字形”。比如，汴梁宫殿中的各组正殿均采用了工字殿，这是一种新创，对金中都、元大都宫殿都有深远的影响(图 2–111)。

[1]傅熹年著. 中国科学技术史 · 建筑卷. 北京 :科学出版社，2008，376

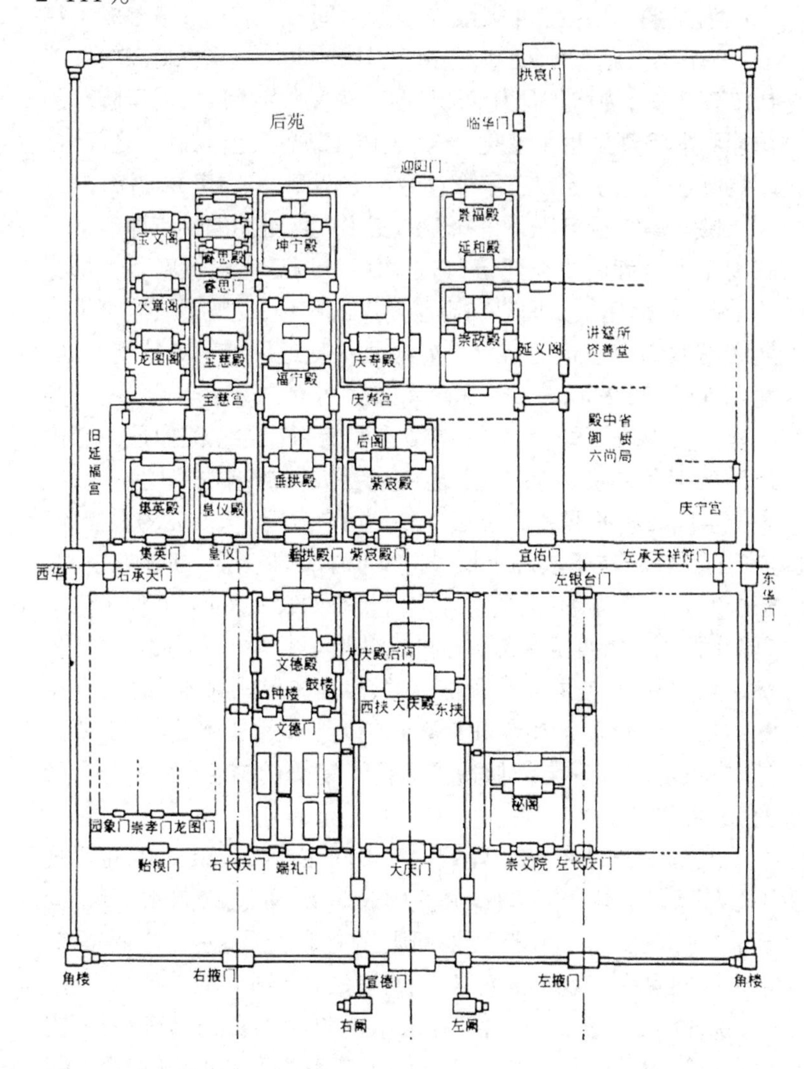


图 2–111　北宋汴梁宫城平面示意

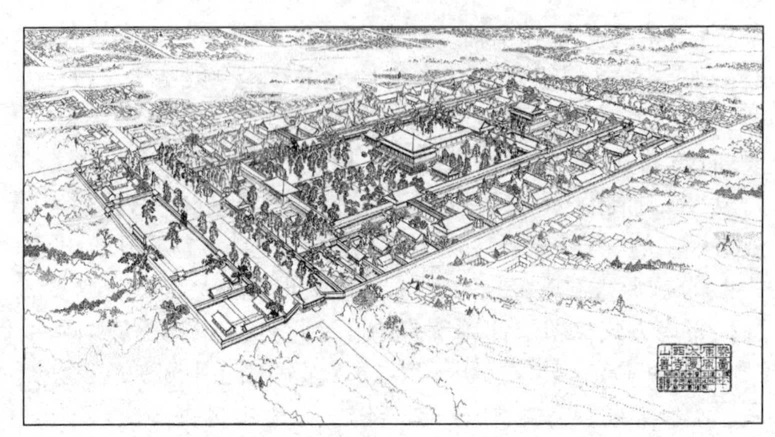

图 2–112　汾阴后土庙复原鸟瞰

这种工字形殿在其他建筑类型中也得到了反映。如建于北宋的后土庙，在主殿坤柔殿与寝殿之间，以廊庑相连形成工字形，与汴梁宫殿的情况基本相同(图 2–112)。再如北宋的一些住宅建筑中，为增加居住面积，多以廊庑代替回廊，因而院落的功能和形象都发生了变化，作为主体建筑的厅堂与卧室之间，常用穿廊连成工字形或王字形，而堂、室两侧，有厢房或偏院。

佛教建筑也出现了一些新的变化。这时期的佛寺建筑常以高阁作为全寺的主体建筑，它是唐中叶以后追求供奉高大佛像的结果，使得建筑空间有向高层发展的趋势，反映了唐末至宋代期间高型佛寺建筑的特点。如河北蓟县辽代独乐寺的观音阁，面阔 5 间，20.23m，进深 4 间，14.26m，外观二层，但下层屋檐和平坐结构形成了一个暗层，在结构上实为三层。阁内使用了内外槽构架和两套屋架，与上述佛光寺大殿的结构原则一致，在内槽空间设有弥须座式佛坛，坛上立有一尊高 15.4m 的观音像。为容纳立像，在暗层和上层(即阁的内部第三层)都开有空井，暗层空井为长方形，上层空井改为收小的长六角形，立像由底层贯穿两层空井，直抵顶部更小的八角形藻井之下。自下而上，从佛坛到空井，从空井再到顶部藻井，尺度和形式都随着立像大小和体量的变化而发生变化，富有韵律感和透视感，更为重要的是，建筑空间处理与佛像造像达到了完美的结合(图 2–113、彩图 23、彩图 24)。

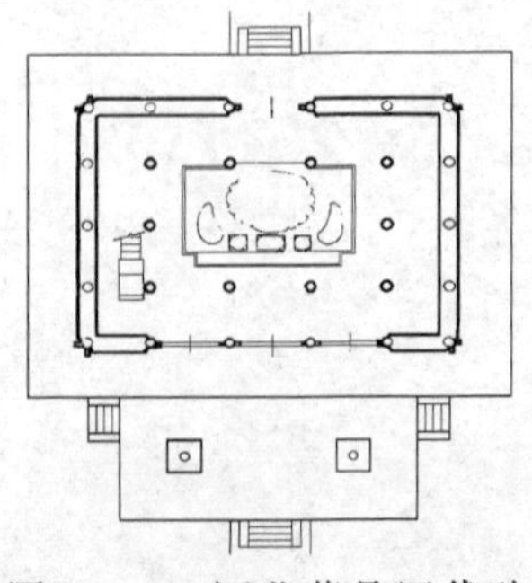

图 2–113　河北蓟县辽代独乐寺观音阁平面

值得一提的是，宋代建筑内部空间在装修和家具上，也出现了一些新的变化。一方面，在室内装修上，唐代以前的内部空间分隔主要是依靠织物来实现，而宋代主要是通过木装修来完成。北宋后期由将作监李诫编修的《营造法式》(图 2–114~ 图 2–116)中，就列出了 7 类“小木作”制度，共 42 个品种，充分说明了宋代木装修的发达和成熟。另一方面，在室内家具上，从东汉末年

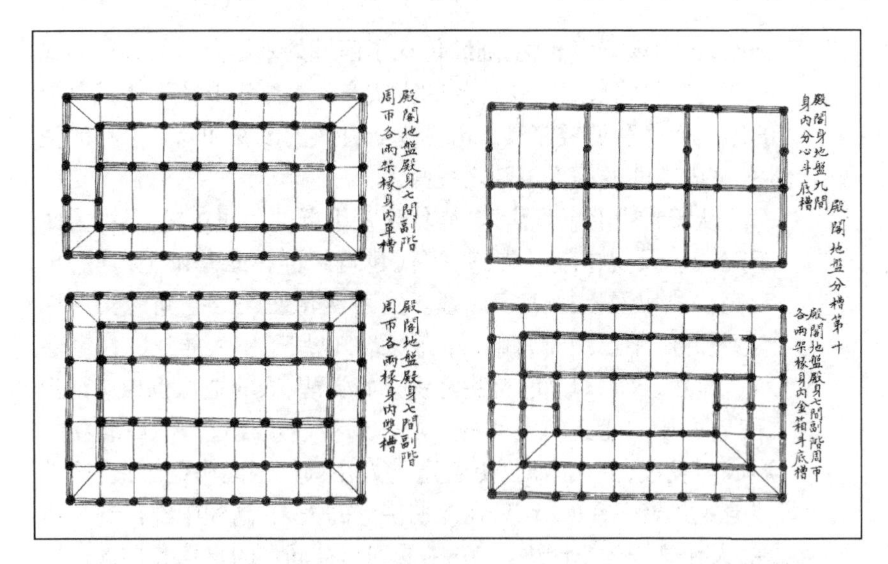


图 2–114 《营造法式》图样之一

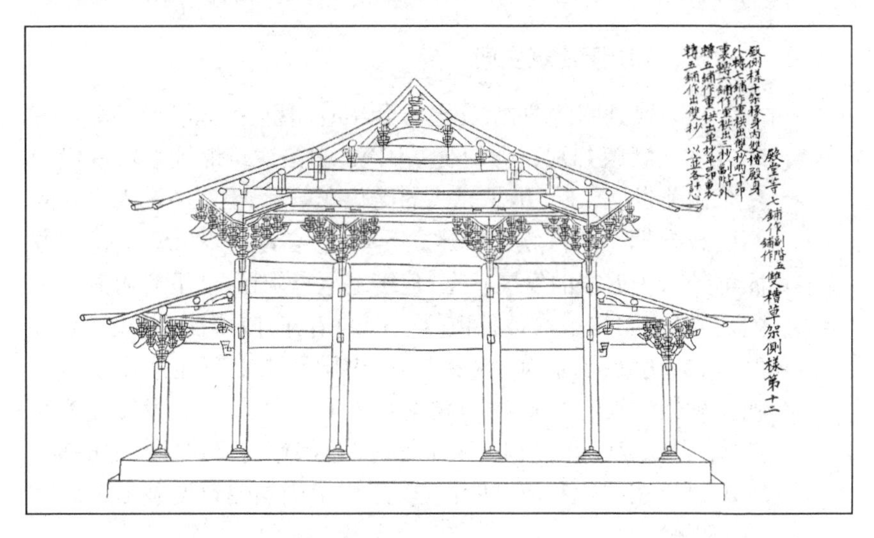


图 2–115 《营造法式》图样之二

图 2–116 《营造法式》图样之三

开始，经由魏晋南北朝，陆续传入了西域的垂足而坐的起居方式和高足家具，到宋代，这种新的方式和家具终于取代了唐代以前的席地而坐和低矮家具。由于起居方式的改变和高足家具的使用，室内空间的高度也随之提高。

从魏晋南北朝到唐宋，唐代建筑组群的空间布局，采用了回廊院式以及院中横长形殿，宋代建筑组群在此基础上，发展出廊庑院式以及院中工字形殿。这种变化使建筑空间的实用性得到加强，不仅用于宫殿、佛寺建筑，也用于供人居住的住宅建筑。显然，这时期人的自我意识开始觉醒，人的地位也相应得到提高，开始居于建筑空间的中心。佛教建筑经过魏晋南北朝的形成与发展，到唐宋时，更着意于人在佛性空间中的创造，这种神与人共聚一室的特点，在此期佛寺的大殿、高阁中都得到了体现，人在这样的空间中，充分感受到与神同在的自信和自豪。

### 三、元明清建筑空间

从元代到明清两代，在七百余年时间里，中国经历了由蒙古族、汉族、满族分别建立的统一国家，中国建筑继续沿着古代的传统向前发展，在经历了元代的简化变革后，于明清进入了它的高度成熟期。蒙古族贵族建立元朝后，在政治、经济、文化等方面都处于较迟缓的发展状态，建筑上上承宋辽金，下启明清。明朝建立后，明初采取各种恢复生产的措施，使得社会安定，经济发展，文化繁荣，成为继汉唐以后中国历史上第三个强盛的王朝。满族贵族建立清朝后，清初也采取了安定社会、发展经济的措施，到乾隆时期，农业、手工业、商业都达到清代的鼎盛时期。中国建筑在明代和清中叶以前，形成了中国建筑发展史上最后一个高峰。

#### 元代建筑空间

元代宫殿建筑仍采用宋代建筑的廊庑院式作为建筑组群的空间布局，以工字形构成主体殿堂，不同的是，在工字殿的下方建有三重大台基，如元大都大内大明殿、延春阁，这种形制对后来明清宫殿布局产生了很大影响（图 2–117）。

由于帝王、贵族崇信宗教，佛教、道教、伊斯兰教和基督教在此期都得到发展，使宗教建筑异常兴盛。藏传佛教得到提倡后，在都城及各地大量建造藏传佛教寺院，如北京妙应寺、西藏日喀则萨迦南寺等。道教在元代也受到尊信，建有一些道观，如山西的永乐宫、大都的东岳庙。中亚的伊斯兰教建筑也在大都等地得到兴建，如杭州的凤凰寺。到明代时，伊斯兰教寺院逐渐发展出具有汉族建筑特点的清真寺。

元代建筑保存至今的已不多见，可以山西洪洞县广胜下寺

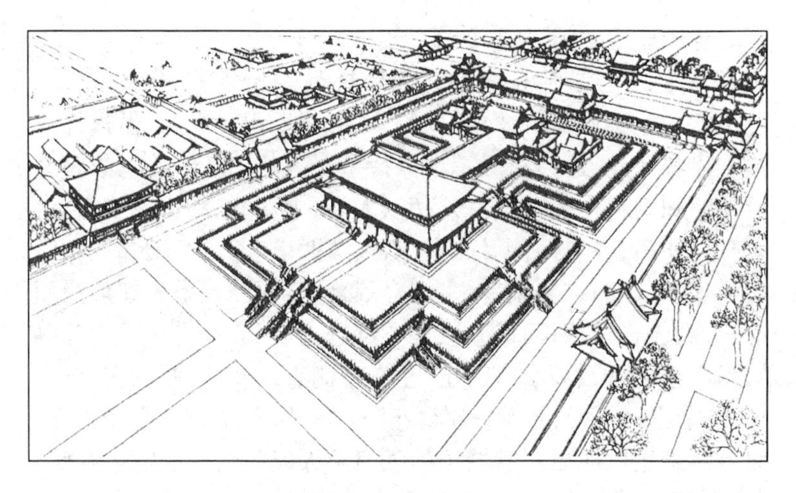

图 2–117 元大都大明殿宫院复原

和山西芮城永乐宫为代表。广胜下寺大殿,面阔7间,进深4间,正立面中央3间设门,左右两间开窗,其余三面围以实墙。殿内采用了“减柱”和“移柱”的方法。梁架的间数为7间,内柱的间数却为5间,即柱子间数少于上部梁架的间数,所以梁架并不是直接落在柱子上的,而是在内柱上置横向的“大内额”来承接各间的梁架。殿内前部为了增加人的活动空间,减去了左右两侧的2根柱子,使得这部分的内额长达11.5m,负担着上面两排梁架。加上后部减去4根柱子,殿内共减去6根柱子。相对于前部人的活动空间,佛坛空间不像以往寺庙那样位于内槽空间,而是在内柱后的外槽空间处。中央三间各有佛像一尊,两侧各立有一尊菩萨像。为能容纳这些佛像和菩萨像,可能是将左右两侧柱子外移的缘故(图2–118、图2–119)。永乐宫三清殿,面阔7间,34m,进深4间,21m,殿内也采用了“减柱”方法,将前部和左右两侧各多退入1间2椽,仅用8根内柱,扩大了外槽空间,而缩小的内槽空间用于安置神坛,坛上供奉太清、玉清和上清神像。

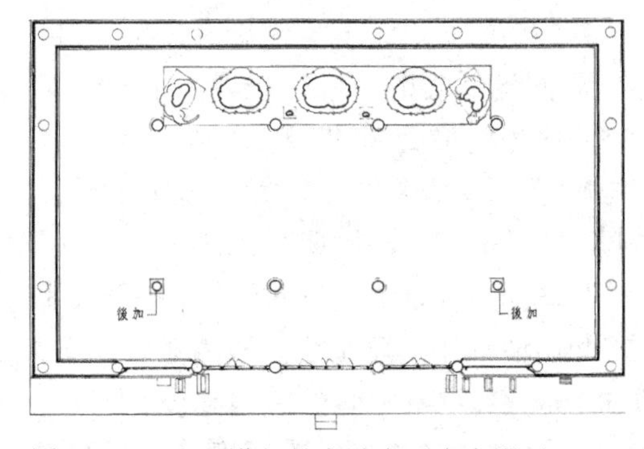

图 2–118 山西洪赵县广胜寺下寺大殿平面

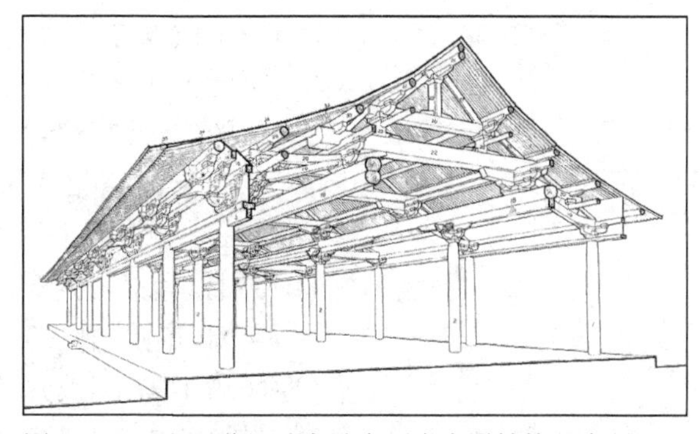

图 2–119 山西洪赵县广胜寺下寺大殿结构示意图

**明清建筑空间**

北京故宫是明清两朝皇帝的宫殿，始建于明永乐 4 年（1406），完成于永乐 18 年（1420）。清代沿用以后，只做过部分的重建和改建，总体布局基本保持了明代的旧貌。北京故宫分为外朝和内廷两大部分。外朝以太和、中和、保和三殿为主，前面有太和门，左右两侧又有文华、武英两殿。其中，太和殿是供太子登基、颁布重要政令、大朝会等之用，中和殿是大朝前的预备室，供休息之用，而保和殿是殿试进士、宴会等之用。内廷以乾清宫、交泰殿、坤宁宫为主，左右两侧有东六宫、西六宫、宁寿宫、慈宁宫等，后面还有一座御花园。其中，乾清宫是皇帝正寝，坤宁宫是皇后所居。宫城正门午门至天安门之间的御道两侧，东有太庙，西有社稷坛。宫城后门神武门以外的景山则是附属于宫殿的另一组建筑群（图 2–120）。

北京故宫的主要建筑附会《考工记》制度，如前三殿和后三宫附会"前朝后寝"制；太和、中和、保和三殿附会"三朝"制；从大清门，经天安门、端门、午门，到太和门五座门附会"五门"制；而宫城前面的东侧太庙和西侧社稷坛则体现了"左祖右社"的制度。不过，明代在规划宫殿时，在继承前代宫殿建筑空间布局的同时，也结合实际需要作了一些变通，把三殿同处在一个三级的工字形大台基上。以太和殿为主体建筑的三殿周围，在明代原来是以廊庑院环绕，殿的两侧也有斜廊，其形制与宋代以后的建筑相仿佛。这种利用平矮而连续的廊庑衬托高大的主体建筑，是中国古代建筑常用的手法。而明清故宫最主要的手法是在中轴线上，布置大量的主要建筑，并以连续的、封闭的院落空间，形成逐步展开的建筑空间序列。例如，从大清门到太和殿：大清门北以"千步廊"和一个横向空间组成 T 形狭长庭院，北面即是高耸的皇城正门天安门，形成空间序列的第一个高潮。进入天安门，是一个长方形庭院，北面是和天安门的形体同样高大的端门。经过端门，是一个纵长形的庭院，北面是形体高大和轮廓丰富的宫城正门午门，形成空间序列的第二个高潮。通过午门，又是一个横长方形的太和门庭院。过太和门，庭院则变得更大，是一个近似正方形的大广场，两侧低矮的廊庑衬托着正中高台上宏伟的太和殿，达到了空间序列的最高潮（图 2–121）。

北京故宫最重要的殿堂——太和殿，东西向面宽 11 间，63.96m，南北向进深 5 间，37.17m，建筑外观高 35.05m；正立面中央七间设门，两端各二间开窗，北面中央三间设门，其余八间为实墙，东西两侧的夹室和山墙都用实墙围合。殿内净宽 9 间，净高约 14m，到藻井顶约 16m 多，没有太多的室内陈设，内部空间显得既高大又空旷。为了解决建筑空间巨大尺度与皇帝人体

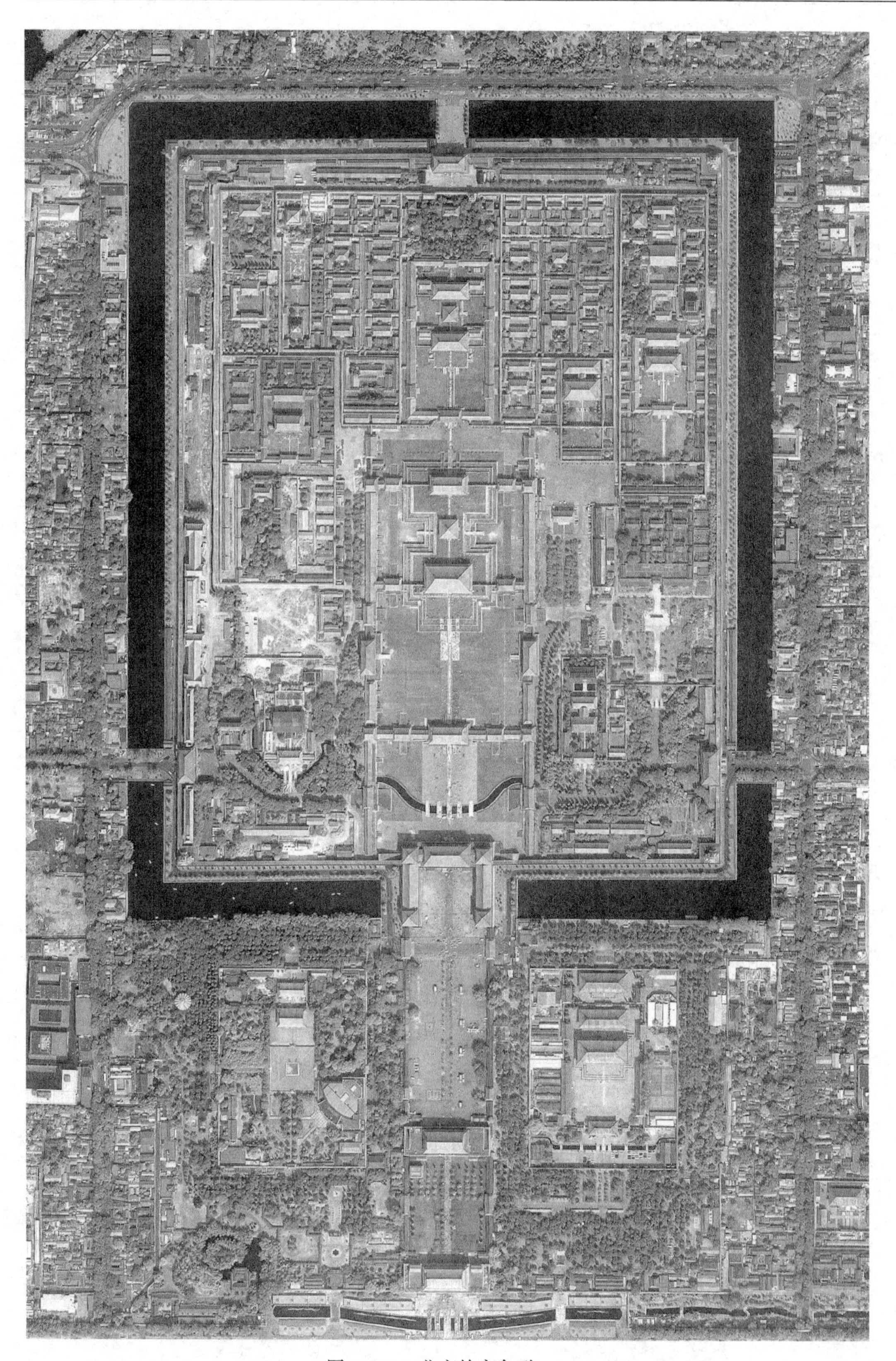

图 2–120　北京故宫鸟瞰

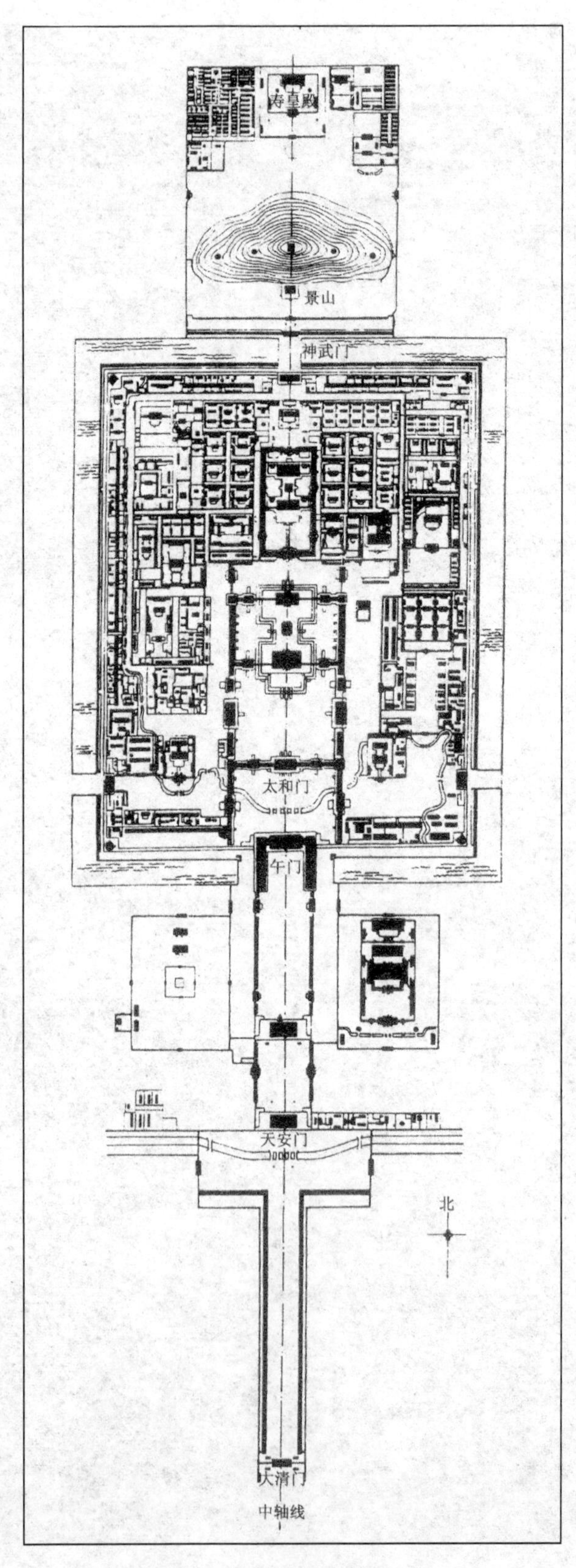


图 2-121　北京故宫总平面

尺度之间的矛盾，设计者着重强调了“当心间”，即位于室内中央处的明间。当心间周边的 6 根金色柱子，与殿内周围的红色柱林形成对比，当心间上方覆盖着的金色藻井，又与殿内大面积的井口天花相区别，这就使得由金色柱子和金色藻井围合而成的空间显得格外突出。皇帝的宝座就设在当心间的后半部，在高约 1m 的须弥座式宝座台上置有金色御座和屏风，座前及两侧配有陈设。这样，人体尺度不再直接与殿堂尺度相对比，而只是与当心间发生关系。由于宝座台、御座、屏风、陈设，以及其他构件等的宜人尺度的精心设计，使当心间更接近于人的空间，而殿堂空间则象征着天子的空间（图 2–122 ~ 图 2–123、彩图 25~彩图 27）。

宗教建筑特别是藏传佛教建筑兴盛后，在这时期产生了许多经典作品，如西藏拉萨布达拉宫、承德“外八庙”等。承德外八庙是康熙、乾隆两朝在承德避暑山庄周围建造了 12 座寺庙，

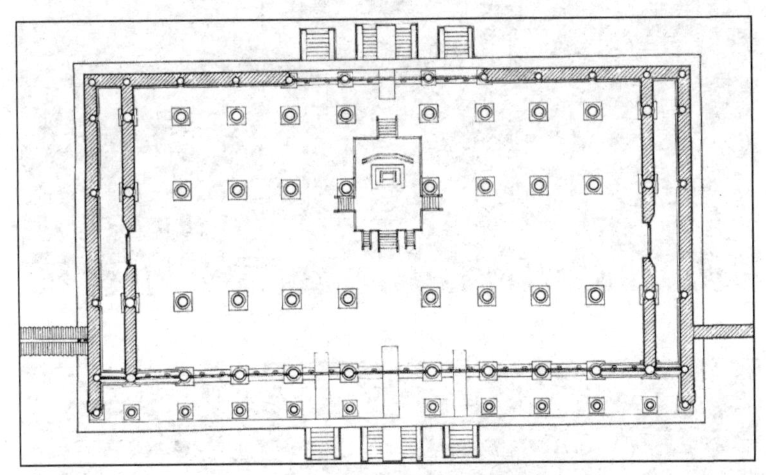

图 2–122 北京故宫太和殿平面

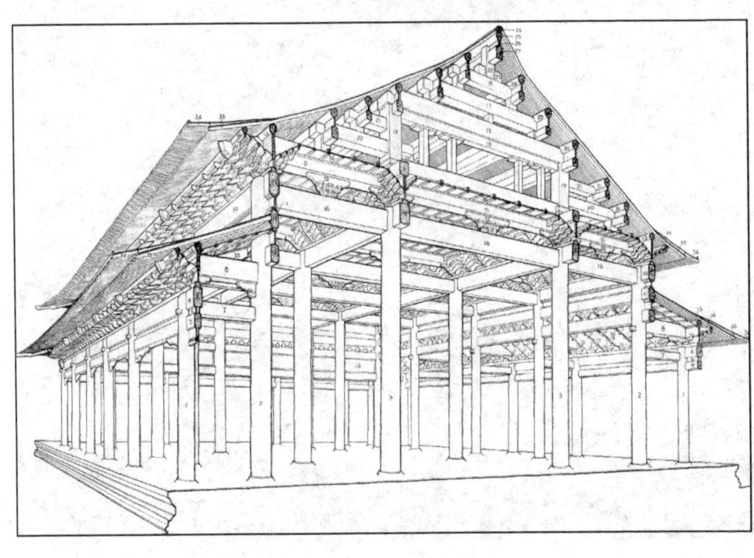

图 2–123 北京故宫太和殿结构示意图

有 8 座清廷派驻喇嘛，故俗称“外八庙”。普陀宗乘庙是外八庙中规模最大的一座，整个建筑组群依山而建，分为前、中、后三个部分，位于后部的“大红台”是其主体建筑，它由三组外绕高楼、内有庭院的建筑组成，“万法归一”主殿即位于庭院的中心部位，面阔和进深都是 7 间，殿内顶棚由斗栱套叠八角形组成方形藻井，中央为浑金蟠龙，周围天花饰以梵文“六字真言”图案，下方中央偏后部位设须弥座式宝座台，台上设有达赖喇嘛的宝座，两侧有珊瑚树、铜胎珐琅塔等陈设（图 2–124、图 2–125）。

住宅建筑在这时期有了很大发展，不仅类型丰富，而且实物众多，各地区各民族由于自然环境、文化背景、生活习俗、建筑技术的不同，形成了具有浓郁地方特色的居住建筑，如北京四合

图 2–124　普陀宗乘庙鸟瞰

图 2–125　普陀宗乘庙“万法归一”主殿室内

院、江浙天井院、徽州天井院、云南苗家竹楼、福建客家土楼、黄土高原窑洞等。以院落式住宅来说，北京四合院可看成是北方院落式住宅的代表。它由大门、影壁、屏门、垂花门、廊、倒座房、厅房、正房、耳房、厢房、后罩房、群房、园林建筑、院墙、便道等单体建筑及建筑要素组成，布局方式有多种，可分为一进院、二进院、三进院、四进院，甚至多进院。正房是全宅规模最大、等级最高者，供家长起居用，两侧各有 1 间耳房，通常作卧室用。厅房作为正房之前的客厅，用于会客、举行仪礼等。厢房位于正房以南两侧，分为东、西厢房，供晚辈居住。室内常采用各种形式的隔扇、花罩、博古架等分隔和组织空间，顶棚用白纸裱糊天

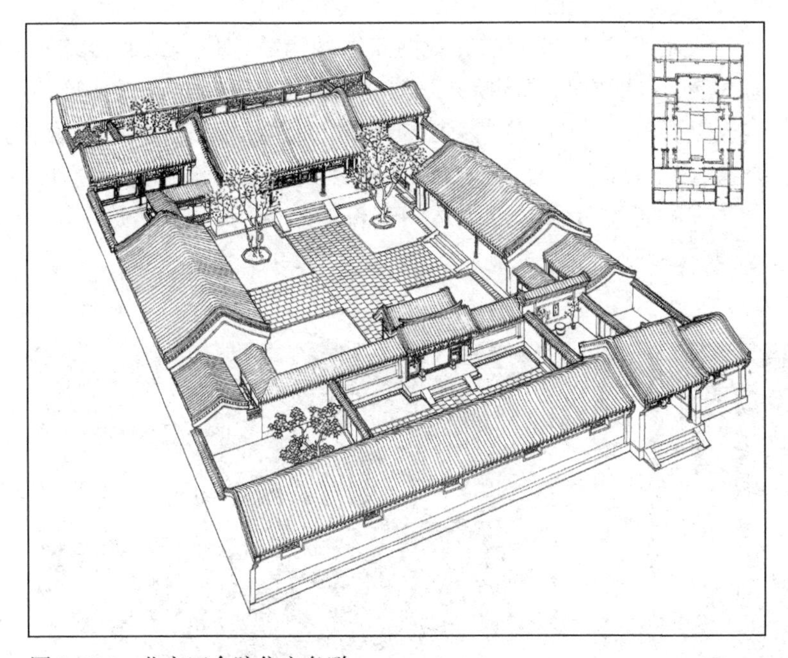

图 2–126　北京四合院住宅鸟瞰

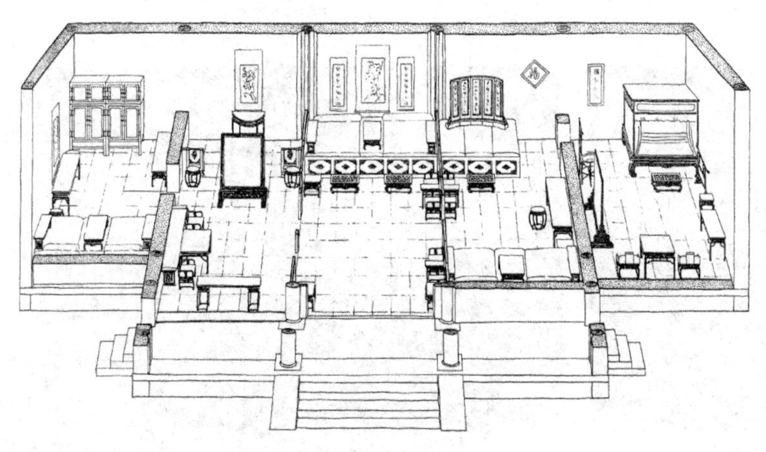

图 2–127　北京四合院正房及耳房鸟瞰

花，地面用青灰色砖墁地，形成一种洁净明亮、高雅脱俗的空间氛围（图 2–126、图 2–127）。江浙天井院可看作是南方院落式住宅的代表，只不过它的院落较小，称为“天井”。苏南地区的天井院一般在轴线上对称布置门屋、轿厅、厅房、楼房等房屋和院落。大型住宅则采用二、三条轴线，中轴线上布置门厅、轿厅、门楼、厅房、正房等房屋和院落，左、右轴线上布置客厅、书房、卧室、厨房、杂房等房屋和院落。厅房是主人会客、举行仪礼的场所，楼房是家人生活起居的地方。室内常根据使用功能的不同，采用隔扇、花罩、屏门等分隔和组织空间，顶棚做成各种形式的“轩”，地面用青灰色砖墁地，营造出一种清新淡雅的空间氛围（图 2–128~ 图 2–131）。

从元代到明清两代，元代建筑继续沿着宋代建筑的传统向前发展，到明清时，廊庑院式又演变为高度成熟的合院式。这种建筑组群的空间布局，广泛用于此期的宫殿、坛庙、佛寺、道观、陵墓、住宅建筑中，使各种建筑类型达到高度的统一，也使室内生存空间与室外自然空间达到有机的结合，其目的是追求天、地、人三才的和合与完满。

图 2–128　苏州网师园“万卷堂”

图 2–129　苏州网师园“撷秀楼”

图 2–130　苏州网师园殿春簃西侧书房

图 2–131　苏州网师园楼房卧室

# 第四节 中西传统建筑空间比较之说

## 一、关于中西建筑比较

关于中西建筑比较，这是一个十分难做的研究课题，但又是一个非常重要的研究课题。特别是在当今经济全球化时代，跨文化的比较研究有着重要的意义，“它不仅有利于我们理解异于我们的陌生世界，也有利于理解我们自己的世界。”[1]在上文，我们对中西传统建筑空间的发展历程作了简要回顾，不难发现，中国建筑与西方建筑在空间观念与形式上都有着很大的差异。关于此问题，其实，中外学者从很早的时候起就有所发现并开始了研究。

据资料显示，最早进行比较世界建筑史研究的，是奥地利建筑师菲舍尔·冯·范埃拉赫(Johann Bernhard Fischer von Erlach)，他在1721年出版了《历史建筑概览》(Entwurff einer historischen Architectur)一书，共分为5册，范埃拉赫在第3册引入了中国建筑，故有的学者将范埃拉赫称为是把中国建筑引入欧洲人的建筑视野中的第一人(图2-132)。随后，英国爵士威廉·钱伯斯(William Chambers)在1757年出版了《中国式建筑设计》(Designs of Chinese Buildings)一书，把中国住宅、园林、家具和日常用品等介绍给西方人(图2-133)，并作了具有比较艺术史的阐释，他认为：“对于一个爱好艺术的人来说，并不能因为他出身于一个拥有世界上最非同寻常的建筑的民族，就对其他的建筑风格漠然视之。”[2]然而，到了19世纪末和20世纪初，西方人对中国建筑的评价明显带有“欧洲中心论”的思想，比较突出的是英国建筑史学家班尼斯特·弗莱彻(Banister Fletcher)在1896年出版的《比较建筑史》(A History of Architecture on the Comparative Method)一书，在书中，弗莱彻把西方建筑称为“历史传统的”，而把东方建筑称为“非历史传统的”(图2-134)。[3]在西方有关中国建筑的著作中，英国著名学者李约瑟(Joseph Needham)从1954年起陆续出版了多卷本的《中国科学技术史》(Science and Civilization in China)，在第四卷第三分册“土木工程与航海技术”中，李约瑟对中国建筑做出了客观的评价，不仅如此，还对中西建筑作了比较。

20世纪30–50年代，中国一批建筑学家在中国建筑史研究中，也涉及中西建筑的比较。梁思成先生在1942–1944年撰

[1] [德]约恩·吕森著．历史思考的新途径．綦甲福、来炯译．上海：上海世纪出版集团，2005，前言

[2] [德]汉诺—沃尔特·克鲁夫特著．建筑理论史．王贵祥译．北京：中国建筑工业出版社，2005，183

[3] 该书自1896年问世以来，屡次修订再版。自第18版起，《比较建筑史》更名为《弗莱彻建筑史》(Sir Banister Fletcher's A History of Architecture)，同时对全书作了较大调整，改变了原书以欧洲为中心的建筑史观。

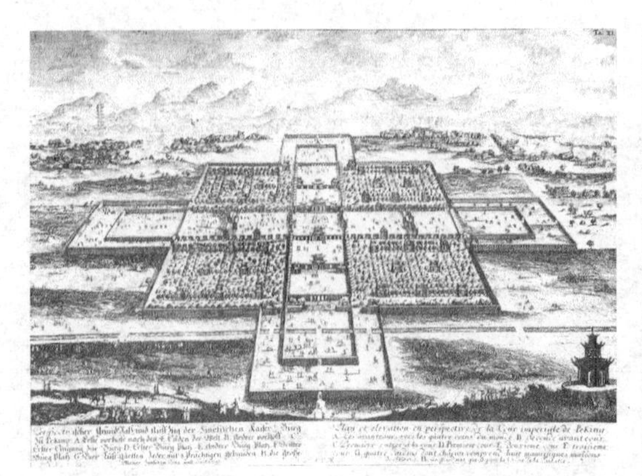

图 2–132　菲舍尔·冯·范埃拉赫《历史建筑概览》中的北京故宫平面

图 2–133　威廉·钱伯斯《中国式建筑设计》中的中国建筑柱子

图 2–134　班尼斯特·弗莱彻《比较建筑史》中的“建筑之树”

写、1998年出版的《中国建筑史》一书、林徽因先生在为梁思成1934年出版的《清式营造则例》所撰写的“绪论”中，都从比较学的视角，对中西建筑的异同作了比较，林徽因还提出了一个重要观点：“中国建筑既然有上述两特征；以木材作为主要结构材料，在平面上是离散的独立的单座建筑物，严格的说，我们便不应以单座建筑作为单位，与欧美全座石造繁重的建筑物作任何比较。”[1]刘致平先生在1957年出版的《中国建筑类型及结构》一书中，不但全面概括了中国各种建筑类型和建筑技术的发展变迁，同时也与西方同类建筑进行了比较，还对今后建筑设计如何运用传统做法以适用新的需要作了探讨。此外，童寯先生在1983年出版的《造园史纲》一书中，在介绍了西方、中国和日本园林历史的基础上，以“东西互映”为题，对东西方古典园林作了对比研究。同年，童寯先生又撰写了《东南园墅》一书，除阐明中国园林的内涵与特征以外，还专设“东西方比较”一节，运用比较学的方法，论述了东西方园林在审美、布局以及给人感受上的异同，即“西方园林悦目，东方园林悦心”[2]。

以上学者在中西建筑比较的领域，可以说，起到了“拓荒者”的作用，特别是李约瑟、梁思成、林徽因、童寯、刘致平等先生的研究成果，影响了一代又一代的后续研究者。此外，这时期率先在中西建筑艺术研究中，明确以建筑空间为对象进行比较的，无疑是宗白华先生，他以一系列的建筑美学论文探讨了此问题。下面，我们以中西传统建筑空间比较为专题，介绍几位大家、学者在这一领域的研究成果。

### 二、空间观与时间观

宗白华先生早在《中国诗画中所表现的空间意识》一文中，就对中国人的空间与时间观念作过精辟的论述，他说：“中国人的宇宙概念本与庐舍有关，‘宇’是屋宇，‘宙’是由‘宇’中出入往来。中国古代农人的农舍就是他的世界。他们从屋宇得到空间观念。从‘日出而作，日入而息’，由宇中出入而得到时间观念。空间、时间合成他的宇宙而安顿着他的生活。他的生活是从容的，是有节奏的。对于他空间与时间是不能分隔的。春夏秋冬配合着东南西北。这个意识表现在秦汉的哲学思想里。时间的节奏（一岁十二月二十四节）率领着空间方位（东南西北等）以构成我们的宇宙。所以我们的空间感觉随着我们的时间感觉而节奏化了。”[3]

李泽厚先生在《美的历程》一书中，从中国民族特点的实践理性精神出发，涉及中西建筑时空观的比较。他认为，各民族主要建筑多半是供养神的庙堂，如希腊神殿、伊斯兰建筑、哥特式

[1]梁思成著．梁思成全集(第六卷)．北京：中国建筑工业出版社，2001，17

[2]童寯著．东南园墅．北京：中国建筑工业出版社，1997，44–46

[3]宗白华著．艺境．北京：北京大学出版社，1997，223

教堂等等。而中国主要大都是宫殿建筑，即供世上活着的君主们所居住的场所。自儒学替代宗教以后，在观念、情感和仪式中，更进一步发展和贯彻了这种神人同在的倾向。于是，不是超越人间的出世的宗教建筑，而是人世的与世间生活联系在一起的宫殿宗庙建筑，成了中国建筑的代表。[1]

这样，中国建筑“不是高耸入云、指向神秘的上苍观念，而是平面铺开、引向现实的人间联想；不是可以使人产生某种恐惧感的异常空旷的内部空间，而是平易的、非常接近日常生活的内部空间组合；不是阴冷的石头，而是暖和的木质，等等，构成中国建筑的艺术特征”[2]。在这里，“建筑的平面铺开的有机群体，实际已把空间意识转化为时间进程，就是说，不是像哥特式教堂那样，人们突然一下被扔进一个巨大幽闭的空间中，感到渺小恐惧而祈求上帝的保护。相反，中国建筑的平面纵深空间，使人慢慢游历在一个复杂多样楼台亭阁的不断进程中，感受到生活的安适和对环境的和谐。瞬间直观把握的巨大空间感受，在这里变成长久漫游的时间历程”[3]。这种在空间上的连续，也即展示了时间进程的流动美，无论是在群体建筑还是在个体建筑的空间形式上，都同样地表现出来。

在罗哲文、王振复二位先生主编的《中国建筑文化大观》一书中，也对东西方建筑的时空观作了比较。书中写道，尽管中西建筑文化在其空间、时间问题上无一偏废，都认为时空不能分拆，没有可以离开“时间”运动方式的孤立的“空间”存在；也没有能够摒弃“空间”存在方式的孤立的“时间”运动。但是，从文化哲学的角度如何看待时空问题，却是因民族而异，由此形成了不同的时空观，并影响到中西建筑文化观念。西方空间意识的形成源自古希腊文明，随着时间的推移，这种空间意识不断地得到强化和证明，并创立了其科学观和文化观。虽然发展到后来，爱因斯坦提出“相对论”，引入时间观念，并论证了时间与空间的科学、哲学联系，但它还不是时间型思路。西方文化注重空间形态的意识，又集中地体现在西方建筑中，使西方建筑具有“空间型”特征。在中国文化中，“时间型”的特点不仅表现在《易经》、儒、道、佛教哲学观念中，也表现在建筑文化形态中。建筑的空间性总是以时间型的特征表现出来，使中国建筑从“大”（空间）向“久”（时间）转化[4]。于是，作者得出结论，西方建筑文化强调建筑的空间因素，而中国建筑文化则偏重于建筑的时间因素。

### 三、内部空间与外部空间

梁思成先生在谈到中西建筑的异同时曾经说：“一般地说，一座欧洲建筑，如同欧洲的画一样，是可以一览无遗的；中国的任何

[1]李泽厚著．美的历程．天津：天津社会科学院出版社，2001，103

[2]李泽厚著．美的历程．天津：天津社会科学院出版社，2001，103

[3]李泽厚著．美的历程．天津：天津社会科学院出版社，2001，106

[4]罗哲文、王振复主编．中国建筑文化大观．北京：北京大学出版社，2001，11–14

一处建筑，都像一幅中国的手卷画，手卷画必须一段段地逐渐展开看过去，不可能同时全部看到。走进一所中国房屋，也只能从一个庭院走进另一个庭院，必须全部走完，才能全部看完。”[1]他还说：中国建筑“与欧洲建筑所予人印象，独立于空旷之周围中者大异。中国建筑之完整印象，必须并与其院落合观之。”[2]前者指出了中西建筑时空观的差异，后者强调了院落在体验中国建筑中的重要性。

萧默先生在其主编的《中国建筑艺术史》一书中，在阐述中国建筑外部空间时认为，一般意义上的建筑艺术研究，多强调实体的造型，诸如体形、体量、立面、部件和装饰。若从更本质的方面着眼，实在应该从实体和空间两个方面同样着力，对于中国传统建筑而言，尤应重视空间意匠的经营。

书中写道，西方古典建筑更注意外在形体的造型与装饰和结构的坚固，更注重建筑体量的高大，故着力于结构的改进，热衷于风格的更新。同时，“西方建筑又比较重视单体建筑内部空间的创造，它是三度的，有着长、宽、高的明确尺寸，更具立体感。建筑的外部造型，也更具雕塑感”。而“中国建筑恰恰相反，其建筑匠思，不着意于建筑实体部分的坚固久远与华美豪奢，而更重视空间与实体的相互协调。由于古人一整套天人合一的宇宙观和自然观，中国建筑更着意于建筑沿着水平方向延展的群体组合和由群体所围合的空间（庭院）的经营。……其庭院空间是露天的，二度的，只有长、宽两个尺度；在中国人的观念中，这种主要体现为庭院的、相对单体可称之为‘外部空间’的空间，就围墙所限定的整个建筑群而言，又成了内部空间。其单体的内部空间则比较简单。”[3]于是，作者得出结论，西方建筑比较重视单体建筑的内部空间，中国建筑则更加重视群体建筑的外部空间。中国建筑中的庭院及其组合，恐怕是中国建筑空间之变化无穷的奥妙所在。

## 四、精神空间与气空间

王贵祥先生在其所著的《东西方的建筑空间——文化空间图式及历史建筑空间论》一书中认为，建筑作为其外廓实体与内蕴空间的统一体，既是一件实用的器物，又是一个文化的载体。如果深入到不同建筑空间的文化背景进行一些考察，就会发现，空间较之实体，负载有更多的文化内涵。

在西方基督教哲学中，宇宙的结构，原本就是精神与物质的统一。根据基督教教义，上帝是宇宙的精神，世界万物是宇宙的躯体，宇宙就是这两者的统一。正是基于这一点，西方建筑中引入了“精神空间”（Spirital Space）这一概念。更确切地说，应该

[1]梁思成著．中国古代建筑史六稿绪论．建筑历史与理论（第一辑）．南京：江苏人民出版社，1981，12

[2]梁思成著．中国建筑史．北京：百花文艺出版社，1998，16

[3]萧默主编．中国建筑艺术史（下卷）．北京：文物出版社，1999，1106–1107

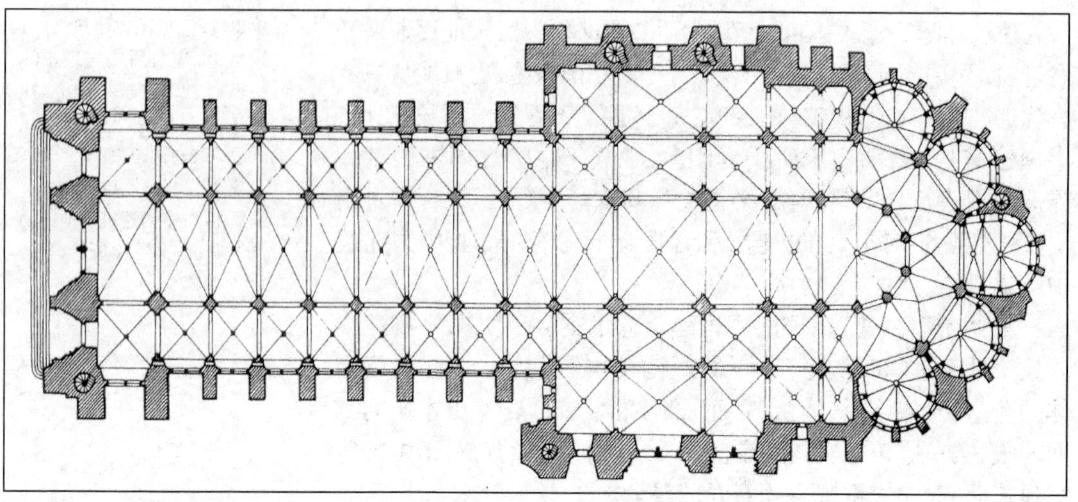

图 2-135　基督教教堂由西向东的具有终点性的“精神空间”

称之为“灵的空间”。在基督教文献中,所罗门圣殿一直被推崇为基督教教堂的原型。基督教教堂在造型上虽然千变万化,在空间上,却总是由几个相对固定的部分组成。教堂的主要部分“中厅”(Nave),是信徒们的聚集之所,相当于所罗门圣殿中犹太教徒聚集礼拜的前庭部分。教堂纵轴的尽端,即“后堂”,称为“Apse”,是一个半圆穹顶如圣龛状的空间,在这个不大的半封闭空间中,一般放置着圣坛。这个放置圣坛的后堂,相当于犹太教神殿中的至圣所。在后堂与中厅之间,还有一个“长方形的空间”,称作“Chancle”,这里是管风琴和唱诗班所在的位置,也是教士们进行宗教礼仪与讲经布道的场所。而这个长方形的空间,则相当于犹太教神殿中的圣所。因此,后堂(Apse)是精神性的空间,长方形的空间(Chancle)和中厅(Nave)则是物质性的空间。这个精神空间,在西方人眼里,并非理解为绝对的真空,而是充斥着某种东西。在基督教中,这种充斥物被称之为“逻各斯”(Logos)。逻各斯与上帝的“圣言”或“道”,是同义语。中世纪的神学家们又发展出逻各斯的流溢说。于是,在教堂的后堂及圣坛,由于那里是基督耶稣的灵光所在,逻各斯当是从那里向外流溢,并充满整个教堂的各个部分[1](图 2-135)。

在中国人的概念中,空间中存在一种视而不见,触而不觉,但无所不在的东西,这种东西就是贯穿中国文化多种层面的“气”。建筑空间中的气,又因其性质,分为阴气和阳气。中国人追求阴阳和合的空间,一个阴气过重的空间,或一个阳气过重的空间,都不是中国人所向往的。正如老子所说:“万物负阴而抱阳,冲气以为和”。在这里,就引出了一个与西方人的“精神空间”或“灵的空间”相对应的概念,即“气的空间”。中国古代堪舆理论与风水观念的全部基础,归根到底,就是一个“气”字。风

[1]王贵祥.东西方的建筑空间.北京:中国建筑工业出版社,1998,344-353

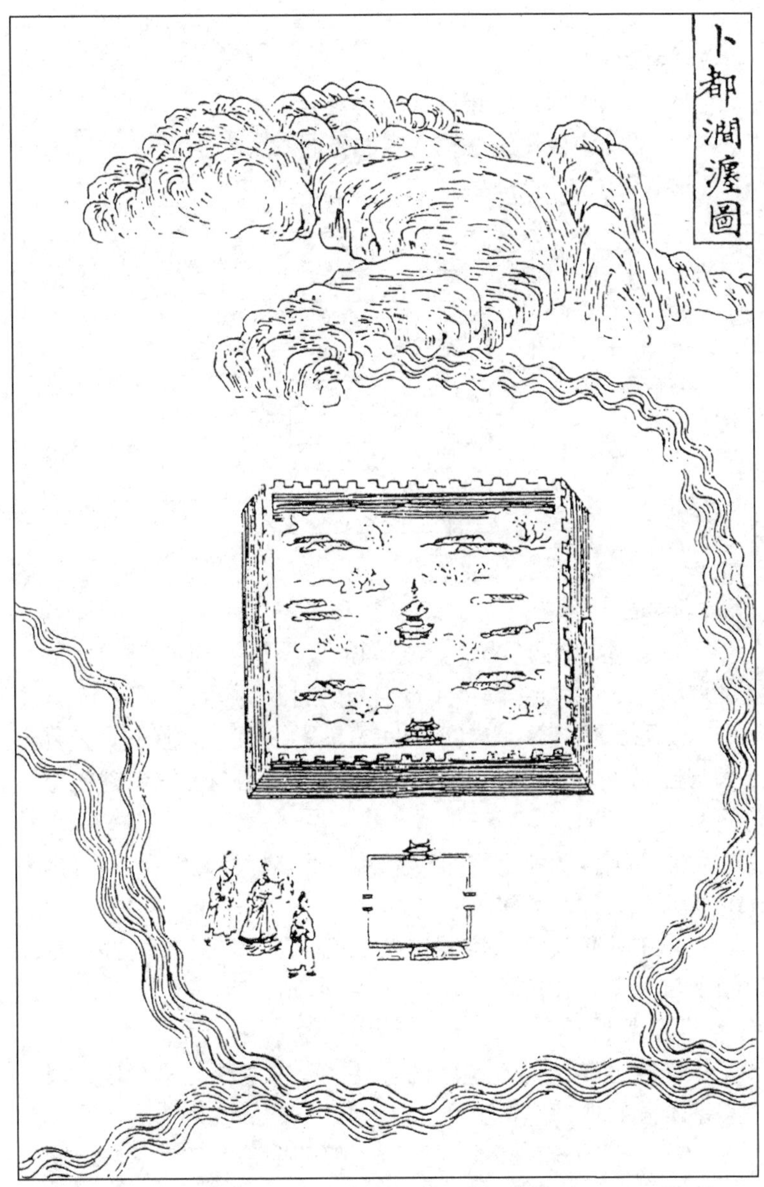


图 2-136 位于山水之间的中国城市和住宅是大范围意义上的“气空间”

水讲龙脉,来龙去脉就是指的气的源流走向[1](图 2-136)。

在此,作者提出了两种不同的空间观念,或者说发现了建筑空间的两种不同的文化内涵,一种是“精神空间”即“灵的空间”;另一种是“气空间”。相比之下,西方人的“精神空间”不具有泛指性,只是指特定建筑内部空间的特定部分,指只有“彼岸性”象征意义的那部分空间。而中国人的“气空间”则具有广泛得多的范围,任何建筑空间,包括室内外空间,都与气发生关联。

[1]王贵祥.东西方的建筑空间.北京:中国建筑工业出版社,1998,384-397

［教学目的］

1. 熟悉中西传统建筑空间的发展历程。

2. 了解中西传统建筑空间的异同。

［教学框架］

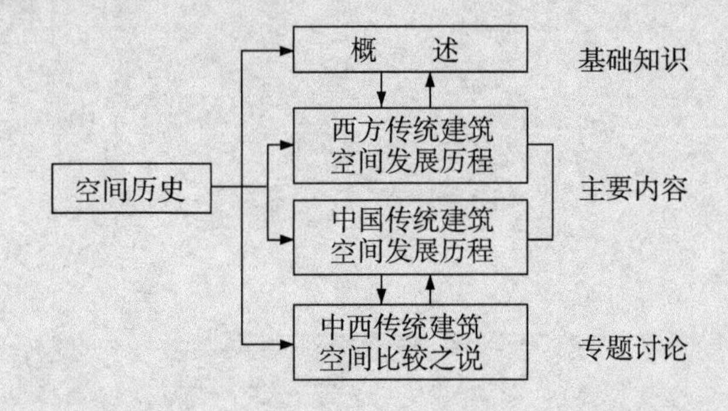


［教学内容］

1. 概述：中西传统建筑空间的发展特征，影响建筑空间发展的"两个因素"以及建筑空间的起源。

2. 西方传统建筑空间的发展历程：古代、中世纪、文艺复兴与巴洛克、古典主义与洛可可、复古思潮与探求新建筑空间。

3. 中国传统建筑空间的发展历程：夏商周、秦汉、魏晋南北朝、唐宋、元明清建筑空间。

4. 中西传统建筑空间比较之说：关于中西建筑比较、空间观与时间观、内部空间与外部空间、精神空间与气空间。

［教学思考题］

1. 西方传统建筑空间的发展主要分为哪几个阶段？以某一阶段的典型建筑为例，说明建筑空间的主要特征。

2. 中国传统建筑空间经历了哪几个阶段的发展？以某一阶段的典型建筑为例，说明建筑空间的主要特征。

3. 阅读"中西传统建筑空间比较之说"一节，查找相关资料，深入领会空间观与时间观、内部空间与外部空间、精神空间与气空间的内涵特征。

# 第三章　空间与形态

## 第一节　概　　述

### 一、形态

**形态的含义**

“形态”（Shape）在《辞海》中被解释为“形状和神态”[1]。也就是说，形态不完全是指形状或神态，而是包含了形状和神态这两个方面。“形”有形象、形体、形状、外貌等含义；“态”有姿态、体态、情状、风致等含义[2]。因此，可以说“态”是“形”的外在形状所显露出来的神态。事实上，物质的形态都是如此，是形与态的互动关系，有形必有态，态是依附于形的，二者不可分离。这就决定了对物质形态的研究，是对物质的形与态以及二者之间关系的研究。由于形是形成物质的外在形状，因而物质也就具有了可识别性，表现为客观存在的物质形态；由于态是物质外在形状显露出来的神态，这种神态经由人的主观认识，从而得到心理上的反映和认知，由此产生了对物质的性质、意义的理解和把握，并在此基础上，产生出主观形态的非物质形态。

[1]辞海．上海：上海辞书出版社，2002，1907

[2]辞海．上海：上海辞书出版社，2002，1906、1633

**形态的分类**

形态有多种分类法，从宏观上看，可把形态分为现实形态和理想形态两大类。现实形态又可分为自然形态和人工形态；理想形态也称为概念形态。自然形态是依靠自然界自身规律形成的；人工形态是与人的要求和意愿相关，按照一定的加工方法形成的。人工形态与自然形态有着必然的联系，虽然人类在创造人工形态时，其目的和动机有所不同，但人类仍然是把自然形态作为模仿的对象，并且把它作为功能、结构、形式的范本。从形式上看，可把形态分为二维形态和三维形态两大类。二维形态也即平面形态；三维形态则包括实体（或称为形体）形态和空间形态。从性质上看，可把形态分为物质形态和非物质形态两大类。物质形态即客观形态；非物质形态即主观形态。

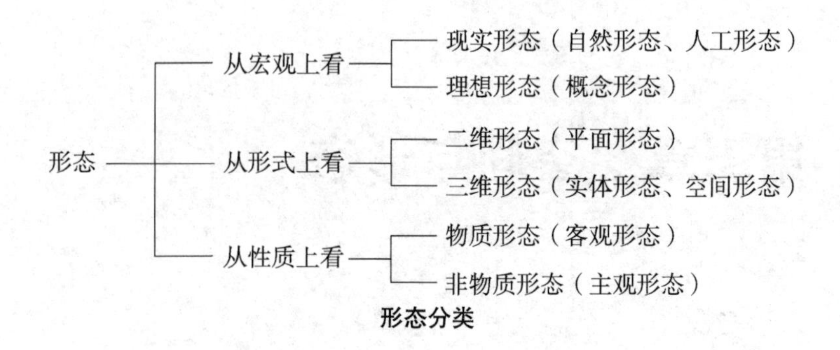


**形态分类**

**现实形态与理想形态**

无论我们对形态怎样进行分类，在现实生活中，物质的形态可谓千姿百态、千变万化。说它千姿百态，是从空间上讲的，在于形态有“几何形态”和“非几何形态”；说它千变万化，是从时间上讲的，在于形态有“静态形态”和“动态形态”。

正如前文在谈到数学几何的空间概念时所指出的那样，它不仅包括了古代的欧几里德几何，近代的射影几何（透视）、笛卡尔解析几何，也包括了现代的被称之为非欧氏几何的罗巴切夫斯基双曲几何、黎曼椭圆几何等。当数学几何运用于形态的研究中时，形态的形式也就有了几何形式和非几何形式之分，也就是说，形态有了几何形态和非几何形态之别。具体说，几何形态是建立在欧氏几何基础之上的，是一种假象的“直线”形态，这种形态只能在一定的条件下局限性地存在于我们的生活之中，具有典型性。而非几何形态是建立在非欧氏几何基础之上的，是一个真实的“曲线”形态，这种形态广泛性地存在于我们的生活之中，具有普遍性。因此，物质的形态与其说是理想的几何形态，莫如说是现实的非几何形态。20 世纪以来，数学几何中的拓扑几何迅速发展，成为研究形态的有力工具。同样，当拓扑几何运用于形态的研究中时，形态又有了“静态形态”和“动态形态”之分。拓扑几何不仅使以往对静态形态的研究更趋于完备，同时也使目前对动态形态的研究提供了必要的条件。

从数学几何的发展以及它在形态研究领域的运用，我们可以看到，人们对形态的认识和研究是不断深入和不断走向全面的。虽然形态构成的研究对象是“理想形态”，但它是相对于“现实形态”而言的，是对现实形态的概念化、抽象化和典型化，对它的研究深度如何、广度如何，无不受到人们对现实形态的认识所左右。因此，理想形态不仅来源于现实形态，而且又反映着现实形态。

## 二、实体形态与空间形态

如上所述，在形式上，形态包括了平面形态、实体形态和空

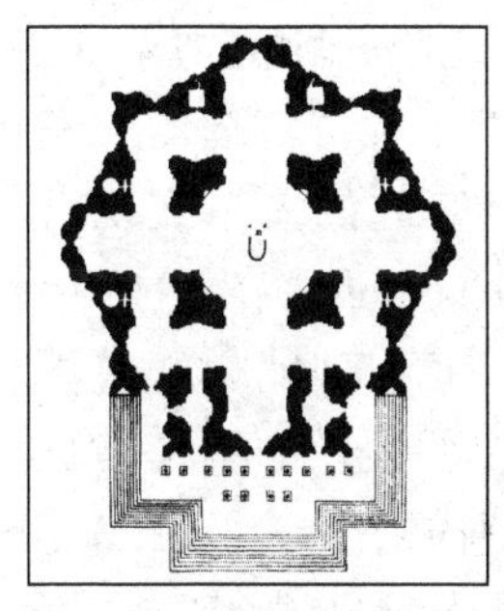

图 3–1　波南尼绘制的圣彼得大教堂平面

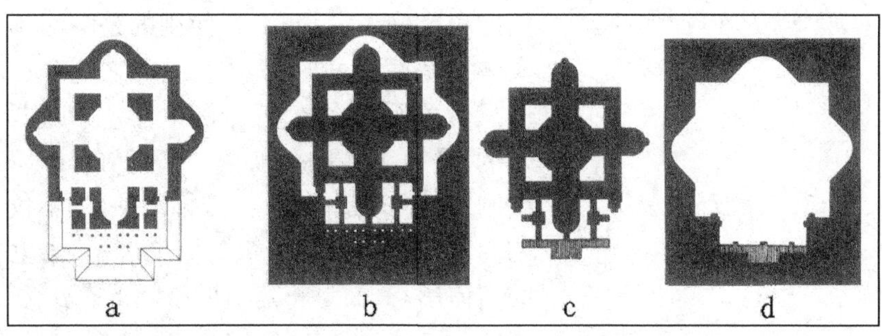


图 3–2　赛维在对圣彼得大教堂的空间表现进行研究时所绘制的平面图；(a)黑色部分为实体，白色部分为空间；(b)白色部分为实体，黑色部分为空间；(c)黑色部分为圣彼得大教堂室内空间；(d)黑色部分为圣彼得大教堂室外空间

间形态。由于本书是以“空间”为研究对象，所以在这里主要着重于实体形态与空间形态的讨论。

**实体形态与空间形态的相生关系**

从形态构成来说，实体形态与空间形态的关系是既相互联系又相互区别的关系。联系的方面表现在，它们在形态构成的基本规律上都是相同的。更何况当形态要素按照一定的组织关系构成空间时，也同时构成了围合空间的实体。这是因为作为空间形态的空间本身而言，虽是广延性的，但它并无形态可言，只是由于有了实体的围合与限定，才得以度量，才有了体积，使其形态化，形成空间形态。因此，空间形态与实体形态是互为反转、共生的关系，不能把二者割裂开来，而应从整体的高度将它们联系在一起，并完整地把握它们。区别的方面表现在，尽管空间形态属于形态类型的一种，在形态构成上与其它类型有着相同的基本规律，但由于它更加注重空间构成的各个方面，使得它具有了特殊的构成形式和意义。这种意义体现在，虽然实体形态是空间形态生成的前提条件，但空间形态则是实体形态生成的目的。同时还需要指出的是，实体形态虽然具备了形成空间形态的能力和潜质，但它也可以以完全的实体形态的方式而独立存在。不过在这里，我们更加强调实体形态与空间形态的这种相生关系，否则，对空间形态的讨论也就没有任何意义和价值(图 3–1、图 3–2)。

**实体形态与空间形态的图底关系**

实体形态与空间形态的关系，也可以从“图底关系”进行讨论。我们能够感受到的形态，主要是实体形态，而利用实体形态围合而成的空间形态则要通过人的心理来感觉到的东西，它是不能直观感知到的。实体与空间虽不是表层与深层的概念，但它们存在着相互依存的关系。这样，从图底关系来说，我们感受得到的实体是“图”，而空间就是图的背景即“底”。但从建筑空

[1]芦原义信著.外部空间设计.尹培桐译.北京:中国建筑工业出版社,1985,3

间的角度来说,由于真正使用的是空间,因此空间转变为图,而实体则是底。可见,实体与空间之间存在着一种奇特的图与底的反转关系。在建筑上最早把这种实体与空间的关系表现出来的,是吉阿姆巴蒂斯塔·诺里(Giambattista Nolli)在1748年绘制的“罗马地图”。在这幅地图中,不仅街道、广场,就连教堂的内部空间等都用白色部分来表示,诺里想要表现的不是建筑的实体形态,而是将建筑的空间形态作为图描绘出来(图3-3)。当然,若把这张地图经过黑白部分的反转对比,则其形状又会发生很大的变化。图底关系对于理解实体与空间的关系有着十分重要的意义,掌握了这个规律,就可以把需要强调的空间作为图,而把不需要强调的实体作为底。

**实体形态与空间形态的积极和消极关系**

实体形态与空间形态的关系,还可以从积极形态与消极形态、积极空间与消极空间进行讨论。如上文所述,空间形态的形成离不开实体形态,实体形态一旦不存在,也就意味着空间形态也随之消失。因此,从这一方面来看,实体形态是积极形态,依附于实体形态的空间形态是消极形态。这是从形态的生成而言的,但是从形态的功用来讲,利用实体形态的围合与限定,其目的是为了获得空间形态。因而,这里的空间形态又转变为积极形态,实体形态则下降为消极形态。芦原义信在对外部空间研究后,提出了“积极空间”和“消极空间”的概念。他认为:“由于被框框所包围,外部空间建立起从框框向内的向心秩序,在该框框中创造出满足人的意图和功能的积极空间。相对地,自然是无限延伸的离心空间,可以把它认为是消极空间。”[1]可见,积极空间与消极空间的差别,在于一个是向内的向心收敛的空间,一个是向外的离心扩散的空间(图3-4)。而更为重要的差别,在于积极空间是满足了“人的意图和功能”。因此,作为供人使用的空间的形状和神态,即空间形态才是真正的“主角”。

图3-3 诺里绘制的罗马地图

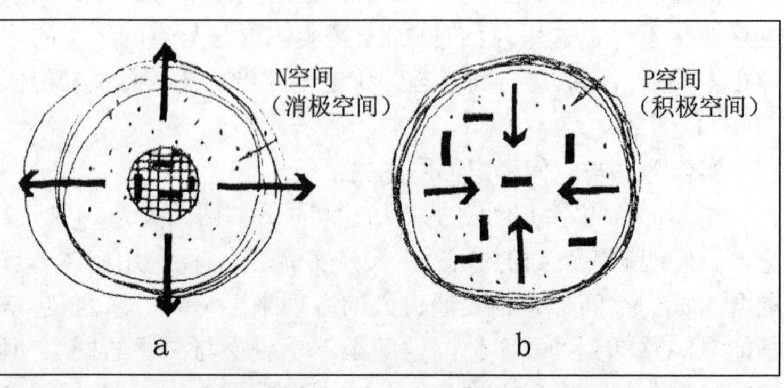


图3-4 N空间(消极空间)与P空间(积极空间);(a)自然是无限伸展的离心空间,(b)外部空间是从边框向内建立起来的向心空间

## 三、形态构成

### 构成的源流

“构成”在《现代汉语词典》中被解释为“形成”和“造成”[1]。可以把它理解为,物质经过发展变化而成为具有某种特点,或者出现某种情形和局面。从造型艺术来说,构成则具有另一番更为深刻的含义。构成是一个近代造型的概念。19世纪末,随着工业革命的发展,传统的以依赖原型为共同特点的“模仿”、“描写”、“变形”的造型方法已很难满足时代的需求,为摆脱这种困境,人们需要创造一种全新的思想和方法。而这种新思想和新方法的转变,首先出现在科学领域中,如物理学认为物质可无限分解,系统论也提供了现代方法学等。由科学领域所取得的研究成果,以及由它所形成的新的科学文化氛围,对其他学科领域产生了深远影响,当然也波及到造型艺术领域,并引起了造型艺术领域关于“构成”思想和方法的一场变革。

明确出现这场变革的是在苏联形成的“构成主义”(Constructivism)运动。1920年,阿列克塞·甘(Aleksei Gan,1889–1942)发表了《构成主义宣言》。这是第一次在文字上出现“构成主义”这个词。他鼓吹技术的“光荣”,以此来反对“艺术的思辩活动”。他认为:“新的艺术品不再是在平面的画布上去描绘实际上立体的物,而应当直接去制作立体的物,这就是‘构成’,据他的定义就是‘把不同的部件装配起来的过程’,而这个作为新艺术品的立体的物,是实用的。”[2]1921年,甘、塔特林(Vladimir Tatlin,1885–1953)等人组织了第一个构成主义者组织。当时,还有许多先锋艺术家不再停留于构成主义这个名称正式诞生之前的抽象艺术的探索,而是利用他们所熟悉的抽象艺术的技巧,积极探索新技术、新材料的美学可能性,明确地转向实用的“生产艺术”,并广泛从事新的工业产品的艺术设计,如陶瓷、服装、家具、餐具、工具、印刷、舞台美术和建筑等等。

由构成主义所奠定的近现代造型的构成思想和方法,后经包豪斯(Bauhaus)的继承、应用和推广,在世界现代艺术和现代建筑中产生了广泛影响。1920年代初,苏联构成主义者通过在德国举办展览,到包豪斯任教等多种方式,直接推动了1923年包豪斯教育方针的改革,与此同时,包豪斯也成为构成主义从苏联传播到西欧的大本营。作为包豪斯第一批教师的瑞士画家约翰·伊顿(Johannes Itten,1888–1967)首先将构成理论引入到包豪斯的设计教学中。于是,这种构成理论作为“基础课程”被列入到设计教育中去(图3–5、图3–6);伊顿也理所当然地被认为是第一位系统地创造现代设计教育基础课程的人。继伊顿

[1]现代汉语词典.北京:商务印书馆,1983,392

[2]M.Я.金兹堡著.风格与时代.陈志华译.西安:陕西师范大学出版社,2004.陈志华“附录2、构成主义和维斯宁兄弟”,240

图 3-5　伊顿的基础课程作业之一 :明暗研究

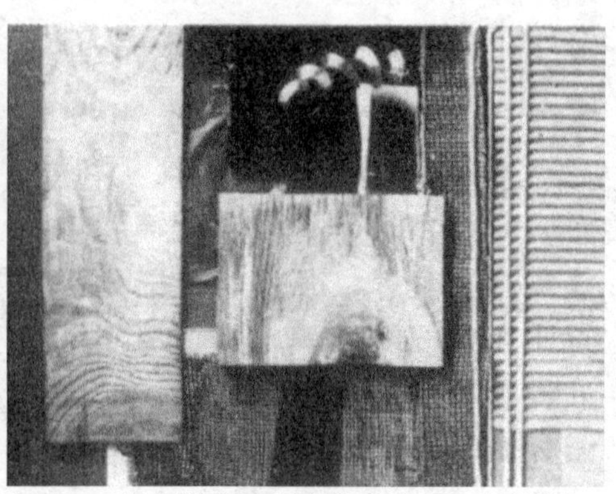
图 3-6　伊顿的基础课程作业之二 :质感研究

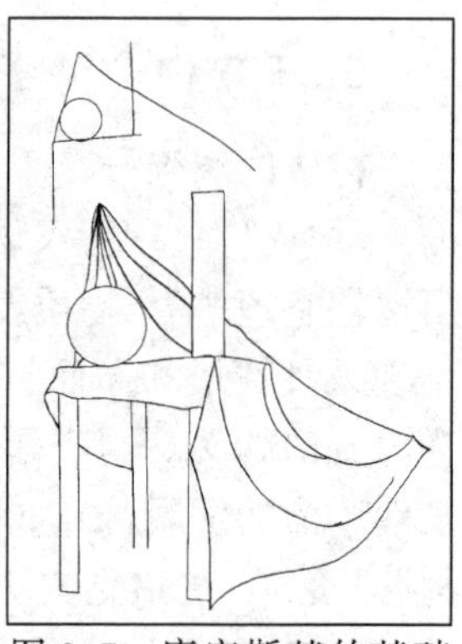
图 3-7　康定斯基的基础课程作业之一 :分析绘画

之后,开设与构成理论相关的基础课程的教师有 :瓦西里·康定斯基(Wassily kandinsky,1866-1944)的"分析绘画"和"对色彩形体的理论研究"(图 3-7、图 3-8);保罗·克利(Paul Klee,1897-1940)的"自然现象分析"和"造型、空间、运动和透视研究";莫霍利·纳吉(Mohly Nagy,1895-1946)的"体积空间练习"和"结构练习"(图 3-9);约瑟夫·艾尔伯斯(Josef Albers,1888-1976)的"纸造型"和"纸切割造型"(图 3-10)等等。由于包豪斯在构成理论与实践上的重大贡献,所以,现在一般讲到形态构成,常认为它最先起源于包豪斯。

正如甘从实用的角度把构成定义为 :"把不同的部件装配起来的过程",康定斯基也从抽象艺术的角度认为所谓构成就是 :"把要素打碎进行重新组合"。这种造型概念严格地说已远不只是一种构图原理,而是强调把"要素"进行"组合"作为核心理论,发展出一套新的形态构成的方法。虽然在中国古代还没有系统的形态构成理论,但精辟的见解并不缺乏。老子说 :"朴散则为器。""朴"指未经加工的木材 ;"散"即分解。意思是说将原始材料分解为基本要素,再进行加工组合,制成器具。老子的这句话看似平常,却深刻揭示了物质形态的生成规律,也即把要素进行重新组合是构成形态的基本思想和方法。

**空间与形态构成**

由以上讨论可以看到,形态构成既与"要素"有关,也与要素的组合方式即"结构"有关。虽然纯构成主义者的重点并不在结构本身,而在构成的形式,但结构毕竟是存在的。特别是维斯宁兄弟的构成主义建筑作品更是以现实功能为出发点,表现了这种结构的存在性。当然,若从"结构主义"的角度来看待构成主义的结构则是另一回事。"结构"在《辞海》中被解释为 :"同'功能'相对。物质系统内各组成要素之间的相互联系、相互作用的

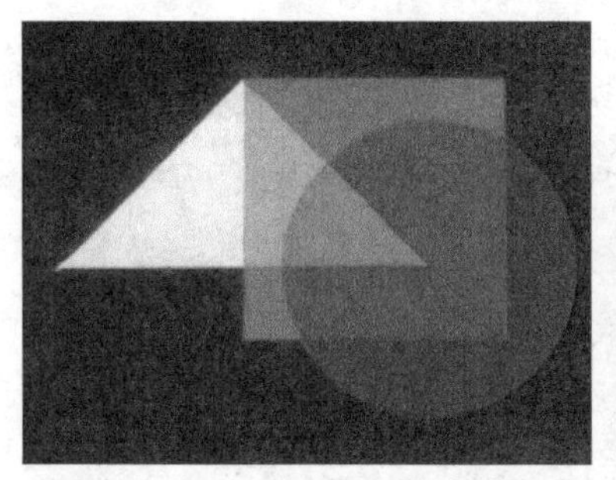

图 3-8　康定斯基的基础课程作业之二 :色彩与形状研究

图 3-9　纳吉的基础课程作业之一 :空间练习

图 3-10　艾尔伯斯的基础课程作业之一 :折纸练习

方式。是物质系统组织化、有序化的重要标志。物质系统的结构可分为空间结构和时间结构。任何具体事物的系统结构都是空间结构和时间结构的统一。结构既是物质系统存在的方式,又是物质系统的基本属性,是系统具有整体性、层次性和功能性的基础与前提。”[1]可见,结构是物质各要素之间以及要素与系统之间关系的组合方式,并在构成物质系统过程中有着不可忽视的重要作用。根据结构的含义,形态结构的研究所关注的重点不仅包括要素,而且也包括各要素之间所建立的各种关系。

[1]辞海 . 上海 :上海辞书出版社,2002,826

形态构成作为造型艺术的基础,如果对它的研究范畴各组成部分进行解析,就包括了“形”以及“形”的构成规律。具体说,包括了“原形”、“要素”、“结构”、“新形”四个部分。原形是指现实中存在的物质,这些物质都可以看成是进行形态构成的原始的形,或称为原形。要素是指任何原形都可以分解为要素,复杂的原形可以分解成简单的基本形要素,而基本形要素又可以分解为基本要素。结构是指将要素与要素之间,要素与整体之间的关系组合起来的一种方式,即结构方式。新形是指要素按照一定的结构方式组合起来所产生的形,即新形。新形不同于原形,并不是对原形的复原,而是通过形态构成创造的新形。

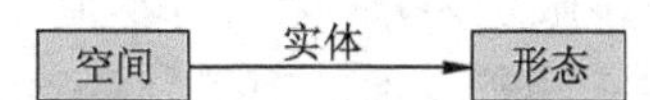


图 3-11　空间与形态关系示意

空间是以形态的方式而存在的(图 3-11)。在本章节“空间与形态”的讨论中,是以形态构成理论为基础,阐述空间形态构成的基本特点和规律。整个章节以要素和结构两个部分为重点,并结合结构主义的“结构”说,从人的视知觉角度出发,讨论空间形态构成中的一些问题。

# 第二节 空间与形态要素

## 一、形态要素

在现实生活中,我们所看到的任何物体都有其形态,这些形态又都是由不同层次的要素组合而成。如上文所述,形态可分为物质形态和非物质形态等。同样道理,形态要素也可分为物质要素和非物质要素。以中国传统建筑为例,若对其建筑要素进行分类,可分为物质要素和非物质要素。物质要素包括了建筑围护体、建筑结构、建筑装饰等,若再往下细分,又可分为次一级的建筑要素。如建筑围护体要素 :门窗、墙体、屋顶、隔断等 ;建筑结构要素 :地基、梁柱、屋架等 ;建筑装饰要素 :雕刻、书画、陈设摆件等。非物质要素是指以上物质要素的组织方式和构成规律,以及蕴含其中的审美情趣和文化意义等方面的要素。结构要素的地基、梁柱和屋架,若要再往下细分,又可分为次一级的柱、梁、檩、椽等要素。而将这些次一级的结构要素组织起来的方式,即传统建筑中所特有的木构架结构,主要有“穿斗式”和“抬梁式”两种方式,它们作为一种结构技术形成了结构要素的组织方式。至于蕴含于物质要素中的审美情趣和文化意义,是以物质要素的外在形式和内在涵义显现出来的,人们通过对传统建筑的欣赏和体验,可以认识和理解它。

既然任何形态都是由要素组成的,那么这些构成要素也就必然存在着某些一般性的规律。人们通过对形态要素的不断探究,发现如果抹掉形态要素的物质和非物质特性,只是把它作为纯粹的、抽象的,但又是基本的造型要素,探讨其视觉特性以及视觉—心理感受方面的影响,就可以把形态要素分为这样几个层次 :“基本要素”、“限定要素”和“基本形”。三者的关系是,基本要素是限定要素和基本形的前提和基础 ;限定要素是在基本要素的基础上发展而来,是构成形态不可或缺的要素 ;基本形也离不开基本要素,由于任何复杂的形态都可以分解为简单的基本形,所以也可以把它直接作为基本单元来构成形态。虽然在形态构成中,作为纯粹化、抽象化的要素构成的学习与实际的形态设计还有一段距离,但它确实是一种理解和掌握空间形态构成的有效方法。

## 二、基本要素

基本要素是由抽象化的点、线、面、体所组成，由于它们抹掉了物质和非物质特性，所以，常又把它们称之为“概念要素”。在这些要素中，点是任何“形”的原生要素，一连串的点可以延伸为线，由线可以展开为面，而面又可以聚成为体。所以、点、线、面、体在一定的方式条件下是可以相互转化的，这也说明对它们的界定是人为的和相对的。

**点要素**

“点”有细小的痕迹、地点、限定等基本含义。从概念上讲，它没有长度、宽度和深度。然而，点的大小是有相对性的。在形态构成中，当一个基本形相对于周围环境的基本形较小时，它就可以看成是一个点。一个点可以用来标志：一条线的两端；两条线的交点；面或体的角点；以及一个范围的中心（图 3–12、图 3–13）。形态中的各种点要素除实的点以外，由于视觉上的感受不同，又会形成虚的点、线化的点和面化的点。虚的点是相对于实的点而言的，是指由于图形的反转关系而形成的点的感觉。线化的点是指点要素以线状的排列形式而形成的线的感觉。面化的点是指点要素在一定范围内排布而形成的面的感觉。

点的心理感受：当点存在于某环境，并位于一个范围内的中心时，有静态感、无方向感；而当点偏移范围内的中心位置时，则有动态感和方向感。

**线要素**

“线”有细长的事物、路线、界线等基本含义。从概念上讲，线有长度，但没有宽度和深度。然而，线的长度与宽度和深度的

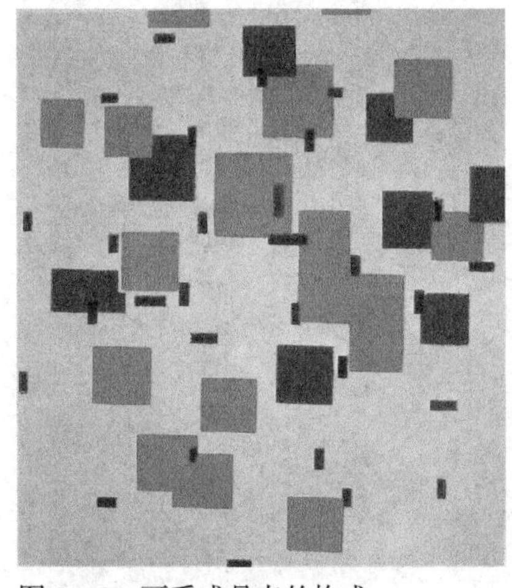
图 3–12　可看成是点的构成

图 3–13　广场中的纪念碑可看成是这个空间范围内的一个点要素

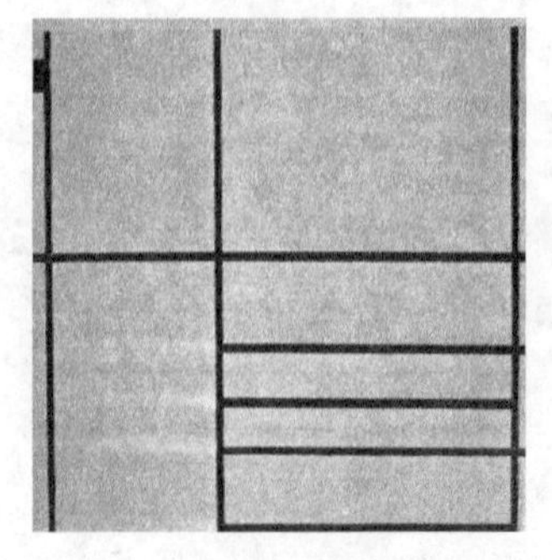

图 3-14　可看成是线的构成

关系，也不是绝对的。在形态构成中，当任何基本形的长度与宽度和深度之比的悬殊较大时，就可以看成是线。因此，它们的比例关系具有相对性。线的形状有直线、折线、曲线之分。线是一个重要的基本要素，它可以看成是点的轨迹、面的边界，以及体的转折（图 3-14、图 3-15）。形态中的各种线要素除实线以外，由于视觉上的感受不同，又会形成虚线、面化的线和体化的线。虚线是指图形之间所形成的线状间隙，由于图形的反转关系而形成的线的感觉。面化的线是指以一定数量的线排列而形成的面的感觉。体化的线是指以一定数量的线排列形成面并围合成体状所形成的体的感觉。

线的心理感受：一条线的方位或方向在视觉感受方面起着较大的作用。垂直线给人重力感、平衡感；水平线给人稳定感；斜线给人动态感；曲线则给人张力感和运动感。

**面要素**

"面"有表面、方面、前面等基本含义。从概念上讲，一个面有长度和宽度，但没有深度。所以，面是二维的。然而，在形态

图 3-15　霍尔塔在布鲁塞尔都灵路 12 号住宅楼梯间的铁支架、栏板、墙面和地面等地方，大量采用了线要素

构成中，当一个体的深度较浅时，也可以把它看成是面，因此，面也可以是三维的，具有相对性。面的形状有直面和曲面两种。面是一个关键的基本要素，它可以看成是轨迹线的展开、围合体的界面（图 3–16、图 3–17）。形态中的各种面要素除实面以外，由于视觉上的感受不同，又会形成虚面、线化的面和体化的面。虚面是相对于实面而言的，是指图形经过图底反转关系而形成的虚面的感觉。线化的面是指面的长宽比值较悬殊时就形成了线的感觉。体化的面是指由面围合或排列成体状就形成了体的感觉。

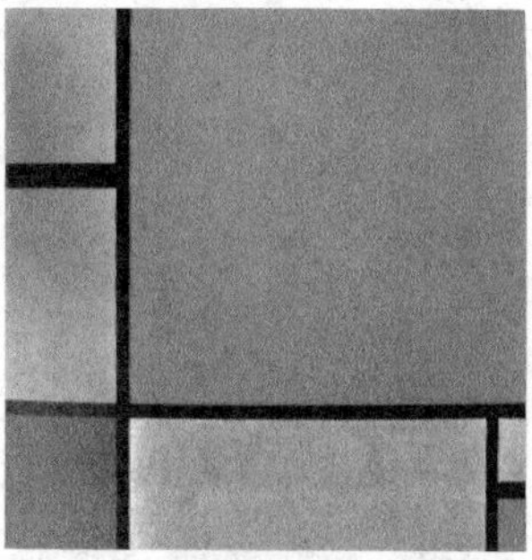

图 3–16　可看成是面的构成

面的心理感受：面给人的心理感受主要是一种范围感，它是由形成面的边界线所确定的。面的色彩、质感等要素也将影响到它在心理感受上的重量感和稳定感。

**体要素**

“体”在几何学上具有长、宽、高三维的形体等基本含义。从概念上讲，一个体有三个量度，即长度、宽度和深度。在形态构成中，体可看成是点的角点、线的边界、面的界面共同组成的，这在直面体中体现得尤为明确（图 3–18、图 3–19）。然而，在体的另一种基本类型曲面体中，角点、边界和界面却并不存在。形态中的各种体要素除实体、虚体以外，由于视觉上的感受不同，又会形成点化的体、线化的体和面化的体。点化的体是指体与周边环境相比较小时就形成了点的感觉。线化的体是指体的长细比值较悬殊时就形成了线的感觉。面化的体是指体的形状较扁时就形成了面的感觉。

体的心理感受：由完全充实的面围合的实体给人坚实感、封闭感；而由较多虚空的面围合而成的虚体则给人轻盈感和通透感。

图 3–17　里特维德在乌德勒支的施罗德住宅的阳台板、屋檐板和墙板等地方，巧妙采用了水平和垂直的面要素

图 3-18　可看成是体的构成

图 3-19　M.赛弗迪在蒙特利尔 67 住宅中，以立方体作为住宅的基本单元，再按照一定的结构方式将它们组织起来

### 三、限定要素

限定要素是构成空间形态不可或缺的要素。具体说，它主要是针对一个空间六面体，如何采用基本要素中的线、面要素来构成空间。线要素主要是以其方向或方位在空间构成中起作用。面要素主要是以其自身的形状、大小、色彩、质感，以及各面之间的相互关系来构成空间，并由此形成不同的空间视觉效果和心理感受。限定要素包括了水平要素、垂直要素和综合要素。

**水平要素**

水平要素是相对于“背景”而言的，与具有对比性的背景呈水平状态的“平面”可以从背景中限定出一个空间范围。由于这个平面与背景的高度变化，从而产生出不同的空间限定感，空间范围也就有了明确或模糊之差别。水平要素包括了基面、基面下沉、基面抬起和顶面。

基面：也称为“底面”。这是一种与背景没有高度变化，也即基面与背景之间处于重合的状态。空间限定的实现是通过基面与背景完全不同的色彩、肌理的材料变化来完成的，因此，这种限定是较为抽象的限定（图 3-20）。

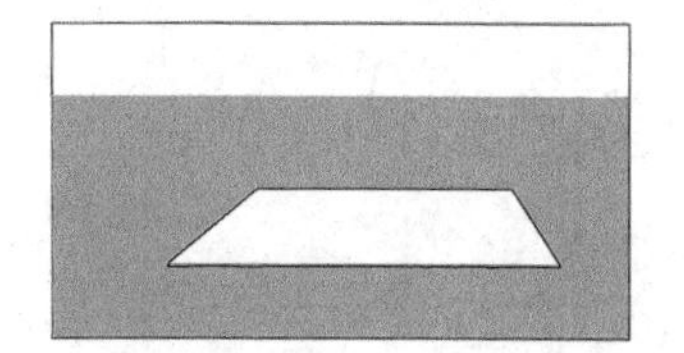

图 3-20　基面

基面下沉：这是将基面下沉于背景以下，使基面与背景产生高度变化，利用下沉的垂直高度限定出一个空间范围，因此，这种限定是一种具体的限定（图 3-21）。

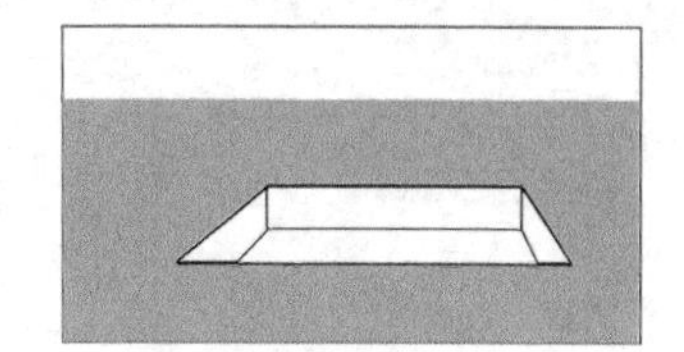

图 3-21　基面下沉

基面抬起：基面抬起与基面下沉形式正好相反，但作用相似。它是将基面抬至背景以上，使基面与背景之间有了高度变化，沿着抬起的基面边界所建立的垂直高度，可以从视觉上感受到空间范围的明确和肯定，因此，这种限定也是一种具体的限定（图 3-22）。

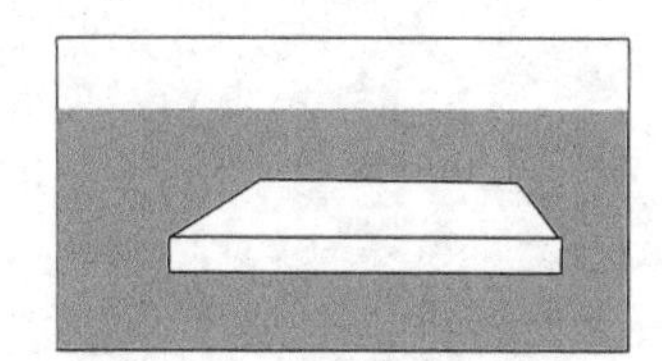

图 3-22　基面抬起

顶面：可看成是基面抬起方式的延伸，只不过由顶面限定的空间范围是处于顶面与背景之间。所以，这个空间范围的形式是由顶面的形状、大小以及与背景以上的高度所决定的（图 3-23）。

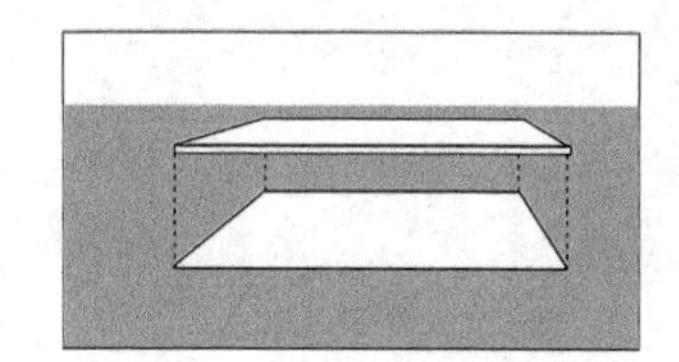

图 3-23　顶面

水平要素的心理感受：平面与背景的高度变化在视觉感受方面起着较大的作用。下沉或抬起基面都可加大平面与背景的分离感，从而使空间的领域感增强。同时，随着下沉基面深度的增加，空间的内向性感受越强；而随着抬起基面高度的增加，空间的外向性感受则越强。

**垂直要素**

垂直要素的限定作用是通过建立一个空间范围的垂直界限来实现的。与水平要素相比，垂直要素不仅造成了空间范围的内外有别，而且它还给人提供了一种强烈的空间围合感，因此，垂直要素在限定空间方面明显胜于水平要素。各种垂直要素有：

垂直线：垂直线因使用数量的不同，在空间限定方面的作用也随之不同。当 1 根垂直线位于一个空间的中心时，将使围绕它的空间明确化；而当它位于这个空间的非中心时，虽然该部位的空间感增强，但整体的空间感减弱。2 根垂直线可以限定一个面，形成一个虚的空间界面。3 根或更多的垂直线可以限定一个空间范围的角，构成一个由虚面围合而成的通透空间（图 3-24）。

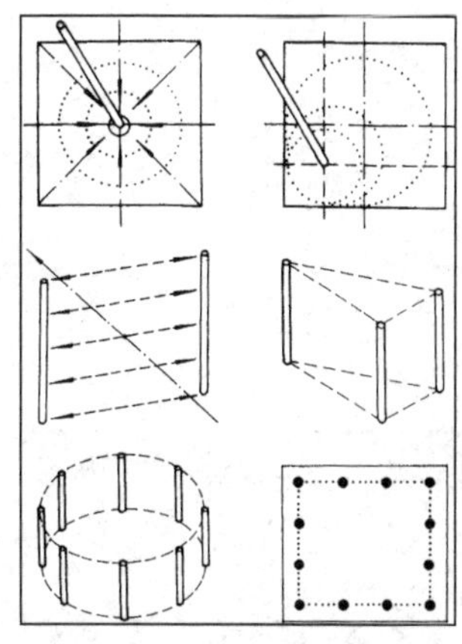

图 3-24　垂直线因根数不同，在空间构成中起到不同的作用

单一垂直面：当单一垂直面直立于空间中时，就产生了一个垂直面的两个表面。这两个表面可明确地表达出它所面临的空间，形成两个空间的界面，但它却不能完全限定它所面临的空间（图 3-25）。

平行垂直面：一组互为平行的垂直面则可以限定它们之间

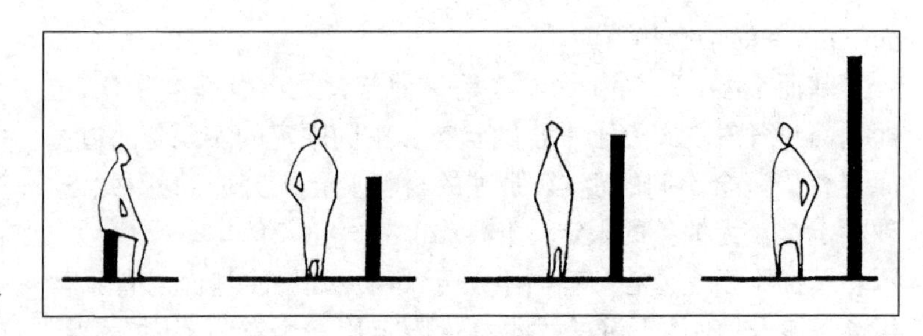
图 3–25　单一垂直面

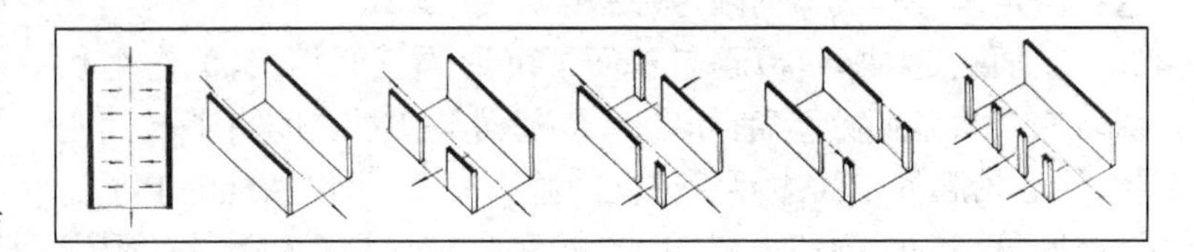
图 3–26　平行垂直面

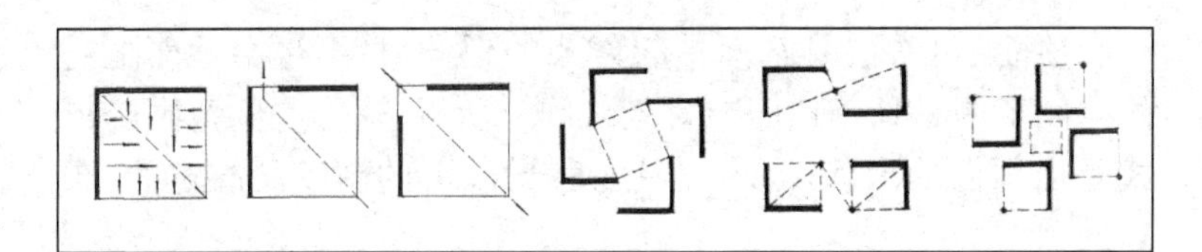
图 3–27　L 型垂直面

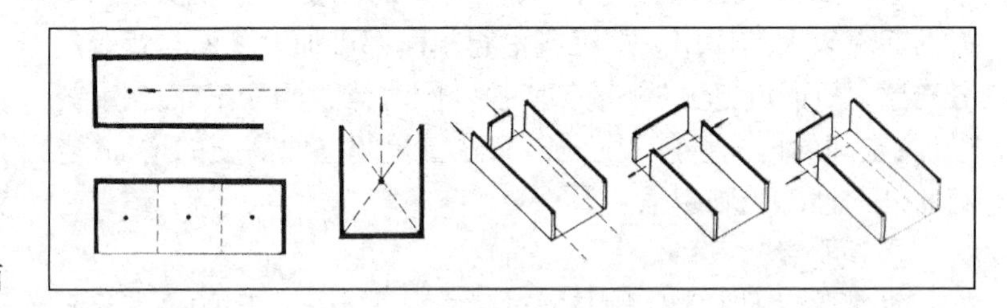
图 3–28　U 型垂直面

的空间范围。这个空间敞开的两端，是由平行垂直面的边界所形成的，给空间造成强烈的方向感。方向感的方位是沿着这两个平行垂直面的对称轴线向两端延伸（图 3–26）。

"L" 形垂直面：由 L 形垂直面的转角处限定出一个沿着对角线向外延伸的空间范围。这个空间范围在转角处得到明确界定，而当从转角处向外运动时，空间范围感逐渐减弱，并于开敞处迅速消失（图 3–27）。

"U" 形垂直面：由三个垂直面围合和一面敞开组合而成，它可以限定出一个空间范围。该空间范围内含有一个焦点，即中心。这一焦点的基本方位是朝着敞开的端部（图 3–28）。

"口" 形垂直面：由四个垂直面围合而成，界定出一个明确而完整的空间范围。同时，也使内部空间与外部空间互为分离开来。这大概是最典型的建筑空间限定方式，当然，也是限定作用最强的一种方式（图 3–29）。

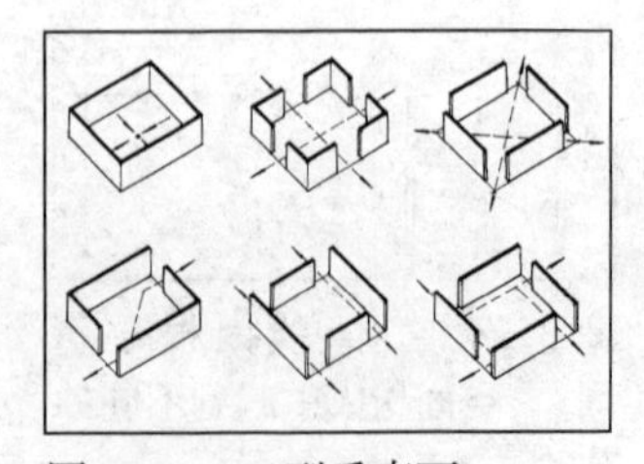
图 3–29　口型垂直面

垂直要素的心理感受：垂直线、垂直面的数量多少在视觉

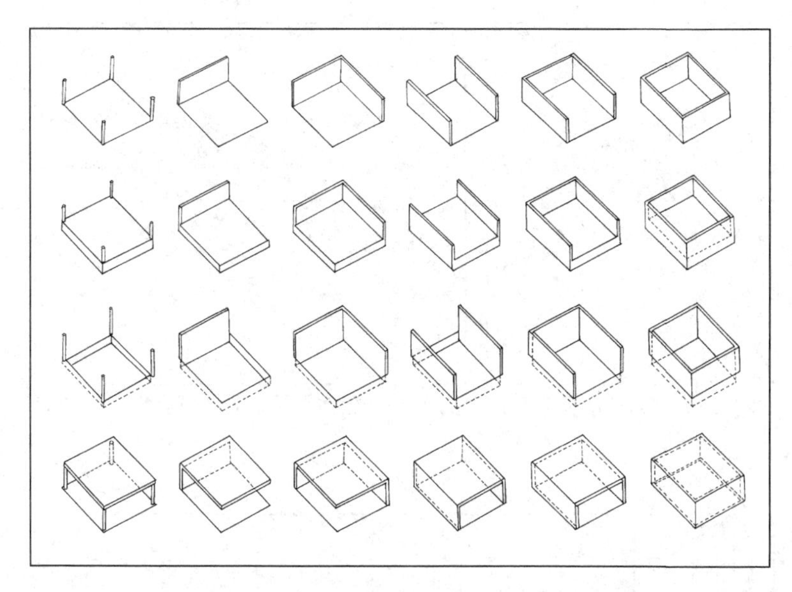

图 3–30　水平要素和垂直要素综合后的发展示意图

感受方面起着较大的作用。平行垂直面限定的空间给人方向感，并有外向性感受；L 形垂直面限定的空间给人运动感，转角呈内向性，边界处则变成外向性感受；U 形垂直面限定的空间给人方向感，并有较封闭的感受，内部呈内向性，敞开处则变成外向性感受；口形垂直面限定的空间给人封闭感，并有内心性感受。从以上六种垂直要素限定空间的围合程度来看，从垂直线到口形垂直面，空间的封闭感逐渐增强；反之，空间的通透感则逐渐减弱。

**综合要素**

由于空间是一个整体，在大多数情况下，空间都是通过水平要素和垂直要素的综合运用，相互组合来构成的。也就是说，通过水平要素的基面、基面下沉、基面抬起、顶面，垂直要素的垂直线、单一垂直面、平行垂直面、"L"形垂直面、"U"形垂直面、"口"形垂直面相互配合来形成的。虽然通过部分水平要素或各种垂直要素可以形成"外部空间"，通过部分水平要素可以形成"灰

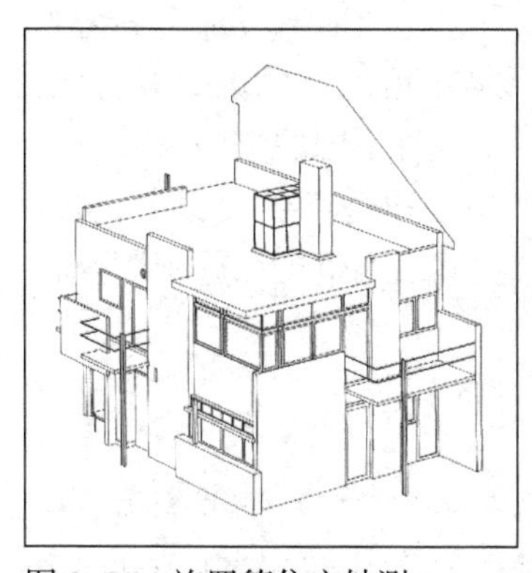

图 3–32　施罗德住宅轴测

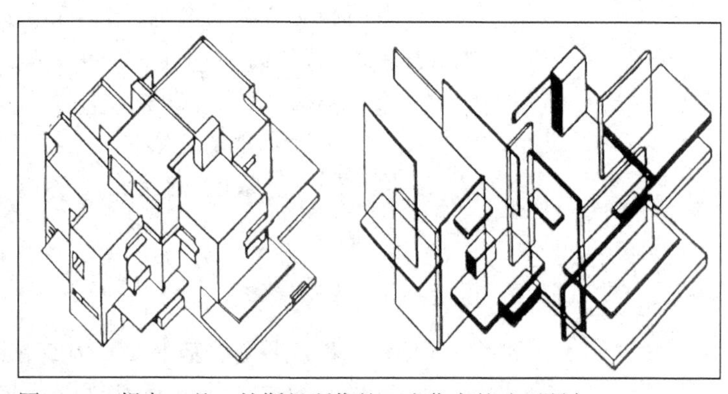

图 3–31　提奥 · 凡 · 杜斯堡所作的一座住宅的造型研究

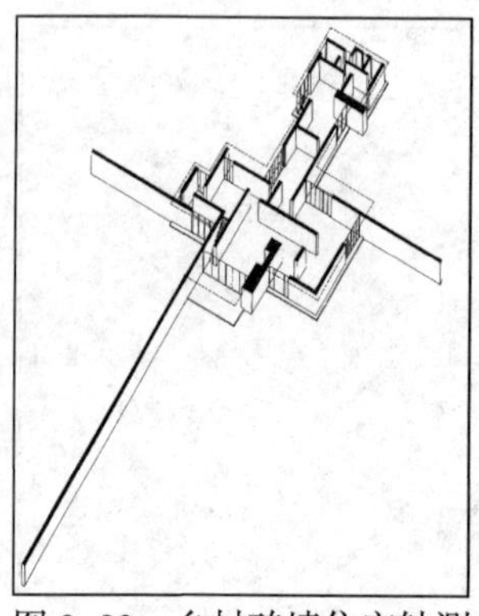

图 3-33　乡村砖墙住宅轴测

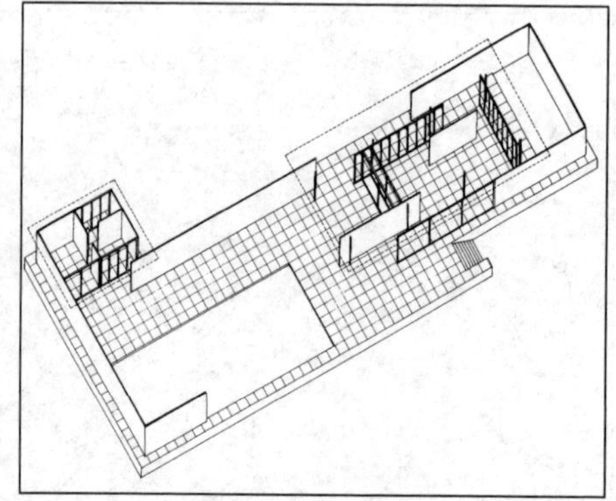

图 3-35　巴塞罗那世界博览会德国馆轴测

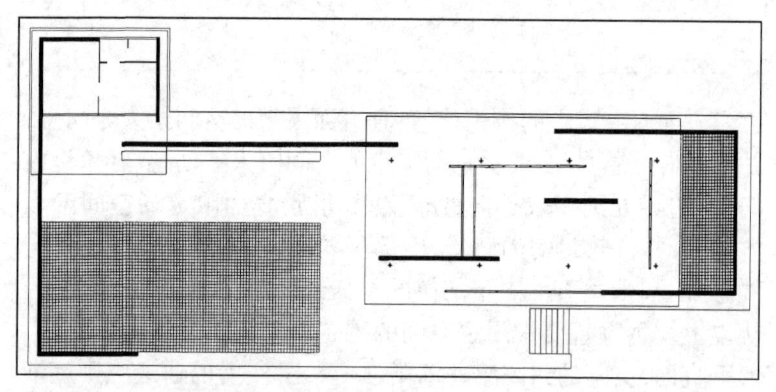

图 3-34　巴塞罗那世界博览会德国馆平面

空间”,但要生成“内部空间”则要依赖于综合要素,也即水平要素和垂直要素的综合构成。如图 3-30 所示,展示了水平要素和垂直要素综合后的整个发展过程。再如荷兰画家提奥·凡·杜斯堡(Theo Van Doesberg)作的一座住宅的造型研究(图 3-31),荷兰建筑师里特维德(G.T.Rietveld)设计的乌德勒支的施罗德住宅(图 3-32),密斯·凡·德·罗(Mies Van Der Rohe)对乡村砖墙住宅的设想(图 3-33),以及设计的巴塞罗那世界博览会德国馆(图 3-34、图 3-35),由于要素与要素之间的组合对象、方式不同,以及构成手法不同,形成了各种不同的空间形式。

综合要素的心理感受:与水平要素和垂直要素相比较,空间的封闭感最强,内向性最为显著,空间形态也更加趋于明确和完整。

## 四、基本形

基本形是由基本要素构成的具有一定几何特征的形体。一般来说,形体越是单纯和规则,则越是容易为人感知和识别。由于规则基本形为人们所熟悉,并且具有一定的规律性,所以在形态构成中,常将它们直接作为基本单元,用来构成更为复杂的形态。当然,除了规则基本形,还有不规则基本形,而且这种不规则基本形大量存在于我们的生活环境中,虽然对它的构成规律,以我们的视知觉目前还无法掌握,也难以用语言进行归纳和总结,但我们却不能视而不见。

**规则基本形**

规则基本形是基于单纯几何学的形体,故有的学者把这种形体称为“单纯几何学”。对它的研究和使用,可以说历来受到人们的重视。柏拉图早已列出了正四面体、正六面体、正八面体、正十二面体、正二十面体这五种正多面体,后人把这五种几何形体称为“柏拉图立体”(图 3–36)。阿尔伯蒂通过进一步研究认为:“圆形是最完美的,并且提出了正方形、六边形、八边形、十边形、十二边形这样的向心性的形状,进而推荐了由正方形派生出来的三个长方形”[1](图 3–37)。即使到了 20 世纪,单纯几何学仍然受到许多建筑师们的青睐。勒·柯布西耶(Le. Corbusier, 1887–1965)认为:“……立方体、圆锥体、球体、圆柱或者金字塔式棱锥体,都是伟大的基本形式,它们明确地反映了这些形状的优越性。这些形状对于我们是鲜明的、实在的、毫不含糊的。由于这个原因,这些形式是美的,而且是最美的形式”[2](图 3–38)。下面,对几种规则基本形的特性作一简要讨论。

球体基本形:球体是一个高度集中性、内向性的形体。在它所处的环境中,可以产生出以自我为中心的感觉,通常情况下呈十分稳定的状态(图 3–39、图 3–40)。圆柱体是一个有轴线并呈向心性的形体。当轴线水平或垂直时,圆柱体呈静态感;

[1][日]小林克弘编著.建筑构成手法.陈志华,王小盾译.北京:中国建筑工业出版社,2004,34

[2]费朗西斯·D·K·钦著.建筑:形式·空间和秩序.邹德依、方千里译.北京:中国建筑工业出版社,1987,58

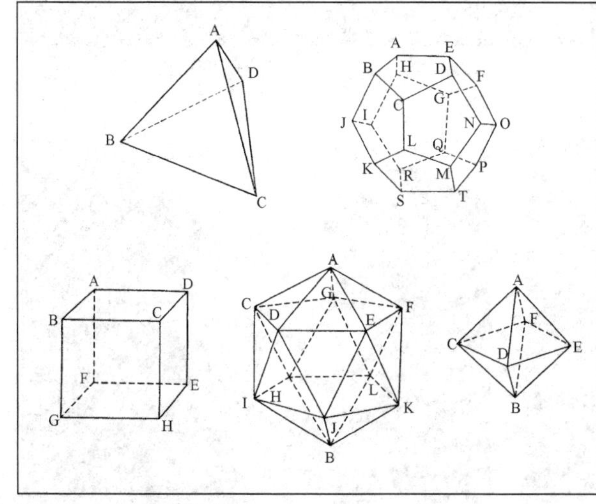

图 3–36　柏拉图立体

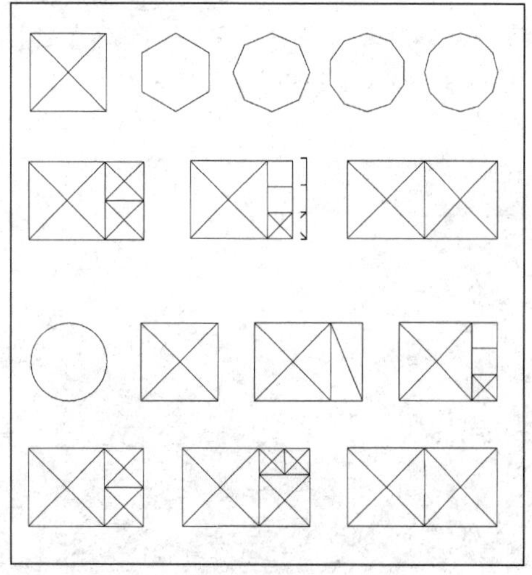
图 3–37　阿尔伯蒂推荐的基本几何形状

图 3-38 勒·柯布西耶认为立方体、圆锥体、球体、圆柱以及棱锥体都是最完美的形体

而当轴线倾斜时,圆柱体则呈不稳定感。

锥体基本形:锥体有圆锥体、三角锥和四角锥等不同形体。圆锥体是一个以等腰三角形的垂直轴线为中轴旋转而成的形体。当圆锥体以圆形为基面时,它是一个十分稳定的形体;而当垂直轴线倾斜时,它则是一个不稳定的形体。三角或四角锥体由于它所有的表面都是平面的,所以它们是在任一表面上都

图 3-39 部雷的牛顿纪念堂方案

图 3-40 拉·维莱特公园的球型剧场

图 3-41 卢浮宫的玻璃金字塔

图 3-42 卢浮宫的倒置玻璃金字塔

呈稳定状态的形体。各种锥体都有相似的一面，但圆锥体显得柔和，三角或四角锥体则显得比较坚硬（图 3–41、图 3–42）。

方体基本形：方体有正方体、长方体等不同形体。正方体由于各边线及各个面的量度均相等，所以它是一个缺乏运动感或方向性，呈静态状态的形体。长方体则是有着明显的运动感或方向性，呈动态状态的形体（图 3–43、图 3–44）。

图 3–43　德方斯区的“巨门”

规则基本形的心理感受：球形空间因各方均衡，使空间内部具有内聚性和强烈的向心性、包容性；半球形空间在具有球形空间的特征以外，又增加了向上的膨胀感。圆柱形空间因轴线，使空间有向心性、团聚感；拱形空间可看成是这种空间形式的派生体，有沿轴线聚集的内向性。锥形空间因向上不断收缩的透视特征，使空间具有强烈的上升感、方向感；圆锥形空间界面模糊而呈柔和感，三角或四角锥形空间界面明确而呈坚硬感。正方形空间因各面均衡，使空间具有庄重感和严谨感；长方形空间因有明显的运动感或方向性，使得水平长方体有舒展感，垂直长方体有上升感。

**不规则基本形**

规则基本形一直受到人们的研究和使用，那么相对于规则基本形的不规则基本形的情形又是怎样的呢？或者说，相对于单纯几何学，同样属于几何学领域的拓扑几何学和分形几何学的形体是否也得到了相应的使用呢？以建筑为例，可以说这种基于拓扑几何学和分形几何学的形体的使用还是很少的，或者说正处于探索之中。对这样的局面，有的学者做过分析，如日本建筑师小林克弘认为：“答案还是比较简单的，简言之就是一个可行性的程度问题。单纯几何学很容易应用到建筑平面或者三

图 3–44　蓬皮杜艺术中心鸟瞰

[1][日]小林克弘编著.建筑构成手法.陈志华,王小盾译.北京:中国建筑工业出版社,2004,35

维形体上;相对地,拓扑几何学要将实际形状和尺寸抽象出来,其空间的联系都是问题,因此几何学在建筑化的时候,必须明确其空间位相关系,从而要想很多办法。而不规则分形几何学因为要用各种各样的尺寸来体现相似性,这就使人产生了疑问,用什么样的形状才能在实际建筑中得到实现呢?当然,并不是说都是不可行的,但由拓扑几何学与不规则分形几何学到底会得到怎样的建筑效果,这一点是要引起注意的。"[1]

以上对规则基本形和不规则基本形的学科基础以及研究和使用情况作了阐明。由单纯几何形体或拓扑几何形体和分形几何形体决定了它们在建筑化过程中的可行性的程度问题。一般来说,规则基本形是以一种"有序"的方法来组织各个局部以及局部与整体之间的关系;在视觉的直观感受上,常以一条或多条轴线形成对称式构图,在视觉的心理感受上,呈静态的稳定的状态。不规则基本形则正好相反,是以一种"无序"的方法来组织各个局部以及局部与整体之间的关系;在视觉的直观感受上,常采用不对称式构图,在视觉的心理感受上,呈动态的不稳定的状态。当然,在更为复杂的空间构成中,规则基本形与不规则基本形既可独立使用,又可相互组合使用。单纯几何与拓扑几何和分形几何,可以不拘一格,取长补短,合理配合,规则形可以保持在不规则形之中,同样不规则形也可以为规则形所包围(图 3-45~ 图 3-50)。

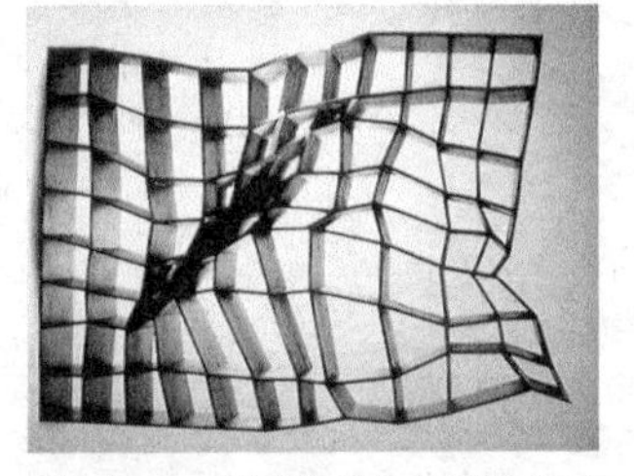
图 3-45 从规则几何形到不规则几何形的家具设计

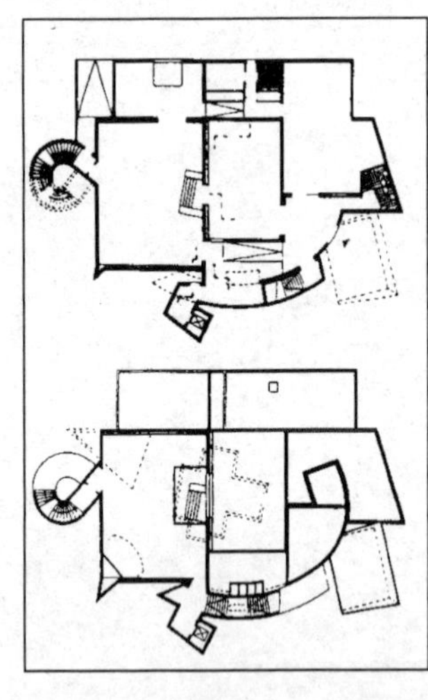
图 3-46 弗兰克·盖里在魏尔维特拉家具设计博物馆的设计中,将规则的基本几何形加以变形、组合,获得了不规则的几何造型;虽然建筑外观呈不规则状,但建筑平面的形状基本上是规则的

图 3-47 维特拉家具设计博物馆外观之一

图 3-48 维特拉家具设计博物馆外观之二

图 3-49 维特拉家具设计博物馆外观之三

图 3-50 维特拉家具设计博物馆室内空间

# 第三节　空间与形态结构

## 一、结构主义的“结构”

“结构主义”（Structuralism）的代表人物、瑞士心理学家皮亚杰在数学结构的研究中发现了三种数学“母结构”，并认为它们之间是不能再相互合并了的结构。“首先是各种‘代数结构’，代数结构的原型就是群，但是还有群的派生物（‘环’［anneaux 英文为 rings］、‘体’［corps 英文为 fields］，等等）”；“其次，我们可以看到有研究关系的各种‘次序结构’，它的原型是‘网’（reseau 或 trillis，英文为 lattice 或 network）”；“最后，第三类母结约是拓扑学性质的，是建立在邻接性、连续性和界限概念上的结构”[1]。这样，三种数学母结构，即代数结构、次序结构、拓扑结构的原型就是：“群”、“网”、“拓扑”。

“群”（Groups）是数学结构最基本的原型。“一个群，就是由一种组合运算（例如加法）汇合而成的一个若干成分（例如正负整数）的集合，这个组合运算应用在这个集合的某些成分上去，又会得出属于这个集合的一个成分来”[2]。因而，群可看成是数学系统的各个成分相互关联并组成整体的排列组合关系。根据群的特性之一，就是组合的本性既可以不受先后、主次顺序的限制，也可以建立在必然的顺序上，即相互置换性[3]。

在皮亚杰看来，通过“网”（Lattice）可以看到有研究关系的各种次序结构，而且这种结构也是一种在普遍性上可以和群相比拟的结构。“网用‘后于’和‘先于’的关系把它的各成分联系起来；因为每两个成分中总包含有一个最小的‘上界’（后来的诸成分中最近的那个成分，或‘上限’）和一个最大的‘下界’（前面成分中最高的那个成分，或‘下限’）”[4]。这说明事物中的任何两个成分（要素）之间都存在着相互间的次序关系。

“拓扑”（Topology）“是建立在邻接性、连续性和界限概念上的结构”。拓扑学作为数学的一门分科，主要研究的是“几何图形在一对一的双方连续变换下不变的性质，这种性质称为‘拓扑性质’。”而拓扑空间是“拓扑学研究的基本对象。它是一个集合，在其中以一定的规则来规定一个无限的元素序列是否收敛于一个元素，这种规定往往由某些公理来给出，称为拓扑结构”[5]。在拓扑空间中，不管要素的形状、大小、位置如何，对它研究的惟一标准是各要素之间的邻接性、连续性和界限关系。

［1］皮亚杰著．结构主义．倪连生、王琳译．北京：商务印书馆，1984，16、17

［2］皮亚杰著．结构主义．倪连生、王琳译．北京：商务印书馆，1984，12

［3］皮亚杰著．结构主义．倪连生、王琳译．北京：商务印书馆，1984，12–14

［4］皮亚杰著．结构主义．倪连生、王琳译．北京：商务印书馆，1984，16

［5］辞海．上海：上海辞书出版社，2002，1714

而且这种结构关系所呈现出来的相似相仿的对应和变换，是一种一一对应下的连续变换但性质不变的关系，示意图如下：

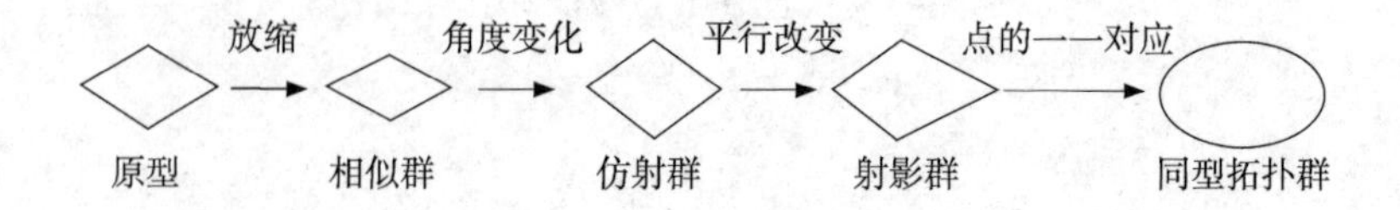


对群、网、拓扑三种母结构的发现和确立，指出了数学系统中各部分之间的基本关系，也即排列组合、次序、邻接、连续和界限。这三种基本关系的归纳应该说是对数学结构进行了全面整体的研究，而这种研究方式，一般称为结构主义的研究方式。实际上，如果从形态构成理论的研究来看，形态要素之间的各种结构关系无一例外地都可归纳为这三种基本关系：排列组合、次序、邻接、连续和界限。由于关系上的一致性，就使得空间形态的结构与结构主义的结构存在着某种相似性。因此，我们可以借用这三种代数结构、次序结构、拓扑结构的思想和方法，将它引入到空间形态结构的讨论中。

## 二、并列结构

根据结构主义的代数结构，我们可以把空间构成中各要素之间的关系首先确立为一种排列组合关系，依据群的特性，这种排列组合关系也即并列关系。两种或两种以上的空间单元不分先后、不分主次，既可以是相同的空间单元，也可以是不同的空间单元，同时存在，同时进行，具有相容和不相容两方面的特点。属于这一类空间结构的有连接、接触、集中式、串联式、放射式、群集式和网格式。

**连接**

指两个互为分离的空间单元，可由第三个中介空间来连接。在这种彼此建立的空间关系中，中介空间的特征起到决定性的作用。中介空间在形状和尺寸上可以与它连接的两个空间单元相同或不同。当中介空间的形状和尺寸与它所连接的空间完全一致时，就构成了重复的空间系列；当中介空间的形状和尺寸小于它所连接的空间时，强调的是自身的联系作用；当中介空间的形状和尺寸大于它所连接的空间时，则成为整个空间体系的主体性空间（图 3–51）。

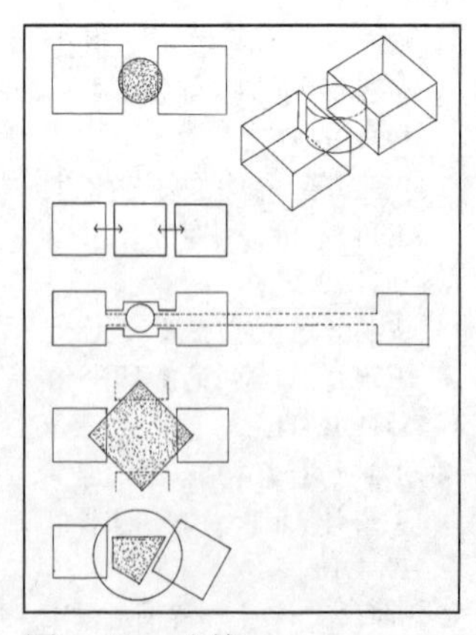

图 3–51 连接

如美国建筑师路易·康（Louis Isadore Kahn）设计的宾夕法尼亚大学理查德医学研究楼堪称这种连接式结构的典范。在空间构成上，康把中心塔楼作为“服务空间”，内设各种服务设施，周围是实验室和研究室，作为“被服务空间”，再通过廊道将

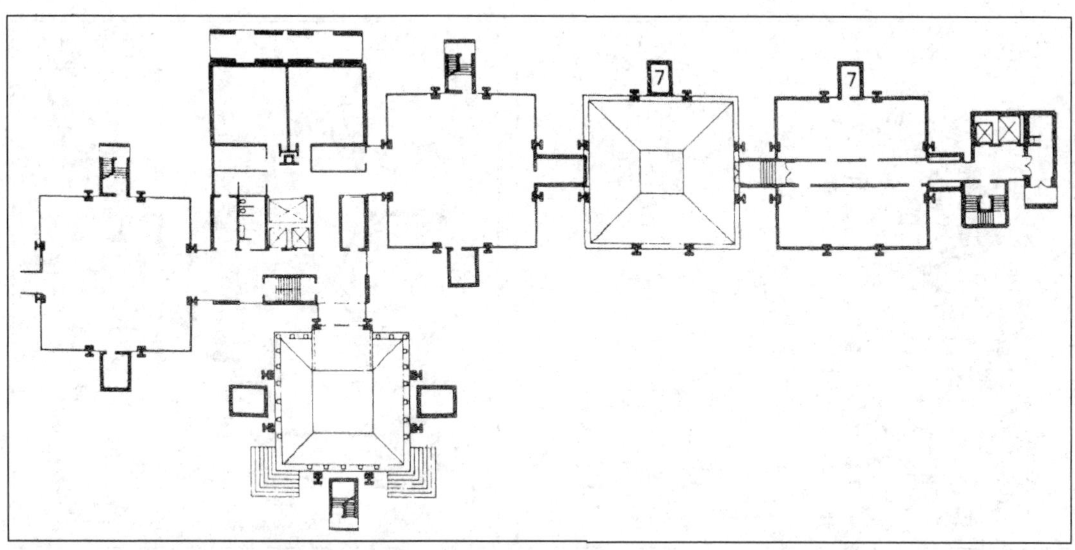


图 3–52　宾夕法尼亚大学理查德医学研究楼平面

两种不同性质的空间连接成为一个整体(图 3–52、图 3–53)。

图 3–53　宾夕法尼亚大学理查德医学研究楼外观

**接触**

指两个空间单元相遇并接触,但不重叠,接触后的空间之间的视觉和空间上的连续程度取决于接触处的性质。接触可以是边界与边界的接触,也可以是界面与界面的接触。当以空间的界面接触时,空间的独立性强,而界面上的开洞程度如何,将直接影响到两个空间的围合与通透程度。以独立接触面设置于单一空间内时,空间的独立性减弱,两个空间隔而不断。以一列线状柱作为接触面时,空间有很强的视觉和空间上的连续性,而柱子数目的多少,将直接影响到两个空间的通透程度。以两个空间的地面标高、屋顶高度或墙面处理的变化作为接触面的暗示时,空间则有微妙的区别,但仍然有高度的视觉和空间上的连续性(图 3–54)。

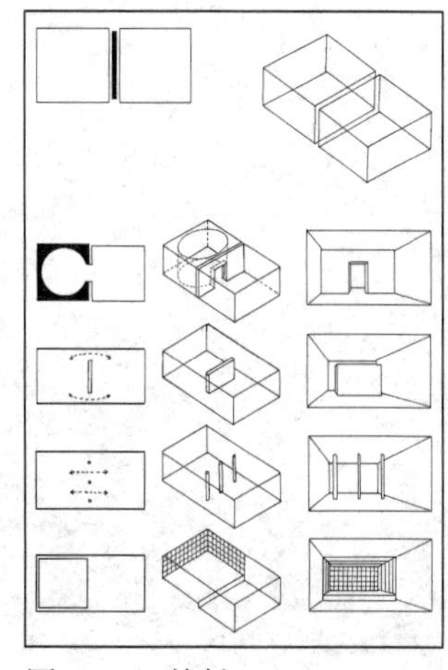

图 3–54　接触

**集中式**

指当某一空间上升为中心主体空间,并组织起周围一定数量的次要空间时,便构成为一种集中式的空间组合关系。中央主体空间一般是规则式的、较稳定的形式,尺寸较大,以至于可以统率次要空间,并在整体形态上居于主导地位;而次要空间的形式可以相同,也可以不同,尺寸上也相对较小。

集中式结构的实例有很多。在文艺复兴时期,这种集中式结构以教堂建筑为主,如达·芬奇构想的理想教堂(图 3–55),塞利奥(Sebastiano Serlio,1475–1554)画出的各种集中式教堂平面图(图 3–56),最后终于产生了圣彼得大教堂这一代表一个时代的纪念性作品。此外,这种集中式结构也体现在住宅建筑

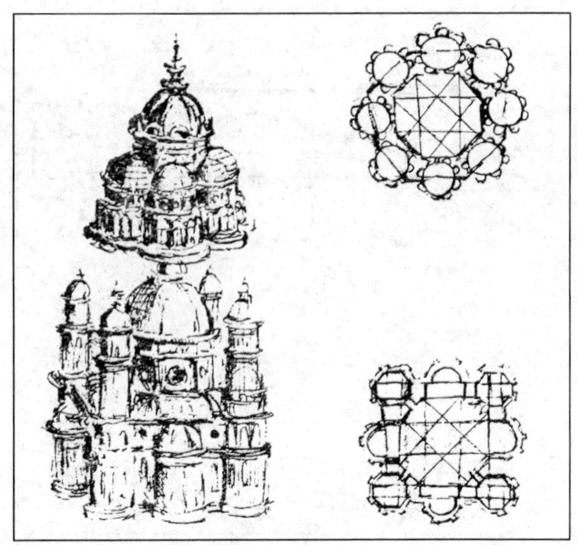

图 3-55　达 · 芬奇设想的理想教堂之一

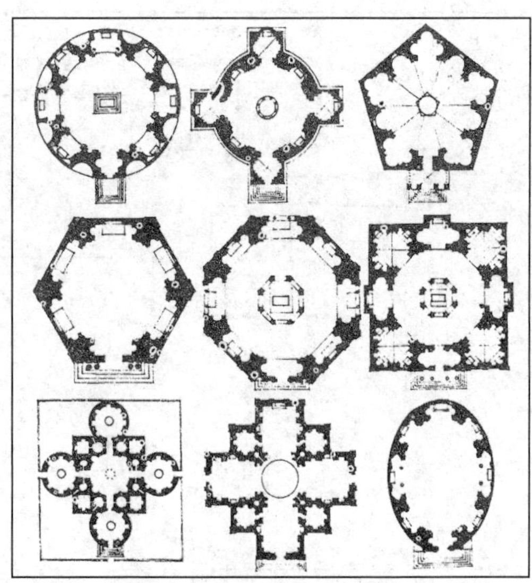

图 3-56　塞利奥的集中式教堂

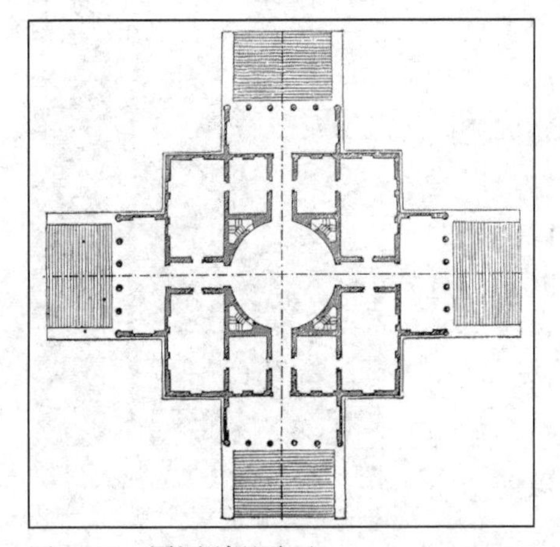

图 3-57　圆厅别墅平面

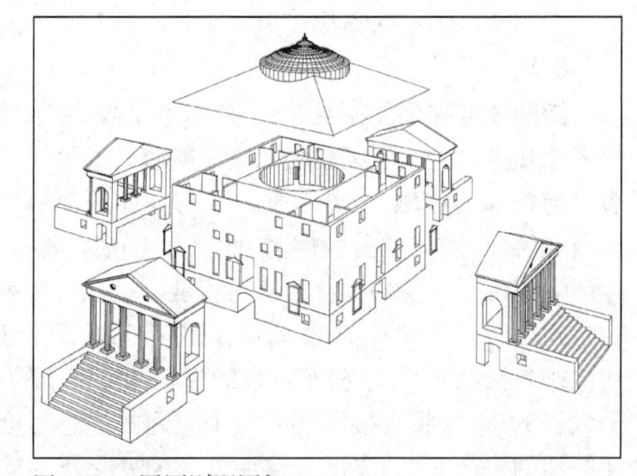

图 3-58　园厅别墅图解

图 3-59　园厅别墅外观

中,如建筑师帕拉蒂奥设计的圆厅别墅,位于别墅中央的圆厅,无论是形状大小,还是所处位置,都使它成为别墅中名副其实的主体空间,其它次要空间则按照纵横两条轴线对称布置在圆厅的四周(图 3–57~ 图 3–59)。

**串联式**

指将一系列空间单元按照一定的方向排列相接,便构成一种串联式的空间系列。每个空间单元的形式从视觉上可以是重复的,也可以是不重复的,或部分重复的 ;排列方式可以是直线形的,也可以是折线形的,还可以是曲线形的。总之,既可以是规则的,也可以是不规则的。

如勒·柯布西耶设计的马赛公寓大楼就属于直线形组合,而芬兰建筑师阿尔瓦·阿尔托(Hugo Alvar Henik Aalto)设计的麻省理工学院学生宿舍贝克大楼采用的是(正面)曲线形与(背面)折线形相结合的组合。值得注意的是,两幢建筑不仅设计年代相近,而且在设计趣味上都发生了转向。柯布西耶设计的马赛公寓让粗糙不平的混凝土直接暴露在外,有意保留了人工操作的痕迹,显示出一种追求"粗野主义"的倾向(图 3–60);贝克大楼则是阿尔托在"红色时期"的代表作品之一,整个大楼

图 3–60　马赛公寓外观

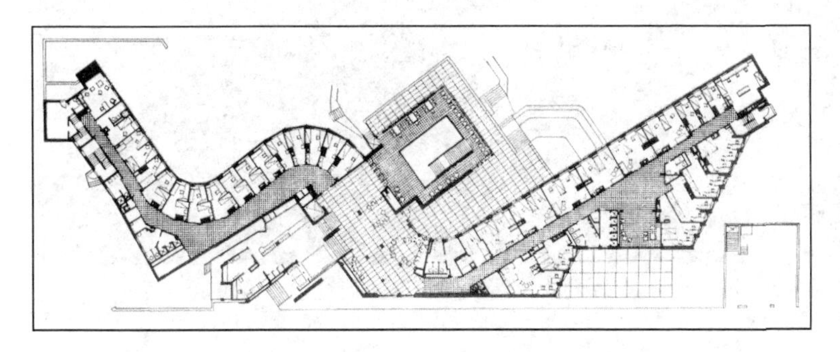

图 3–61　麻省理工学院学生宿舍贝克大楼平面

图 3-62　麻省理工学院学生宿舍贝克大楼正面

图 3-63　麻省理工学院学生宿舍贝克大楼背面

的外表全部采用温馨的红砖砌筑，具有一种讲究“人情化”的倾向（图 3-61~ 图 3-63）。

**放射式**

放射式兼有集中和串联两种结构方式，它是由一个处于集中位置的中央主体空间和若干个向外发散开来的串联式空间组合而成。集中式是向心性的，趋向于向中央主体空间聚集；而串联式则是外向性的，趋向于向周围环境扩张。

如美国建筑师布劳耶（Marcel Breuer）设计的国际商用机器公司研究中心（IBM）就属于放射式结构。它是由两个 Y 字连接而成的形态，使得整个建筑造型新颖而独特。由于采用了既是结构构件又是装饰部件的“树枝形柱”，加上比例的适宜，施工的精确，使得这座看似简单的建筑显示出不平凡的气质（图 3-64、图 3-65）。此外，巴黎联合国教科文组织总部秘书大楼也属于这种放射式结构。

图 3-65　国际商用机器公司（IBM）研究中心外观

图 3-64　国际商用机器公司（IBM）研究中心鸟瞰

图 3-66 意大利奥伯罗贝洛村落

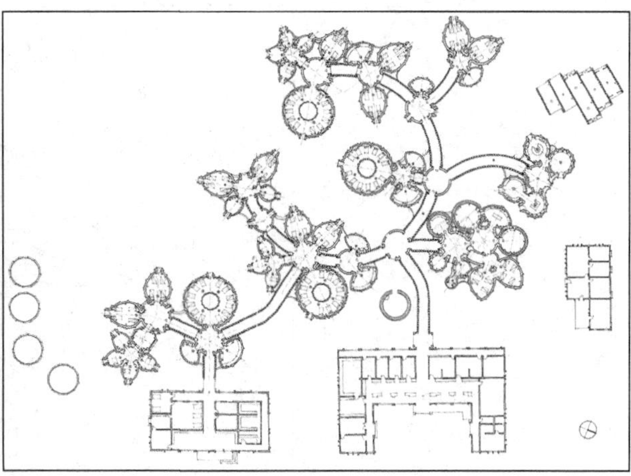

图 3-67 卡伊迪地区医院平面

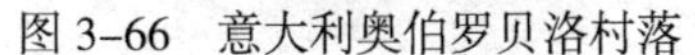

**群集式**

指一般将形式、大小、方位等因素有着共同视觉特征的各空间单元,组合成相对集中的空间整体。但它又不同于集中式结构方式,缺乏集中式组合的向心性、紧密性和规则性,所以,这种结构方式可以比较灵活地把各种形状和尺寸的空间单元组织在一起,并易于接受增减、变换空间单元而不影响它的特性。

图 3-68 卡伊迪地区医院外观

如在地区性建筑中有不少是以简单的空间单元反复组合而形成的独特景观,意大利奥伯罗贝洛村落就是一个典型实例(图 3-66)。一些现代建筑师从地区性建筑文化中寻求创作灵感,设计出源于异地风土习俗的建筑来。如 Fabrizio Carola 和 Birahim Niang 设计的卡伊迪地区医院扩建(图 3-67、图 3-68),荷兰建筑师阿尔多·凡·艾克(Aldo Van Eyck)设计的儿童之家(图 3-69、图 3-70)。在空间构成上,前者属于不规则式组合,后者明显属于规则式组合。

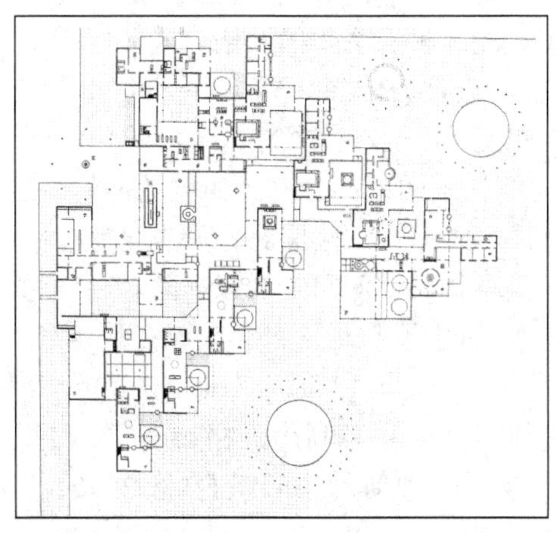

图 3-69 儿童之家平面

图 3-70 儿童之家鸟瞰

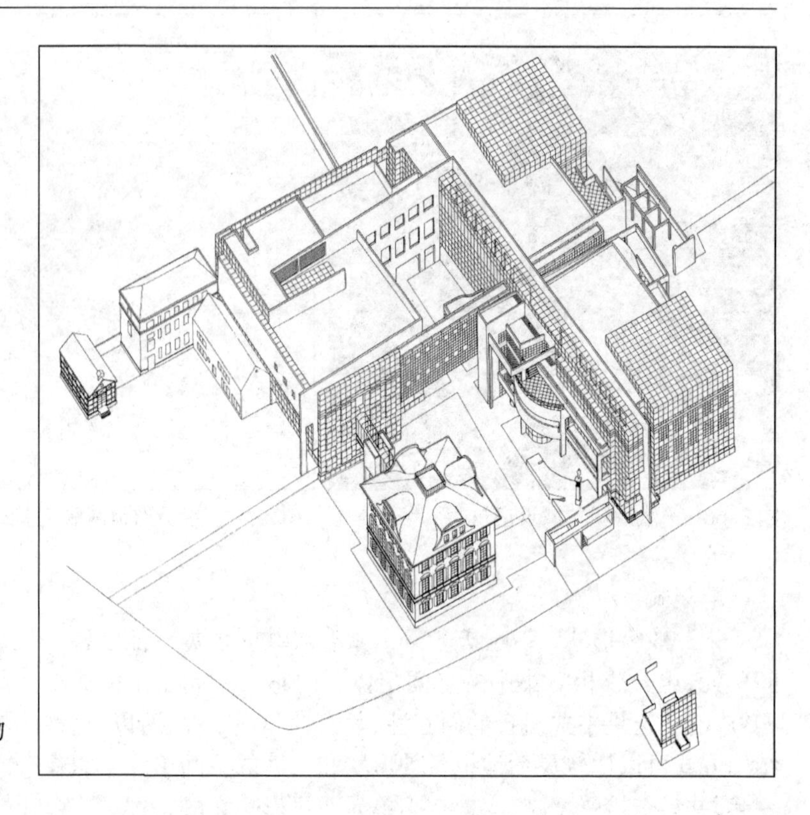

图 3–71　法兰克福工艺博物馆轴测

### 网格式

指将各空间单元按照“网格”所限定的方式组织起来，形成空间整体。“网格”在这里本身就是一种结构方式，不过这种结构往往是规律性很强的方式。常用的网格结构是以正方形为基础的向 X、Y 轴两个方向等量延伸的“平面网格”，其特性基本上是中性的、不分等级的和无方向性的。当平面网格向第三维即 Z 轴方向伸展时，就形成了“空间网格”。平面网格和空间网格是网格式结构的两种基本方式。而“旋转式网格”是把两套网格按一定的角度互组生成的一种有变化的网格方式。

在美国建筑师理查德·迈耶（Richard Meier）设计的一系列建筑作品中，我们可以感受到“旋转式网格”结构的巧妙运用。如法兰克福工艺博物馆就采用了两套交叉组合的网格，一套是沿袭了原有传统建筑的网格，另一套是采用了法兰克福城市街道的网格。博物馆建筑群体的空间组合均以这两套网格为依据，有机地组成空间整体，使建筑与环境产生对话（图 3–71、图 3–72）。美国建筑师彼得·埃森曼（Peter Eissenmann）设计的 3 号住宅，在原有规整的网格中通过利用网格旋转，插入了一套 45° 的网格，由此形成了一种新的空间组合（图 3–73、图 3–74）。

图 3–72　法兰克福工艺博物馆外观

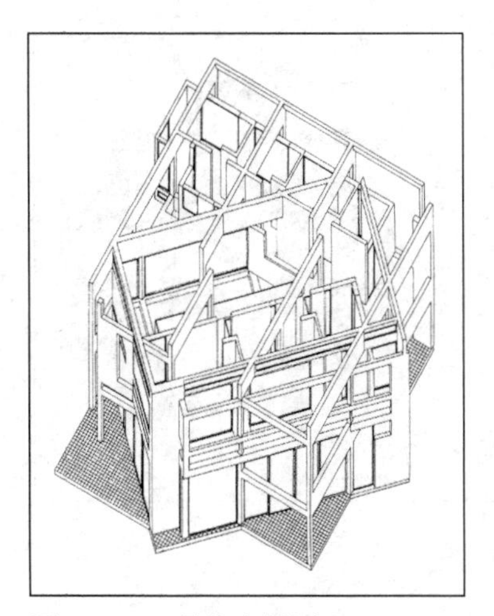

图 3–73　3 号住宅轴测

图 3–74　3 号住宅外观

## 三、次序结构

根据结构主义的次序结构，我们可以把空间构成中各要素之间的关系再确立为一种次序关系，这种关系也即序列、等级关系。可通过两种或两种以上的空间单元之间的相互比较，来显现它们的差异性。如果说代数结构的排列组合关系因无先后、主次关系，形成并列式结构的空间体系；那么次序结构的次序排列关系则因有了先后、主次关系，而形成序列式、等级式结构的空间体系。属于这一类空间结构的有重叠、包容、序列式和等级式。

**重叠**

指两个空间单元的一部分区域重叠，将形成为原有空间的一部分或新的空间形式。空间单元的形状和完整程度则因重叠部位而发生变化。当重叠部位为两个空间共享时，空间单元的形状和完整程度保持不变；当重叠部位与其中一空间合并，成为它的一部分时，就使另一空间单元的形状不完整，降为次要的和从属的地位；当重叠部分自成为一个新的空间时，就成为两空间的连接空间，则两个空间单元的形状和完整性发生改变（图 3–75）。

如伯拉孟特、米开朗基罗设计的两个圣彼得大教堂平面方案都属于重叠式结构（图 3–76）。值得一提的是，若把两个平面作一比较，不难发现，伯拉孟特设计的平面呈放射状的多中心形式，而米开朗基罗设计的平面由于对四角的弱化处理，同时也为了兼顾结构上的需要，使平面具有明显的向心性，中央主体空间更为明确。

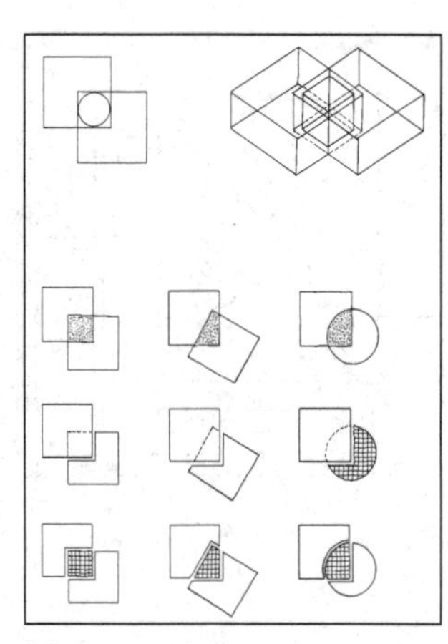

图 3–75　重叠

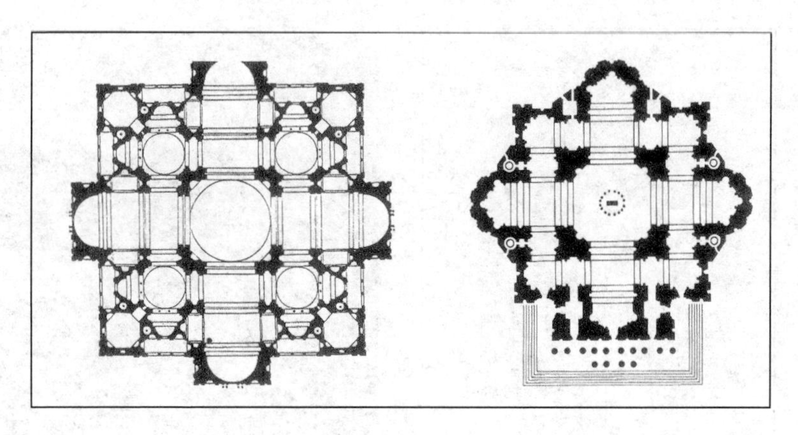

图 3-76　圣彼得大教堂平面；左图为伯拉孟特的平面，右图为米开朗基罗的平面

## 包容

指一大的空间单元完全包容另一小的空间单元。在这种空间关系中，大尺寸与小尺寸的差异显得尤为重要，因为差异越大包容感越强，反之包容感则越弱。当大空间与小空间的形状相同而方位相异时，小空间具有较大的吸引力，大空间中因产生了第二网格，留下了富有动态感的剩余空间；当大空间与小空间的形状不同时，则会产生两者不同功能的对比，或象征小空间具有特别的意义（图 3-77）。

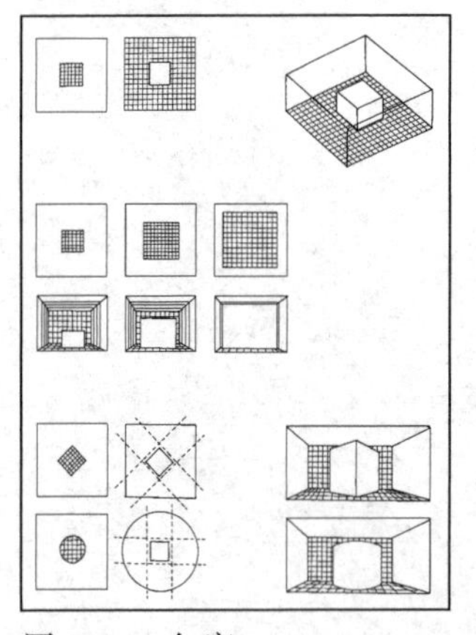

图 3-77　包容

如日本建筑师毛纲毅旷设计的"反住器"建筑就属于典型的包容式结构。三个立方体以包容结构的方式套接在一起，最里面的立方体是起居室和餐厅空间，立方体之间的空隙则是类似于走廊、楼梯等的交通空间。虽然这种空间构成手法不足为奇，但对立方体的内部和立方体之间的空隙的功能分配却是值

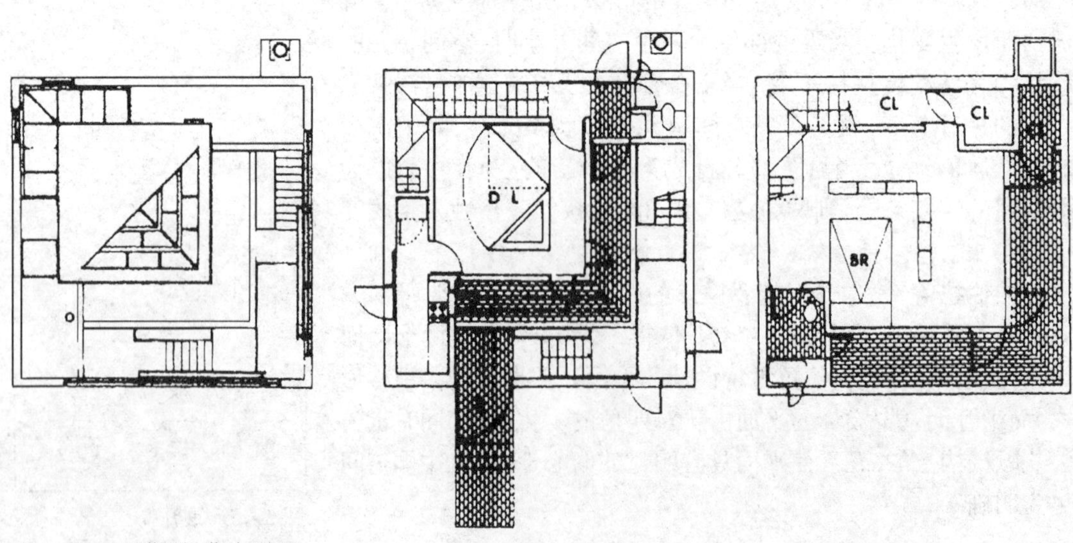


图 3-78　"反住器"住宅平面

图 3-79　“反住器”住宅室内空间

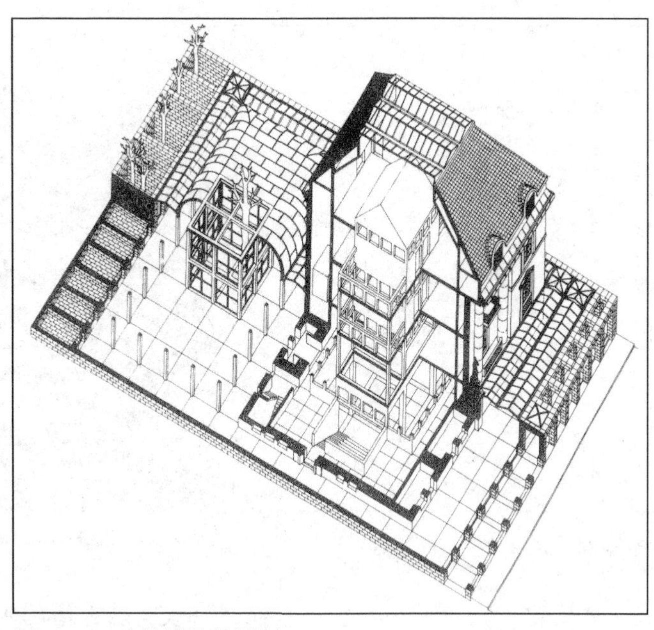

图 3-80　建筑博物馆轴测

图 3-81　建筑博物馆外观

图 3-82　建筑博物馆室内的“屋中屋”

图 3-83　建筑博物馆展厅中的正方形中厅

得称道的(图 3-78、图 3-79)。美国建筑师翁格尔斯(Oswald Mathias Ungers)设计的德国建筑博物馆,通过在建筑内部建造了一个纵向贯通的“屋中之屋”,以及在建筑背面展厅设了一个正方形的中庭,从而产生出包容状的空间效果(图 3-80~ 图 3-83)。

**序列式**

指多个空间单元因先后关系的结构组织而形成。先后关系可以是各空间单元在时间上的顺序组织,也可以是各空间单元在流线上的位序组织。这类空间构成的结构犹如音乐的旋律,有前奏——开始——发展——高潮——尾声等序列过程。空间序列因为有了第四维时间的参与,产生出强烈的音乐似的流动感和连续感。

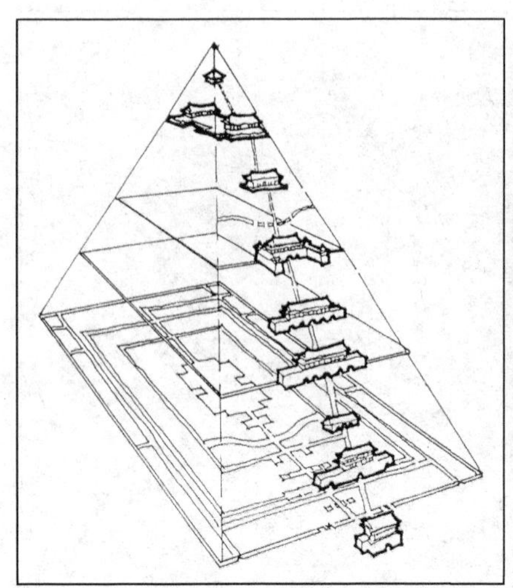

图 3–84　北京故宫空间序列

图 3–85　北京故宫鸟瞰

如北京故宫从大清门到主殿太和殿,在自南向北的中轴线上,由低而小的大清门→T 形狭长庭院→高而大的天安门→纵长方形庭院→高而大的端门→纵长形庭院→高而大的午门→横长方形庭院→低而小的太和门→方形宽大庭院→高而大的太和殿。沿轴线经由高低、大小、纵横、宽窄不同的五门五院方能到达主殿太和殿,形成了一个有前奏有高潮的空间序列(图 3–84、图 3–85)。

**等级式**

指多个空间单元因主次关系的结构组织而形成。主次关系是因各空间单元的重要程度不同,而有了明显的主次之分。在由多个空间单元组合而成的空间体系中,主体空间可以是以形状为主的空间,可以是以尺度为主的空间,也可以是以位置显著的空间,还可以是序列中高潮所在的空间 ;反之,则是次要空间。

如赖特设计的流水别墅,由于其入口位于建筑主体的背面,要经过一系列的前导空间如小桥、矮墙、花架、户门和门洞,方能到达住宅的主体空间——起居室。起居室位于住宅的一层,它几乎是一个完整的大房间,通过空间处理使它与周围的次要空间形成相互流通的空间关系,并有楼梯使它与上层的房间、下面的水池发生联系(图 3–86、图 3–87)。

## 四、拓扑结构

根据结构主义的拓扑结构,我们可以把空间构成中各要素之间的关系最后确立为一种邻接、连续和界限关系,这种关系也即邻近、连通关系。可把构成空间的要素抽象为点(节)、线(联

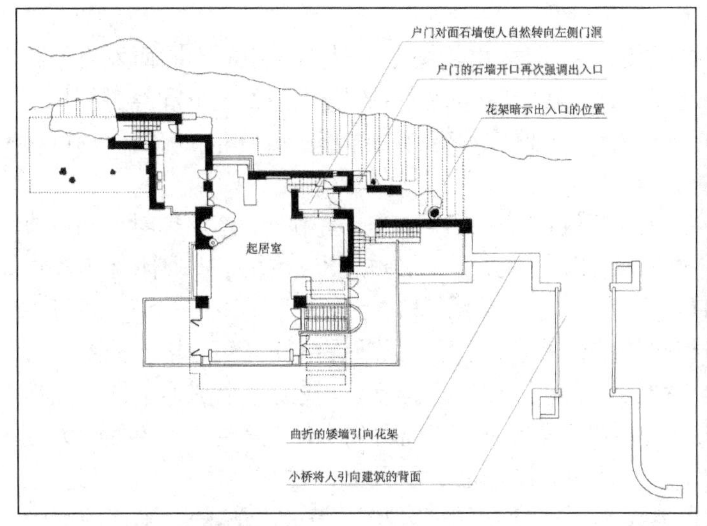


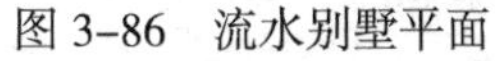
图 3–86　流水别墅平面

图 3–87　流水别墅外观

系）、面（集合）三种基本要素。其中，点的意义是定位；线的意义是联系和分隔；面的意义是分区。然后再按照拓扑结构进行组合时，就可以通过“拓扑网格法”来表现。需要指出的是，拓扑结构不仅是一种组合空间要素的方式，而且还是一种分析空间结构的方法。

**拓扑网格法**

拓扑网格法大致有规则式网格、不规则式网格和综合式网格。

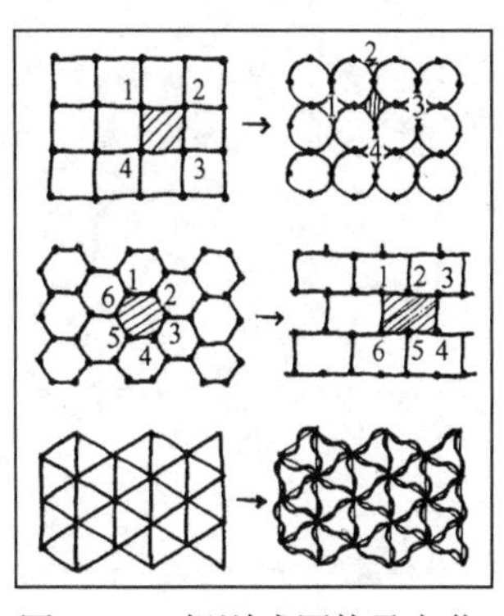
图 3–88　规则式网格及变化

规则式网格：是一种在不改变拓扑性质（如点为节、线为联系、面为集合，以及点、线、面三要素之间的邻接、连续和界限关系等）的条件下，将原始网格经拓扑变换转变为新的网格。由于新产生的网格图式具有几何规则的特征，所以，把这种网格称为“规则式网格”（图 3–88）。

不规则式网格：或称为自由式。这种网格方式与规则式相同，也是在不改变拓扑性质的条件下，将原始网格经拓扑变换转变为新的网格。但与规则式不同的是，新产生的网格图式具有不规则、自由灵活的特征，所以又把它称为“不规则式网格”或“自由式网格”（图 3–89）。两种网格法相比，前者的拓扑层次较低，后者的拓扑层次较高。

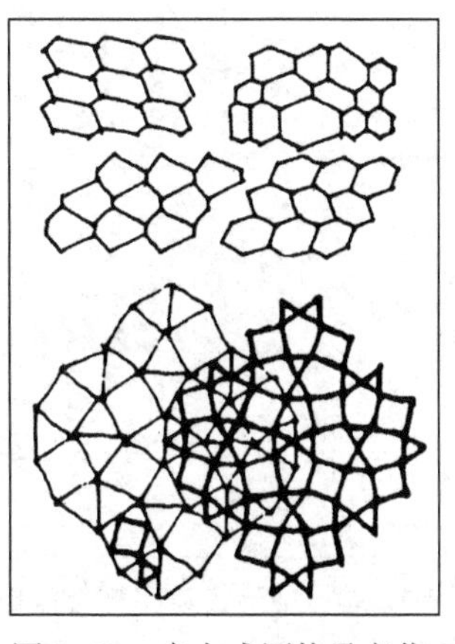
图 3–89　自由式网格及变化

综合式网格：事实上，在形成不规则式网格的过程中，已经经历了规则式网格的渐变，这是一个由拓扑的低层次向拓扑的高层次的层层积累的变换。因此，综合式应是包括了规则式、不规则式两种网格法在内的整个网格群的拓扑变换。所以，这种网格又称为“综合式网格”。

[1]东南大学潘谷西主编．中国建筑史(第四版)．北京：中国建筑工业出版社，2001，228-231

[2]段进、季松、王海宁著．城镇空间解析．北京：中国建筑工业出版社，2002，60

**拓扑结构分析**

根据拓扑学原理，由于图形受外力作用的不同而发生形状上的连续变化，虽然形状的变化很大，但原始图形和经过拓扑变换的图形在性质上保持不变，在结构上也是相同的，其图形可称为“拓扑同构”。

在《中国建筑史》一书中，曾经运用拓扑学原理对中国古典园林的空间结构作过分析。书中指出，在众多古典园林中存在着“向心关系”、“互否关系”和“互含关系”，由这三种关系可以找到相同的结构关系，因而这三种关系都可列为拓扑关系。虽然这三种关系之间不能变换，但可以找到一个图形来统一表达它们。这个图形就是中国传统文化中体现了易经思想的“太极图”，它形象地蕴含了向心、互否、互含的三种关系[1]。因此，在中国古典园林中，我们可以发现若干著名园林的总平面图与太极图是拓扑同构(图 3-90)。

段进先生等在他们所著的《城镇空间解析》一书中，同样运用拓扑学原理对太湖流域古镇的空间结构作过分析。书中将古镇空间分解为“‘间’空间”、“合院空间”、“院落组空间”和“地块、街坊空间”四个层次要素，每一层次要素经由“相似同构”、“仿射同构”、“射影同构”和“同型拓扑同构”，最终以几何规整的“间”空间基本单元，生长出形态拓扑自由的古镇整体空间[2](图 3-91)。

据美国建筑师保罗·拉索(Paul Laseau)在《图解思考》一书中的记载，马奇(March)和斯坦曼(Steadman)也对赖特设计的三座住宅进行过拓扑结构分析。他们认为：“赖特在三幢住

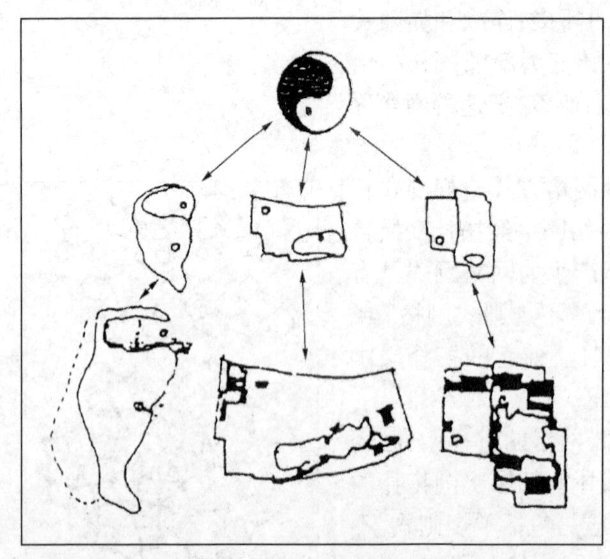

图 3-90　中国古典园林与太极图的拓扑同构

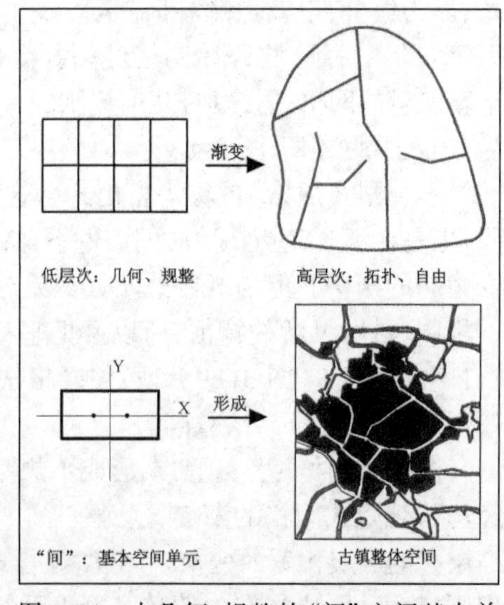


图 3-91　由几何、规整的“间”空间基本单元，成长为拓扑、自由的古镇整体空间

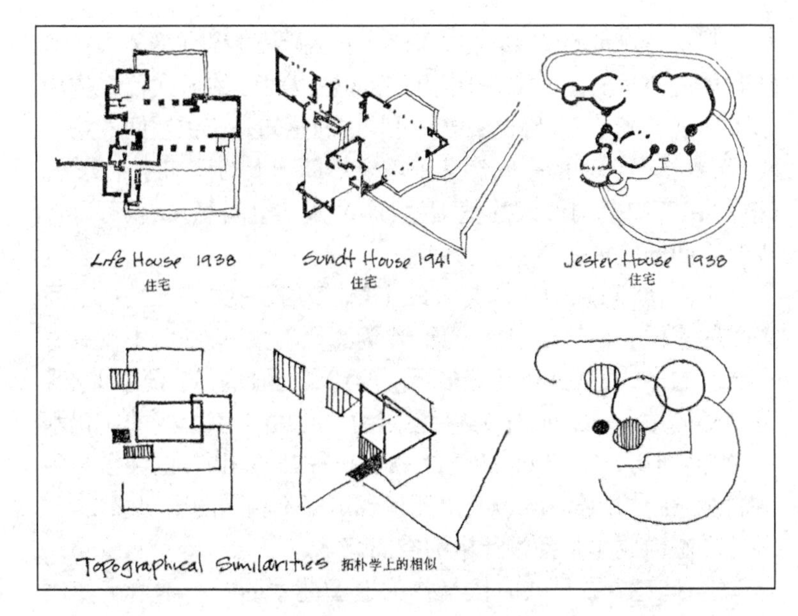


图 3-92　对赖特设计的三座住宅所进行的拓扑结构分析

宅中应用了一系列的‘语法’,以起到控制作用的几何图形布置平面贯穿在细部中……三幢住宅看起来不同,其实存在一种拓扑学上的相同。若是每一功能空间以一个点表示,当两个空间相互连结时在它们的点之间画一条线……我们就会发现这三幢住宅的平面在拓扑学上是相同的。”[1]由此可见,三幢住宅平面经过分析可以得出它们在拓扑学上的相似;反之,一个拓扑学上的结构经过变化又可以得出三种迥然不同的住宅平面(图 3-92)。

## 第四节　空间与形态秩序

### 一、空间感

空间心理感受是人们通过感知、认知活动接收到空间形态所传达出来的信息,并结合自己的经验,在心理上形成一定的对空间的认识和看法。在上文中,由于多处涉及人的心理感受,故在这里对此问题作进一步讨论。

**空间感形成的三个因素**

首先,空间感的形成与“心物场”有关。按照格式塔心理学,物体周围不仅存在着“场”,而且在人的心理同样存在着与外界物体相对应的“场”。虽然它们是一种一一对应关系,但却属于两个不同的范畴,人知觉外界物体的场称为“心理场”,被知觉外界物体的场称为“物理场”。格式塔心理学把人的这种知觉活动,即物理场与心理场结合起来,称为“心物场”。

[1][美]保罗·拉索著.图解思考.邱贤丰译.北京:中国建筑工业出版社,1988,97

[1]清华大学田学哲主编.建筑初步(第二版).北京:中国建筑工业出版社,1999,217

其次,空间感的形成与人对空间的认识过程有关。人在欣赏和体验空间过程中,由于空间常常是以明确的形式首先作用于人的视觉和感知,因此,对空间形式的感知是认识空间的第一步。而要认识和理解空间意义则需要借助于人的认知才能实现。这样,在感知空间形式的基础上,通过认知空间意义,就可以形成对空间的整体感受。

再次,空间感的形成与人的主观能动性有关。这是从空间感受的多样性而言的。一方面,作为感受对象的空间,不仅有着多层次的形式,而且还具有多层次的意义,由此决定了空间感受是多样的;另一方面,作为感受主体的人,由于每个人的文化水平、生活阅历,以及当时的情绪和心态等都不相同,也会影响到他们对空间的感知和认知,由此呈现出互不相同的空间感受。

**形态构成与空间设计中的空间感**

"空间感"在早些时候是作为造型艺术的一个术语来使用的,指人们通过二维平面的绘画作品获得的立体的、深度的空间感觉。在形态构成中,空间的空间感受是作为一个相对抽象的具有专门指代作用的术语,它与我们通常所说的空间设计中的空间的空间感受是既有相同又有不同。相同的是,无论是在形态构成中,还是在空间设计中的空间的空间感受,都是建立在心理学意义上的,都与心物场、人对空间的认识过程、人的主观能动性有关。相异的是,它们有着各自不同的被感知对象。形态构成中的空间,主要是在实体与实体之间进行组合时起到"粘合剂"[1]的作用,构成的重点在于实体,空间感受的对象也自然是关于实体方面的。空间设计中的空间,主要研究的是建筑空间,实体只是起到围合空间的作用,构成的重点在于空间,空间感受的对象也自然是关于空间方面的。由于被感知对象的不同,也就产生了有关形态构成中的实体与空间设计中的空间这两种不同的空间感型。

空间设计中的空间,由于其形状、大小、围合、开口,以及比例和尺度的不同,不仅影响到构成空间的特征,而且也会影响到人对空间的感受。由于这一部分内容将在"空间与环境"章节中讨论,故在此不一一赘述。

## 二、秩序感

所谓秩序,就是规律、数理、条理,它是自然界事物发生、发展、变化等的运动过程中,所体现出来的一种有序化关系。将秩序运用到空间构成之中,就是如何使空间的构成规律化、数理化和条理化。对于空间秩序,虽然人的视觉无法看到它,但人可以通过视觉－心理去感受它、分辨它乃至把握它,也即我们通常所说的秩序感。秩序感，是人对这种形式秩序的感受，是人对外界事物的一种心理活动。

**形成空间秩序的六个原理**

在建筑学中，关于秩序含义的探讨已经持续了相当长的时期，希望建立一种具有普遍意义的秩序，并为一代建筑师所推崇，但随着时代的发展，这种被推崇的秩序又被另一代建筑师视为限制而遭到拒绝，甚至重建一种新的秩序。在这个过程中，秩序变成了对简单几何形的简化，变成了人们看待事物的标准，变成了人们需要遵循的法则。

在众多讨论秩序的著作中，美国建筑师弗朗西斯·D·K·钦（Francis D·K·Ching）在其所著的《建筑：形式·空间和秩序》（Architecture：Form·Space & Order）一书中，基于建筑设计方面的考虑，专设"秩序原理"一章对其进行讨论，提出了设计中产生秩序的六个原理，包括：（1）轴线：连接空间中的两点得到一条线，形式和空间沿线排列；（2）对称：以一个点为中心，或以一条共同线为轴，将等同的形式和空间均衡地分布；（3）等级：通过尺寸、形状或位置与组合中其他形式和空间的关系，以表明某个形式和空间的重要性或特别意义；（4）韵律和重复：利用重复性图案及其韵律，来组合一系列的形式和空间；（5）基准：利用线、面或体的连续性和规则性，来聚集、组织建筑形式和空间的图案；（6）变换：通过一系列的处理和变换手法，可以使一些建筑概念和组合原则得到建立并加强。

弗朗西斯·D·K·钦认为，以上秩序原理可以看作是一种视觉手段，它们能够使一个建筑中的各种各样的形式和空间，在感觉上和概念上共存于一个有秩序的、统一的整体之中。[1]

**空间设计中的秩序感**

美国艺术心理学家鲁道夫·阿恩海姆（Rudolf Arnheim）指出："秩序必须被理解为任一组织系统功能不可替代的，无论其功能是物质上的还是精神上的。就像一台机器、一支乐队或一个运动队，没有它所有部分的通体协作就不能正常运行一样，所以一件艺术品或建筑如果不表现为一个有秩序的式样就不能实现它的功能并传递它的信息。……如果没有秩序，就没有办法说明作品在努力述说什么。"[2]事实也是如此，下面我们以弗朗西斯·D·K·钦提出的六个秩序原理为例加以说明。

轴线：由于轴线能够很好地将各组成要素组织在一起，使空间呈现规则或不规则的排列，人们从很早的时候起，就采用这种轴线方法来组织空间。如古希腊时期，神庙建筑不仅使用轴线，而且是东西向轴线，雅典卫城的帕提农神庙正面朝东，一条东西向轴线贯穿圣殿，轴线尽端置放着雅典娜神像。再如西周

[1]［美］弗朗西斯·D·K·钦著．建筑：形式·空间和秩序．邹德侬，方千里译．北京：中国建筑工业出版社，1987，332–333

[2]［美］鲁道夫·阿恩海姆著．建筑形式的视觉动力．宁海林译．北京：中国建筑工业出版社，2006，123

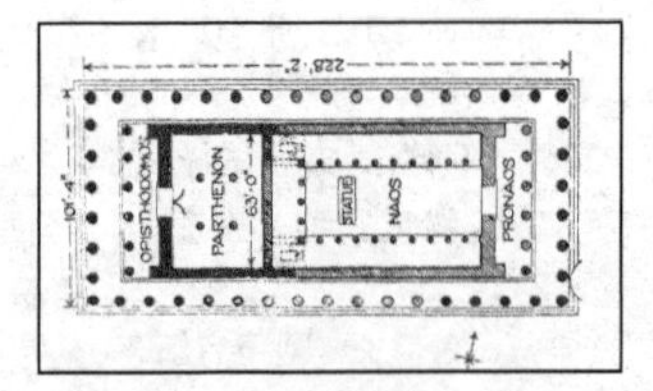


图 3–93 帕提农神庙平面

时期，陕西岐山凤雏村建筑遗址，已把大门、前堂、后室、院落等都布置在南北轴线上，左右两侧厢房对称布置，形成了明确的中轴线之例（图 3–93、图 3–94）。

对称 ：一般来说，形成对称的空间状态往往需要一个参照物，它可能是一条共线或轴线，也可能是一个点或中心，以此来平衡布置各个空间。对称布置又可以分为两种不同的方法 ：一种是整体对称，即整个空间布局都是对称的，如帕拉第奥设计的圆厅别墅 ；另一种是局部对称，即在整个空间布局中仅出现在某个局部之中，如勒 · 柯布西耶设计的莫斯科的合作总社大厦方案（图 3–95、图 3–96）。

等级 ：在空间构成中，由于某个空间具有重要性和特别意义，常需要这个空间在视觉上与众不同，要达到此目的，可以通过一些方法来赋予这个空间，使该空间与其他空间形成等级关系。这些方法至少包括了三种 ：一种是采用与其他空间不同的大小 ；另一种是采用与其他空间不同的形状 ；第三种是采用与其他空间不同的位置（图 3–97）。

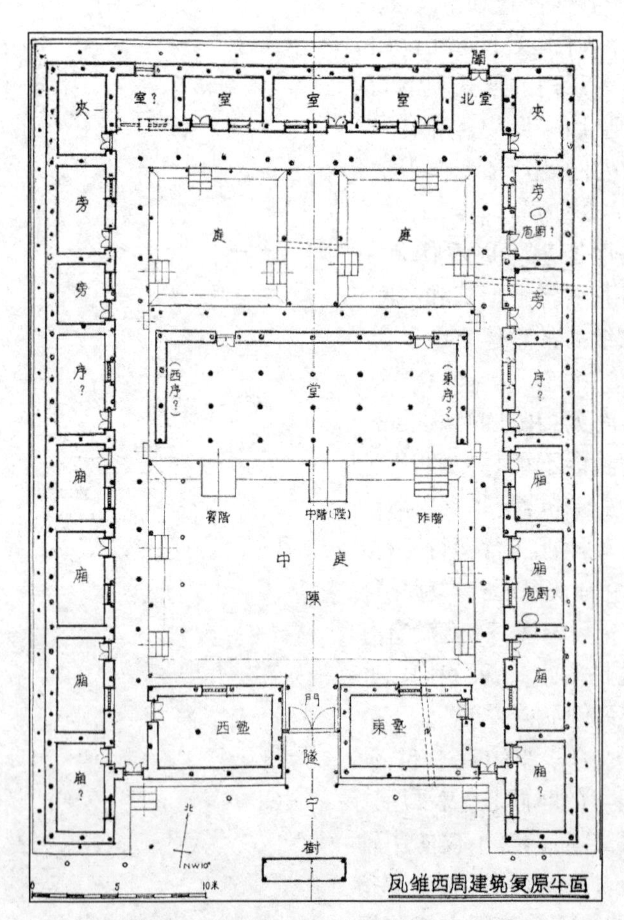


图 3–94 陕西岐山凤雏村建筑遗址平面

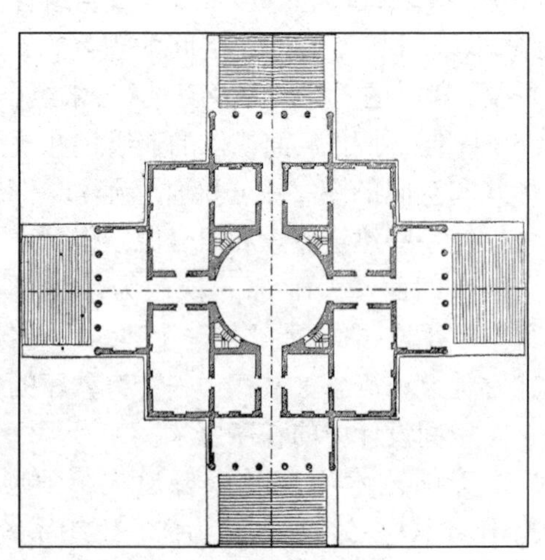

图 3–95 圆厅别墅平面

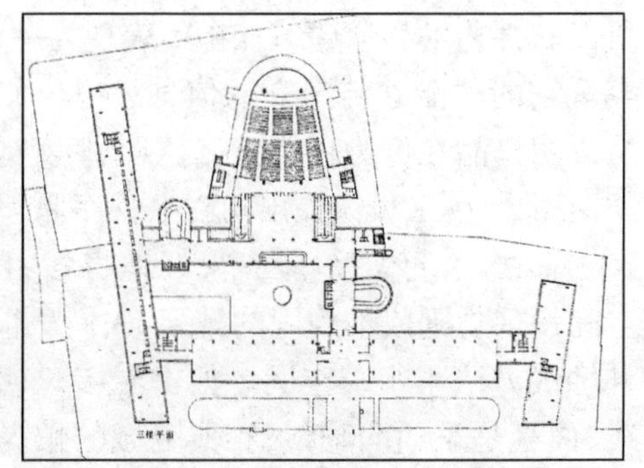

图 3–96 合作总社大厦平面

韵律和重复：在以往各类型建筑中都可以看到各种要素的重复，比如，门窗的重复、梁柱的重复和空间的重复等。空间设计中，可以通过一些方法来组成重复的空间特征，这些方法主要包括了三种：一种是通过空间尺寸的重复，另一种是通过空间形状的重复，第三种是通过空间的细部特点进行重复。因有规律的重复从而产生某种韵律（图 3–98）。

基准：通过一些基本要素的规则性、连续性和稳定性将各种要素组织起来。比如，通过一条直线穿越各组成要素的中央或边缘，直线网格也可以为各组成要素提供一个统一领域；通过一个面可以将各组成要素聚集在它的下方，或者成为各要素的背景；通过一个体可以将各组成要素汇集在它的范围内，为各要素提供一个空间领域（图 3–99）。

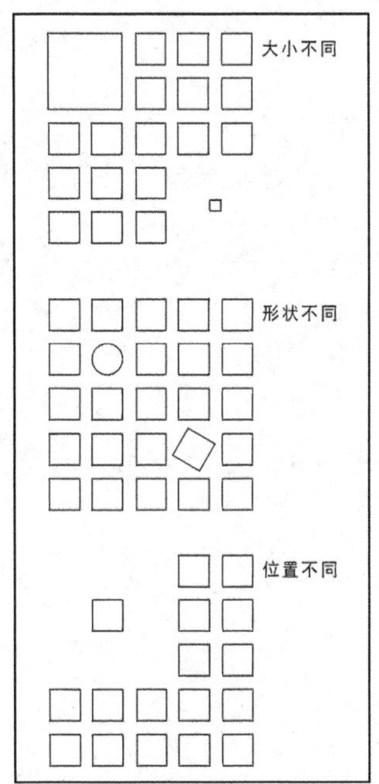

图 3–97　不同大小、形状和位置

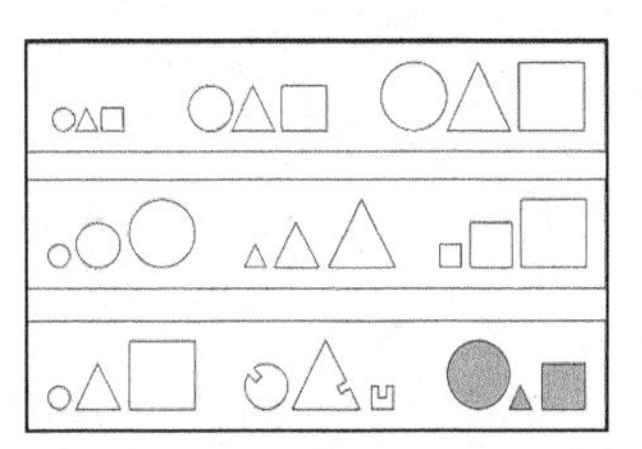
图 3–98　尺寸、形状和细部特点的重复

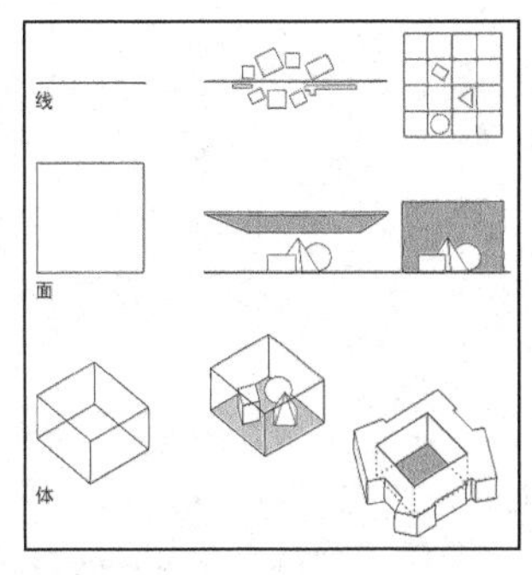

图 3–99　以线、面、体作为基准

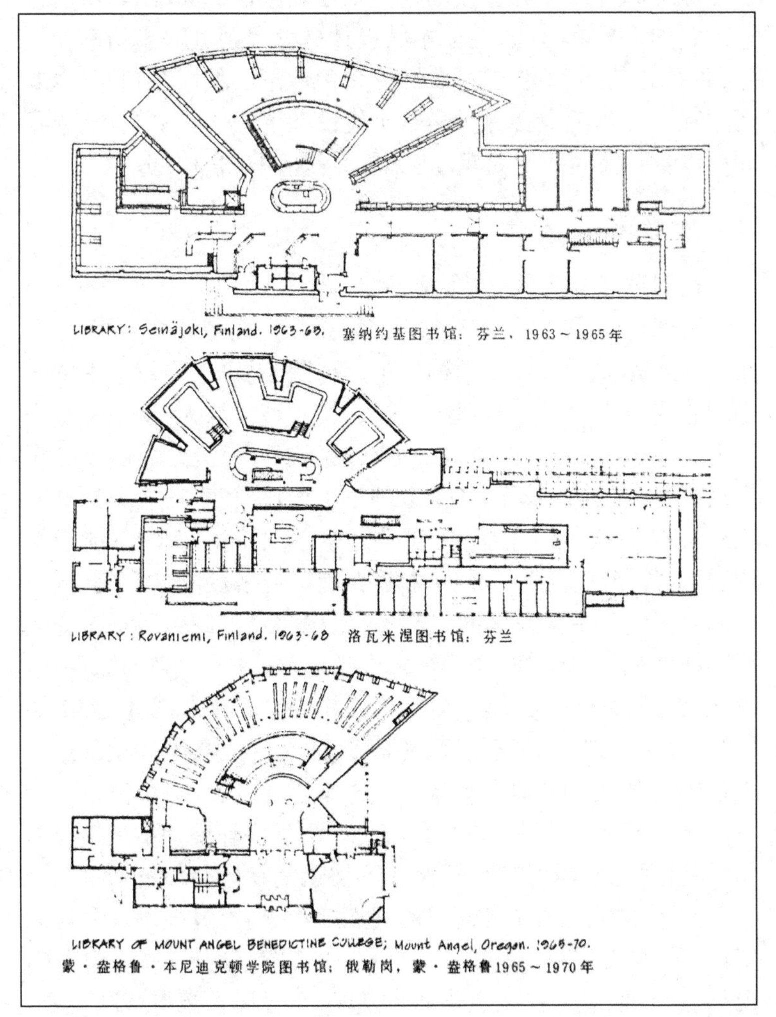

图 3–100　塞奈约基图书馆、罗瓦涅米图书馆、M.A. 本尼迪克廷大学图书馆平面

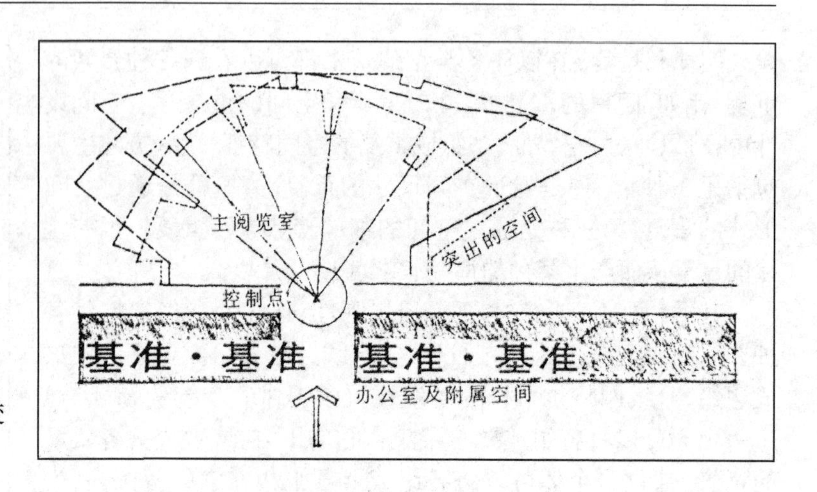


图 3-101　三个图书馆的变换

变换：相对于以上五个秩序原理，变换则是一个比较新的秩序原理。它需要对以往的某种秩序能够认识和理解，然后通过一定的变换和转化，使原本的设计概念得到进一步明确和加强，并在此基础上建立起新的秩序，由此形成秩序系列。比如，阿尔瓦·阿尔托在20世纪60年代设计了三个图书馆，从中我们可以看到彼此间的变换过程（图 3-100~ 图 3-101）。

**三、秩序与无秩序**

**达到秩序空间的三个原则**

谈到秩序，一般是指有秩序，或称有序，它与无秩序相对应，无秩序或称无序。在空间构成中，有序和无序主要是指视觉—心理感受意义上的一对概念。格式塔心理学认为，秩序环境是指无多余成分的部分所形成的整体结构。阿恩海姆在1977年提出了达到秩序环境的三个原则：（1）对称和整齐之类是高度秩序化的主题，但只能用在合适的地方，不同的功能不能用对称、整齐等形式。（2）任何事物都具有本身的独立性和完整性，但同时又属于更大范围的一部分。（3）事物的缺陷、障碍、变化等同样是秩序的修饰性因素，从动态的关系来看，事物总是在运动、生长、成熟过程之中。所以，秩序并不等于机械、稳定、静态的平衡。在建筑中，可以通过表现紧张、冲突、变形等手段使形式产生某种张力，得出生动的形象[1]。这即是说，除了秩序环境以外，我们还应该承认无秩序环境的存在。无秩序环境并不是指简单的混乱，阿恩海姆把它定义为："不协调的秩序与冲突"。可见，秩序，因能辨认给人一种简单的视觉感受；但过分强调有序而无变化，又会使人觉得单调。无秩序，因难以辨认给人一种复杂的视觉感受；但过分强调变化而无秩序，又会使人觉得杂乱无章。因此，秩序与无秩序之间是对立统一的关系，利用这种关系就可

[1] 王立全著．走向有机空间——从传统岭南庭园到现代建筑空间．北京：中国建筑工业出版社，2004，32

以在视知觉上建立一个既有秩序又有变化的整体空间。

**秩序与无秩序 :简单性与复杂性探索**

近些年来,关于秩序的“简单性”与无秩序的“复杂性”的理论讨论和方法尝试多了起来,美国著名建筑与人类学家阿摩斯·拉普卜特(Amos Rapoport)曾经对此问题作过总结:(1)近年的心理学和人类学研究表明,动物和人类(包括婴儿)都偏爱复杂的刺激,即视觉场中的复杂图式。(2)最佳的复杂性图式有一个范围,过分简单和过于复杂以至混乱都不会令人愉快。(3)至少有两种达到复杂性的途径,其一是模棱两可(指感觉中的多种意义而不是模糊不清的意义);其二是采用隐喻的方法。(4)大多数现代建筑设计都致力于简明扼要和总体控制,实践表明,这并不能令人满意[1]。总而言之,无秩序的理论和方法在当代得到广泛探索和研究,这些探索和研究又都是以秩序为基础,是对秩序的一种无序化的发展和变化。

20 世纪 90 年代以来,许多建筑的一个明显特征,就是自发地显示出对无秩序的复杂性的探索,而且多数建筑在形式上已

[1]王立全著.走向有机空间——从传统岭南庭园到现代建筑空间.北京:中国建筑工业出版社,2004,32、33

图 3-102　澳大利亚国家博物馆的纽结空间之一

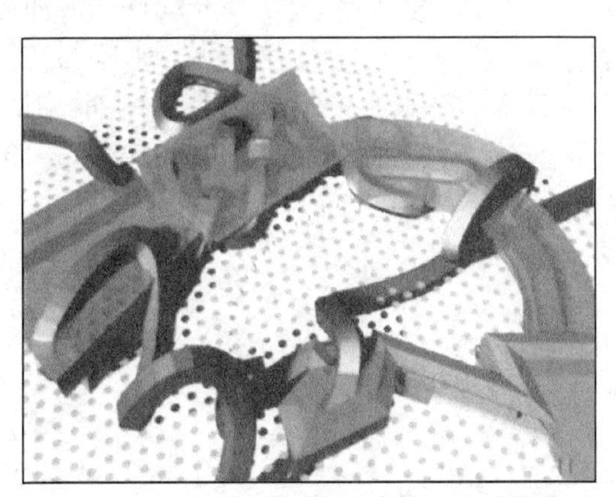

图 3-103　澳大利亚国家博物馆的纽结空间之二

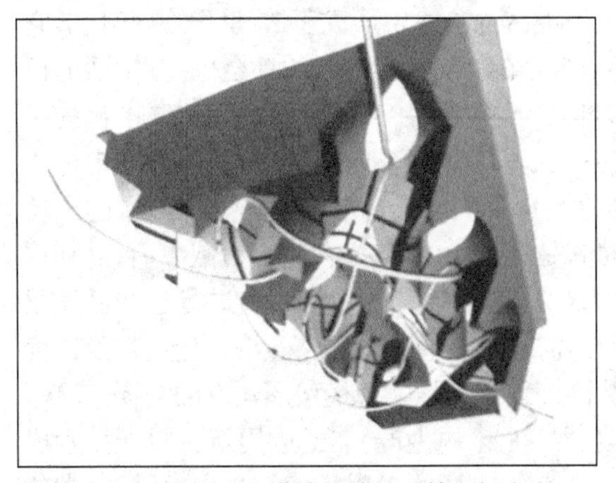

图 3-104　澳大利亚国家博物馆的纽结空间之三

图 3-105　澳大利亚国家博物馆

经表现出来。这种探索明显抛弃了早期现代主义的简约和后现代主义的折衷，在形式上，它们常表现为不规则、难以量度、混杂的几何系统，以及折叠的表皮、深奥的装置等；在思想上，他们常借鉴一些哲学理论和批判的标准，以及新近关于复杂性一般规律和特性的科学理论等，来建立自己的建筑理论。在这股复杂性运动中，还有一种更为深刻的复杂化力量正在塑造着我们的环境，这就是当代的信息技术，它正在为建筑的构思和建造方式带来一场革命。以非线性—混沌思维来说，是当代建筑的一个主要特征。20 世纪后期，混沌理论得以建立，使人们对事物的认识由线性现象进入到非线性现象。混沌学打破了各门学科的界限，把建筑学与其他原本不相关的领域连接到了一起，混沌学理论逐渐被一些建筑师引入到建筑领域，使新的观念和形式在建筑设计中频频出现。非线性几何学如分形几何、拓扑几何等又为人们认识自然中的复杂形态，提供了一种数学上的解释。运用拓扑几何学、分形几何学中的原理改变着建筑师的观念，它使建筑师们放弃了原有的固有形式，而追求同构异形的形式。非线性—混沌思维成为当代建筑师的一种主要思维方式，他们强调形式与空间的无序、复杂、连续、流动、折叠、分形、非确定、非对称、反均衡、去中心等，而不再是线性—秩序思维方式（图 3-102~ 图 3-105）。

## 第五节　空间与形态设计

### 一、现代主义和勒·柯布西耶

#### 现代主义建筑

“现代主义”（Modernism）建筑形成于 20 世纪 20 年代。它的形成可以追溯到产业革命以后所引起的社会生产、生活的巨大变革。首先，19 世纪下半叶，由于工业的发展和城市化的扩大，需要大批的厂房、火车站、剧院、商场、办公建筑和住宅建筑等等，使得房屋的建造量急剧增长，建筑类型不断增加，建筑功能也更趋复杂。尤其是在 1919 年第一次世界大战以后，欧洲许多城市遭到战争的破坏，若以传统的建筑模式进行建造已经很难满足战后对房屋的需求，而此时以简朴、经济、实惠、建设速度快为特点的新建筑恰好能够满足大规模房屋建设的需要。其次，现代建筑适应了当时工业化的生产，广泛应用新材料新技术成就，钢筋混凝土于 19 世纪末开始应用于建筑之中，结构科学的产生和发展也使房屋结构突破了传统的结构方式而代之以新型的框架结构。再次，现代建筑的审美观也发生了根本的改变，摒弃了复古主义思想与繁琐装饰，建筑艺术更多地体现出简洁、抽象的造型特征，以此来反映新时代的需求，表现新时代的精神。

现代建筑的形成与发展，虽然存在不少流派，但把它们的思想和观念归结起来，大致有：强调使用功能，提倡“形式服从功能”；注重新技术应用，要求建筑形式应体现新材料、新结构、新设备和工业化施工的特点；追求新的审美观，讲究建筑艺术的纯净；创造新的空间形式与结合周围环境，如“流动空间”、“有机建筑”等。

**勒·柯布西耶的萨伏伊别墅**

勒·柯布西耶在现代建筑的形成过程中起着不可低估的作用，被认为是现代建筑的一位狂飙式人物。他在《走向新建筑》（Vers Une Architecture）一书中极力主张表现新时代的新建筑，极力鼓吹建筑应走工业化的道路。在建筑形式方面，由于接受了当时立体主义流派的观点，他宣扬基本几何形体的审美价值，同时他又强调建筑艺术是造型的艺术，“建筑师用形式的排列组合，实现了一个纯粹是他精神创造的程式”[1]。他的许多建筑思想首先表现在住宅建筑中，因为在他早期的建筑生涯中，设计最多的是住宅。

1914年，勒·柯布西耶以一个“多米诺”（意为“骨牌”）单元的框架结构图解，来说明现代住宅的结构已经发生很大变化。在这个图解里，说明了只用柱子、楼板和楼梯就可描绘出结构体，而墙壁可以作为非结构体进行自由布置（图3-106）。1926年，他基于现代住宅采用框架结构的这一事实出发，又提出了著名的“新建筑的五个特点”：（1）底层独立支柱；（2）屋顶花园；（3）自由平面；（4）自由立面；（5）横向长窗。也即是说，底层透空，只设立柱，可将绿化引入底层；平屋顶可做成屋顶花园；墙不承重，可灵活分隔内部空间；柱子退到建筑物内部，外墙可自由设计；外墙上可开设连续水平的带形窗。勒·柯布西耶充分发挥这些特点，在20世纪20年代设计了一些同传统建筑完全异趣的住宅建筑。

在这些住宅建筑中，最具有代表性的当属萨伏伊别墅，可看成是新建筑的五个特点的具体宣言。别墅平面近似于一个方形，长约22.50m，宽20m。“底层独立支柱”和“自由平面”无疑是别墅两个比较重要的特点，它们不仅显示了对钢筋混凝土框架结构的应用，而且对它所提供的新的可能性进行了充分的利用。柯布西耶在确立了一个由柱子排列的方格网系统的基础上，又跳离出了这个方格网系统，使得墙壁的设置不再完全局限于柱

[1]同济大学罗小未主编.外国近现代建筑史(第二版).北京：中国建筑工业出版社，2004，76

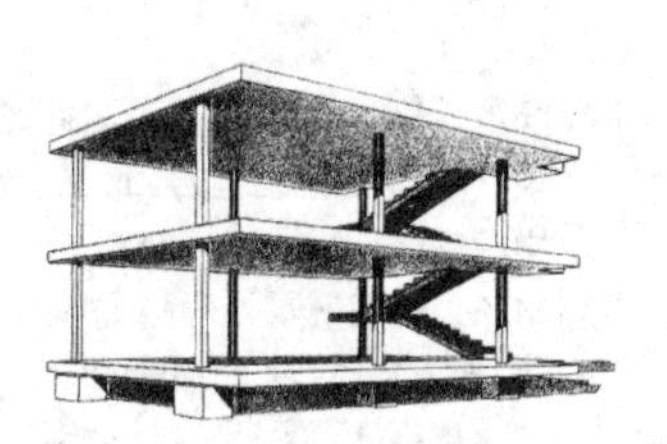

图3-106　勒·柯布西耶的“多米诺”构架

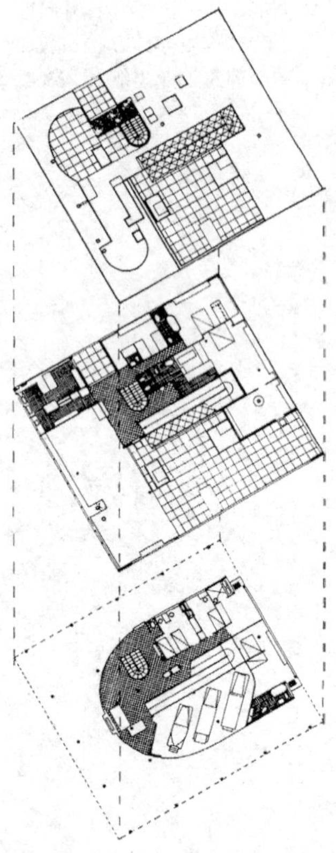

图 3-107　萨伏伊别墅平面

子所规定的方格网系统内,相反,在几个关键部位为了墙壁的设置而改变了柱子的排列位置,其目的是为了获得更加理想的空间结构。由柱子和墙壁这两个系统,彼此为对方创造了自由的条件。从建筑立面来看,别墅的组织排列仍然具有古典主义之风,展现出对比例、和谐、层次的恰当表现。他将这样的墙壁视为一种"自由立面",一种没有承重的立面,可以自由分割的立面。除底层的独立支柱、自由平面以外,柯布西耶还运用了一条室内"坡道"来组织别墅的空间结构。他十分强调借助人的走动来体验和理解建筑,这一概念被应用于别墅之中,便成为了一条由坡道通往屋顶的路线。于是,"他不再拘泥于走动所带来的经验,而是将经验转化成组织房子结构时所需的元素"[1](图 3-107~ 图 3-117)。

柯布西耶在这座住宅建筑中,通过柱子、墙壁、坡道等要素的组织,创造了一个经典的空间构成。这种创造性设计的形成,从根本上讲源自于他的建筑美学思想,诚如他所定义的"住房是居住的机器",故而他所"追求的并不是机器般的功能和效率,而是机器般的造型,这种艺术趋向被称为'机器美学'"[2]。

## 二、构成主义和维斯宁兄弟

### 构成主义运动

"构成主义"(Constructivism)运动在 1920 年前后的苏联形成。一次大战前后,欧洲的立体主义、表现主义、未来派和风格派等艺术思潮和流派,通过一批欧洲与苏俄之间的桥梁式人物,如瓦西里·康定斯基(Wassily Kandinsky,1866-1944)、马列维奇(Kasimir Malevitsch,1878-1935)、塔特林(Vladimir Tatlin,1885-1953)、罗德琴柯(Rodchenko,1891-1956)、李西茨基(Lissitsky,1890-1941)、A. 佩夫斯纳和 H. 佩夫斯纳(后改名为加博 Naum Gabo,1890-1977)兄弟等人传播到苏联,经过一系列的探索和发展,一场构成主义运动终于在苏联形成。1920 年,阿列克塞·甘(Aleksei Gan,1989-1942)发表了《构成主义宣言》。这是第一次在文字上出现"构成主义"这个词。他鼓吹技术的"光荣",以此来反对"艺术的思辩活动"。他认为:"新的艺术品不再是在平面的画布上去描绘实际上立体的物,而应当直接去制作立体的物,这就是'构成',据他的定义就是'把不同的部件装配起来的过程',而这个作为新艺术品的立体的物,是实用的。"[3]当时,还有许多先锋艺术家不再停留于构成主义这个名称正式诞生之前的抽象艺术的探索,而是利用他们所熟悉的抽象艺术的技巧,积极探索新技术、新材料的美学可能性,明确地转向实用的"生产艺术",并广泛从事新的工业产品的艺术

[1]伯纳德·卢本、克里斯多夫·葛拉福、妮可拉·柯尼格、马克·蓝普、彼德·狄齐威著.设计与分析.林尹星等译.天津:天津大学出版社,2003,51

[2]同济大学罗小未主编.外国近现代建筑史(第二版).北京:中国建筑工业出版社,2004,78

[3]M.Я.金兹堡著.风格与时代.陈志华译.西安:陕西师范大学出版社,2004,陈志华"附录2、构成主义和维斯宁兄弟",240

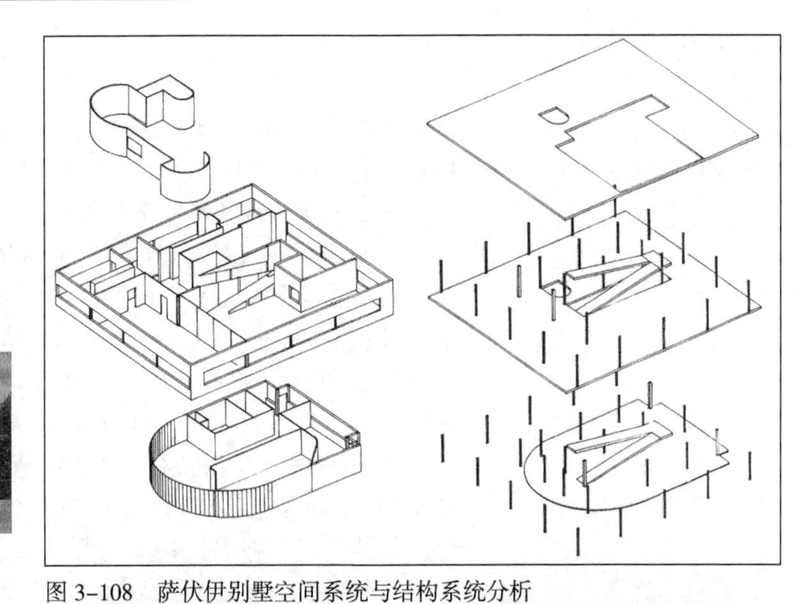

图 3–108　萨伏伊别墅空间系统与结构系统分析

图 3–109　萨伏伊别墅外观

图 3–110　萨伏伊别墅立面之一

图 3–111　萨伏伊别墅立面之二

图 3–112　萨伏伊别墅立面之三

图 3–113　萨伏伊别墅立面之四

图 3–114　萨伏伊别墅内院及屋顶花园之一

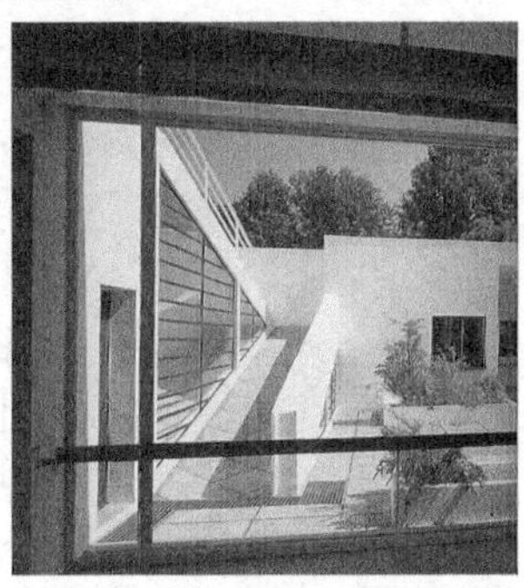

图 3–115　萨伏伊别墅内院及屋顶花园之二

图 3–116　萨伏伊别墅室内交通空间之一

图 3–117　萨伏伊别墅室内交通空间之二

[1][美]阿尔森·波布尼著.抽象绘画.王端亭译.南京:江苏美术出版社,1993,56

[2]M.Я.金兹堡著.风格与时代.陈志华译.西安:陕西师范大学出版社,2004.参见该书"附录2 构成主义和维斯宁兄弟"。

设计。

苏联构成主义运动在1920年前后形成后,经历了一个复杂的发展过程,概括起来,可分为初期和后期两个阶段,初期即1920年前后,后期在1923-1932年之间。

**构成主义建筑和维斯宁兄弟**

初期构成主义建筑,由于当时苏联刚刚经历过战争,国民经济处于恢复阶段,工业技术还不够强大,政治气候也变化无常等,使得这时期的构成主义建筑作品往往停留在方案阶段而无实现的可能。如被称为构成主义代表作品的,由塔特林在1919-1920年设计的第三国际纪念碑方案就是如此(图3-118)。另外,从这时期包括塔特林在内的构成主义者的方案作品来看,是要"谋求造型艺术成为纯时空的构成体,使雕刻、绘画均失其特性,用实体代替幻觉,构成为既是雕刻又是建筑的造型,而且建筑的形式必须反映出构筑的手段"[1]。

后期构成主义建筑,是"苏联构成主义建筑的极盛时期"。在这期间,苏联构成主义建筑在国内外已有了较大的发展,一些建筑作品不再停留在方案阶段,而是得到成功的实施。也就是在这一期间,"维斯宁兄弟"[里奥尼德(Леонид Александрович Веснин, 1880-1933),维克多(Виктор, 1882-1950),亚历山大(Александр,1883-1959)]脱颖而出,闻名于苏联建筑界。可以说,维斯宁兄弟是"构成主义在建筑界的最杰出代表,它的旗手"[2]。他们与初期的纯构成主义者不同,而是从实际的功能问题出发,运用新技术和新材料创造出新的造型来。这就是他们的崭新的构成主义建筑的原则。

这个原则的第一件作品是1923年设计的莫斯科劳动宫。

图3-118　第三国际纪念碑方案

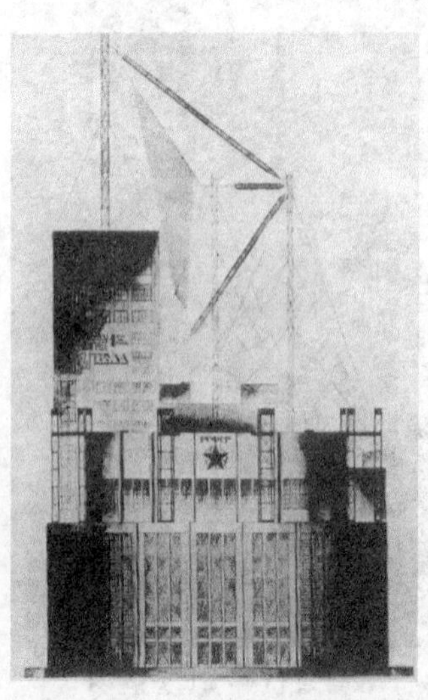

图3-119　莫斯科劳动宫方案

图3-120　莫斯科劳动宫方案

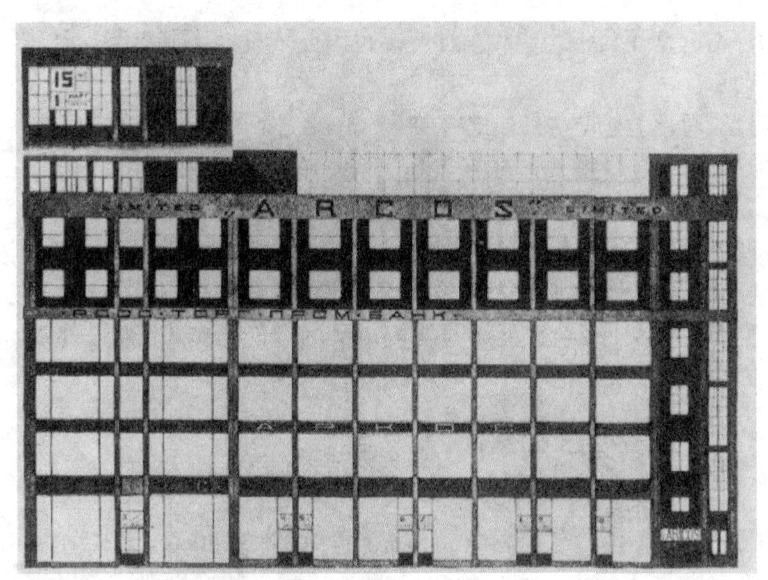

图 3-122　苏英合资公司大厦立面方案

图 3-121　列宁格勒《真理报》莫斯科经理部大厦方案

为建造莫斯科劳动宫，莫斯科苏维埃主持了一场设计竞赛，维斯宁兄弟没有像其他参赛者那样不着边际地空想，而是以理性的思维方式，按照实用功能的要求，把建筑物分解成为两大部分，一部分是椭圆形的剧场，另一部分是塔楼，供工会使用的活动场所。建筑外观完全摆脱了旧时代的条条框框，没有柱式，没有装饰，而是暴露结构，并充分表现出建筑内部的使用功能。建筑内部为适应框架结构的特点，采用了“流通空间”。此后，流通空间就一直成为维斯宁兄弟的基本手法（图 3-119、图 3-120）。虽然此方案没有中选，但由于它的设计原则的现代性，后来被认为是构成主义的纲领性代表作。1924 年设计的列宁格勒《真理报》莫斯科经理部大厦，虽然功能比较简单，但造型很有特色（图 3-121）。不过，这座大厦的设计风格并没有在维斯宁兄弟的其他作品里继续下去。倒是 1924 年设计的苏英合资公司大厦（图 3-122~ 图 3-124），成为这时期他们风格的主要代表。到 30 年代初期，维斯宁兄弟的创作活动进入了他们最重要的阶段，创作了苏联构成主义建筑的三个代表作品 :哈尔科夫剧院、无产阶级区文化宫、德聂伯水电站。在 1930 年举行的哈尔科夫剧院的国际设计竞赛中，维斯宁兄弟的方案获得头奖，但由于种种原因，他们的方案没有实现。维斯宁兄弟于 1932 年设计的无产阶级区文化宫方案，其命运要比哈尔科夫剧院好一些，方案的一部分得到了实施。在 1929 年举行的德聂伯水电站的设计竞赛中，维克多（维斯宁兄弟中排行老二）带领几个学生所作的方案又被选中。终于，德聂伯水电站按照维克多的方案

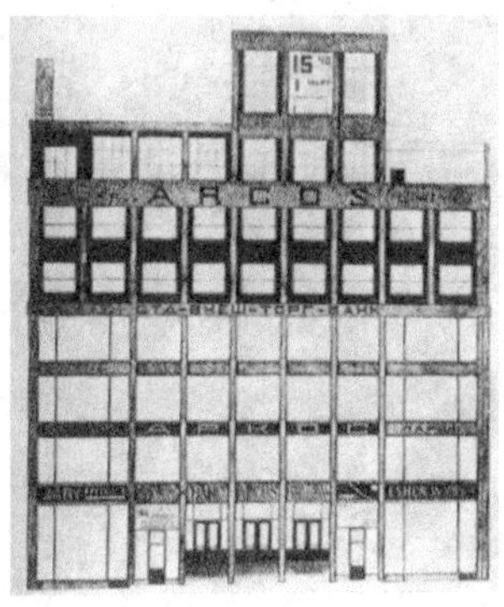

图 3-123　苏英合资公司大厦立面方案

图 3-124　苏英合资公司大厦透视

图 3-125　德聂伯水电站外观

建造起来了(图 3-125)。维克多也因此项设计而获得劳动红旗勋章。

总之,构成主义建筑在初期,是将“抽象艺术、建筑和设计结成一体,并将几何风格确定为他们的普遍的先决样式”[1]。到了后期,是在强调“形式”构成的合理性、逻辑性的同时,又强调“功能”对形式构成的制约作用,使构成主义建筑走向了形式与功能相结合的道路。从初期到后期的发展,乃至观念上的转变,都离不开维斯宁兄弟对构成主义的理论和实践所做出的重大贡献。

### 三、结构主义和赫曼·赫茨伯格

#### 结构主义城市和建筑

“结构主义”(Structuralism)是 20 世纪 50、60 年代在欧洲一些国家兴起并流行的一个哲学流派。结构主义直接承袭了 20 世纪初法国语言学家索绪尔(Ferdinand De Saus Sure,1857-1913)的语言学方法论,并吸收自然科学中系统论的研究成果,从对语言结构的逻辑分析出发,具体探索了语言符号与符号所传达出来的意义之间的关系。结构主义语言学认为,语言是一个体系结构,语言的特点在于它并不是由语言和意义本身所构成,而是由语言和意义之间的“关系”构成的一种网格,从而成为一种语言体系结构。结构主义在对语言学研究的基础上,进而认为世界不是由事物组成,而是由事物之间的关系所组成,也即是说,结构是世界上万事万物的存在方式。由此,将语言学的研究方法推广到整个社会生活领域。它作为一种认识事物和研究事物的方法论,其影响遍及自然科学和人文科学的各个领域,同样也影响到建筑领域。

20 世纪 50、60 年代,建筑领域正值现代建筑的发展高峰,以勒·柯布西耶提出的“阳光城”和国际现代建筑协会(CIAM)通过的《雅典宪章》成为这时期城市规划的标准和模式。虽然这种城市规划思想对改善当时城市机能的混乱状态起到一定的作用,但这种城市的僵硬形式,冰冷面孔,对历史文化的割裂,乃至对人之存在的漠不关心等,已不能形成为新时代的理想城市。1956 年 CIAM 在南斯拉夫的杜布罗夫尼克召开会议,协会分裂为“Team X”(10 人小组)—CIAM 两派;1959 年在荷兰奥特洛召开会议,标志着 CIAM 活动的终结,代之以“10 人小组”的创立,由此成为新的城市规划思想的发端。“10 人小组”的成员主要是以战后英国、荷兰等欧洲国家的一些建筑师为主,如史密森夫妇[彼得·史密森(Peter Smithson);爱丽斯·史密森(Alison Smithson)]、阿尔多·凡·艾克等,在其后的发展中影

[1] [美]阿尔森·波布尼著.抽象绘画.王端亭译.南京:江苏美术出版社,1993,56

响逐渐扩大。“10人小组”的城市规划思想主要体现在这样几个方面：(1)“人际结合”思想，城市和建筑的设计必须以人的行为方式为基础，城市和建筑的形态必须从生活本身的结构中发展而来，城市和建筑的空间应是人们行为方式的体现。(2)城市“流动”思想，现代城市的复杂性，应能表现为各种流动形态的和谐交织，使建筑群与交通系统有机地结合。(3)城市“生长”思想，任何新的东西都是在旧机体中生长出来的，每一代人仅能选择对整个城市结构最有影响的方面进行规划和建设，而不是重新组织整个城市。(4)城市“变化”思想，城市需要一些固定的东西，这是一些改变周期较长，能起到统一作用的点，如历史建筑等。(5)“簇群城市”思想，它是一种新的城市形态，是关于城市流动、生长、变化思想的综合体现。由此可见，“10人小组”强调城市整体结构的思想明显受到当时结构主义的影响。

结构主义建筑主要限于荷兰的部分建筑师。美国建筑理论家肯尼斯·弗兰姆普顿(Kenneth Frampton)认为，荷兰建筑师赫曼·赫茨伯格(Herman Hertzberger)是结构主义建筑的主要代表人物。也有人认为，在勒·柯布西耶、路易·康、丹下健三等人的建筑作品中，同样可以察觉到某种程度的结构主义倾向。

**赫曼·赫茨伯格的比希尔中心办公大楼**

对赫茨伯格的建筑思想和实践影响至深的是荷兰建筑师凡·艾克。从20世纪40年代初开始，凡·艾克就专注于研究“原始”文化，以及此类文化中所显示出来的建筑形式的永恒性。因而，当他成为“10人小组”成员时，他已经发展出一种独特的建筑文化观点，并在荷兰奥特洛会议发表的声明中，宣布了他对人的永恒性的关怀，成为城市规划和建筑设计的一个重要思想。凡·艾克设计的阿姆斯特丹的儿童之家是结构主义建筑的重要作品，它是采用“簇群”式设计的，共分成8组标准单元也即“簇”，每“簇”都有自己的活动天地，又有共同享用的公共设施，体现了凡·艾克对建立“小天地与大天地”、“室内与室外”、“房屋与城市”之间的整体秩序的关注和表达。

凡·艾克的一些建筑思想为他的学生们充分发挥。1963年，赫茨伯格对他们两人所共有的“多价空间”(Polyvalent Space)概念作了这样的定义：“我们所追求的，是用某些个人得以解释集体模式的原型来替代集体对个人生活模式的解释，换句话说，我们应当用一种特殊的方式把房子建造得相像，这样可以使每个人在其中可以引入他个人对集体模式的解释……因为我们不可能(自古以来都是这样)造成一种能恰好适应每个个

图 3–126　比希尔中心办公大楼鸟瞰

图 3–127　比希尔中心办公大楼外观

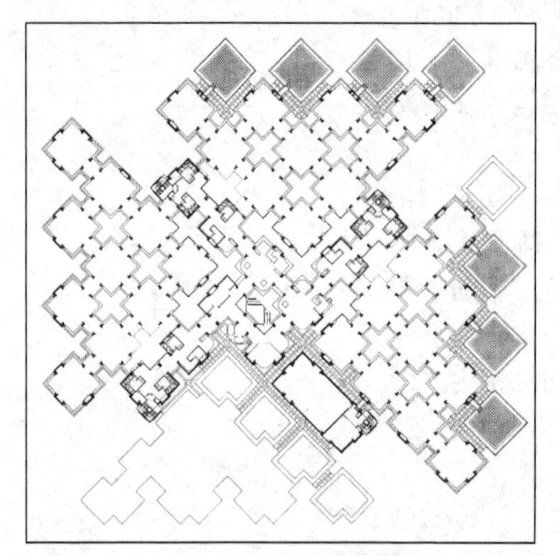

图 3–128　比希尔中心办公大楼平面

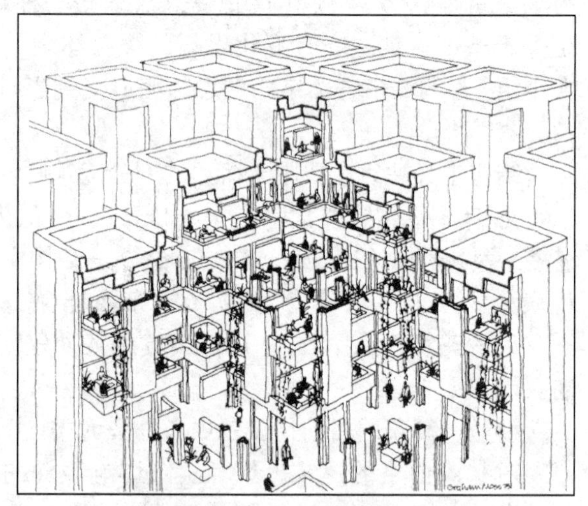

图 3–129　比希尔中心办公大楼剖视图

人的个别环境，我们就必须为个人的解释创造一种可能性，其方法是使我们创造的事物真正成为可以被解释的。"[1]

这一概念成为赫茨伯格建筑作品的基本出发点，最后终结于由他设计的被认为是结构主义建筑代表作品的比希尔中心办公大楼。此大楼设计是由大量完全相同的空间单元所构成的基本建筑体块，被设置在一个正规正交的方格网结构中，以一种"城市中的城市"的形象呈现出来。整个建筑物是以一个基本结构作为一种有秩序的延展。这个基本结构既是作为一个基本固定的永久性区域，以及一个可以变化的和具有明确用途的区域；又是作为一个永久性结构，以及沿建筑物的周边以小塔楼的形式作为规则的间隔。正是这种具有明确用途的区域，可以满足各种变化的功能要求，以不同的内容来加以"填充"，从而产生了各种各样的填充式的结果。于是，这幢为上千人而设计的工作场所有意识地没有建完，在许多空间单元也即"工作平

[1]肯尼斯·弗兰姆普顿著．现代建筑：一部批判的历史．原山等译．北京：中国建筑工业出版社，1988，375

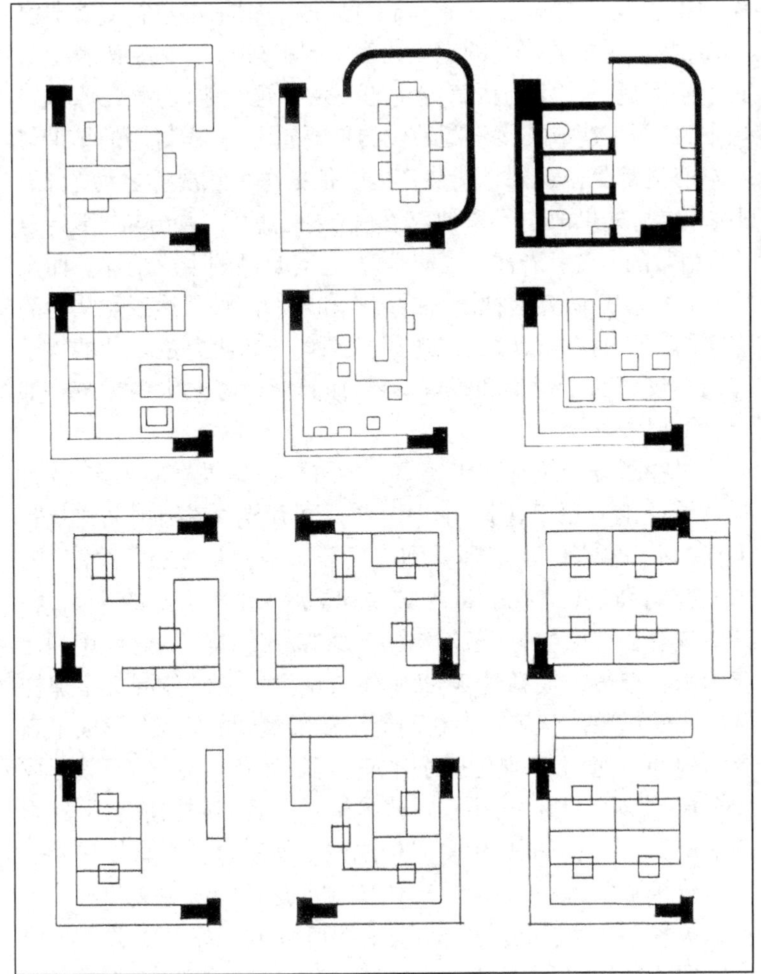

图 3-130　比希尔中心办公大楼工作平台

图 3-131　比希尔中心办公大楼室内空间之一

图 3-132　比希尔中心办公大楼室内空间之二

台”的基础上，它鼓励工作人员以自己的意愿去重新安排包括桌、椅、柜、床、照明罩及办公设备等各种模数制的构件，自发调整为个人或小组的工作站，并可以自发装饰属于个人或小组的工作空间（图 3-126~ 图 3-132）。

赫茨伯格在比希尔中心办公大楼中，通过结构、区域、填充，实现了他想要创造的“真正成为可以被解释的”建筑。至于被解释的程度及效果如何，在建筑界也是众说纷纭。总的来说，结构主义建筑，仍然承袭了现代主义建筑的形式原则，不过是以“结构”取代了“形式”的概念，整体结构得到相应重视，其组成要素只有在它们与整体结构联系在一起时，才具有意义。

### 四、解构主义和伯纳德·屈米

#### 解构主义建筑

“解构主义”（Deconstruction）哲学的代表人物是当代法国

[1][日]小林克弘编著.建筑构成手法.陈志华,王小盾译.北京:中国建筑工业出版社,2004,110
[2]刘先觉主编.现代建筑理论.北京:中国建筑工业出版社,1999,31

哲学家雅克·德里达(Jacques Derrida),如同结构主义哲学家一样,德里达主要研究的也是语言学,具体说是"文字语言学",其中心问题是文字与语言结构的关系问题。他认为,在西方思想中,言语是造成文字不利地位的首要原因,哲学言语的结果与基本前提都是由逻辑性所决定的。他把这种状况称之为"言语中心论"。如果取消了这种言语中心论,就可以看出与"声音言语"相对的"文字语言",也即是说,它有自己的生成规律。而文字语言学就是研究这种语言的结构和规律。德里达正是从他的文字语言学的视角开始对结构主义哲学进行批判的。他的哲学理论不仅对西方哲学和语言学界,而且对西方艺术和建筑界都产生了很大影响。

一些西方建筑师深受德里达的解构主义哲学的影响,并将其哲学理论应用于建筑创作中,提出了所谓"解构主义建筑"。不仅如此,也有的建筑师受到当代美国语言学家、哲学家诺阿姆·乔姆斯基(Avram Noam Chomsky)的语言哲学的影响,将其生成语法理论中的"表层结构"和"深层结构"观念应用到建筑中来。彼得·埃森曼认为,从意义论上来说,"如同文字那样从实际的形象的认识和存在而能直接感受到的意义"形成了表层结构,而"通过精神上的再构筑过程从而获得的意义"就形成了深层结构[1]。另外,还有一些建筑师受到苏联构成主义的影响,并自觉在建筑创作中复兴构成主义的思想。埃森曼在接受中国建筑师张永和的一次采访中,当问道:"构成主义与解构有什么关系"时,埃森曼先是明确地答道:"我觉得一点关系也没有",但紧接着又回答道:"毫无疑问,札哈·哈迪德、兰姆·库哈斯很受构成主义的影响"。事实上,除了以上两位建筑师之外,在弗兰克·盖里(Frank Gehry),乃至伯纳德·屈米(Bemard Tschumi)的部分建筑作品中同样可以感受到某种程度的构成主义倾向。

属于解构主义建筑师的还有丹尼尔·里伯斯金(Daniel Libeskind)、蓝天组等等。这些富有创造性的建筑师或以解构主义哲学理论,或以语言哲学理论,或以构成主义思想作为他们的建筑哲学,以语言学的规律、生成语法的结构和形式构成的手法等来实现建筑的生成和转化过程。"建筑元素的交叉、叠置和碰撞成为设计的过程和结果,虽然所产生的建筑形式呈某种无秩序状态,但是其内部的逻辑及思辩的过程是清晰一致的"[2]。

**伯纳德·屈米的拉·维莱特公园**

屈米认为:"今天的文化环境提示我们有必要抛弃已经确立的意义及文脉史的规则。"为此,他提出了三项设计原则:(1)拒绝"综合"观念,改向"分解"观念;(2)拒绝传统的使用与形式间的对立，转向两者的叠合或交叉；(3)强调碎裂、叠合及组合，使分解的力量能炸毁建筑系统的界限，提出新的定义[1]。虽然屈米建成的建筑作品并不多，但拉·维莱特公园则可看成是这三项原则的具体体现。屈米于1983年设计的拉·维莱特公园，对于解构主义来说是决定性的，因为这项设计使建筑学中的“解构主义”从此涌现出来。屈米也因拉·维莱特公园的激进设计而闻名于世界建筑界。

[1]张钦楠.构成主义、结构主义与解构主义.世界建筑，1989(3)，17

拉·维莱特公园的开发计划十分复杂，它涵盖了整个城市活动一系列的内容，包括科学城、音乐城、运动和游戏设备、主题花园、娱乐中心、游乐场和露天音乐广场等。为处理这个开发计划的复杂性和不确定性，同时又要把握整个错综复杂的公园用地，屈米并没有以“综合”的观念，而是以“分解”的观念在公园用地建立起了三层结构系统，每一个系统都在公园设计中扮演着重要的角色。第一层为“面”系统，屈米以一种“表层”结构来表达。这一层包含了游乐场、露天音乐广场所用的大型开放空间，同时也包含了放置大型建筑物的地面楼层，如科学博物馆、演讲厅等。第二层为“线”系统，屈米用了许多联结线条和线性构件，这些构件有树木、街道等。这一层最主要的成分是由两条线路展开的，一条是直线型的街道，另一条是曲折的小道，前者贯通了整个公园的南北出入口，后者穿过了整个公园的一系列主题花园，犹如电影般组合的意象。为此，屈米把这种曲折的小道称之为“电影式的散步道”。第三层为“点”系统，屈米精心设计了许多红色的小型构筑物，他称之为“装饰性建筑物”。这一层的小型构筑物是为了容纳公园里的无数小构件，如咨询中心、影片展示站、咖啡屋、餐厅、电话亭、卫生间等等。这样，公园结构看起来似乎很简单，也即将“面”层面的大型空间、“线”层面的线路系统、“点”层面的独立构筑物“叠合”起来，就可以得出公园设计的整体。然而，这种分解整体的动作又会造成另外的问题，也即无法控制公园的整体结构。于是，屈米将解决问题的途径寄托于三个层面之一的“点”层面。他将这些10.8m见方的构筑物，放置于间距为120m的方网格系统的交叉点上。虽然构筑物的形式各异，但红色却是它惟一的保留颜色，在方网格系统有规律的组织下，使得这一层面具有了决定整个公园结构的功能。至此，公园设计才由“分解”实现了三个层面的“叠合”。在理性的网格中陈列出非理性的“建筑”来(彩图28～彩图30、图3-133～图3-139)。

如今，屈米的第25个、也是最后一个构筑物于20世纪90年代末落成。这些构筑物被形象地称之为25个“疯狂物”，它们以各自的形式和内容耸立于巴黎东北部的这块乐土上。总的来说，解构主义建筑，以解构主义哲学、语言哲学理论和构成主义思想作为其发生发展的理论基础，在具体的建筑创作中，又与现代主义、构成主义、结构主义建筑有着密切的关系。这种关系体现在解构主义不仅与现代主义有着血缘关系，而且也是对构成主义的发展，更是对结构主义的扬弃。

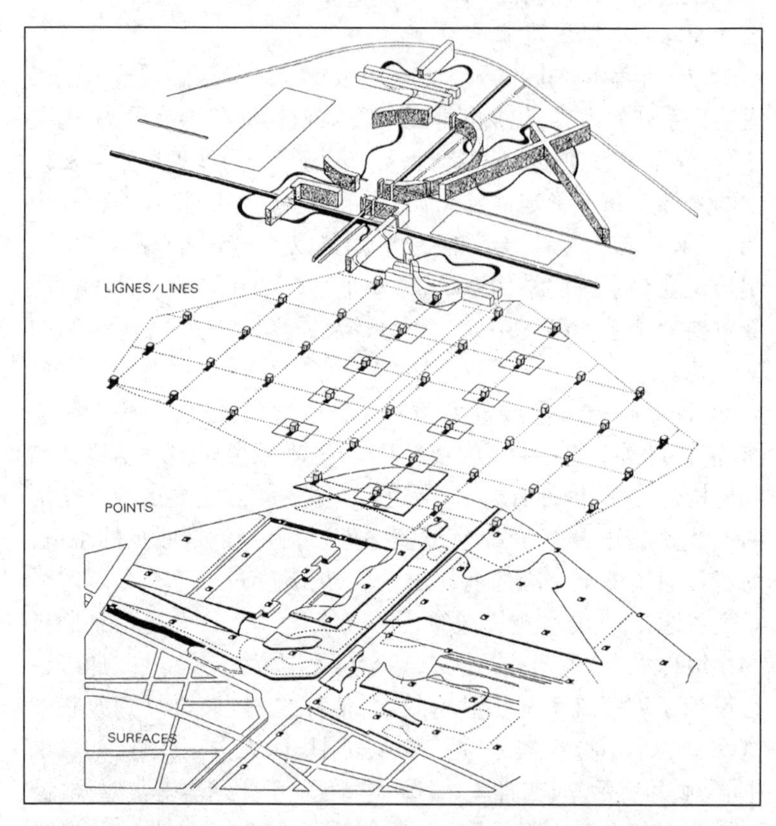


图 3–133　伯纳德·屈米以分解的观念，在拉·维莱特公园设计中建立了三层结构系统，即第一层的“面”系统，第二层的“线”系统和第三层的“点”系统

图 3–134　拉·维莱特公园模型局部

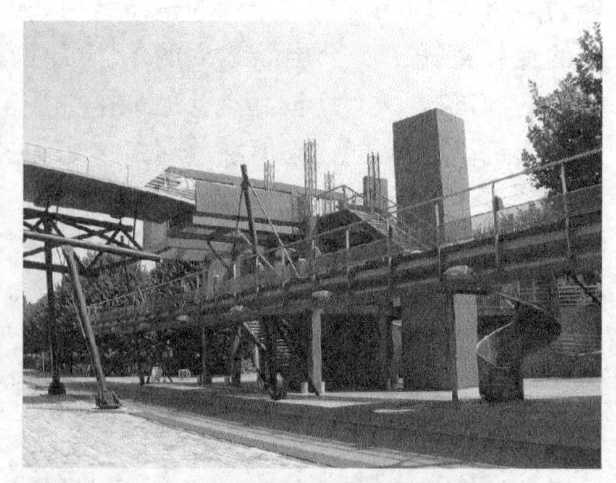

图 3–135　拉·维莱特公园疯狂构筑物之二

图 3-136　拉·维莱特公园疯狂构筑物之三

图 3-137　拉·维莱特公园疯狂构筑物之四

图 3-138　拉·维莱特公园疯狂构筑物之五

图 3-139　拉·维莱特公园疯狂构筑物之六

## 五、参数化主义和格雷格·林恩

### 参数化主义建筑

"参数化主义"(Parametricism)建筑形成于20世纪90年代。它是在参数化设计的基础上，一些先锋建筑开始重组和更新设计手段，试图诠释当代社会日益增长的复杂性需求。这种建筑风格在当下建筑界已经形成一定的影响，甚至趋于领导设计新潮流的地位。在参数化主义者看来，"牛顿的经典力学，爱因斯坦的相对论，量子力学，马克思主义，弗洛伊德理论……所有这些都是研究的课题。每一种理论，都具备特征明显的坚强内核，并有着精密设计的问题解决机制。每一种理论，在它发展的任何阶段，都有着无法解决、无法消化的异常现象存在。所有理论，在这个意义上而言，是在悖驳中生，在悖驳中死"[1]。这段论述同样适用于参数化主义建筑风格。这种建筑风格也包含着方法论上的规则，一些规则属于"反面启示法"，另一些规则属于"正面启示法"。前者要求避免相似的原型、封闭的物体、明确的领

[1]帕特里克·舒马赫.作为建筑风格的参数化主义——参数化主义者的宣言.世界建筑，2009(8),18

[1]帕特里克·舒马赫.作为建筑风格的参数化主义——参数化主义者的宣言.世界建筑,2009(8),18-19

域,以及重复、直线、直角等,而重要的是,在没有精心设计各个部件或者因素之间的连接前,不要增加或者减少它;后者要求因素之间的联系、杂合、变异、解除疆域、变形、迭代,以及使用曲线、曲面、生成的部件,编程而不是建模。目前,参数化主义的发展与计算机设计技术的引入和发展紧密联系在一起,它试图通过参数化的工具,来应对当前的差异性问题。为此,参数化主义者提出了5个议程:(1)子系统间的系统关联性;(2)参数化加强;(3)参数化成形;(4)参数化响应;(5)参数化城市主义。[1]以此作为参数化设计范式的方向,推动参数化主义建筑的进一步发展,建立新的建筑逻辑,组织和连接动态的、复杂的当代社会。

**格雷格·林恩的胚胎住宅**

格雷格·林恩(Greg Lynn)是参数化主义建筑的代表人物。他的建筑理论集中反映在以下几个方面:(1)泡状物(Blob)。1995年,林恩在《哲学与视觉艺术杂志》上发表了"泡状物","Blob"这个词是"二元巨构物"(Binary Large Object)的缩写,用来表示不能被还原为更简化物体和更简单形式的、依靠内力吸引和聚集的基元。这一思想来源于莱布尼茨的"单子"概念,德勒兹在《褶子——莱布尼茨与巴洛克风格》一书中重新对单子进行了诠释。林恩提出的泡状物概念,则是单子的现实化和数字化的缩影,二者具有紧密的关系(图3-140)。(2)折叠(Fold)。林恩也把德勒兹的"折叠"概念引入到建筑中来。他以折叠为理论依据,提出了一种新的组织策略,即"流动方式",采用不抹去差异而是混合差异的方法来生成建筑,强调的是曲线和流动,是内部张力与外部作用共同的结果(图3-141)。(3)游牧(Nomadologie)。在处理异质性元素方面,林恩提出了"平滑性策略",以此策略来解决统一与分解、均质与非均质等的对立状态,实现差异的同时和连续。这一概念也受到德勒兹的游牧思想的影响,游牧意味着差异与重复的运动构成的、未被层化

图3-140　泡状物

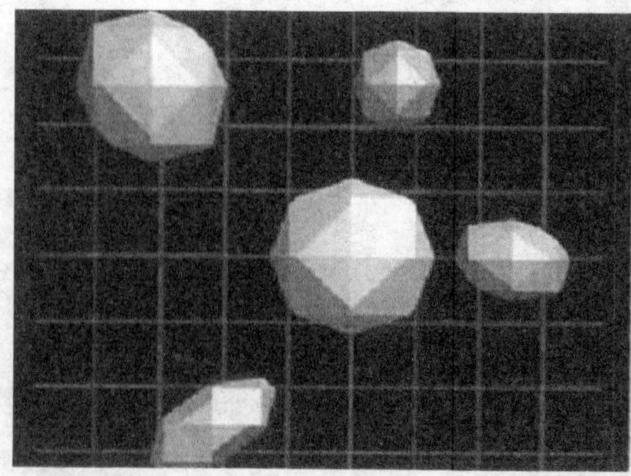

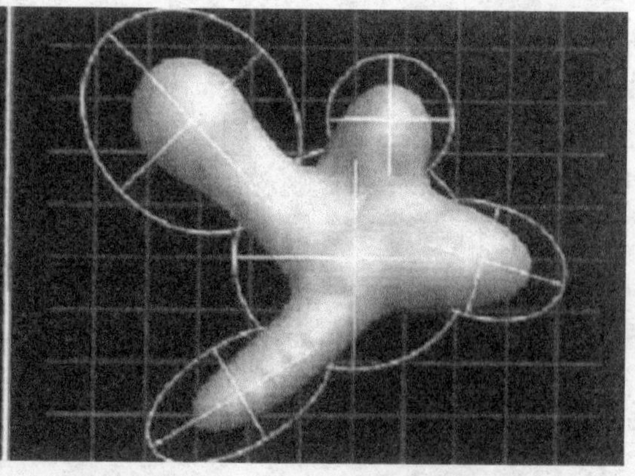

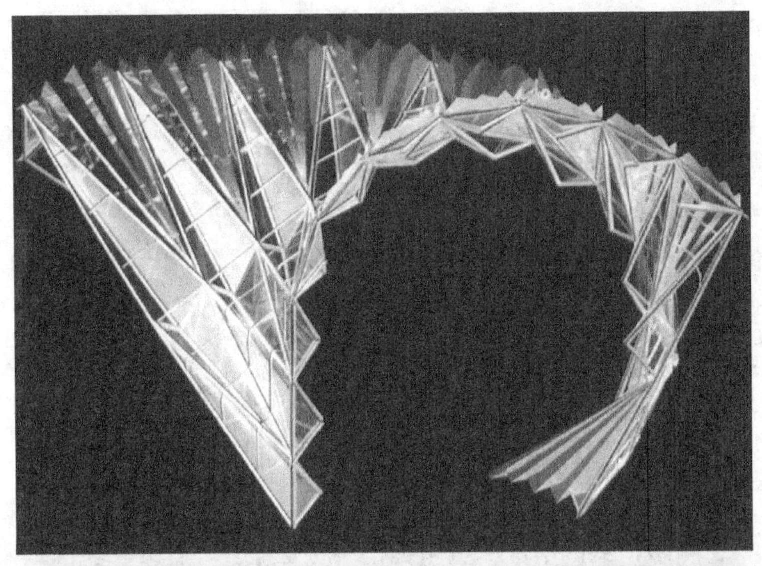

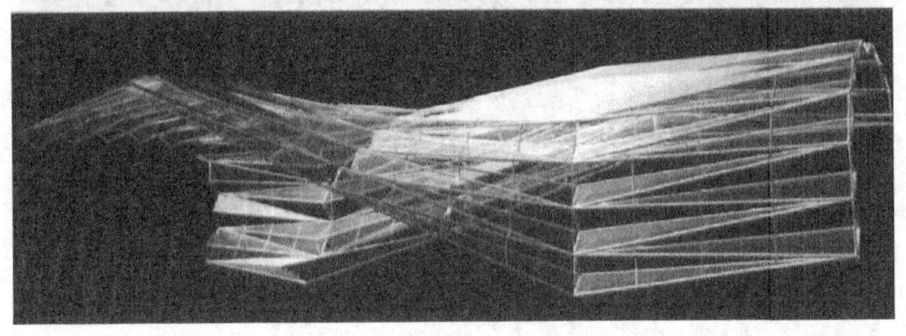

图 3-141　折叠

的自由状态。（4）拓扑学。泡状物与单子一样，对环境和自身场力产生反应而发生形变，褶子反对传统几何学，而求助于拓扑几何，这就涉及拓扑学的运用。林恩列举了拓扑变形的例子，一种是由莫比乌斯环发展为克莱因瓶；另一种是由圆环发展为杯子（图 3-142）。

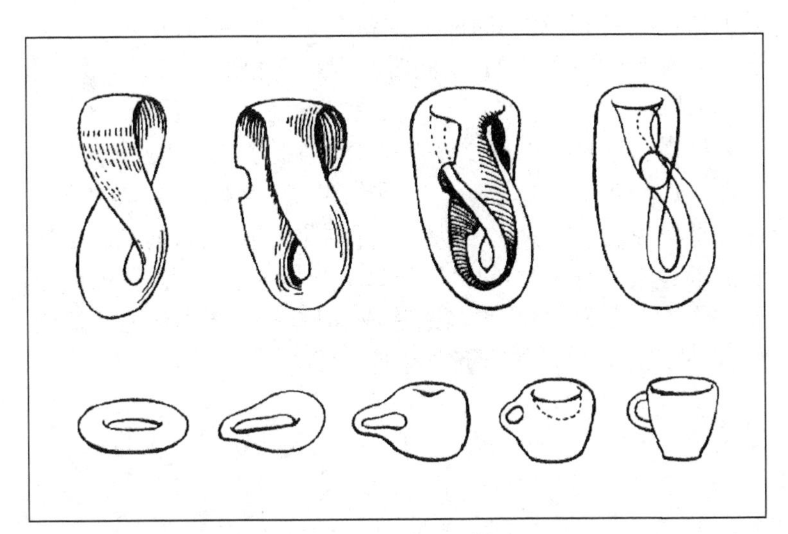

图 3-142　林恩列举的拓扑变形例子

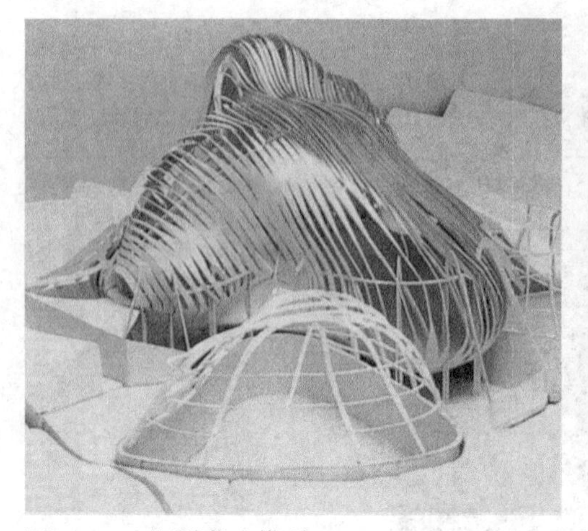

图 3-143　胚胎住宅模型

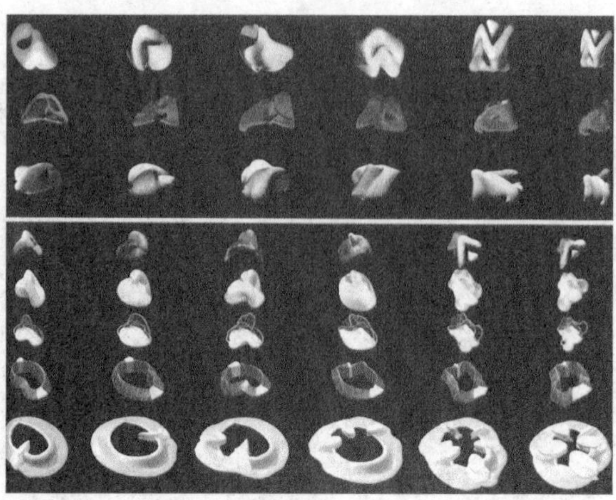

图 3-144　胚胎住宅的生成过程

胚胎住宅就是以上思想理论的具体体现。它是林恩的一个研究项目，研究时间为 1998–1999 年，项目名称为“胚胎住宅——格雷格 · 林恩事务所助您实现‘量产定制化’住宅”。该住宅的设计创意，是模拟胚胎发育过程中由早期的相似到最终各不相同的过程。住宅以 2048 块双曲面板安装在 9 个钢架、72 个铝管组成的骨架上，形成一个网状表面系统。钢架是固定的，铝管是活动的，面板与面板之间是联动的，单块面板的任何活动都会传递到其他面板上。这种变化是无限的，但无论如何变化，建筑的形态都控制在一个拓扑同构的范围内，住宅的体量由柔软可变的表皮而不是固定不变的刚性节点所定义。当住宅的功能发生变化时，比如卧室的数量变化、厨房的尺度变化等，都会引起建筑形态的相应变化。住宅的空间也发生了变化，它突破了笛卡尔坐标体系和牛顿绝对空间观念下的静态空间，成为一种在变化中的不确定的连续流动空间。胚胎住宅是一个系列研究方案，针对不同的业主要求和地形环境，每一个方案的形态都是独一无二的，但同时又保持着相同的拓扑结构（图 3-143、图 3-144）。

格雷格 · 林恩的胚胎住宅研究，是基于“量产定制化”的建造方式。它探讨了定制化、标准化和规模化的关系，其实质是在计算机控制下的快速、经济、非标准化的生产，目的是满足功能需求和文化需求的同时，又使每个产品各不相同。虽然胚胎住宅作为一个研究项目，尚未建成，但是量产定制化的建造模式，在林恩的其他一些建筑中得到了实践。

[教学目的]

1. 从形态构成的角度,认识和理解空间与形态的关系。

2. 通过空间形态要素、结构和秩序的理论讲授和作业练习,掌握空间围合与限定、组合与分解、秩序与无秩序的方法。

[教学框架]

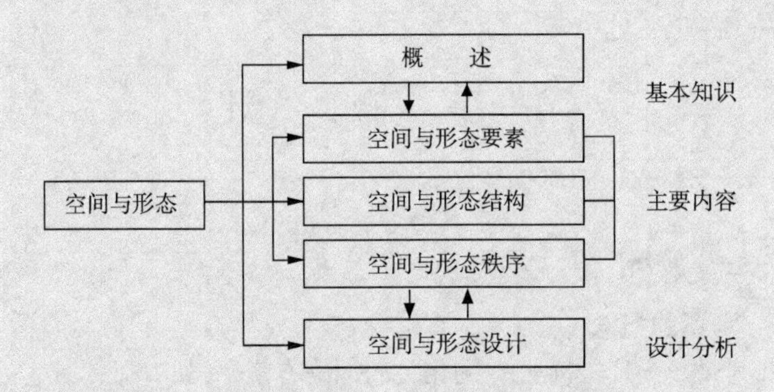


[教学内容]

1. 概述:形态、实体形态与空间形态、形态构成。

2. 空间与形态要素:形态要素、基本要素、限定要素、基本形。

3. 空间与形态结构:结构主义的“结构”、并列结构、次序结构、拓扑结构。

4. 空间与形态秩序:空间感、秩序感、秩序与无秩序。

5. 空间与形态设计:现代主义和勒·柯布西耶、构成主义和维斯宁兄弟、结构主义和赫曼·赫茨伯格、解构主义和伯纳德·屈米、参数化主义和格雷格·林恩。

[教学练习题]

1. 以模型制作和图纸表达结合的方式,通过杆件、板块、体块要素的构成训练,掌握空间围合与限定的方法。

2. 以模型制作和图纸表达结合的方式,通过从单元到多元、从多元到单元结构的构成训练,掌握空间组合与分解的方法。

3. 以模型制作和图纸表达结合的方式,通过从室内空间到室外空间有机过渡、转换和融合的训练,体会和了解空间的拓扑变换。

# 第四章　空间与场所

## 第一节　概　述

### 一、场所

#### 场所的概念

与“场所”（place）一词相关的词语有多个，如“场”、“场地”、“场合”等。“场”作为一个具体的概念时，是指空地。但在大多数情况下，它是作为一个较为抽象的概念，其含义指物质存在的一种基本形式，起到传递物质间能量等方面的作用，这种场常被称为“物理场”，在格式塔心理学中针对这个物理场，又有“心理场”、“力场”等的称法和概念。“场地”是指空地，常用来指某些特定的环境地点。“场合”是指一定的时间、地点和事情，多与时间发生关联，指在一定的时间内所发生的事情。而“场所”是指活动的地方，它是一个最常用来表达客观环境的词语。

对场所理论研究有着突出贡献的代表性人物、挪威建筑理论家诺伯格·舒尔兹在1976年发表的《场所现象》（The Phenomenon of Place）一文中，曾对场所概念作了这样的界定：“场所是关于环境的一个具体的表述。我们经常说行为和事件发生（take place，直译为占据场所）。事实上，离开了地点性，任何事情的发生都是没有意义的。场所是存在的不可或缺的组成部分。那么，场所一词到底如何解释呢？很显然，它不仅意味着抽象的地点，而且它是由具有材质、形状、质感和色彩的具体的事物组成的一个整体。这些事物的集合决定了‘环境的特性’，而这正是场所的本质。总之，场所是具有特性和氛围的，因而场所是定性的、‘整体’的现象。简约其中的任何一部分，都将改变它的具体本质。”[1]

从这段文字的界定和分析来看，场所概念包含了三个方面的含义：一是“环境”的含义，它是关于环境的一个具体表述；二是“空间”的含义，它是作为组成场所的元素在特定地点中的

[1]张彤著．整体地区建筑．南京：东南大学出版社，2003，4

三维构成；三是“特性”的含义，它是一种不可简约的整体的氛围，是所有场所中最为丰富的本质。

**场所的分类**

舒尔兹认为若要对场所进行分类，就必然涉及这样一些环境要素，如海湾、岛屿、森林、广场、街道、庭院，以及地板、墙壁、天花、门窗等。由这些环境要素形成了一个从国土、区域、景观、聚落到建筑物的尺度逐渐缩小的“环境系列”。这个环境系列可称之为“环境层次”。在环境层次中，居于顶端的是尺度感及其广大的“自然场所”（Natural Place），反之，居于底端的则是尺度感及其狭小的“人为场所”（Man-Made Place）。不过，自然场所与人为场所又不是截然分开的，而是彼此互含的关系，只是各自所占自然或人为场所的比重不同罢了。这样，场所就可以分为自然场所和人为场所两大类。自然场所是指由一系列的环境层次所构成，大到国家小至可以纳凉的树阴之下的地方；人为场所也是指由一系列的环境层次所构成，从村落、城镇、城市到住宅，以至于住宅室内。

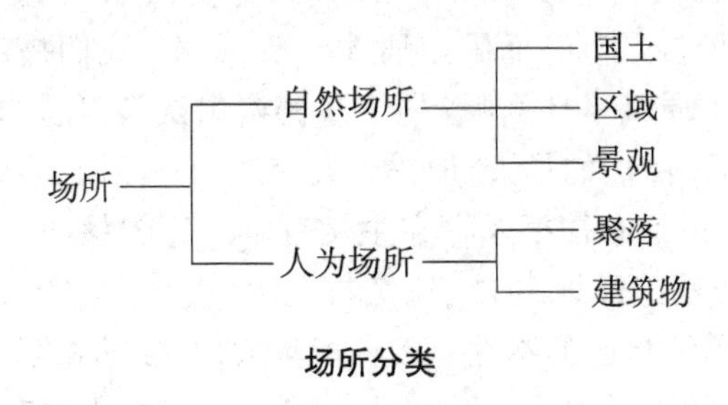


**场所分类**

**二、定居**

**定居的概念**

“定居”也可以用“安居”、“栖居”等词语来表达，它们的含义基本相同。比如，“定居”是指在一个地方固定居住下来；“安居”是指生活安定；而“栖居”的“栖”本是指禽鸟歇宿，泛指居住、停留，当它与“居”组成栖居一词时，则着重于居住的含义。故在一般情况下，这几个词语常可以彼此互用。上文谈到场所与特定的地点密切相关，离开了地点性，任何事情的发生都是没有意义的。在场所产生以前，场所的原初状态更多地是以场地的蒙昧、混乱状态呈现出来，场所只是暗含于场地之中。当人类为了在某个地点居住下来而需要空间时，于是就产生了从场地中由建筑和环境共同构成的，并具有空间和环境特性的统一整体，即场所。在这一过程中，是人的居住需要提供了发生转变的机缘，使场地成其为场所，人的居住在与特定地点的结合中也获

[1]海德格尔著.建·居·思.陈伯冲译.建筑师,第47期,81

[2]海德格尔著.建·居·思.陈伯冲译.建筑师,第47期,82

[3]海德格尔著.人,诗意地栖居.郜元宝译.上海:上海远东出版社,1995,116

得了存在。

这样,我们在讨论场所问题时,就不可避免地会引出另一个问题,即什么是“定居”? 1951年,德国哲学家海德格尔(图4-1)在《建·居·思》(Bauen Wohnen Denken)一文中,从语言学的分析入手,对“建造”、“定居”进行了深层次的哲学思考。他认为古代德语中的“bauen”一词不仅意味着建造,还可以通过这个词发现它的另一层含义,即定居。“也就是说,bauen, buan, bhu, beo 相当于我们 bin 这个词的意思:ich bin,‘我在’, du bist,‘你在’,祈使形 bis ‘在’。那么 ich tin 是什么意思? 古词 bauen——即 bin 之所属词——的答案是:ich bin, du bist 的意思是‘我定居’,‘你定居’,你在,我在的方式,人类在大地上的方式就是 buan,即‘定居’。”[1]

从海德格尔对 bauen 一词的追问中,我们可以了解到:“建造”(building)实际上就是“定居”(dwelling);“定居”是人存在于大地之上的方式,人之存在的本质在于“定居”。

**定居的本质**

在对定居和建造概念作出解释后,海德格尔又提出疑问:“我们不因建造才定居,而因定居才建造,也即,我们是定居者,可是定居的本质又是什么呢?”[2]海德格尔认为定居的根本特性在于“保护”,保护的是天、地、神、人交融为一的“四重性”(the fourfold)。这正是海德格尔存在主义哲学的思想核心。在海德格尔看来,人是这样地定居:他挽救大地、接纳天之为天、恭奉神之为神和承认自己的本性。人在挽救大地、接纳苍穹、恭奉神灵和承认人性中,定居“把四重性保护在它的本质存在即它的在场中”[3]。于是,人之定居,赋予原本自在的天、地、神、人以意义,并将它们交融为一。与此同时,定居也使人存在于大地之上,苍穹之下,神灵之前,生灵之中。

## 三、空间与场所和定居

海德格尔对空间概念作了这样的界定:“空间这个词,即 Raum, Raum 的词意是由其古词词意确定的。Raum 的意思是‘为安置’(settlement)和住宿(lodging)而清理出或空出的场所(place)。空间是空出的那个东西,即在一定边界(boundary,希腊语 paras)内清理和空出来的那块地方。边界,正如希腊人所理解的那样,不是事物从此终止,相反事物从此开始。这就是为什么这个概念具有‘限度’(horismos),即范围(the horizon)、界限(boundary)的意思。空间的本质是空而有边界,空间之空,总是由于地点——亦即比如桥一类的物——而得以保证并继而联结(join)——亦即聚集。相应地,空间是从地点,而不是从空

图4-1 海德格尔(1889-1976)

无获得其存在的。”[1]

建筑自它产生之初，其原生之意是为人的身体和精神提供庇护所，实现人之定居。为了达到这个目的，建筑首先需要的就是空间。而这个空间并不是抽象的空间，而是具体的空间的存在；并不是均质的、无限的空间连续体，而是有一定边界的可居可留的空间存在。正是由于这个边界才为空间的形成提供了范围和界限，才使空间的庇护作用得以实现。这种“是空而有边界”的空间往往又是与特定地点相结合而存在。地点是具体的、实在的，它是空间存在的具体环境，为空间的形成提供了条件和限制。

由空间与边界、空间与地点之间的关系，还可以引伸出人与空间之间的关系。正是这种既有边界，又与地点发生关系的空间，使人居留于空间之中，立足于地点之间，天、地、神、人的四重性也得以进驻地点，实现人之定居。所以，海德格尔说：“人与地点，并通过地点与空间的关系，根植于定居。人与空间的关系，慎思而明言，不是别的，恰恰正是定居。”[2]

## 四、场所理论

### 场所理论的源流

工业革命以后，西方国家在利用先进的科学技术取得经济上的空前成就的同时，也造成了环境的深刻危机。自 20 世纪 60 年代开始，“人们发现在许多地方建筑环境难尽人意，一系列‘建设性破坏’，如对土地资源的侵蚀、对生态平衡的破坏、对文化遗产的破坏……始未料及”[3]。这种状况到了 20 世纪 70 年代，人们开始意识到环境的重要性，并将自然环境、人文环境的保护和研究提到议事日程。于是，人们从多学科的视角对所面临的环境问题展开了研究，希望寻找到一条科学的环境研究路线，为环境的治理和保护提供一种理论和方法。在这种背景下，相继产生了诸多以环境为研究对象的新的学科概念和理论。建筑领域也不例外，在相继产生的新的建筑理论中，场所概念及理论逐渐浮出水面，并成为当代建筑理论中的一个核心概念，其理论也受到普遍关注和广泛探讨。

不过，最先对场所进行研究的是现象学（Phenomenology）和自然地理学（Physical Geography）。德国哲学家胡塞尔（Edmund Husserl，1859–1938 年）在 19 世纪下半叶创立了现象学。他认为现象学是一门科学，是一种关于各学科之间联系的科学，但现象学同时又是一种方法和思维方式，也即特殊的哲学思维方式和哲学方法。自胡塞尔宣称“哲学即严格的科学”以来，现象学便以“回归事物本身”为口号，以针对现象为归结，进

[1] 海德格尔著．建·居·思．陈伯冲译．建筑师，第 47 期，84

[2] 海德格尔著．建·居·思．陈伯冲译．建筑师，第 47 期，85

[3] 吴良镛．世纪之交的凝思：建筑学的未来．北京：清华大学出版社，1999，20

[1]诺伯格·舒尔兹著.场所精神.施植明译.台北:田园城市文化事业有限公司,1995,5

[2][英]布莱恩劳森著.空间的语言.杨青娟等译.北京:中国建筑工业出版社,2003,28

行哲学上的研究。然而,现象学的这种研究,并非一般意义上的现象研究,而是试图透过事物的现象发现和寻找隐藏在现象背后的本质。即胡塞尔所称的最原始的表象即"现象",最原始的真象即"本质"。海德格尔早年追随胡塞尔,在1927年发表了他的成名作《存在与时间》。这部著作为他以后一生的哲学活动奠定了基础,并为现象学的发展开辟了一个新的方向。由此,海德格尔也被奉为存在主义哲学的创始人。海德格尔的哲学生涯到了后期又发生了所谓"思之转向",从语言学和诗学的角度,对存在的本真意义进行研究,发表了诸多有着重要影响的论文。这些论文包括:《思想家即诗人》(1947年),《艺术作品的本源》(1935年),《诗人们主张什么》(1946年),《建·居·思》(1951年),《物》(1950年),《语言》(1950年),《人诗意地栖居》(1951年),共7篇,在1971年汇集成册取名为《诗·言·思》出版。海德格尔的存在主义思想和有关"物"、"定居"、"场所"、"建造"和"空间"等概念对建筑学产生了重大影响,成为后来"建筑现象学"形成的理论依据和主要内容。

将胡塞尔的现象学方法和海德格尔的存在主义哲学引入到建筑学中,并致力于"建筑现象学"研究的关键性人物是诺伯格·舒尔兹,他从20世纪60年代以后展开了一系列的研究,并取得了丰硕的成果。1980年出版《场所精神》(Genius Loci)一书,正如书名的副标题"迈向建筑现象学"所表明的那样,这是舒尔兹迈出系统建立建筑现象学的第一步。书中的观点和方法深受海德格尔有关"存在"研究的启发和影响,舒尔兹在本书的前言中也毫不违言地说:"海德格尔的哲学一直是促成本书并决定本书思路的催化剂。"[1]"场所精神"可谓建筑现象学的核心内容,而"场所"则是建筑现象学的一个基本出发点,由场所出发创造性地延续场所精神则是建立建筑现象学的根本目的。

在对场所理论的研究中,还要提到的是荷兰建筑师阿尔多·凡·艾克的观点。他针对现代主义时空观及技术等同于进步的教条,在1962年率先提出场所的概念:"无论空间和时间意味着什么,场所和场合的含义更多。因为空间在人的概念中就是场所,而时间在人的概念中就是场合。"[2]凡·艾克认为人必须融入到时间、空间意义中去,也即场合、场所中去才更具有意义,而这已被现代主义者们所抛弃,现在到了必须重新认识它、反省它的时候了。

**空间与场所理论**

意大利建筑理论家布鲁诺·赛维将建筑定义为"空间的艺术",在建筑界产生了很大的影响。不过,舒尔兹却对此定义提出了质疑，他认为空间艺术对于建筑来说固然重要，但建筑艺术的最终效果并不能完全取决于空间本身，还有一个与空间本身同样重要的因素，这就是空间的特性；通过特性，空间转化为场所，建筑也从“空间的艺术”转变为“场所的艺术”。舒尔兹在《场所精神》一书中，以现象学的方法和存在主义哲学为基础，提出了他的场所理论。在对场所理论的研究中，舒尔兹首先对“场所现象”、“场所结构”、“场所精神”的概念作了阐释，认为场所现象是普遍存在的，场所精神与场所结构有着密切的关系，然而，场所精神作为场所的一个核心问题，它又比场所结构有着更为广泛和深刻的意义。并且，以“自然场所”和“人为场所”两种类型为对象，对它们的现象、结构、精神作了系统而深入的探讨，然后又对三座城市布拉格、喀土穆和罗马作了具体的分析，最后又从场所的意义、特征和历史的角度，全面探讨了场所以及与人们存在于世的内在关系。从场所的角度来看，建筑的内部空间与外部空间的形式是否能传达出有意义的场所精神则是建筑作品成败的关键之一，那些盲目追求空间形式而忽视表达空间意义的作品，只是一件“非场所”的作品。

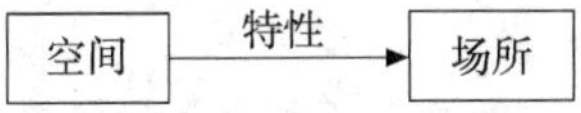

空间 —特性→ 场所

图 4–2　空间与场所关系示意

空间是作为有特性的场所而存在的（图 4–2）。在本章节“空间与场所”的讨论中，是以场所理论为基础，阐述空间与场所的基本关系。整个章节以“现象”、“结构”和“精神”三个部分为重点，从人与空间、人与场所关系的视角出发，讨论空间场所的一些问题。

## 第二节　空间与场所现象

### 一、场所现象

日常生活世界中存在着各种具体和抽象的现象。具体现象如人、动物、植物、山石、土壤、水体、城市、城镇、乡村、建筑、家具，以及太阳、月亮、星辰、浮云和昼夜更替、季节变换等。抽象现象如感觉、知觉和认知等。由这些既有现象构成了我们生活世界的一个环境整体。而“环境最具体的说法是场所，一般的说法是行为和事件的发生”[1]。事实上，如果不考虑“地方性”

[1]诺伯格·舒尔兹著.场所精神.施植明译.台北：田园城市文化事业有限公司，1995，6

图 4–3 德国村镇及修道院表现出来的场所意象

图 4–4 中国婺源乡土聚落表现出来的场所意象

而幻想任何行为和事件的发生都是没有意义的。从这一点上看，场所是人之存在不可或缺的一部分（图 4–3、图 4–4）。由此，场所的意义就在于它“是由具有物质的本质、形态、质感及色彩的具体的物所组成的一个整体。这些物的总和决定了一种环境的特性，也即场所的本质。……因此场所是定性的、整体的现象”[1]。

## 二、具体与综合

《冬夜》

舒尔兹在对场所现象进行讨论时，曾引用了诗人特拉克（Georg Trakl）的一首诗作《冬夜》（Ein Winterabend）[2]。他认为这诗表现出一种整体的生活情境，充满了强烈的场所观点。下面，让我们一起阅读这首诗，通过感受诗人所描绘的情境，领悟诗中传递出来的场所意义：

冬夜，
窗户排列在纷扬的雪中，
晚祷钟拖出长长的钟声，
屋子里一应齐全，
桌上摆放着许多东西。
流浪的游子，不止一次，
从昏暗的路上走到门前，
金色的光辉装点着树木，
吮吸着大地清冷的露水。
流浪者安静地走入；
痛苦已将门槛变成石头，
在无忧的光亮中，盛摆着，
桌上的面包和美酒。

[1] 诺伯格·舒尔兹著. 场所精神. 施植明译. 台北：田园城市文化事业有限公司，1995，8

[2] 张彤著. 整体地区建筑. 南京：东南大学出版社，2003，9–10

特拉克在诗中使用的具体的意象都是日常生活中所熟知的,比如雪、窗户、屋子、桌子、门、树木、门槛、面包、美酒等等,以及把人描述为流浪的游子。但在诗中,我们也可以感受到自然与人工、大地与苍穹、世界与居住、外部与内部既对立又统一的关系。外部是自然的外部,冬天、夜里、雪中、露水等,传达的是一种如标题所示的"冬夜"的特性或氛围,而这种特性又通过冬夜的寒意、寂静、昏暗表达出来。内部则是人工的内部,屋子、门、窗户,以及屋子里的一应齐全等,而它的焦点则是桌子,由桌子构成了内部的中心意义。内部的特性虽然被明显地呈现出来,并与"冬夜"形成反差,但却是难以言喻的。相对于外部的寒意、昏暗,内部则是温暖的和光亮的,同时寂静中也孕育着潜在的声音。虽然内外有别,但在诗人的视觉和心理中,屋子外部的树木是大自然的恩典,内部桌子上的面包和美酒也是天地的赐物,否则内部再好也是"虚空"的。与此同时,这种屋子的内外有别又通过晚祷钟的钟声紧紧地连在一起。从这个意义上讲,屋子和桌子将天、地、神、人四重性与人的生活融合起来、聚集起来。因此,在屋子里,同时也意味着在大地上定居。

**抽象与具体、单纯与综合**

舒尔兹对《冬夜》的意义分析到:"特拉克的诗说明了我们生活世界的一些重要的现象,特别是场所的基本特质。更重要的是告诉我们每一种情境都有其地方性和一般性。冬夜的描述很明显是地方性的,北欧的现象。不过其隐含的内部与外部的观点是一般性的,连接了这些差异的意义。因此,诗使得存在的基本特质具体化。具体化在此表示,使一般可见的事物成为一个具体的、地方性的情境。所以,诗朝着与科学思考相反的方向而行。科学离开了既有的物,诗带我们重返具体的物,透露了存在于生活世界的意义。"[1]

诗使得存在的基本特质具体化。正是诗的这种具体化使它与科学的抽象化形成了两种不同的认识事物的思想方法。随着现代科学的发展,科学不仅改变着人们的生活方式,而且也改变着人们的思维方式。科学总是用分析和量化的方法来观察、认识和解释事物,使得人们对事物的认识具有抽象、单纯的特性。而诗却恰恰相反,不以分析和量化的方法,而是以事物的本来面目去观察、认识和描述事物,对事物的认识则具有具体、综合的特性。场所理论通过对诗的具体化的强调,试图说明除科学以外的另一种认识事物的方法的重要性。事实上,这种方法是人们曾经熟悉和使用过的方法,只是后来逐渐为科学方法所取代,并使它陌生化,现在,经由现象学和场所理论又使它被重新提出。具体化是场所理论的一个基本出发点,具体与综合也随之

[1]诺伯格·舒尔兹著.场所精神.施植明译.台北:田园城市文化事业有限公司,1995,10

成为场所理论的一个重要概念。

## 三、地点性与地区性

### 建筑的地点性与地区性

如上所述,具体化不仅使人们对事物的认识具有具体、综合的特性,而且也使事物具有地方的特性。“地方”是指某一地域。它与“地点”、“地区”等词语互为关联,比如,“地点”是指所在的地方,“地区”是指较大范围的地方。海德格尔在对空间概念进行定义时,就已指出空间与地点的紧密关系。若从建筑历史来看,可以说,几乎所有的建筑都表现出建筑与地点的不可分离性。那么,建筑的地点性与建筑的地区性是否就是一回事呢?张彤先生经过研究认为,地点性并不等同于地区性,两者的区别表现为:一是它们讨论的对象不同,地点性关注的是单个建筑与场地独自发生的关系;地区性关注的是在一定时空范围内,建筑、聚落及其环境与地区综合条件所表现出来的关系。二是它们反映出来的建筑与场地之间的作用方式不同,地点性中单体建筑与场地的关系往往较为简单和朴素;地区性中建筑与场地的关系则是多方向和较为复杂[1]。

[1]张彤著.整体地区建筑.南京:东南大学出版社,2003年,12

地点性和地区性是建筑“与生俱来”的本体属性,对其中任何一方认识不够或有所偏废,都将导致建筑走向错误的方向,并产生不良的结果。现代主义建筑在其发展初期,建筑所要表现的是新时代的新精神,强调的是适应工业化的大生产,利用新的科学技术成就,体现不同于传统建筑的新的审美观。然而,有一些现代主义建筑师在创造新建筑的过程中,却忘记了传统建筑中还有一些宝贵的品质,其中之一就是忽视了建筑的地点性和地区性,成了现代主义建筑的一个基本错误。特别是随着现代主义建筑的发展,这一错误路线伴随着“国际式风格”在世界范围内的流行越发彰显出来,使得各地区建筑的地方性被国际式所取代,甚至被泯灭,导致建筑地方性的传统被割裂,场所感丧失殆尽。正是在这样的背景下,继现代建筑以后,人们开始探讨和研究场所理论,尝试重新认识建筑地方性的价值。如今,对建筑地方性的研究已经上升到“地区建筑学”的高度,并成为建筑界探讨的一个焦点问题。

### 地区建筑的研究

相对于英语中的“region”一词的概念及其变体,目前有“地区”、“地方”、“地域”三种不同的译法,其变体有“地区性”、“地方性”、“地域性”,以及“地区主义”、“地方主义”、“地域主义”等称法。地区主义建筑是伴随着对现代主义建筑的挑战而被提出的，在现代主义与地区主义二者各自经过一段时间的发展后，“批判的地区主义”被提出来，近年来“世界—地区建筑”又被提出，可见，对地区建筑的研究得到了不断深化。

在地区建筑理论的研究方面，肯尼斯·弗兰姆普敦在《现代建筑：一部批判的历史》（Modern Architecture :A Critical History）一书中，对“批判的地区主义”（Critical Regionalism）作了专论，他认为，批判的地区主义不是一种风格，而是具有某种共同特征的批判性的态度。这些特征包括：（1）以批判的态度继承现代主义建筑遗产的解放性和进步性。（2）强调使建造在场地上的结构物能建立起一种领域感。（3）建筑过程是一种构筑现实，而不是把建造环境还原为杂乱无章的布景式插曲。（4）强调对场地中的地形、气候、光线等地区因素的表现。（5）强调除视觉之外的触觉、听觉、嗅觉、运动觉等补充性知觉体验。（6）培养一种面向场所的文化，避免过于封闭，创造以“世界文化”为基础的地区性。（7）批判的地区主义的出现说明，由依附的、被统治的卫星城包围着具有统治性的文化中心的模式，不能用来评价现代建筑的当代发展[1]。

在中国，对地区建筑进行研究并有重大发展的当属吴良镛先生。1997年，他提出“探索新的建筑文化，发展地区建筑学”的设想，认为：“地区建筑学不是作为一个流派而提出的，而是逐渐被认识的一种普遍存在的现象和规律。这在我国文化史、城市史、建筑史、园林史以及工艺美术史等中都是一个毋庸置疑的事实，并且从广义建筑学来理解，它也是建筑发展的必由之路。”[2]1998年，吴良镛先生提出“乡土建筑现代化，现代建筑地方化”的策略，并呼吁发展“世界—地区建筑学”，把它理解为：“作为世界文明的多元化与地区建筑文化扬弃、继承与发展矛盾的辩证统一。我们既要积极地吸取世界多元文化，推动跨文化的交流，也要力争从地区文化中汲取营养、发展创造，并保护其活力与特色”[3]。1999年，吴良镛先生又将他对地区建筑学的思考写入了作为世界建筑师达成共识的纲领性文件——《北京宪章》。正如《北京宪章》指出：“建筑学是地区的产物，建筑形式的意义来源于地方文脉，并解释着地方文脉。但是，这并不意味着地区建筑学只是地区历史的产物。恰恰相反，地区建筑学更与地区的未来相连。我们的职业的深远意义就在于运用专业知识，以创造性的设计联系历史和将来，使多种倾向中并未成型的选择更接近地方社会。”

[1]［美］肯尼斯·弗兰姆普敦著．现代建筑：一部批判的历史．张钦楠等译．北京：三联书店，2004，369-370

[2]吴良镛．建筑文化与地区建筑学．华中建筑，1997（2），17

[3]吴良镛．乡土建筑现代化，现代建筑地方化．华中建筑，1998（1），3

# 第三节 空间与场所结构

## 一、场所结构

任何事物都有其结构，形态有结构，场所也有结构，不过这里所说的场所结构与前文所谈的形态结构不同。一个很大的区别就在于：形态构成是把形态要素、结构与它们的物质、非物质属性分离开来，只作为纯粹的、抽象的、基本的造型要素和结构来进行讨论的，其目的是探求形态构成的一般规律；而在场所理论中，研究的一个基本出发点就是现实生活世界中的场所现象和场所本质，因而对场所结构的讨论，既包含了抽象的层面，也包含了具体的层面。

例如，自然场所有其结构，它是与大地和苍穹密切相关的。由于大地是场所得以呈现的稳定基础，因而场所的结构也就很自然地与大地联系在一起。大地的一个重要品质是它的“伸展性”，场所的结构也就取决于地表的扩展情况，也即取决于地表在扩展过程中的起伏状况。地表的起伏状况，可以创造出明确的方向和界定的空间，自然中孤立的山丘、高山、盆地，都能使场所中心化，山谷、河流指出明确的方向，舒展而平坦的原野界定出空间（图 4–5~ 图 4–7）。地面起伏状况除以上因素以外，还包括岩石、水体、植物，以及质感和色彩等因素，它们对形成场所结构也起着不可忽视的作用。在大地之上，也就意味着在苍穹之下，具体的自然场所总是与特定的苍穹联系在一起，天空的阴

图 4–5 被中心化了的自然场所

图 4–6 山谷指出了明确的空间方向

图 4–7 河流指出了明确的空间方向

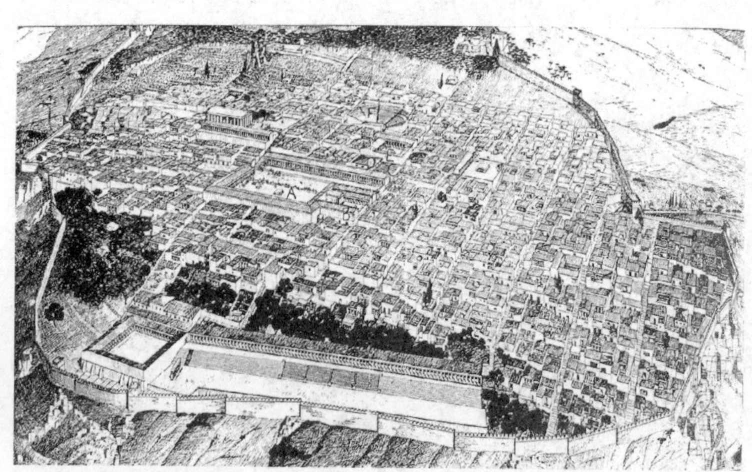

图 4–8 普南城鸟瞰

图 4-9　法国阿尔勒竞技场,在中世纪被作为防卫城堡,以后在其中建造了建筑物,一直到 19 世纪被用作一个村镇来居住

晴、光线、色彩和气候等因素都会赋予场所特有的气氛和情调。由这些自然因素不仅可以很好地说明自然场所的空间,还可以充分说明场所的特性,如“贫瘠的”、“荒野的”、“肥沃的”、“亲切的”等。

再如,人为场所也有其结构,这些结构反映了人们对待自然环境和存在状况的认识和理解(图 4-8、图 4-9)。人为场所的一个显著品质就是“围合”,场所的结构往往取决于围合的情形。围合可以是完全围合也可以是不完全围合,围合的开口部分和隐含的方向性都可能存在,因而场所的包容性也就各不相同。而围合的情形怎样又取决于边界,边界的封闭或开敞决定了围合的开口程度和方向。它不仅反映了内部空间与外部空间之间的关系,也影响到场所的特性。不过,场所的特性并不完全取决于边界,还与建筑物与大地和苍穹的关系密切相关。舒尔兹以“站立”和“耸立”这一对概念概括了这种关系。站立表示建筑物与大地的关系,耸立表示建筑物与苍穹的关系;站立通过加强建筑物水平方向的处理,使建筑物固着于大地,耸立通过加强建筑物垂直方向的处理,使建筑表现出一种要脱离大地的倾向,一种要与苍穹相结合的欲望。

舒尔兹在讨论了场所现象的基础上,认为场所结构包括了两个基本要素:一是“空间”;二是“特性”。空间是指构成一个场所的要素,是三向度的组织;特性是指氛围,是任何场所中最丰富的特质[1]。因此,对场所结构的讨论就可以落实到这两个方面。

[1] 诺伯格·舒尔兹著.场所精神.施植明译.台北:田园城市文化事业有限公司,1995,11

## 二、空间与特性

### 抽象的空间与具体的特性

在场所结构中，“空间”构成主要包含了“集中”和“围合”这两种方式。“集中”是将构成空间的各种要素集合起来，加以突出和强化，形成中心（图 4–10）。“围合”是把主体空间从背景中分离出来，加以界定和限制，形成边界（图 4–11）。空间因集中而形成的中心，使空间具有了连续的方向特质，这种方向主要表现为垂直向，即指向苍穹的方向。空间因围合而形成的边界，首先使空间与背景有了明确的内部与外部的区分，空间相对于背景而言，它是出发点，但相对于空间本身而言，它又是到达点，因此空间也具有了连续的方向特质，不过这种方向不是垂直向，而主要表现为水平向，即指向大地的方向。一般来说，集中和围合这两种方式并不是彼此分离的，而是有着相互伴随的关系。当一个空间同时具备了集中性和围合性时，它便以一种基本的图式呈现出来，这种图式即“神圣的圆形”。在这个圆形图式的场所中，由中心与边界之间所形成的垂直和水平方向上的作用力，以及向心性和离心性的张力，共同交织，构成了场所的基本力场。

与抽象的“空间”概念相比，“特性”则是一个具体的概念。特性一方面是指整体的氛围，另一方面又与具体事物所组成的整体相关联。如果我们把前者看成是一种结果，那么后者则是形成这种结果的条件和基础。正是由那些具有形状、大小、质感、色彩等的具体事物的集合，决定了场所的特性，而这正是场所的本质。由人的生活体验告诉我们，所有场所都有其特性。景观

图 4–10　法国圣 · 米歇尔山城

图 4–11　意大利卢卡竞技场广场

有其特性，它是由地表的山石、水体、植被，以及天空的阴晴、光线、气候等因素体现出来的；建筑也有其特性，它是由建筑外立面的门、窗、屋顶等因素显现出来的。各地区由于地表、天空，以及建筑外立面的各种组成因素的不同，也就形成了各不相同的特性。在世界历史文化名城、传统村落中，这种特性往往体现得尤为突出，所以当我们游览这些名城、村落时，经常被它们所具有的独特的特性所震撼，并成为我们经验中的一份宝贵财富。

空间与特性是构成场所的两个基本要素，二者相互独立又相互联系。空间是前提和基础，由于空间构成的方式不同，会对特性的形成产生一定的影响；当特性一旦形成，它就会以具体的形式呈现出来，并为人所感知和体验，所以从这一点上讲，场所结构是具体的和明确的。

**罗马卡比多广场**

米开朗基罗设计的罗马卡比多广场被认为是诠释场所结构最为有力的作品。这件作品位于罗马城中心的卡比多山上。卡比多山对于罗马人来说，可谓意义非凡，从很早的时候起，它就是罗马城的政治和宗教中心，更有意思的是，它一直是“世界之顶”（Caput Mundi）的象征。

整个广场平面为梯形，前面宽 40m，后面宽 60m，进深 79m。广场后面的元老院建筑和右侧的一座档案馆建筑，都是建造于中世纪的既有建筑，二者互不垂直。1644–1655 年，米开朗基罗在广场左侧采用与档案馆建筑的式样并与它对称的方式设计了一座博物馆建筑，这样，就把三座建筑的立面统一起来，建立了一个连续的边界，并使广场的平面呈一梯形。这座广场的一个新特点是在它的前面，完全敞开，只做栏杆围护和雕刻装饰，并有一道笔直的大台阶与山下沟通。广场正中心竖立着一尊古罗马皇帝马古斯·奥莱里乌斯（Marcus Aurelius，？—166）的骑马铜像，构成了整个场所的中心。广场最富有戏剧性的设计是广场内的椭圆形地面。椭圆部分位于广场的中央位置，比周围的地面下沉 3 个台阶，尤如嵌入广场之中，起到了聚合的作用，产生了明确的向心感受。椭圆部分的地面，以铜像雕塑为中心，铺砌有螺旋形发散的星形图案，带来了强烈的离心感受。这种聚合与离散、向心与离心的张力，互为交织，把广场中的每一个要素整合为整体的场所（图 4–12~ 图 4–14、彩图 31、彩图 32）。对于椭圆形地面的设计，美国城市规划师埃德蒙·N·培根在其名著《城市设计》（Design of Cities）中写道：罗马卡比多广场构图“最伟大的贡献之一是土地的调整。要是没有椭圆形及其二维星形铺砌格局和巧妙设计的呈三维突起的踏步围绕着它，恐怕不会达到设计的统一性和内聚力”[1]。

[1]［美］埃德蒙·N·培根著. 城市设计（修订版）. 黄富厢、朱琪译. 北京：中国建筑工业出版社，2003，118

图 4–12　卡比多广场版画，作于米开朗基罗去世以后，它表明广场在当时还处于未完成的状态

图 4–13　卡比多广场鸟瞰

图 4–14　卡比多广场的椭圆形地面

舒尔兹从场所角度认为："这一方案可以解释为把卡比多山看成是世界之顶的思想体现。如果真是这样，那么，这个椭圆形就是我们居住的地球最顶点了。这种解释是完全可能的。因为实际上米开朗基罗在此处场所本质的象征化上取得的成功，恐怕在建筑史中再找不到其它的例子。"[1]

## 三、形象化与象征化

### 建筑的形象化与象征化

建筑与环境有着密切的关系。人类为了获得生存空间，在营造建筑的过程中，就在不断地通过认识、理解、适应、改造自然环境，使建筑从自然环境中分离出来，同时又使建筑成为自然环境中的建筑。建筑或成为环境的"主角"，或成为环境的"配角"，无论是主角还是配角，建筑都是以具体的物化的形式作用于自然环境，并使其特性明确化。建筑作用于自然环境的方式主要有两种：一种是"形象化"；另一种是"象征化"。

形象化是通过人"将自己对自然的了解加以形象化，表达其所获得的存在的立足点。为了达到此目的，人建造了他所见到的一切"[2]。从传统聚落中我们可以看到，虽然聚落的形态有多种，但它们无不与自然环境的形态发生关联，并保持着某种契合关系。"线型"聚落一般出现在有着串联倾向的自然环境中，如峡谷、河流、街道沿侧等（图 4–15）；"圆型"聚落一般出现在开阔无垠的自然环境中，如平原等（图 4–16）；"簇群型"聚落一般出现在有着群集倾向的自然环境中，如盆地、山丘等（图 4–17）。三种聚落形态不仅直观地反映了自然环境的构成，而且形象地表现了自然环境的特性。

随着人们对自然环境的了解从认识达到理解的高度时，人们的建筑活动便由适应自然环境转变为改造自然环境，建筑对

[1]［挪威］诺伯格·舒尔兹著．存在·空间·建筑．尹培桐译．北京：中国建筑工业出版社，1990，69–72

[2] 诺伯格·舒尔兹著．场所精神．施植明译．台北：田园城市文化事业有限公司，1995，17

图 4–15　朝圣道路上的法国 V è zelay 圣本尼迪克特教团修道院和教堂

图 4–16　意大利拉齐奥山城

图 4–17　法国托斯卡纳的路卡城

自然环境的作用方式也由形象化上升为象征化。象征化“意味着一种经验的意义被转换成为另一种媒介”[1]。它是以形象化为基础，人们通过对以往经验的概括和总结，使它转变成为一种具有普遍意义的知识，并将这种知识从特定的情境之中脱离出来，转移和使用到其他的情境当中。反映在建筑与自然环境的关系中，就是把自然环境的特性转移和使用到建筑当中，建筑以其特质明显地表达出自然环境的特性。此外，建筑对自然环境的象征化过程，并不仅仅是对环境中有利因素的肯定和利用，同时也包含了对环境中不利因素的否定和修补[2]。

形象化与象征化作为建筑作用于自然环境的两种方式，前者是一种较为低级的方式，建筑与环境的关系只是一种较简单

[1]诺伯格·舒尔兹著．场所精神．施植明译．台北：田园城市文化事业有限公司，1995，17

[2]张彤著．整体地区建筑．南京：东南大学出版社，2003，34

的关系；后者是一种较为高级的方式，建筑与环境的关系是一种较复杂的关系。

**干阑建筑和窑洞住宅**

为阐明建筑的形象化，下面，以中国传统建筑中的干阑建筑和窑洞住宅为例加以具体说明。在气候炎热潮湿的西南山区，常利用当地盛产的竹、木建造架空的建筑，被称为“干阑”建筑。在气候干旱少雨的黄土高原，常利用黄土断崖挖掘出洞穴以作居室，又被称为“窑洞”住宅。干阑建筑和窑洞住宅历史悠久，与我国古代最早出现的“巢居”和“穴居”建筑有着密切的关系。两种居住建筑在以后的发展中，干阑建筑又演变出诸如傣家竹楼、苗家半边楼、土家吊脚楼等；窑洞住宅又主要有靠崖窑、地坑窑（亦称“天井窑”）、砖砌的锢窑三种。

图 4–18　傣家竹楼群

图 4–19　傣家竹楼外观

图 4–20　傣家竹楼室内

傣家竹楼一般分为上下两层，下层用竹木柱支撑架空，有板梯上至二层，形成上层住人，下层养牲畜和存放杂物的生活空间，竹楼以穿斗式的竹木构架为结构，草排歇山式屋顶脊短坡陡，出檐深远，表现出通透、轻巧的建筑风格（图 4–18~图 4–20）。土家吊脚楼是采用穿斗式的木构架结构，利用长短粗细不一的竹木和吊、挑、跌、爬等手法所形成的吊脚，来支撑起他们的生活空间（图 4–21、图 4–22）。苗家半边楼从广义上讲，也属于吊脚楼的一种，它是根据山地地形，将住宅的一部分用吊脚悬空建于山坡上，另一部分建于山面上，由此，住宅被分成前、后两个部分，前部为“楼居”，后部为“地居”（图 4–23、图 4–24）。靠崖式窑洞是利用天然的黄土断崖面，在水平方向开挖进去，形成横穴窑洞的形式，常沿黄土坡呈一层、二层或多层布局，因山就势，自然成趣，乡土气息浓郁（图 4–25）。下沉式窑洞是在没有天然崖面的情况下，在黄土平地沿垂直方向向下挖，构成竖穴庭院，再由院内四壁沿水平方向开挖形成窑洞的形式，为解决由地面进入窑洞的交通，有台阶式、直通式、斜坡式、台阶坡道并列式等几种（图 4–26）。砖砌的锢窑是利用黄土坡，依坡势呈台阶状布置砖砌锢窑，一般在窑洞前设有明柱外廊歇山式厢房，并形成独立庭院，各层窑洞的外部均设有台阶，上下贯通，形成高低错落、层次

图 4–21　土家吊脚楼之一

图 4–22　土家吊脚楼之二

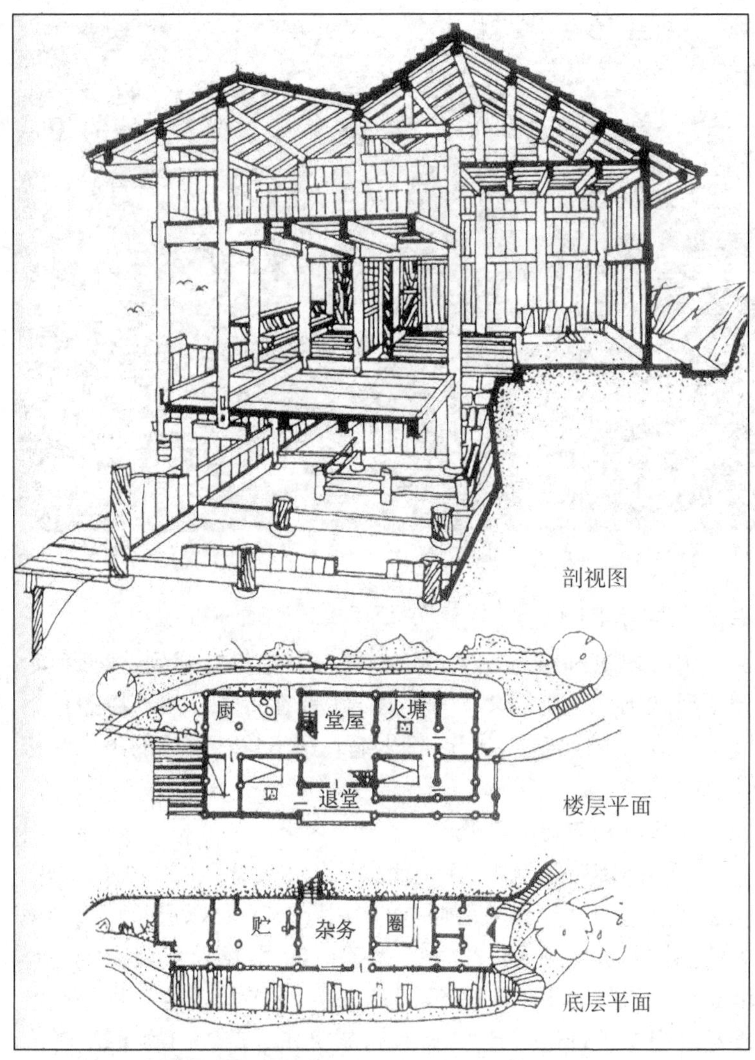


图 4–23　苗家半边楼平面和剖视图

图 4–24　苗家半边楼外观

图 4–25　靠崖式窟洞群

图 4–26　天井式窟洞

图 4–27　砖砌的锢窑

丰富的庄园(图 4–27)。

干阑建筑和窑洞住宅,从材料使用、结构方式到造型特点,无不反映出建筑对自然环境的适应,是在特定自然环境条件下"生长"出来的建筑,它们形象化地表达出自然环境的条件和特性。

**风水理论与建筑实践**

在中国传统建筑中,建筑的象征化主要体现在"风水"理论在建筑活动中发挥着举足轻重的作用。风水是以道家阴阳学说中的阴阳、五行、八卦、"气"等为理论依据,结合我国特定的环境条件,通过长期的摸索、认识和总结,逐渐形成的一种经验性理论。当这种理论一旦形成,反过来又指导着人们的建筑实践。如风水中关于建筑选址要考虑到日照、风向、气候、景观等各个方面,以及建筑布局要"负阴抱阳,背山面水"等,都成为古代建筑实践的依据和准则。当然,风水作为一种经验性理论,有它符合客观规律的一面,同时也有它迷信的一面,这正是人们对它的看法毁誉交加的主要原因。但我们也应看到,正是风水在古代特定条件下造就了许多经典的建筑环境作品。

例如,北京十三陵为"遵照典礼之规制,配合山川之胜势"[1],按照风水理论中有关"形势"的原理,乘势随形经营而成。在选址上,以天寿山为屏障,三面环山,南面敞开,形势环抱。每一陵墓建筑也以轴线为依托,形成丰富多变的空间序列,以及宜人的尺度和完美的视觉效果。从整体到局部无不使整个陵区贯彻实施和表现了"陵制与山水相称"[2]的原则(图 4–28~ 图 4–30)。再如,皖南村落之棠樾村,在选址上,同样符合风水理论中所谓"枕山、环水、面屏"的原理。整个村落背枕龙山,再以

[1]王其亨 . 清代陵寝风水 :陵寝建筑设计原理及艺术成就钩沉 . 王其亨主编 . 风水理论研究 . 天津 :天津大学出版社,1992,143

[2]王其亨 . 清代陵寝风水 :陵寝建筑设计原理及艺术成就钩沉 . 王其亨主编 . 风水理论研究 . 天津 :天津大学出版社,1992,143

图 4–29 明十三陵石牌坊

图 4–30 明十三陵长陵陵恩殿

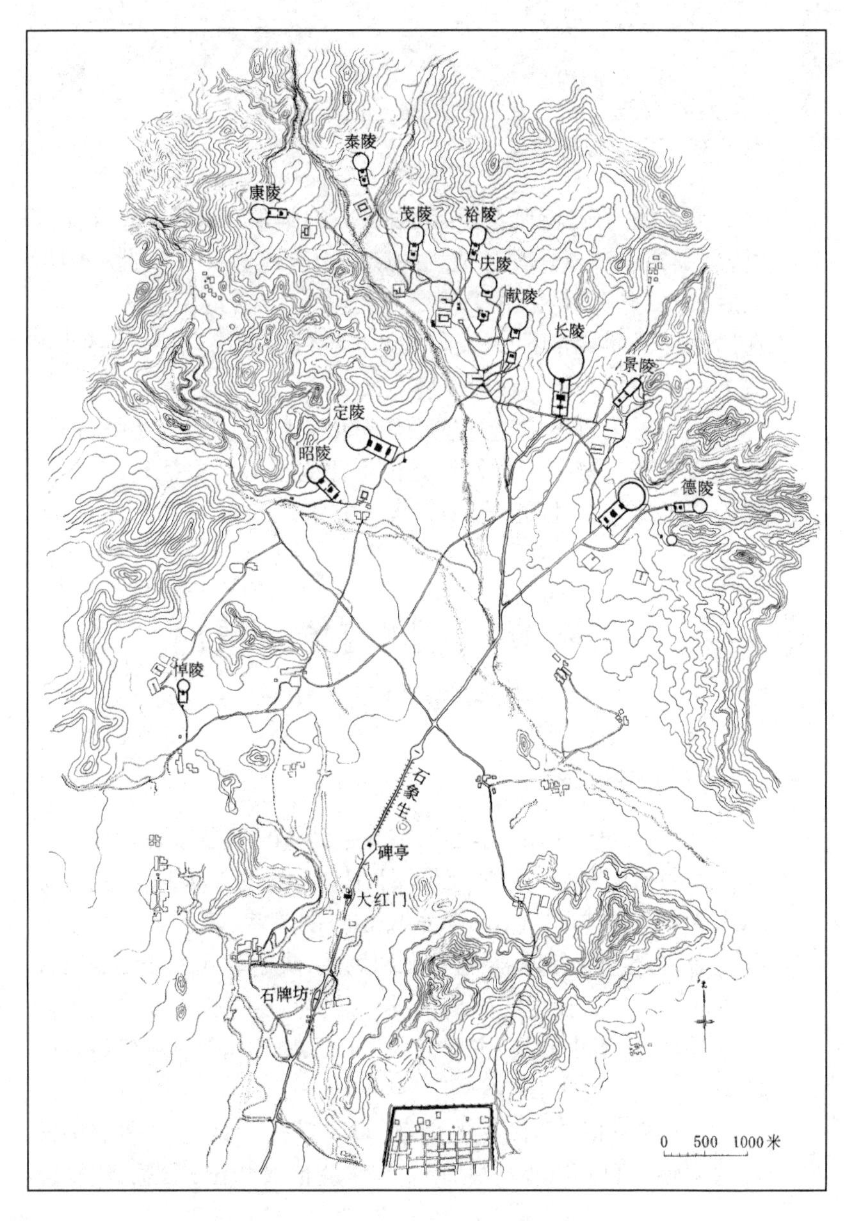


图 4–28 明十三陵总平面

图 4-32　棠樾村石牌坊群

图 4-33　棠樾村宗祠及牌坊

图 4-31　清代棠樾村全图

远处富亭山为屏，南临沃野，源自黄山的丰乐河由西向东穿流而过，周围树木茂盛。其选址犹如族谱中有诗赞叹："察此处山川之胜，原田之宽，足以立子孙百世大业"[1]（图 4-31~ 图 4-33）。在风水理论的指导下，以及与实地情况的不断磨合，棠樾终被营造为一处适合人居的理想环境。

风水理论以及由这种理论创造出来的许多建筑实绩，揭示了建筑对于自然环境的作用是由形象化上升为象征化，由一种较为低级的方式发展到较为高级的方式。

## 第四节　空间与场所精神

### 一、场所精神

"场所精神"（Genius Loci）是古罗马的一个概念。根据古罗马人的信仰，每一种独立的本体都有自己的灵魂，正是这种被称之为"守护神灵"（Guaraian Spirit）的灵魂，赋予了人和场所以生命，自生至死都将伴随着人和场所，决定了人和场所的特性和本质[2]。虽然在现实生活中没有必要重返过去古罗马的灵魂之说，但需要指出的是，古罗马人所认识的环境是有明确特性的环境。

对"场所精神"概念的理解，吴良镛先生认为："按照中国人的习惯，可以称之为'场所意境'。"他又指出，梁思成、林徽

[1] 东南大学潘谷西主编．中国建筑史（第四版）．北京：中国建筑工业出版社，2001，103

[2] 诺伯格·舒尔兹著．场所精神．施植明译．台北：田园城市文化事业有限公司，1995，18

音先生早在1932年发表的《平郊建筑杂录》一文中，就已经提出了“建筑意”的命题，这比诺伯格·舒尔兹提出的“场所精神”早了几十年，只可惜前者未有后续研究[1]。梁思成、林徽音在文中写道：“这些美的存在，在建筑审美者的眼里，都能引起特异的感觉，在‘诗意’和‘画意’之外，还使他感到一种‘建筑意’的愉快。……无论哪一个巍峨的古城楼，或一角倾颓的殿基的灵魂里，无形中都在诉说，乃至于歌唱，时间上漫不可信的变迁；由温雅的儿女佳话，到流血成渠的杀戮。他们所给的‘意’的确是‘诗’与‘画’的。但是建筑师要郑重地声明，那里面还有超出这‘诗’、‘画’以外的‘意’的存在”[2]。可见，“建筑意”的提出，具有非凡的意义。

[1]吴良镛.树立“建筑意”观念.建筑意，第一辑，2003，7，8

[2]梁思成.梁思成文集(第一卷).北京：中国建筑工业出版社，1982，343

回到场所精神的讨论。舒尔兹认为自然场所和人为场所都有其精神，并以“浪漫式”（Romantic）、“宇宙式”（Consmic）和“古典式”（Classical）概括了三种典型意义的场所精神。

在自然场所中，“浪漫式”是指一种由大量丰富的微小结构的场所所构成的自然场所。如北欧地区的自然场所就是如此，它很少有连续的地表，常被分割成各式各样的地貌，富有动人的水体和变化多端的天空等(图4-34)。这些自然因素，深刻影响着北欧人的生活方式，人们已经习惯于接近自然，并以亲密的方式与自然生活在一起，在自然中寻找到存在的立足点。“宇宙式”与“浪漫式”形成鲜明的对比，它是指一种具有单一超大结构和统一秩序的自然场所。如沙漠地区的自然场所，它有无限伸展的地面，万里无云的天空，灼热的太阳和投下没有阴影的光线，干燥高温的气候等(图4-35)。所有这些自然因素，都表现出一种绝对的宇宙秩序，影响到沙漠居住者的生活。“古典式”位于浪漫式和宇宙式二者之间，是一种在结构上既不单一也不复杂

图4-34　北欧自然场所

图4-36　希腊自然场所

图4-35　沙漠地区的自然场所

图 4-37　德国浪漫主义建筑之一

图 4-38　德国浪漫主义建筑之二

图 4-39　伊斯坦布尔蓝色清真寺

图 4-40　伊斯坦布尔托普卡普宫

多变的自然场所。如古希腊的自然场所，它的地表是连续而又多样化的，天空高悬且空气透明，光线明亮且分布均匀，使得事物的造型表现出强烈的体积感（图 4-36）。希腊人正是从自身所处的自然场所中体验到自然的种种特性，并将这些特性拟人化，使自然与人性的特质产生关联。

人为场所中，"浪漫式"是指那些形式多样且富有变化的人为场所。这种建筑往往是以幻想的、神秘的，也可能是亲切的、田园式的面貌呈现出来，具有一种非理性的特征。从它的组织来看，要素之间的组合关系并非出自于结构，而是出于一种自由生长的结果，空间也并非是规则的几何式空间，而是类似于地形的自然式空间。如中世纪的中欧城镇（图 4-37、图 4-38），芬兰建筑师阿尔瓦·阿尔托的建筑作品都是这种浪漫式建筑的代表。"宇宙式"是指具有明显一致性和绝对秩序的人为场所。它与浪漫式建筑恰好相反，既不是幻想的也不是亲切的，具有一种理性的特征。在组织上，要素之间的组合关系是由一种秩序结构作用的结果，空间呈现出规则的几何关系。如伊斯兰建筑（图 4-39、图 4-40）、罗马建筑都是这种宇宙式建筑的代表。"古

图 4–41　雅典卫城

图 4–42　帕提农神庙

典式”可看成是综合了以上两种建筑的基本特征，它既不像浪漫式建筑那样富有变化和动态，也不像宇宙式建筑那样追求一致和静态，而是以理性和逻辑的方式体现明晰的秩序，同时又以拟人和移情的手法表现人类的情感和需要。在这类建筑中，规则的单体建筑和不规则的群体建筑同时出现，单体建筑呈现出几何秩序，群体建筑则反映地形秩序。如古希腊建筑就是这种古典式建筑的代表(图 4–41、图 4–42 )。

舒尔兹认为场所精神与场所结构有着密切的关系，与场所结构的两个基本要素“空间”与“特性”相对应，场所精神也包括了两个基本要素 :一是“方位感”;二是“认同感”。

## 二、方位感与认同感

**两个心理过程：方位感与认同感**

在具体的生活世界中，人置身于空间之中，又暴露于场所特性之中，这样，人就可以从视觉、心理上认识和理解自身所处的空间和特性。场所精神是由空间和特性显现出来的，因此，对场所精神的理解和把握就可以通过与空间和特性相对应的"方位感"和"认同感"这两个心理过程来获得。

方位感，使人能够辨别方向，确定位置，知晓自己身在何处。关于方位感，凯文·林奇在他相关的著作中为我们提供了重要的理论依据。林奇在《城市意象》中，把路径、边界、区域、节点、标志物作为形成方位感的五个基本要素。这些要素在人的知觉上彼此关联，形成了一种具有特征的空间结构，也即"环境意象"（environment image）。林奇还指出："一个好的环境意象能给它的拥有者在心理上有安全感。"[1]事实也是如此，任何一种文化系统都有自己的"方位系统"，也即能产生出好的环境意象的空间结构。当一个环境具有了清晰的空间结构时，身处于环境之中的人们就比较容易获得方位感，林奇把这样的环境称作具有较强的"意象性"；反之，当一个环境不具有清晰的空间结构时，人们就不容易获得方位感，在心理上产生了一种失落感，而失落感与安全感恰好相反。

认同感，可以帮助人确认他与场所是怎样的关系，由对场所的认同感能使人体验到"在家"的感觉。由于任何场所都有其特性，它有可能是由场所的整体氛围显现出来，也有可能是由场所的某些局部和细节显现出来，因此人对场所特性的感知，既可以来自于场所的整体氛围，也可以来自于场所的局部和细节。建筑师卡尔曼（Gerhard Kallmann）曾经讲过这样一个故事："在第二次世界大战末期，当他重返离开多年的故乡柏林时，他所想看的是他在那儿长大的房子。那栋他迫切盼望能在柏林见到的房子已经消失了，因此，卡尔曼先生便有点失落的感觉。突然间，他想起了人行道上典型的铺面：小时候，他曾经在那地面上玩耍。于是，他产生了一种已经回家了的强烈感受。"[2]这个故事说明，人对场所的认同感是来自于具体的环境特性，只要这个特性曾经被人体验，既使是小时候的生活体验，也会培养出认同感（图 4-43）。

方位感和认同感作为两个心理过程，前者是人对场所空间的感觉，是一种较为简单和单纯的心理过程，后者是人对场所特性的感知，是一种较为复杂和综合的心理过程，二者既相互独立又相互联系。方位感是前提和基础，只有当方位感上升到认同

[1]诺伯格·舒尔兹著．场所精神．施植明译．台北：田园城市文化事业有限公司，1995，19

[2]诺伯格·舒尔兹著．场所精神．施植明译．台北：田园城市文化事业有限公司，1995，21

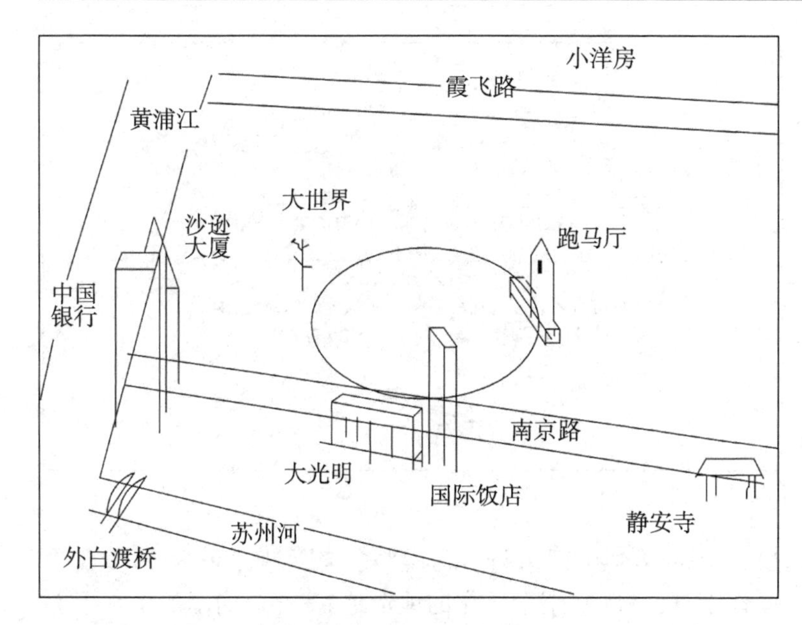


图 4-43　张钦楠先生幼年时对自己老家上海的认知图。他说："我出生在上海，幼年时，上海在我脑中的'认知图'就是由外滩、南京路和霞飞路（现在的淮海路）构成的希腊字母Π，而现在，加上了浦东电视塔和浦西新客站、体育中心等，它就变成了中文的'亦'字"（引自张钦楠著《阅读城市》）

感时，才会产生人对场所的归属感。

**世界图式和风水模型**

由方位感与认同感的讨论引出了归属感这一概念，归属感说到底是人对场所的一种依赖心理，它意味着对"家"一般的眷恋。若从更大范围来讲，与"家"有着相近的具体意义的，就是所谓的"世界中心"或"宇宙中心"。它是一种理想的共同目标，也是一个地区的人们在与自然的长期磨合中逐渐形成的理想居住环境的图示模型。事实上，在世界各地成熟的文化圈中都存在着这种图示模型，其中，又以罗马人的"世界图式"和中国人的"风水模型"最为典型。

古代罗马人一直试图在无序的混沌中建立起有序的世界，这不仅表现在庞大帝国的建立上，也反映在社会生活的各个方面。比如，在住宅的营建活动中，常以肠卜者（aruspice）首先来占卜用于居住的场地。肠卜者通过观察和解释在场地捕获而来的祭品以此献给守护神灵的动物内脏，来评价这场地是否适合居住并对此作出结论。一经肠卜者认可，该场地就由占卜者（augur）来举行祭奠。占卜者总是手持权杖端坐于即将被开发为居住地的中心，以自身为原点划出两条互为垂直的轴线，把周围的空间分为前、后、左、右四个部分。划分空间的轴线是有方向性的，南北向的轴线象征着世界之轴，东西向的轴线象征着太阳运行的轨迹。被划分为四个具有边界的空间部分则代表着宇宙。这个所谓的世界中心，就是罗马人的"世界图式"（图 4-44），也是他们的理想居住模式。

古代中国人在居住场所的营造活动中，也是先由风水师以

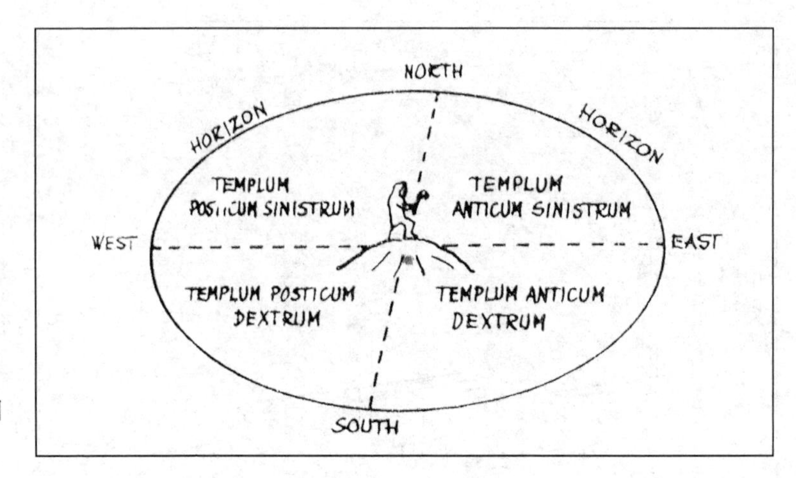


图 4–44　罗马人的“世界图式”

道家学说中的阴阳、五行、八卦、“气”等为理论依据，以罗盘为操作工具，来勘察用于居住的地形地貌，并对周围的山水形势作出解释，寻找和建构适合于居住的自然环境，达到“居山水间者为上”的居住状态。自然环境中，“风”与苍穹相关联，“水”与大地相联系，风与水代表着天空与地面之间万物的运动。而凝结在风水观中最为本质的莫过于蕴藏和运行于万物之间的“气”。晋人郭璞（276–324）在《葬书》中说：“气乘风则散，界水则止，古人聚之使不散，行之使有止，故谓之风水。”[1]根据风水理论，理想的宅地应该是“坐北朝南，负阴抱阳”，背靠山峦，前临流水（或池塘），面对案山，左右有丘陵环抱（或左有河流，右有道路），即所谓“左有青龙、右有白虎，前有朱雀、后有玄武，为最贵之地”。这个“最贵之地”被认为是最能聚集天地之气的凝结点，因而，此地也是最适合于居住的福地。这个风水宝地，就是中国人的“风水模型”（图 4–45），也是中国人在农业时代特有的理想居住模式。

### 三、人诗意地栖居与理想居住模式

舒尔兹认为，建筑从属于诗意，它的目的就是帮助人们定居，就是使场所精神具体化，场所精神的形成是利用建筑物赋予场所的特质，并使这些特质与人产生亲密的关系。因此，建筑的基本行为是了解场所的使命。从这个角度来看，我们必须保护地球并使其成为我们本身所理解的整体中的一部分，如果我们忘记了这点，将导致人类的疏离感和环境的崩溃[2]。下面，从人的定居、人与环境、建筑与环境的角度，对人类理想栖居模式作一些讨论。

#### 人诗意地栖居

海德格尔在 1951 年撰写了著名的论文《人诗意地栖居》，

[1]王其亨主编.风水理论研究.天津:天津大学出版社,1992,11

[2]诺伯格·舒尔兹著.场所精神.施植明译.台北:田园城市文化事业有限公司,1995,23

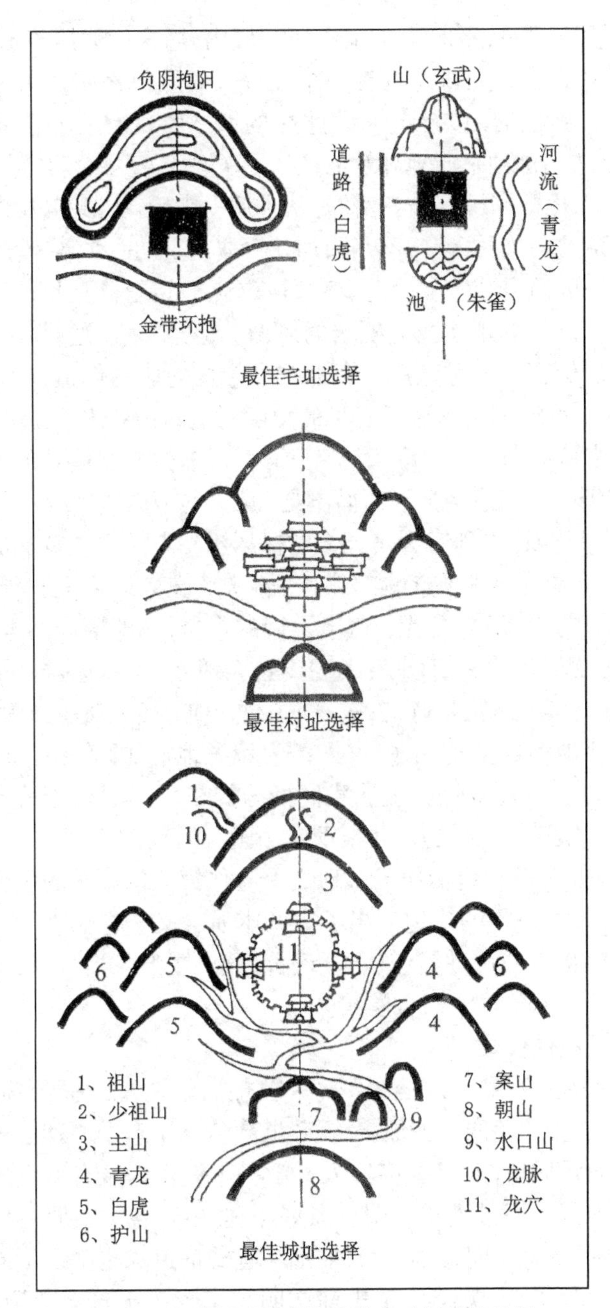


图 4–45　风水理论中的最佳宅、村、城址选择

这句话原出自于荷尔德林（Holderlin）的晚期诗歌，若把它放回到从原诗中摘取出来的两行诗中，就是："人充满劳绩，但还 / 诗意地栖居于大地之上"。

如果把诗只是看作文学艺术，又如何理解人的栖居与诗的关系呢？要解释此问题，还得从人之定居的意义去思考人之存在究竟意味着什么。从现象来看，人的栖居仅仅只是作为劳作生息的活动，与人的其他活动形式并无任何区别。如现代人期望的生活方式是,平时为了工作住于城内,周末度假居于城外,这样理解的居住无非是占有一个住处。而海德格尔认为:“荷尔德林谈到栖居时,是把人的此在的基本特征摆在自己面前的,他是从同这种本质地理解的栖居的关系上来看待‘诗的’东西的。”[1]也即是说,荷尔德林是从本质上来看待和理解栖居与诗的关系的。这样,诗就不是附加在栖居之上的一种语言游戏,更不是一种语言装饰。因此,海德格尔说:“诗首先使栖居成其为栖居。诗是真正让我们栖居的东西。但是,我们通过什么达于栖居之处呢?通过建造。那让我们栖居的诗的创造,就是一种建造。”[2]海德格尔从语言学的角度对这两行诗进行了分析,认为诗之诗眼就在于“诗意地”一词。荷尔德林要倡导的人的栖居,应该是“诗意地栖居”,而不是“诗意的栖居”。因为“诗意的栖居”只会让人理解为是把人的栖居虚幻地建立在现实的上空,而诗人着重要强调的是“诗意地栖居”在大地之上。于是,通过附加的“于大地之上”道出了诗的本质,也即栖居的本质。所以,海德格尔说:“诗并不飞翔凌越大地之上,以逃避大地的羁绊,盘旋其上。正是诗,首次将人带回大地,使人属于这大地,并因此使他栖居。”[3]由此可见,“人诗意地栖居”包括了两个基本含义:一是,诗是真正让我们栖居的东西;二是,当诗意出现时,人将居于大地之上,并帮助人栖居。

人应该“诗意地栖居于大地之上”,作为荷尔德林的一个倡言,经由海德格尔的论述道出了它的本质含义。它作为对人类理想生存状态的一种界定,乃至评价标准,在当今社会,已成为一种关于人类理想的栖居模式。

**理想居住模式**

要实现“人诗意地栖居”这一理想栖居模式,则需要通过“自然”与“文化”两个方面来构筑,既要依据生态学原理建立舒适宜人的物质家园,又要借鉴人文学科知识建构富有诗意的人类精神家园。回顾人类文明的发展历程,由于各个文明时代的自然、文化观念不同,人们对理想居住模式的追求也随之不同。

农业时代,人类结束了史前文明完全依赖于自然的历史,开始逐渐了解生活于其中的自然环境,并依靠自己的经验和掌握的一些初级技术,在有限的范围内改造着原生的自然环境,以便更好地生存。在这时期,自然环境不因人类的有限改造而发生多大的变化,仍然按其自身的规律运行和演变着,人工环境从本质上来说是自然的,它朴素地与自然环境相融合。即使是发展到了后期,人类掌握了较为高明的建造技术,对自然环境的改造也加大了力度,但从人工环境的形式、空间、场所、文脉等方面来看,都普遍地与自然环境发生关联,仍然是与

[1]海德格尔著.人,诗意地安居.郜元宝译.上海:上海远东出版社,1995,89

[2]海德格尔著.人,诗意地安居.郜元宝译.上海:上海远东出版社,1995,89

[3]海德格尔著.人,诗意地安居.郜元宝译.上海:上海远东出版社,1995,93

自然环境不可分割。虽然人类在农业时代的生存状态是“艰辛地栖居”,但如荷尔德林所说:“人充满劳绩,但还诗意地栖居于大地之上。”中国的“桃花源”(图 4–46~ 图 4–52),西方的“基

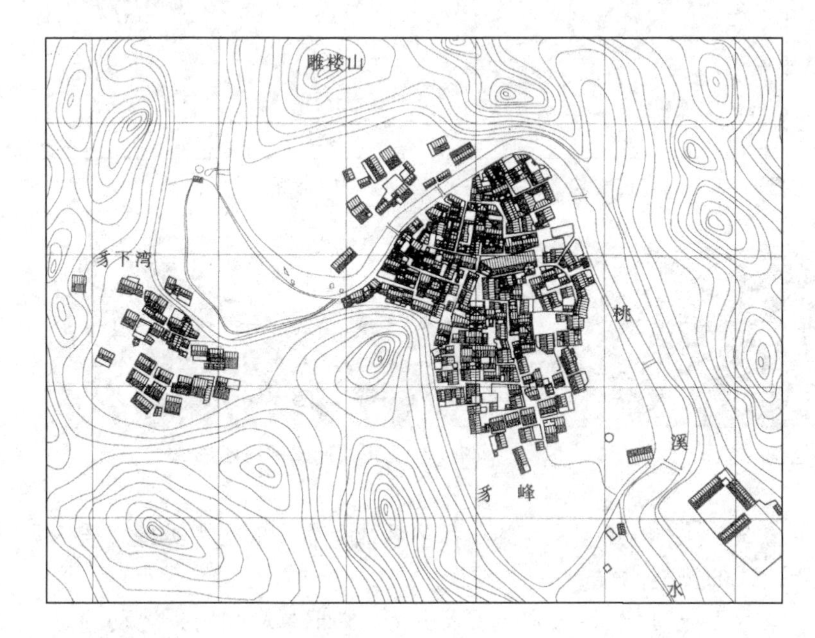


图 4–46　豸峰村落总平面

图 4–47　豸峰村落全貌,前有桃溪水,后有回龙山

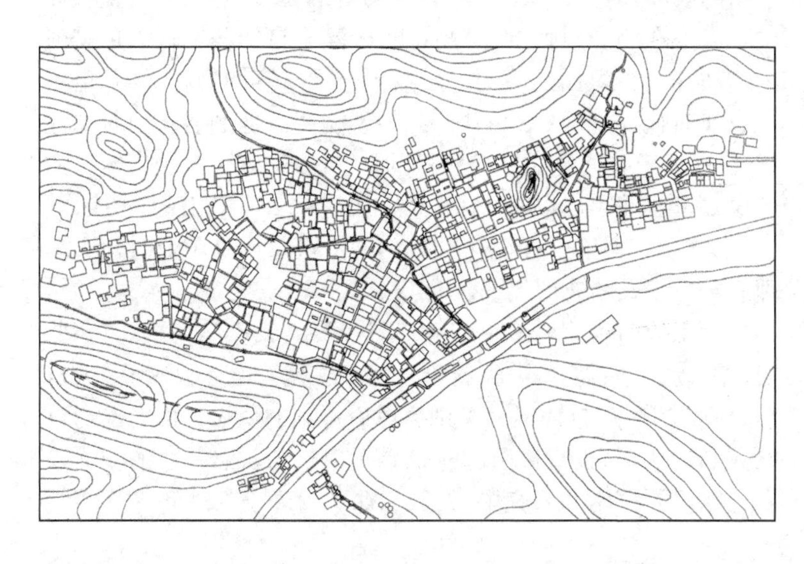

图 4–48　瞻淇村落总平面

图 4-49 瞻淇村落全貌，前有大坑水，后有来龙山

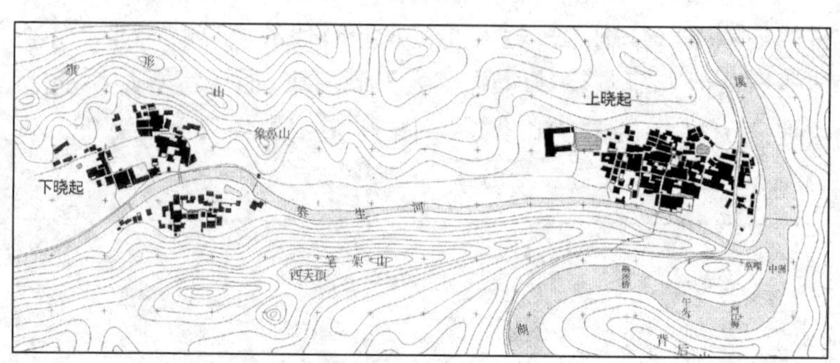


图 4-50 晓起村落总平面，左为上晓起，右为下晓起

图 4-51 上晓起河北江氏村落全貌

图 4-52 下晓起沿河村落景观

督城”（图 4–53~ 图 4–59），都可看成是农业时代人类理想居住模式的典型代表。

工业时代，经过文艺复兴运动、科学革命和启蒙运动的发展，人类树立起了“人文主义”的精神，“驾驭自然，作自然的主人”的机械论思想确立了人类自身的中心地位，使人类感到可以将自己从赖以生存的大自然中解脱出来。从此，人类利用新的科学技术，对自然环境进行大规模的改造，在创造了前所未有的技术文明的同时，也给大自然带来了极大的破坏。由人与自然的关系也反映在建筑与自然的关系上，在许多地区建筑环境出现了一系列的“建设性破坏”，如对土地资源的侵蚀、对生态平衡的破坏、对文化遗产的破坏等等，直接威胁着人类的生存环境。人类在工业时代的生存状态，已濒于自然和文化双重丧失的物质和精神家园的境地。虽然创造了丰富的物质文明，也不似农业时代那样艰辛地栖居，但却不能诗意地栖居。面对如此状况，一些有识之士进行着积极的社会改革，如近代城市规划的启蒙者霍华德（Ebenezer Howard，1850–1928）提出的“田园城市”设想及其实践（图 4–60~ 图 4–62），可看成是工业时代人类理想居住模式的典型代表。

后工业时代，从 20 世纪 60 年代开始，人类第一次认识到：“自然不属于人类，但人类属于自然”，这是人类在吸取了“大自然报复”的惨痛教训经过深刻反思后得到的认识。由对人与自然关系的认识，也直接引起建筑界对建筑与自然关系的全面审视。在不断探索和研究中，人们加深了对环境的理解，“环境观

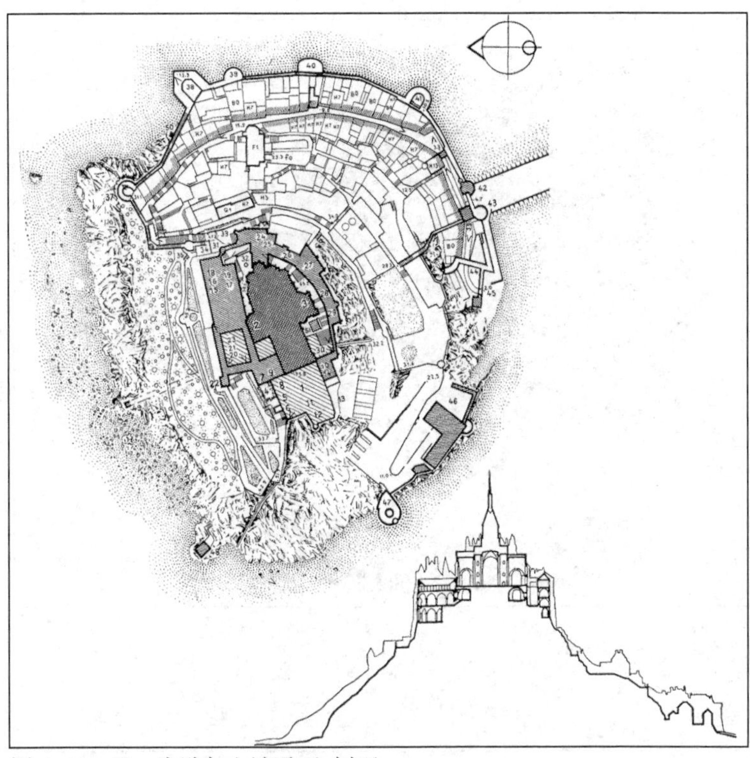

图 4-53　圣·米歇尔山城平面、剖面

图 4-54　圣·米歇尔山城鸟瞰

图 4-55　锡耶纳城平面

图 4-56　锡耶纳城鸟瞰,图下方为锡耶纳主教堂,上方为坎波广场

图 4-57　坎波广场鸟瞰

图 4–59　圣马可广场鸟瞰

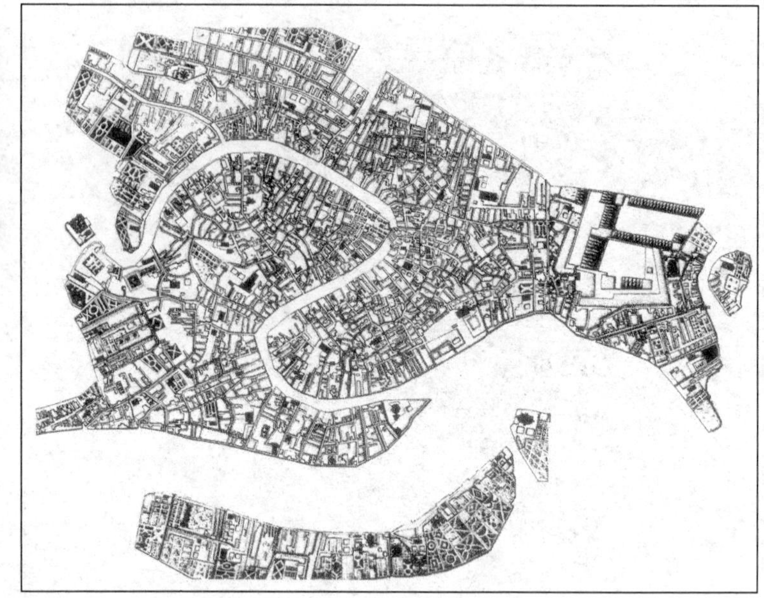

图 4–58　威尼斯城平面

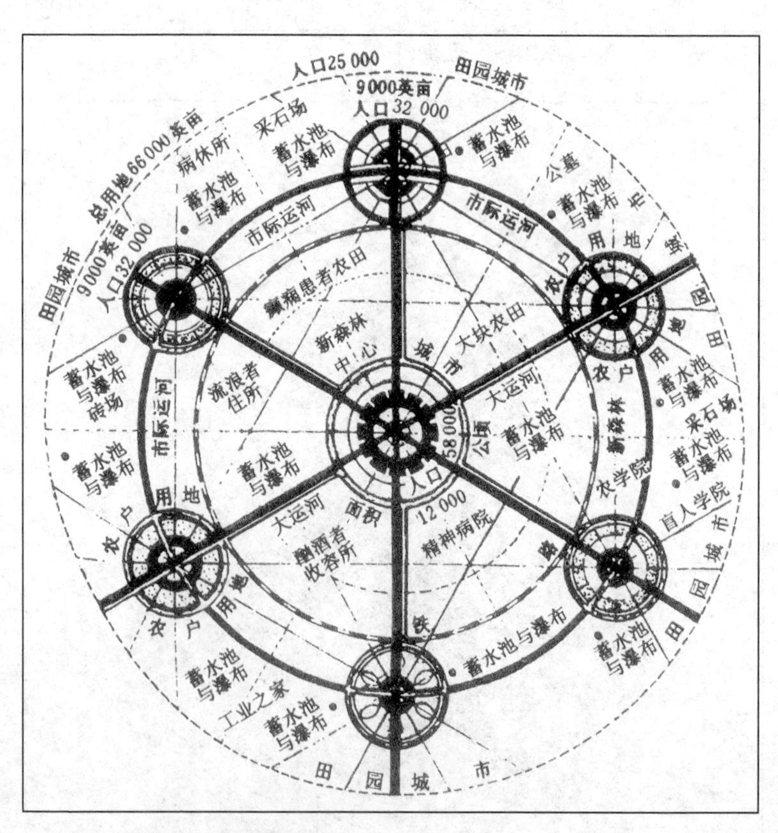


图 4–60　霍华德的花园城市图解

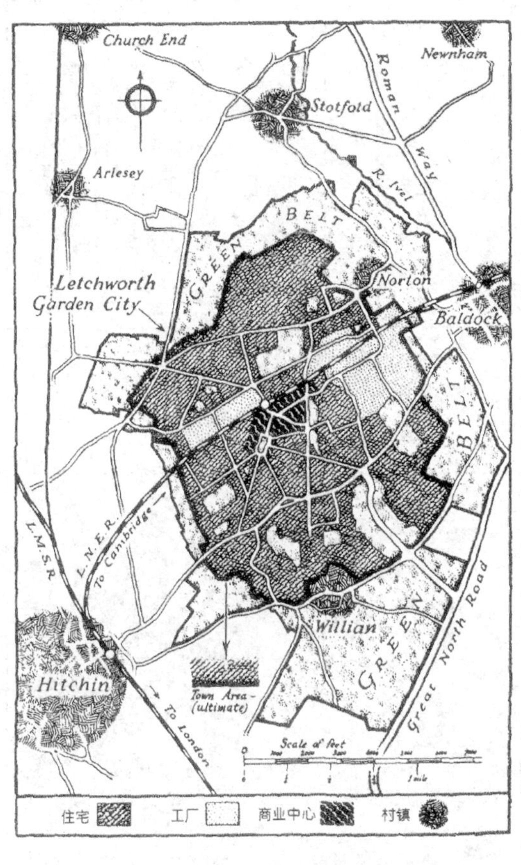


图 4–61　1902 年开始建设的第一座花园城市列契沃斯的规划图

图 4–62　列契沃斯城鸟瞰

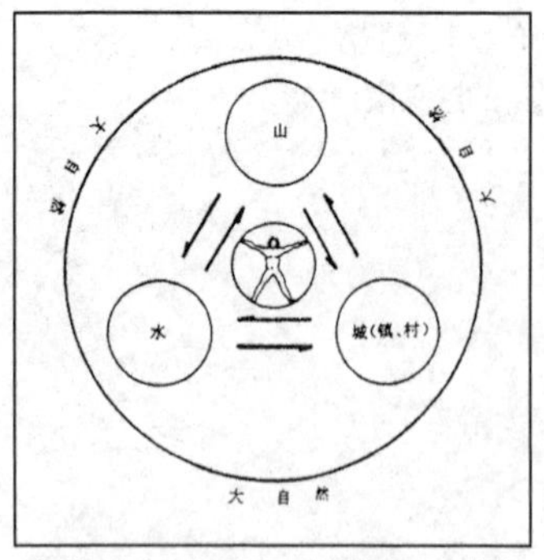


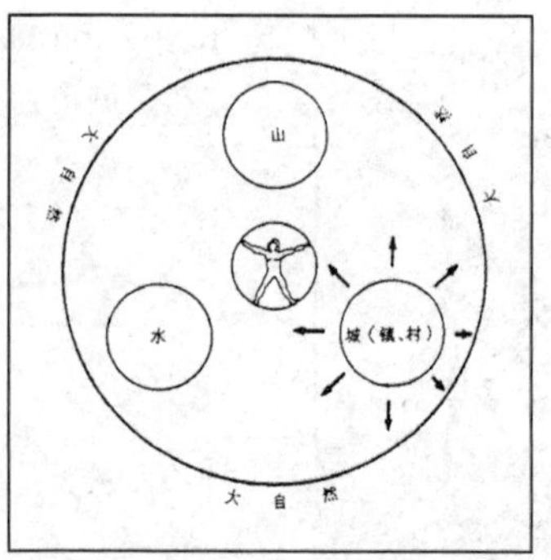


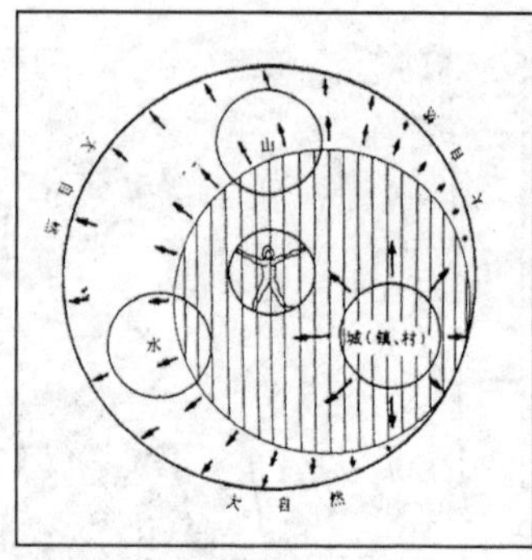


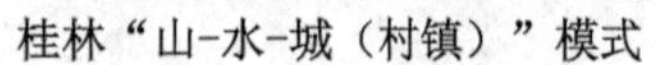
桂林“山-水-城（村镇）”模式　“山-水-城（镇、村）”模式被否定　“山-水-城（镇、村）”失去平衡

图 4-64　吴良镛对桂林“山—水—城”模式发展演变的研究

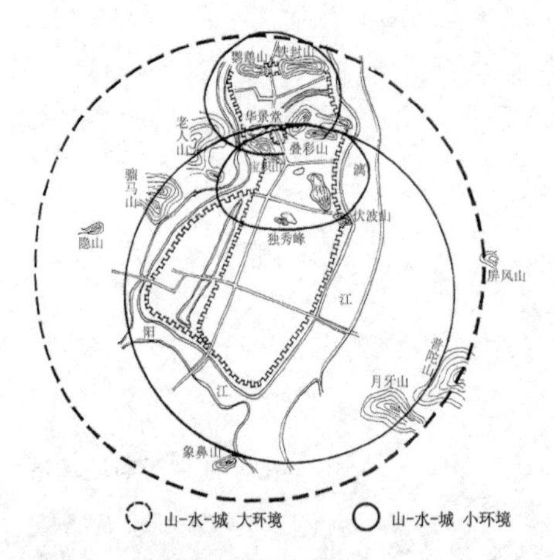


图 4-63　吴良镛提出的桂林“山—水—城”模式

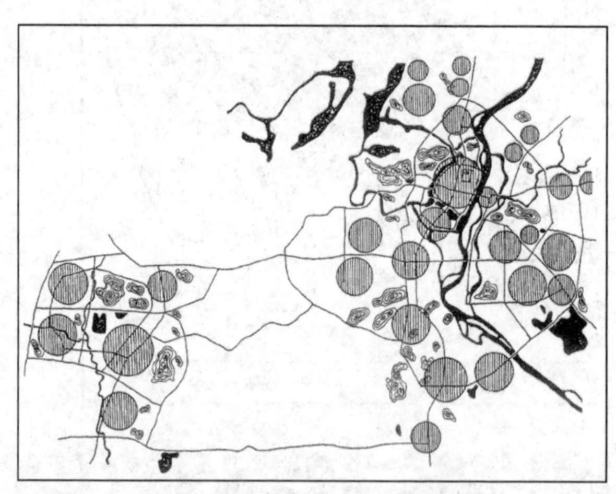

图 4-65　吴良镛对桂林“山水城”的再创造，体现了以“有机疏散”形式重视山水景观活力的设想

念”逐渐从自然环境拓展到人文环境。于是，在建筑与自然环境的探索方面出现了生态建筑、绿色建筑、节能建筑、可持续发展的建筑等；在建筑与人文环境的探索方面形成了建筑文化、环境心理、环境行为、环境美学等多种建筑理论和设计思想。由此，人类在后工业时代的生存状态，是找寻工业时代自然和文化双重丧失的物质和精神家园，尝试着重构人类诗意地栖居。中国提出的“山水城市”（图 4-63~ 图 4-65），西方提出的“生态城市”设想及其实践（图 4-66~ 图 4-69），都可看成是后工业时代人类理想居住模式的典型代表。

为进一步阐明理想居住模式，下面引用朱文一先生的“建筑与环境关系的演进及特征”表[1]，以作补充说明。

从下表中，我们可以清晰地看到，人类在农业时代、工业时代和后工业时代，由于自然资源、人文资源、信息资源的利用和状况不同，呈现出不同的生存状态和理想居住状态。

[1] 朱文一．迈向知识时代的建筑与环境．建筑学报，1998(9)，9，有改动

图 4-66　保罗·索勒里提出的“两个太阳”理论的图标

图 4-69　阿科桑底城的建设景象

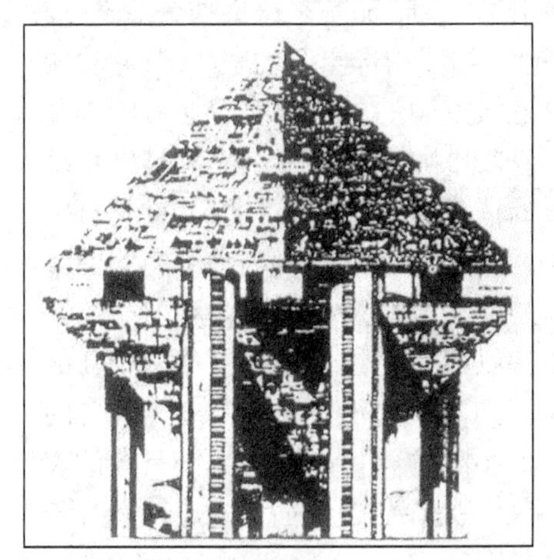

图 4-67　保罗·索勒里提出的另一个重要理论概念是“城市生态学”，此图是他所作的金字塔城市构想

图 4-68　保罗·索勒里将其理论付诸于阿科桑底城的实践之中，此图是阿科桑底城的整体模型

“建筑与环境”关系的演进及特征

| 演进<br>状态 | 农业时代 | | 工业时代 | | 后工业时代 | |
|---|---|---|---|---|---|---|
| | 建筑 | 环境 | 建筑 | 环境 | 建筑 | 环境 |
| 自然资源利用 | 物质资源 | 静态平衡 | 能量资源 | 恶化 | 生态资源 | 可持续 |
| 人文资源状况 | 村落单位 | 宗教宗族 | 城市单位 | 经济 | 地域单位 | 文化 |
| 信息资源状况 | 匮乏 | 交流少 | 较多 | 交流增加 | 爆炸 | 交流多 |
| 物质形态构成 | 泥、木、石、砖 | 天然景观 | 混凝土、钢、玻璃 | 人工景观 | 轻质材料、绿色材料 | 生态景观 |
| 技术水平 | 低技术 | | 中高技术 | | 高技术和适宜技术 | |
| 科学水平 | 物质 | | 分子—原子 | | 原子核 | |
| 空间观念 | 一维和二维 | | 三维 | | 四维（含时间） | |
| 生存状态 | 艰辛地栖居 | | 丧失精神家园 | | 找寻精神家园 | |
| 理想居住状态 | 桃花源、基督城 | | 花园城、安托邦 | | 生态城市、绿色城市 | |

# 第五节 空间与场所设计

## 一、赖特和他的有机建筑

### 赖特的草原住宅

在现代建筑的先驱者中，赖特与其他先锋式人物有着明显的区别，他走的是一条将现代精神与传统的场所感有机结合的道路。在20世纪初期，赖特的这种建筑思想及创作手法就已经形成，并在“草原住宅”中得到了充分表现。

赖特于1902年设计的威立茨住宅，是“草原住宅”中的第一件杰作。威立茨住宅采用了当地传统住宅的十字形平面，但赖特在平面上并没有完全局限于传统，而是来得更加灵活多变。一个巨大壁炉居于住宅的中央，构成内部空间的中心，其它功能用房不做固定分隔，而是以连续空间的方式围绕着这一中心并向十字形平面所规定的方向展开。在建筑外部，赖特打破传统住宅的封闭性，摒弃方盒子的造型，采用出挑深远的屋檐，自由穿插的墙体，以及连续成排的窗户，创造了内部与外部空间的渗透和融合。最终，内部空间的流动，通过屋檐、墙体和窗户消融在周围的环境中。由此，赖特以威立茨住宅确立了一种全新的空间关系，墙体不再仅仅是用于围合空间，而是参与室内外空间的穿插，使得现代建筑最具魅力的“流动空间”得到了具体的表现。此外，该住宅的另一个特点，是在建筑立面上，长长的屋檐，

图4–71 威立茨住宅外观

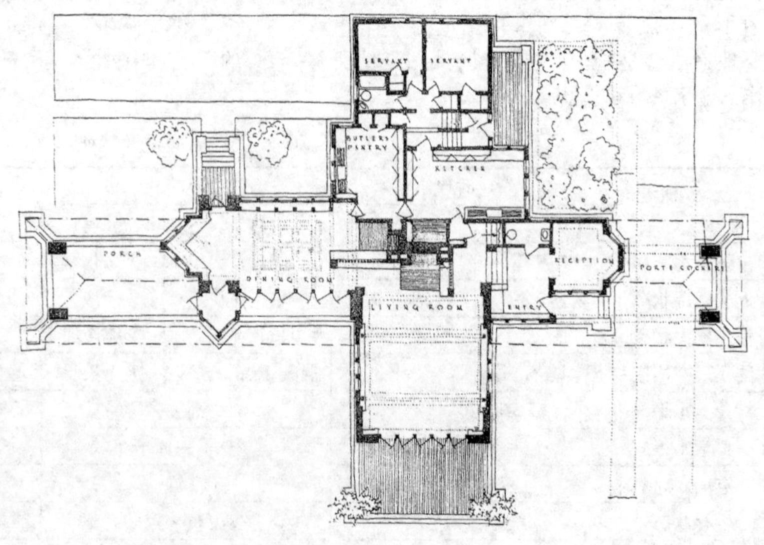


图4–70 威立茨住宅平面

图4–72 威立茨住宅外观局部

成排的窗户，墙面上的饰带和勒脚，以及矮墙，形成以水平向为主的构图，给人以舒展和安定的印象，建筑也因此固着于大地之上（图 4–70~ 图 4–72）。

建筑理论家斯卡利（Vincent Scully）曾经对帕拉第奥的圆厅别墅与赖特的威立茨住宅作过比较："前者中央是一个圆筒形空腔，而后者中央却是一个巨大的实体；人们能够使用前者的中心空间，而在后者人们只是在一个被占用的中心周围活动；前者由于中心圆的四个方向开门而产生一个开敞的通长的轴线，而且因为中心空间高于四边的门洞，中心空间的竖向仍保持着，使人因此而在那里驻足，减弱了向四面移动的感觉，最外部的方形轮廓又包含了整个空间。而在威立茨住宅，人们的视线从水平方向被引了出去，人处在仅够他站着的空间之内自然急切地希望有释放感，于是只能去寻求令他舒适的宁静的水平线，当主人在壁炉旁休息时，注视着柔和的炉火，而同时注意力也必然引向外部不可匹敌，但又是透过有色玻璃窗带和门廊空间的柔和的光线。"[1]通过斯卡利的分析比较，不难看出，作为两个不同时代的住宅杰作，圆厅别墅强调的是空间的围合和中央空间的内空，形成了固定和静态的空间形式，而威立茨住宅则打破空间的围合，并以实体充斥中央空间，形成了流动和动态的空间形式。

威立茨住宅在空间上的流动性，形体上的水平性，材料上的自然性，以及后来作品中都有一个垂直向的控制因素——壁炉和烟囱，成为赖特在这时期设计的住宅的共同特点。如"草原住宅"的另一件杰作——罗比住宅（图 4–73~4–75），都很好地

[1] 项秉仁．赖特．北京：中国建筑工业出版社，1992，50

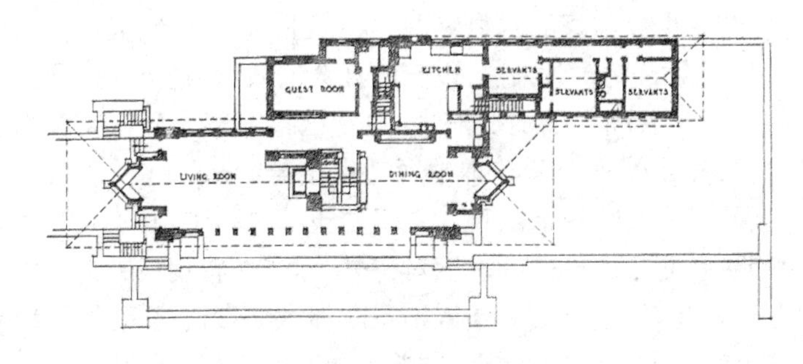

图 4–74　罗比住宅外观

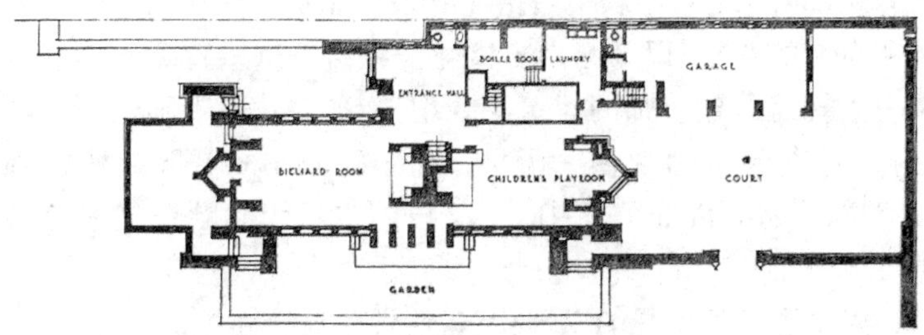


图 4–73　罗比住宅平面

图 4–75　罗比住宅室内空间

[1]张彤著．整体地区建筑．南京：东南大学出版社，2003，126
[2]罗小未主编．外国近现代建筑史(第二版)．北京：中国建筑工业出版社，2004，92
[3]罗小未主编．外国近现代建筑史(第二版)．北京：中国建筑工业出版社，2004，92

诠释了赖特作品中最有价值的东西，“即自由与根植的结合、现代性与场所感的结合”[1]。因此，“草原住宅”是属于美国中西部这片宽广的大草原的，并与之形成整体。

**赖特的有机建筑**

谈到赖特建筑往往使人联想到他的有机建筑。赖特把自己的建筑称为“有机建筑”，他曾经这样解释“有机”概念：“有机建筑是一种由内而外的建筑，它的目标是整体性。……有机表示是内在的——哲学意义上的整体性，在这里，总体属于局部，局部属于总体；在这里，材料和目标的本质、整个活动的本质都像必然的事物一样，一清二楚。”[2]显然，“整体性”是有机建筑的一个重要概念，它不仅表现在建筑的目标与手段的统一，整体与局部的逻辑关联，以及材料和结构的真实体现，而且也表现在建筑与环境的和谐共生上。关于建筑与环境的关系，正是赖特在住宅设计中所要追求的目标，他说：“我努力使住宅具有一种协调的感觉，一种结合的感觉，使它成为环境的一部分。如果成功，那么这所住宅除了在它所在的地点之外，不能设想放在任何别的地方。”[3]由此可见，赖特的有机建筑已经触及到场所理论的核心内容，在现代性与场所感的有机结合上为我们提供了经典的范例。

## 二、北欧现代建筑和阿尔瓦·阿尔托

**北欧现代建筑**

北欧作为一个相对独立的地区，在自然条件、历史文化、社会制度等方面都有着自己鲜明的特色。这里气候严寒，风景优美，有着十分丰富的木材资源。在工业化进程中，北欧不及欧美一些国家的发展那么快，也未给社会的政治、经济带来剧烈的动荡。在与欧洲大陆的交流中，北欧国家能够充分认识到自己的位置，并将外来经验与本地区特点结合起来。北欧现代建筑的发展正是如此，在追随现代主义建筑的过程中，并不是盲目地照搬照抄，而是以冷静的态度对待外来思潮，将现代主义与北欧特点结合起来，走出了一条区别于欧洲大陆现代建筑的发展道路。这里所说的“北欧特点”，是指北欧现代建筑中反映出来的对人情和自然的尊重，以及与地方文化的结合。这些特点无不表现在一大批北欧建筑师的建筑实践中，如芬兰建筑师阿尔瓦·阿尔托、丹麦建筑师约翰·伍重(Dane Jorn Utzon)、挪威建筑师S. 费恩(Sverre Fehn)等，其中，又以阿尔托为北欧现代建筑的主要代表。

**阿尔瓦·阿尔托的人情化、自然性和地域性建筑**

阿尔瓦·阿尔托在年轻时代就是欧洲现代建筑学派的一

名成员，他在二次大战期间的代表作——维普里市立图书馆和帕米欧肺病疗养院，就已经列为现代建筑的经典之作。值得注意的是，正是这两件作品又与欧洲现代建筑有所不同，表现出阿尔托对芬兰地区文化的注意。在维普里市立图书馆中，阿尔托不但使欧洲现代建筑在芬兰得以出现，还结合当地特点创造性地采用了"波浪形"天花(图 4-76)。此后，这种波浪形的曲线造型手法在阿尔托的建筑、室内，乃至家具设计中被反复使用，成为他作品中极具个性化的形式语言之一。

图 4-76　维普里市立图书馆报告厅里的波浪形天花

"木材"在阿尔托建筑中是最重要的自然材料。在 1937 年巴黎世界博览会芬兰馆中，阿尔托以木材来表现芬兰特色，这正如展馆本身被定名为"木材正在前进"。建筑外立面是以木材做成半圆形截面的长条拼饰，入口处雨篷的结构部分是采用木质的束柱和斜向支撑，并以藤条捆扎，展厅内部也使用了大量的木版条和木构架，或作为墙面装饰，或作为结构方式。所有这些木构件都是在芬兰国内加工制作，并由芬兰工人进行拼装。整

图 4-77　纽约世界博览会芬兰馆室内展厅

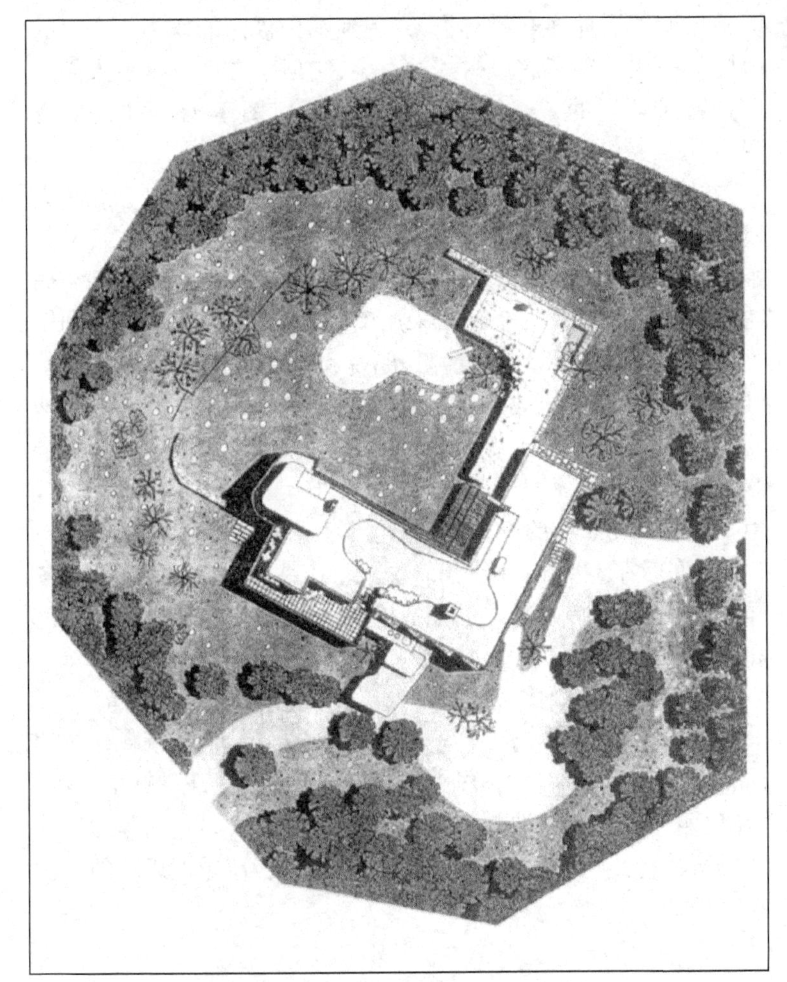

图 4-78　玛丽亚别墅平面

[1]刘先觉编著.阿尔瓦·阿尔托.北京:中国建筑工业出版社,1998,13

[2]诺伯格·舒尔兹著.场所精神.施植明译.台北:田园城市文化事业有限公司,1995,196

图 4-79　玛丽亚别墅外观及入口

图 4-80　玛丽亚别墅蒸汽浴室外廊的束柱节点

图 4-81　玛丽亚别墅室内门厅空间

个展馆从材料到工艺技术无不显示出强烈的芬兰特色。两年后,即 1939 年,阿尔托又设计了纽约世界博览会的芬兰馆。此展厅设计同样也是采用木材作为一种结构方式和墙面装饰,与两年前的芬兰馆不同的是,对木材的运用更具有表现性,形成了一个向前倾斜的波浪形曲面,阿尔托惯用的形式语言再一次得到了充分的表现(图 4-77)。同样也是在 1939 年,阿尔托设计了他在二次大战以前最为重要的建筑——玛丽亚别墅。有学者认为它是当代最出色的住宅建筑之一,可以与赖特的流水别墅、柯布西耶的萨伏伊别墅、密斯的吐根哈特住宅相媲美[1]。玛丽亚别墅位于芬兰西部的一片松林之中,整个建筑呈"U"型布局,围合着庭院,开口部面向松林,反之,松林也起到围合庭院的作用。建筑入口的雨篷是由密集的树杆支撑,树杆表面的自然纹理和竖向的韵律节奏使人联想到周边的树林。进入建筑内部,底层是一个连续空间,没有采用分隔,只用地坪的高差来形成两种不同的功能空间,即起居空间和就餐空间。然而,正是在起居与就餐空间之间,另一处"树林"形成了内部空间的中心,它将楼梯与上下层地面联系起来,并起到围护楼梯的作用。密集的树杆又一次再现了周边树林的意象,它似乎在反复提示人们建筑是特定环境的一个组成部分(图 4-78~ 图 4-81、彩图 33、彩图 34)。

"红砖"是阿尔托建筑中另一种重要的自然材料。二次大战以后,阿尔托在继续探索木材的特性和美学价值的同时,又开始研究红砖这一北欧传统的自然材料。这时期的代表作品是珊纳特塞罗市政厅。整个建筑采用庭院式布局,由于巧妙地利用了地形,人们须经由坡道、台阶、庭院和入口,方能体验到建筑被"逐步发现"的整体效果。建筑的室内外墙壁几乎都是以当地的红砖精心砌筑(图 4-82~ 图 4-84),会议室顶棚的木构架则继续着阿尔托对于木材的创造性表现。1953 年,阿尔托设计了既用于生活又用于实验的夏季别墅。该别墅最有意思的是围合庭院两侧的实验性墙面,墙面上被分成 50 块,每块由形状、大小各异的砖块组成,拼砌方式也各不相同,以此来实验砖的美学价值和使用特性(图 4-85、图 4-86)。

阿尔托建筑中体现出来的对人情化和自然性的尊重,以及与地域文化相结合,是根植于北欧这片土地的,他用现代建筑的语言对"场所精神"的传统概念作出了阐释。所以,舒尔兹说:"在玛丽亚别墅及珊纳特塞罗市政厅的作品中,表达出强烈的芬兰场所精神。玛丽亚别墅事实上可以说是新地域性思路的首次宣言。"[2]

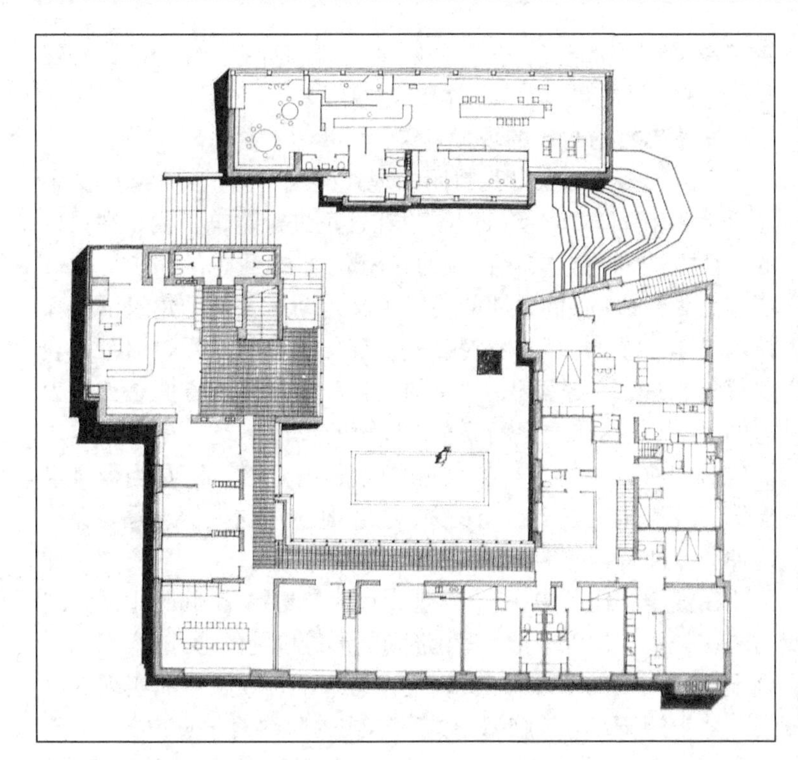

图 4-82　珊纳特塞罗市政厅平面

[1]罗小未主编．外国近现代建筑史(第二版)．北京：中国建筑工业出版社，2004，289

图 4-83　珊纳特塞罗市政厅外观之一

图 4-84　珊纳特塞罗市政厅外观之二

图 4-85　夏季别墅外观

图 4-86　夏季别墅实验性墙面

### 三、日本现代建筑和安藤忠雄

#### 日本现代建筑

日本现代建筑同样也有着自己独特的发展历程。20 世纪 50 年代后，以丹下健三为代表的第一代现代建筑师就对创造日本的现代建筑进行了积极探索。丹下于 1958 年设计的香川县厅舍，成为日本现代建筑在早期表现地方性的代表作品。对于地方性，丹下认为："现在所谓的地方性往往不过是装饰地运用一些传统构件而已，这种地方性总是向后看的……同样地，传统性亦然。据我想来，传统是可以通过对自身的缺点进行挑战和对其内在的连续统一性进行追踪而发展起来的。"[1]从这段话中，我们可以看出丹下对地方性的理解，以及地方性与传统性的关系。20 世纪 70 年代后，日本第二代现代建筑师对创造日本的现代建筑又有了新的发展和贡献。黑川纪章在 1979 年开始使用"共生"一词，1987 年出版《共生的思想》一书。他将"共生"阐述为异质文化的共生，地域性与普遍性的共生，人的建筑与自然的共生等等，以此来反对把西方文化作为惟一的价值观和标准，倡导不同文化的多元共生。20 世纪 80 年代后，日本的现代建筑在经过三十多年的独特发展和几代建筑师的共同努力下，越来越受到国际建筑界的重视，肯尼斯·弗兰姆普敦认为，安藤忠雄是“日本最具地域意识的建筑师之一”[1]。

**安藤忠雄的封闭的现代建筑**

安藤忠雄在《从自我封闭的现代建筑走向世界性》一文中写道：“我在日本出生和成长，也在这里进行建筑实践。在独特的生活方式和地方文化构成的封闭领域中，我走的路子可以被视作是为开放的、世界性的现代主义运动所发展的建筑语汇和技术增添了新的内容。对我来说，现代主义的国际式语汇在表现感觉、习俗、美学意识、独特的文化和社会传统方面是无能为力的。”[2]安藤在这里所说的“封闭的现代建筑”，是指日本传统建筑中所具有的建筑与自然之间的一体性特征，在当今日本建筑的现代化进程中已经丧失，为此，他提出这一概念是要保持这种一体性特征。

在安藤的作品中，一贯表现为形式与材料、空间与生活之间的密切关系。他以方形、三角形和圆形等单纯的形式，素面的混凝土材料制成的墙体，来实现他作为一个日本人所能实现的空间。他把这归结于“脑海中的日本式的简约美学意识”[3]。他又说：“当我的美学被承认时，墙体变得抽象了，形式不再存在，人们接近了空间的最终界限。混凝土的实体性消失了，只有它所围合的空间获得了真正的存在。”[4]这个由混凝土实体围合的空间，又通过自然要素和日常生活等方面被赋予其意义。在安藤看来，光和空气的片段隐喻着整个自然世界，通过它们象征着时间的流逝和季节的更替，因此，光和空气等自然要素常成为空间的主体，并暗示着空间的构成。而这些自然要素如同建筑一样又被他以极其抽象的方式表达出来。于是，在安藤的住宅、教堂等作品中，我们可以感受到自然要素已超越了它们在原生自然环境中的存在，光与影、风与空气、水与树木都被赋予了秩序，并与建筑融为一体(图 4-87~ 图 4-92、彩图 35~ 彩图 38)。安藤以他独特的现代建筑对日本传统文化进行了阐释，也使他的封闭的现代建筑观念具有了更为宽广的意义：“这样的空间在日常的功利性事物中往往被忽略，很少被人注意。但是，它们依然能够激起对其内在的形式的回忆，激起新的发现。这是我所称的‘封闭的现代建筑’的主旨。这样的建筑植根于场地，以各自不同的方式发展，并随着场地的不同而发生着变化。尽管它们是封闭的，我确信这样的建筑将以某种方式走向世界性。”[5]

安藤建筑从 20 世纪 90 年代初便由本土走向世界。他在 1992 年设计的赛维利亚世界博览会的日本馆，成为此次博览会的重要场馆，并引起国际建筑界的广泛关注。日本馆的设计继

[1][美]肯尼斯·弗兰姆普敦著．现代建筑：一部批判的历史．张钦楠等译．北京：三联书店，2004，366

[2]王建国、张彤编著．安藤忠雄．北京：中国建筑工业出版社，1999，294

[3]王建国、张彤编著．安藤忠雄．北京：中国建筑工业出版社，1999，297

[4]王建国、张彤编著．安藤忠雄．北京：中国建筑工业出版社，1999，297

[5]王建国、张彤编著．安藤忠雄．北京：中国建筑工业出版社，1999，297

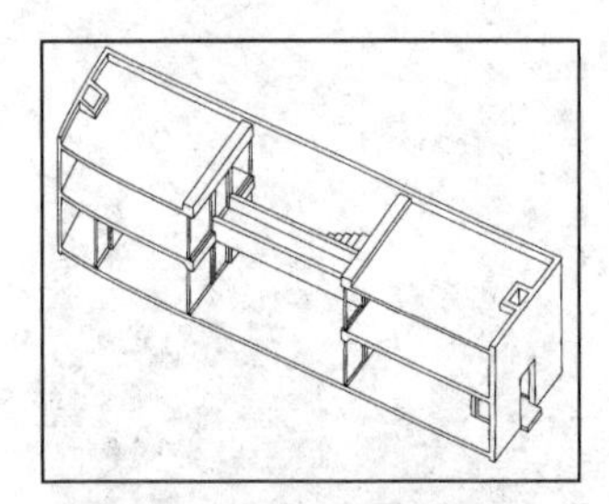

图 4-87　住吉的长屋轴测

图 4-88　住吉的长屋外观

图 4-89　住吉的长屋内庭院

图 4-90　光的教堂外观

图 4-91　光的教堂室内空间之二

图 4-92　水的教堂外观

续了安藤对建筑的一贯追求和表现,所不同的是,他一改过去多年从事的混凝土建筑,而是以日本式的木构建筑来表现日本美学中的一些基本精神,如:素雅、简洁、肃静的张力和抽象的力量。“希望在一个内外材料都被严格限制为木材的空间中追求自由的表现,创造一个充分表现柱子力量的丰富环境”[1]。整个建筑长 60m,宽 40m,最高处达 25m,除屋顶采用半透明的特弗龙张拉膜结构之外,建筑的正、背面均用条状木板做成弧形墙面,结构上也用胶合木梁柱体系。一座 11m 高的太鼓桥把参观者带入了一个由 10 组木质立柱支撑的展览空间,木材的美学特征被淋漓尽致地表现出来(图 4-93~ 图 4-95)。

[1]王建国、张彤编著.安藤忠雄.北京:中国建筑工业出版社,1999,313

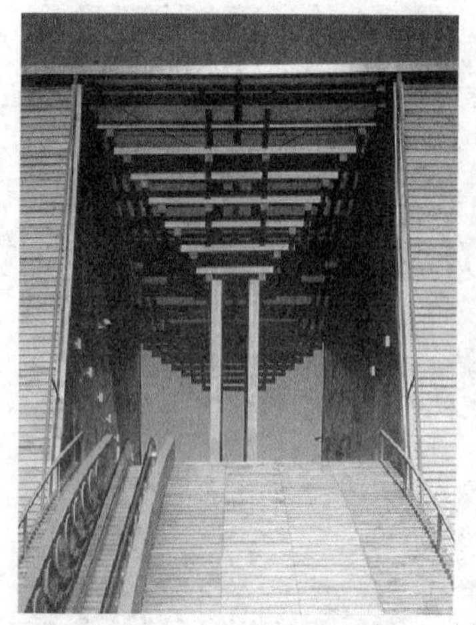

图 4–94　赛维利亚世界博览会日本馆入口的太鼓桥及构架

图 4–93　赛维利亚世界博览会日本馆外观

图 4–95　赛维利亚世界博览会日本馆入口构架

## 四、埃及、印度和马来西亚的现代建筑实践

### 埃及哈桑·法赛的现代性和地域性建筑

埃及最具国际影响的建筑师当属哈桑·法赛(Hassan Fathy)。在早年时期,法赛就对本土建筑有着浓厚的兴趣,但由于其风格还不够成熟,直到40岁时,他才获得了第一个委托设计——巴迪姆农场综合体。当时正值二次大战,市场上根本没有水泥、钢材,甚至连木材也很紧缺。于是,法赛选择了惟一现实可行的廉价材料——"泥土",以及埃及农村土坯建造技术。从这个设计以后,他便开始了接连不断的住宅设计,并走上了探寻"伊斯兰埃及建筑之根"的旅途。

法赛建筑思想的一个重要概念是文化的"真实性",他认为:"只有根植于当地地理、文化环境中的本土建筑才是一个社会建筑的真实表达。"[1]他认识到了西方文化的异己性,因而热衷于从本土文化中探索特有的建筑经验和技术。虽然法赛十分强调本土文化,但他也注意到凡是有生命力的文化都可以拿来加以借鉴。在对待技术的适宜性方面就是如此,对于适宜性,他的衡量尺度是综合客观的,包括经济的合理性及能耗、材料、空间、体量的协调等,同时这种适宜性又具有一定的灵活性。如在巴迪姆农场综合体中,由于没有材料做模板,致使建造拱和穹隆都遇到了困难,法赛就把埃及南部以叠涩取代模板的民间穹隆建造技术移植过来,并特意从南方带回两名工匠传授他们的技术。

法赛建筑思想的另一个重要概念是建筑的"人性",他认为:"建筑必须满足人类生理、心理和文化上的要求。"[2]在本土建筑文化的基础上,法赛发展出人们熟知又易于识别的建筑形式和技术来,因而给人以"家"一般的亲切感受,由此产生出

[1]林楠.在神秘的面纱背后——埃及建筑师哈桑·法赛评析.世界建筑,1992(6),67

[2]林楠.在神秘的面纱背后——埃及建筑师哈桑·法赛评析.世界建筑,1992(6),68

强烈的归属感。法赛对人性的关怀更多地体现在对穷人住宅问题的研究上。可以说,他的最大贡献就在于把建筑师的注意力从现代主义的精英设计转移到为穷人的设计上来,他的著作《为了穷人的建筑》也因此成为旷世之作。法赛对穷人住宅的研究主要表现在努力探求低造价的乡土建筑在埃及农村现实中的可行性,恢复和发展行之有效的传统建造技术,并指导和训练当地居民的自助建设。在他最重要的作品新高纳村建设过程中,他设计了一个"户主—工匠系统",即在建筑师的指导和训练下,户主参与建筑的设计和施工,建筑师提供适于当地环境的结构系统和体现本土文化的建筑形式,户主进行自助建设(图4-96)。在新巴里斯村的建设中,法赛对这一系统又提出了更加完善的合作方式。他设想以20户为一个邻里单位,施工中组成一个由24个年轻人和4名工匠的小组,来完成自己邻里的施工。在每个小组中,还有几十个男孩作为帮手,把他们训练成为将来的工匠。然而遗憾的是,由于1967年埃以战争,新巴里斯村的建设只完成了部分工程(图4-97~图4-100)。

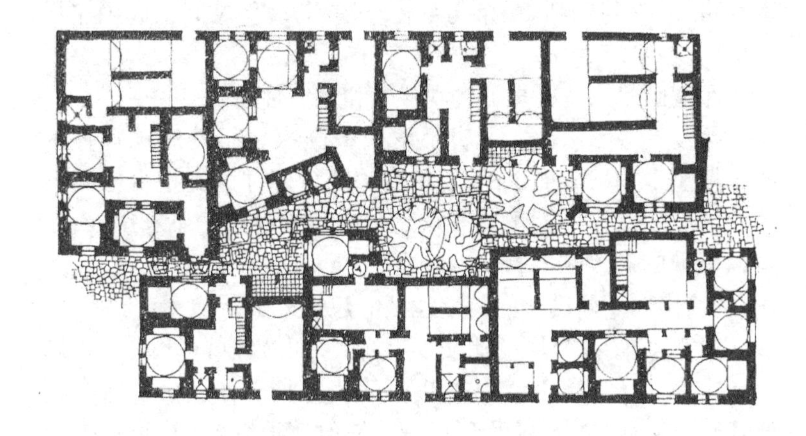

图4-96　新高纳村住宅区平面

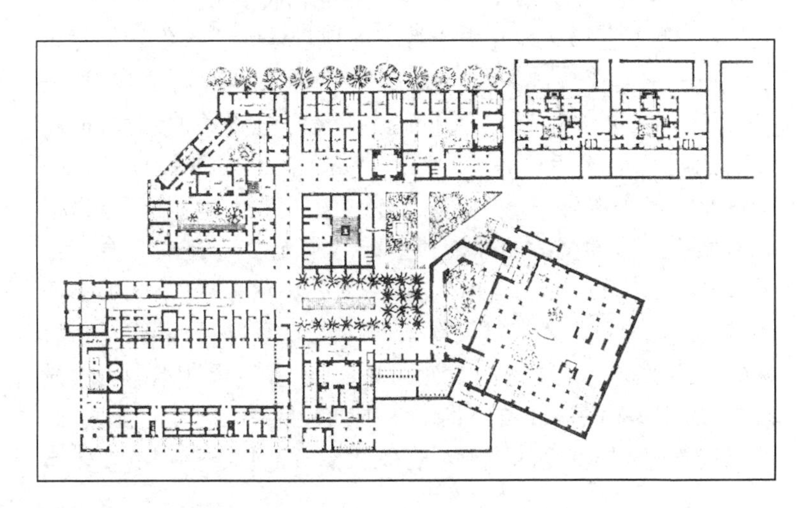

图4-97　新巴里斯村"村中心"平面(局部)

图 4–99 新巴里斯村面向市场的店铺立面

图 4–100 新巴里斯村市场背面的通风系统

图 4–98 新巴里斯村的市场

图 4–101 甘地纪念馆外观（局部）

哈桑 · 法赛建筑以其质朴、自然的本土特性和对穷人建筑的关注赢得了世界建筑界的尊重。1983 年国际建协在授予他金质奖章时，评价他的建筑“在东方与西方、高技术与低技术、富与穷、质朴与精巧、城市与乡村、过去与现代之间架起了非凡的桥梁”。

**印度查尔斯 · 柯里亚的现代性和地域性建筑**

印度与埃及一样，也属于发展中国家。印度建筑师查尔斯 · 柯里亚（Charles Correa）和他的同道们并没有把自己国家落后的技术水平和严酷的气候条件视为设计上的不利因素，而是以思辩的态度来对待这些问题，立足于地区的气候、技术、文化，创造出属于印度这一特定地区的建筑来。

柯里亚有着深厚的历史文化根基，正如他自己说：“我们生活在有伟大文化遗产的国度里”，肯尼斯 · 弗兰姆普敦曾经评述道：“印度之于柯里亚，……是他精神食粮的源泉，其含义广泛，源于它深深地扎根于特定的地理—物质条件和文化风俗。……柯里亚从过去的神秘文化和宇宙信仰中深受启发，获得灵感。通过这种方式，柯里亚已能精心组织各种元素，把最初的图解转化成诗意的空间。”[1]1963 年，柯里亚设计了第一个重要的代表作品——甘地纪念馆。它的魅力不仅在于建筑很好地表现了甘地坚毅的性格和圣雄精神，还在于建筑自身的处理，网格上建筑单元的自由生长，平面的灵活布局，空间的穿插渗透，庭院的介入及其对气候条件的调节等等（图 4–101）。后来柯里亚撰文道出了它的设计渊源：在一些拉贾斯坦的自然村落中，房屋是由一系列的小圆屋构成，它们共同组成院落，进而形成聚落；这种重复的单元组合既赋予聚落复杂多变的整体形

[1] 肯尼斯 · 弗兰姆普敦 . 查尔斯 · 柯里亚的作品评述 . 汪芳编著 . 查尔斯 · 柯里亚 . 北京：中国建筑工业出版社，2003

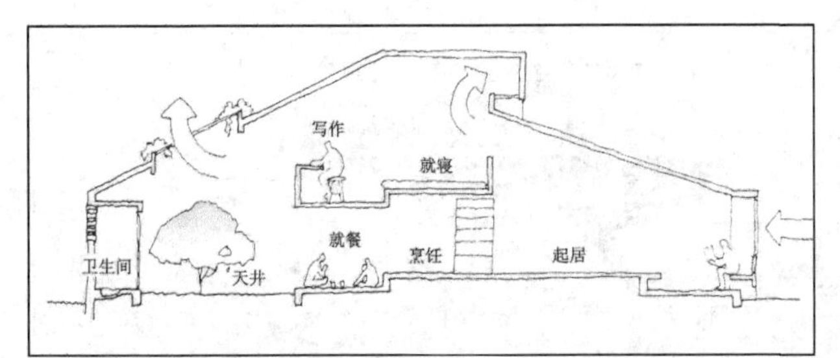


图 4–102　艾哈迈达巴德住宅剖面

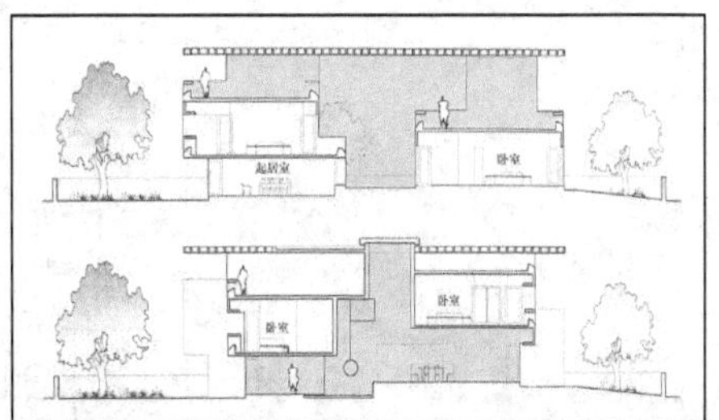

图 4–103　帕里克哈住宅的“冬季式”和“夏季式”剖面

象，又能与地理环境和气候条件相适应。这种从传统建筑特别是乡土建筑中吸取灵感只是柯里亚众多作品中的一例，可以说，对历史文化的继承和创新融进了他的每一件作品之中。

柯里亚针对印度炎热干燥的气候条件认为：“在印度，建筑的概念绝不能只由结构和功用来决定，还必须尊重气候。”他甚至提出：“形式追随气候”的口号[1]。为此，他借鉴传统建筑的形式和技术，发展出由他命名的“管式住宅”和“露天空间”两种设计模式。管式住宅是柯里亚在炎热气候环境中解决室内通风避热的一种住宅设计模式。第一座管式住宅是获得 1961 年全印度低收入者住宅设计一等奖的艾哈迈达巴德住宅。它的面宽 3.6m，进深 18.2m，外部空气从正面的百叶窗流入，在斜面天花下，热空气上升，从顶部的通风口和露天的庭院中散出，形成连续的自然通风系统。为保证内部有良好的空气流通，室内空间不设墙体，空间的功能分区主要通过地面的标高变化来实现（图 4–102）。在 1968 年设计的帕里克哈住宅中，管式住宅的设想又得到进一步的发展。柯里亚从传统建筑中得到启发，研究出两种类型的管式剖面：“冬季式”和“夏季式”。夏季式剖面的内部空间呈正三角形，顶端拔气，开口小，以减少热辐射；冬季式剖面则是倒三角形，顶端开口大，以求得更多的日照（图 4–103）。柯里亚在 1983 年设计的干城章嘉公寓是他惟一建成的高层住宅，也是他的管式母题在高层住宅中的进一步应用（图 4–104、图 4–105）。

图 4–104　干城章嘉公寓外观

图 4–105　干城章嘉公寓的平台花园

“露天空间”是柯里亚针对炎热气候和传统居住方式的又一种设计模式。他认识到印度人的生活方式绝大部分时间都是在外部进行的，因此露天空间可以承担内部空间一半左右的生活内容，当它与建筑结合在一起时，它与砖、石、混凝土一样，也成为一种“资源”。因而在柯里亚的作品中，无论是单体建筑还是群体建筑，露天空间对调节室内气候都起着决定性的作用，并赋予了更多的文化意义。如在斋浦尔博物馆的设计中，开敞的庭院空间成为了曼荼罗形式的中心（图 4–106~ 图 4–109）。

[1] 王辉．印度建筑师查尔斯·柯里亚．世界建筑，1990（6），69

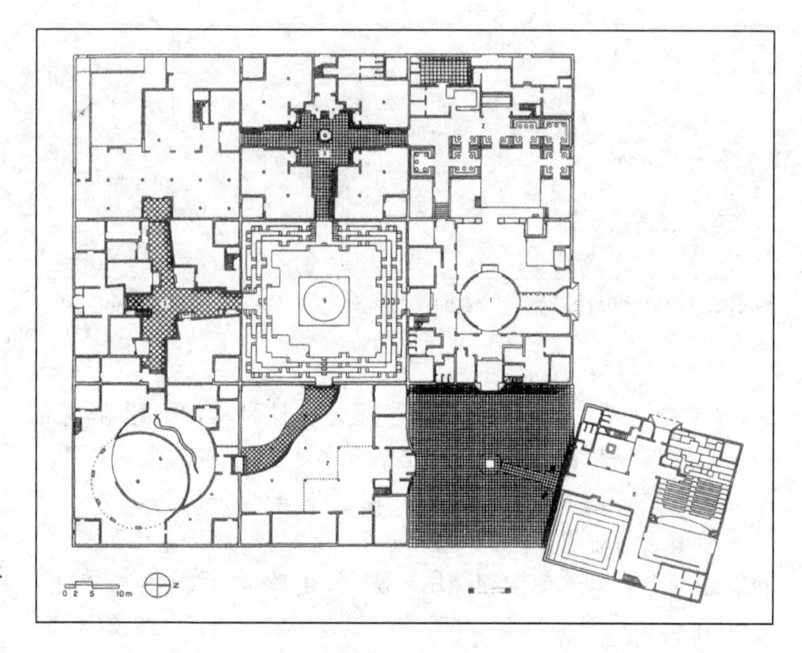

图 4-106　斋浦尔博物馆平面

查尔斯·柯里亚以他的建筑思想和实践对“印度特点”进行了阐释。1990 年国际建协在授予他金质奖章时，评价“他将艺术性和人性融入了他的建筑中，作品高度体现当地历史文脉和文化环境。大尺度的几何形体与大量地方材料的结合使公众感到亲切的同时得到鼓励，其作品不炫耀财富和权力，而是展示普通的情感以及对人的关心和对生活的热爱”。

图 4-108　斋浦尔博物馆日食宫

**马来西亚杨经文的现代性和地域性建筑**

从地域性气候条件出发，并在建筑设计中运用生物气候学方面的知识而获得成功的还有马来西亚建筑师杨经文( Kenneth Yeang )。他的成功在于从生物气候学的角度来研究摩天楼设计的方法，在国际建筑界产生一定的影响。杨经文通过一系列立

图 4-109　从斋浦尔博物馆日食宫看中央庭院

图 4-107　斋浦尔博物馆鸟瞰

足于本土热带气候环境的生物气候摩天楼设计，总结出一套在热带地区高层建筑的生物气候设计原则：(1)在高层建筑的表面和中间的开敞空间进行绿化；(2)沿高层建筑的外面设置不同凹入深度的过渡空间；(3)在屋顶上使用固定的遮阳格片；(4)创造通风条件，加强室内空气对流，降低由日晒引起的升温；(5)平面布局上把交通核设置在建筑物的一侧或两侧；(6)外墙的处理除了做好隔热之外，建议采用墙面水花系统[1]。

杨经文在1992年设计的梅纳拉大厦融入了许多他十分喜爱的设计母题，可看成是以上设计原则的具体体现。建筑外观上，众多的凹入空间使整个建筑呈现出非常特殊的立面形象。绿色植物从大楼一侧的护坡开始，以螺旋上升的方式，沿着这些凹入空间穿插于建筑的表皮中，创造了一个既能遮阳又富有氧气的中介空间系统。受日晒较多的东、西朝向的窗户都装有铝合金遮阳百叶，而南、北向采用镀膜玻璃窗以获得良好的自然通风和柔和的光线。办公空间则设置于大楼的正中部位，可以保证有良好的自然采光，并带有阳台，此外所设置的入户门均为落地玻璃推拉门，便于调节自然通风量。电梯间、楼梯门和卫生间也都有自然通风和采光。考虑到以后安装太阳能电池的可能，遮阳顶提供了一个圆盘状的空间，被钢和铝合金构成的篷架遮盖着(图4-110~图4-112)。杨经文近年来设计的新加坡展览塔楼也进一步揭示了他的设计原则(图4-113~图4-115)。

[1]林京.杨经文及其生物气候学在高层建筑中的运用.世界建筑,1996(4),23-25

图4-110　梅纳拉大厦外观

图4-111　梅纳拉大厦的过渡空间

图4-112　梅纳拉大厦的屋顶游泳池

图4-114　新加坡展览塔楼模型西立面

图4-115　新加坡展览塔楼模型东立面

图4-113　新加坡展览塔楼模型鸟瞰

[教学目的]

1. 从场所理论的角度，认识和理解空间与场所的关系。

2. 通过空间场所现象、结构和精神的理论讲授和作业练习，提高从场所的角度分析空间、研究空间，进而设计空间的能力。

[教学框架]

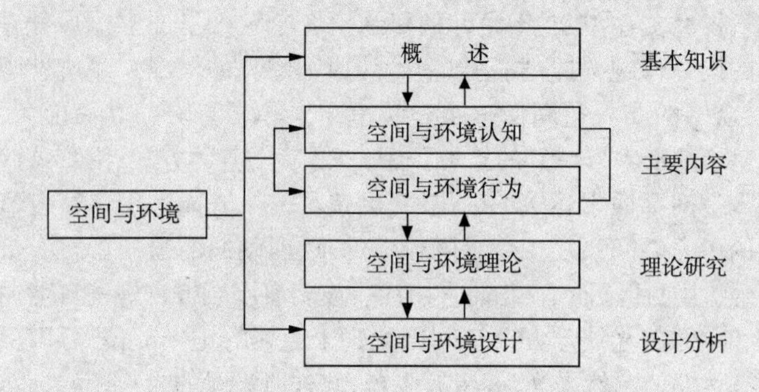


[教学内容]

1. 概述：场所、定居、空间与场所和定居、场所理论。

2. 空间与场所现象：场所现象、具体与综合、地点性与地区性。

3. 空间与场所结构：场所结构、空间与特性、形象化与象征化。

4. 空间与场所精神：场所精神、方位感与认同感、人诗意地栖居与理想居住模式。

5. 空间与场所设计：赖特和他的有机建筑、北欧现代建筑和阿尔瓦·阿尔托、日本现代建筑和安藤忠雄、埃及、印度和马来西亚的现代建筑实践。

[教学练习题]

1. 以丹尼尔·里伯斯金设计的柏林犹太人博物馆为对象，从事件、行为、记忆、场所等方面，分析和理解建筑空间的本质特征。

2. 以R.皮亚诺设计的芝柏文化中心为对象，从自然、技术、文化三个层面，解析作者是如何将一种地方的自然和人文因素转译为建筑空间的设计语言。

3. 以空间设计为课题，通过对场地的调查、分析和研究，寻找到能反映该场地自然和文化特征的形式语言，并将这种语言运用于课题设计中，创作出现代性和场所感相结合的作品。

# 第五章　空间与环境

## 第一节　概　　述

### 一、环　境

**环境的概念**

“环境”(Environment)一词从字面上来理解,是指相对于中心事物有关的“周围事物”。在不同的学科领域中,这个周围事物又有着不同的含义。比如,在哲学中,环境是指相对于主体而言的客体,环境与其主体是相互依存的关系,它因主体的不同而不同,随主体的变化而变化。因此,明确主体是正确把握环境的概念及其实质的前提。也就是说,对环境的定义,其根本的差异源于对主体的界定。在社会学中,环境被认为是以人为主体的外部世界。而在生态学中,环境则被认为是以生物为主体的外部世界。由于概念上的差异,也就导致了学科研究内容的不同。

对于环境科学而言,环境是指“以人类为主体的外部世界,即人类赖以生存和发展的物质条件的综合体,包括自然环境和社会环境”[1]。自然环境是“直接或间接影响到人类的一切自然形成的物质及其能量的总体”[2],包括大气、水、土壤、地质和生物环境等。社会环境是“人类在自然环境的基础上,通过长期有意识的社会劳动所创造的人工环境”[3],包括聚落、生产、交通、文化环境等。

还有一种因某种工作上的需要,而对“环境”下定义,它们大多出现在世界各国颁布的环境保护法中。比如,我国在1979年颁布的第一部环境保护法中明确指出:“‘环境’一词的含义包括‘大气、水、土地、矿藏、森林、草原、野生动物、野生植物、水生生物、名胜古迹、风景游览区、温泉、疗养区、自然保护区、生活居住区等’。”这是一种把环境中应加以保护的要素界定为环境的一种定义,其目的是保证环境保护法的准确实施。

[1]中国大百科全书·环境科学.北京:中国大百科全书出版社,1983,1

[2]中国大百科全书·环境科学.北京:中国大百科全书出版社,1983,1

[3]中国大百科全书·环境科学.北京:中国大百科全书出版社,1983,1

[1] [日]相马一郎、佐古顺彦著.环境心理学.周畅、李曼曼译.北京:中国建筑工业出版社,1986,1

由于各学科领域对环境的研究其出发点和侧重面不同,也就形成了不同的环境分类法。例如,环境科学认为,社会环境是由人创造的人工环境,所以常把环境分为自然环境和人工环境两大类。

在地理学中,是把环境分为自然环境、经济环境和社会环境。自然环境又可分为天然环境和人工环境,天然环境即原生自然环境,人工环境即次生自然环境;经济环境是在自然环境的基础上由人类社会形成的环境;社会环境则是由人类社会本身所形成的环境。在社会学中,又把环境分为自然环境、人工环境和社会环境。自然环境即原生自然环境,是人工环境和社会环境存在的前提和基础;人工环境是人类在自然环境的基础上创造出来的物质环境,如城镇、村落以及各类建筑物等非原生意义上的环境;社会环境则是在自然环境和人工环境的基础上由人类社会形成的环境,它具有非物质的特征,包括社会组织结构、经济形态、宗教信仰、传统风俗和生活方式等方面,也涉及作为社会的人的心理和行为。

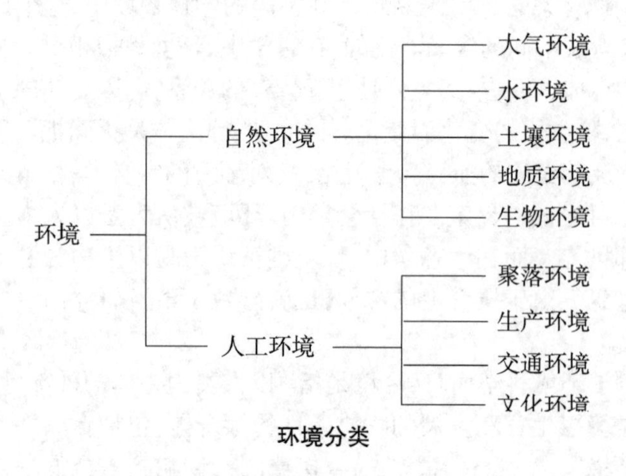

环境分类

**人与自然环境、人工环境**

有学者认为:"人与其它动物相比,其最大的区别就是人可以在变化及多的环境中生存。"[1]一般来说,动物若离开了自然环境就很难生存,但人与动物不同,人不仅可以在自然环境中生存,而且还可以通过创造人工环境以便更好地生存。虽然自然环境极其丰富和复杂,但相对于人的生活来说,仅仅依靠自然环境是无法满足人们的生活需求的。于是,人类在自然环境的基础上,通过认识、理解、适应、改造自然环境,逐步创造出人类所需要的人工环境。一部部中外环境史、建筑史、城市建设史更是记载了人类从远古的天然洞穴到现代的人工摩天大楼,以及从远古的氏族聚落到现代的大都市的人工环境建设的发展历程。

图 5-1 由于工业发展的需要,大型交通干线和服务系统使人类为自己的居住环境付出了惨重的代价,同时也给社区造成了环境污染和犯罪率的上升

人类通过不断努力获得了从自然环境中框定出来的比自然环境更有意义的人工环境,但与此同时,人类为了达到这一目标,也失去了更多的自然环境。随着人类对人工环境的无限扩大,各种"环境问题"也逐渐暴露出来(图 5-1)。自 20 世纪 60 年代开始,"人们发现在许多地方建筑环境难尽人意,一系列'建筑性破坏',如对土地资源的侵蚀、对生态平衡的破坏、对文化遗产的破坏……始末料及"[1]。到了 20 世纪 70 年代,随着人们"环境意识"的觉醒,这才迫使人们不得不去关注环境,并

[1]吴良镛.世纪之交的凝思:建筑学的未来.北京:清华大学出版社,1999,20

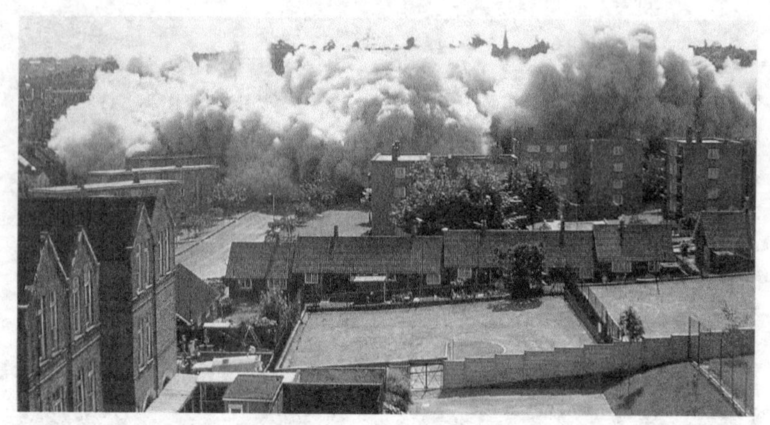

图 5-2 英国消灭贫民窟,旨在改善城市贫民的生活条件以及由此带来的一系列社会问题

研究解决环境问题的办法(图 5-2)。于是,在这样的背景下,许多学科领域纷纷行动起来,做出了相应的反应,伴随着"环境观念"的形成和发展,产生了一系列以环境为研究对象的新的学科概念和理论,其中之一就是环境心理学。

**物理环境与心理学环境**

在心理学中,常把环境分为"物理环境"和"心理学环境"两大类。物理环境也称为"地理环境",它是围绕人类的自然现象的总体,包括自然地理环境和人文地理环境两个部分。一般来说,这一类环境是不考虑人是否看到或感觉到它,它都是客观存在的,通常所说的环境多指这类环境。心理学环境也称为"行为环境",这一类环境则是人可以看到或感觉到的环境。也有人认为这类环境不完全等同于物理环境,而是感知后重构的环境。

从以上对物理环境和心理学环境的解释中我们可以看到,二者既有区别又有联系。人的行为是根据心理学环境做出的,而它又是根据客观存在的物理环境形成的。更直观地说,作为自然的和社会的人,他是从物理环境中选择信息,再根据这些信息形成了心理学环境。而"人形成心理学环境是通过感觉器官和大脑的作用来实现的。人的行为取决于心理学环境为什么能够从物理环境中作为一种刺激而被人选择,和怎样被人判断和评价这两个方面的因素"[1]。由此可见,物理环境与心理学环境的关系,若从物理环境来看,它是形成心理学环境的前提和基础,没有物理环境也就没有心理学环境;若从心理学环境来看,它是通过人的媒介作用形成的,没有人的媒介作用同样也就没有心理学环境,所以,它与物理环境并不相同。

[1] [日]相马一郎、佐古顺彦著.环境心理学.周畅、李曼曼译.北京:中国建筑工业出版社,1986,7

## 二、空间与环境

"空间"与"环境"这两个词语,从一定范围来说,很难对它们的外延和内涵加以明确区分。在很多学科领域中常把它们联系起来使用。如在环境科学中,在讨论人与环境的关系时就涉及空间与环境这两个概念,认为“环境是指围绕着人群的空间”[1]。在环境心理学中,在探讨人的行为与建筑环境的关系时也涉及空间与环境这两个概念,所以,在一些环境心理学方面的著作中,我们常常可以看到“空间心理”或“环境心理”、“空间行为”或“环境行为”等这样的概念和用法。在场所理论中,根据诺伯格·舒尔兹的观点,场所是关于环境的一个具体表述,而场所又是有特性的空间,这样,以场所为中介,空间与环境也就建立了某种联系。此外,还有的学者从范围限定的角度对空间与环境进行研究,认为近人的生活空间是有明确限定的,因此把这种限定的生活空间称为“近身环境”或“微观环境”。若对空间与环境作进一步分析,不难发现,二者之间又存在着区别。如上文所述,环境更多地是强调其主体,可以说任何环境都有其主体,并围绕着主体而存在,它会以主体为中心向四周无限扩展,产生出不同层次、不同等级的环境层级。而空间更多地是注重其界限,它可以脱离主体自成体系地独立存在,表现为具有明确的范围界限。这里所说的空间无主体,是指空间作为一种“空”的存在状态,正如海德格尔所说,空间的本质是空而有边界。

当把空间与环境这两个概念联系在一起时,环境因引入了空间的含义更加具体,空间因引入了环境的含义更具有意义。以建筑空间为例,当建筑一旦建成,其内部空间便已生成,不过此时的内部空间只是一个有着明确“边界”的“空”的空间。当放入了作为“物”的东西即家具以后,空间的用途也就显现出来。由于摆放的家具不同,也就形成了不同的功能空间,而不同的功能空间又会引发出不同的“人”的行为。这样,空的空间由于放入了物,以及引发出人的行为,就转化为不空的空间,空间因有了主体便可称之为环境,相应的,那些为人所用的不同的功能空间也可称之为不同的环境。总之,空间作为一种本质上的空,只有当它融入了人的行为活动,并在其中获得其意义时,方可称之为环境。

## 三、环境心理学

### 环境心理学的发展

“环境心理学”(Environment Psychology)是研究环境与人的行为之间交互作用关系的一门学科。它是心理学的一个分支学科,着重以心理学的概念、理论和方法来研究人与室内、人与建筑、人与城市环境之间的交互作用关系。

“心理学”在1879年从哲学中脱胎而成为一门独立学科

[1]中国大百科全书.环境科学.北京:中国大百科全书出版社,1983,154

以后，就有许多心理学家对人与环境之间的关系问题进行了研究。从19世纪末到20世纪50年代，就有所谓“环境决定论”、“行为主义”等带有机械唯物论色彩的理论出现，在建筑领域也相继出现了“建筑决定论”、“规划决定论”等。由于建筑上一向与人的行为有着密切的关系，所以也有许多建筑理论家和建筑师自觉地将人的行为与建筑联系起来进行探讨。例如，1930年，汉斯·迈耶（Hannes Meyer，1889-1954）就曾经尝试在包豪斯开设心理学课程。然而，在当时心理学与建筑学的结合还只是一种有益尝试，还未取得实质性的理论和实践的成果。不过，到了20世纪40年代以后，由于格式塔心理学的形成和发展，从而引起建筑领域的注意，并将其理论应用到建筑中来。

20世纪60年代开始，西方国家因城市环境的恶化而引起环境意识的觉醒。这时期环境的恶化，不但表现在自然环境的污染上，也表现在社会环境给人们的心理和行为造成各种消极的影响。许多建筑环境因无视使用者的心理和行为需求，导致社区崩溃、建筑拆毁、居民抗议等严重后果。也就是在这种社会背景下，建筑环境与人的行为之间的关系引起众多学科研究者的广泛关注，来自于心理学、社会学、人类学、地理学、建筑学等学科的学者和专家们进行了深入的探索和研究，由他们所取得的成果共同支撑起“环境心理学”这门新兴学科。值得一提的是，在环境与人的行为关系还未受到各学科广泛关注之时，就有一批先行者进行着卓有成效的研究。例如，20世纪40年代末，美国心理学家巴克（Roger Barker）等人对生态环境中人的行为现象的调查研究；20世纪50年代，美国人类学家霍尔（E.T.Hall）从人类学的角度对个体使用空间的研究；20世纪60年代初，美国城市规划学家凯文·林奇从认知心理学和格式塔心理学的角度对城市环境意象的分析研究等等。他们的研究成果为环境心理学的发展奠定了坚实的基础，并成为环境心理学理论的主要内容。

环境心理学作为一门新兴的、发展中的学科，在20世纪60年代末形成，并在20世纪70年代达到高潮。1968年美国环境与行为学术组织“环境设计研究学会”（简称EDRA）正式成立，1969年美国《环境与行为》杂志创刊，1970年美国心理学家伊特尔森（W.H.Ittelson）和普洛尚斯基（H.Proshansky）等人合编出版《环境心理学》著作。以后，从1973年到1978年期间，共出版10本教科书、6种读物、30本专著；1978年“环境心理学”概念以词条的方式被正式编入《沃尔曼大百科全书》里；同年，美国心理学会成立了一个新的分部“人口与环境心理学分部”，并出版《人口与环境》杂志。另外，国际应用心理学协会

（简称 IAAP）也成立了“环境心理学分部”和“研究物质环境中的人类国际学会”（简称 IAPS）。继美国之后，欧洲各心理学派在 70 年代也展开了环境心理学方面的研究。其中，英国起步较早，代表人物有心理学家特伦斯·李（Terence Lee）、戴维·坎特（David Canter）等。1970 年，第一次建筑心理学国际研讨会（IAPC）在英国金斯顿召开，会后英国成立了“国际建筑心理学会”（简称 IAPS）。1980 年法国出版了由 Levy-Leboyer 撰写的一部环境心理学的教科书《心理学和环境》，该书被译成英、德、西班牙、日文出版。1981 年欧洲成立了“人—环境研究国际学会”（简称 IAPS），并出版《环境心理》杂志。在亚洲，日本在 1980 年举办了由日本、美国学者参加的以环境行为为主题的国际学术研讨会，会后日本成立了“人—环境研究学会”（简称 MERA）。

**空间与环境心理学**

如上所述，环境心理学是以心理学的理论和方法来研究环境与人的行为之间交互作用关系的一门学科。虽然心理学也重视环境，但它的注意力主要集中在解释人的行为上，而对环境的理想状态明显探讨不够，因而在人工环境显著增加的今天，研究怎样的人工环境才使人感到舒适，人在人工环境中会有怎样的心理倾向，以及人在人工环境中又是如何行为的，等等诸如此类的问题，都成为环境心理学所要关注的和要讨论的对象。这样，关于环境心理学的讨论，就可以落实到两个主要方面，即“环境认知”和“环境行为”。环境认知是随着人的心理活动发展阶段的不同而不同，它不仅与人的动机有关，而且还与人的认知有关。在这种情况下，作为人的行为前提条件的感觉、知觉和认知属性就成了不可忽视的因素。环境行为主要是指人在环境中受到某种刺激所作出的反应，人的行为在很大程度上会受到人工环境的限制，然而最重要的问题是人在这种人工环境中是如何行为的。当然，在环境心理学中，要讨论的内容还有很多，在这里就不一一涉及了。

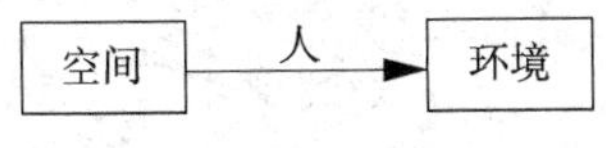


图 5-3　空间与环境关系示意

环境是作为围绕人群的空间而存在的（图 5-3）。在本章“空间与环境”的讨论中，是以环境心理学为基础，阐述空间、环境与人的心理、行为之间的关系。整个章节以“认知”、“行为”两个部分为重点，从空间与人的行为、环境与人的行为关系的视角出发，讨论空间环境的一些问题。

# 第二节 空间与环境认知

## 一、环境认知

人的行为并不仅仅是指人的外显行为,它的发生往往经历了一系列过程。从人的行为发生发展来看,主要经历了三个过程:一是,支配行为的“动机”过程;二是,认识环境获得行为意义的“认知”过程;三是,采取相应“行为”过程。其中,认知过程又可以分为感知和认知两个过程,虽然感知和认知不是外显行为,但它们却是行为过程中重要的一环(图 5-4)。关于行为过程的研究其理论和模式有很多,但无论多么丰富都无一例外地包括了认知过程和行为过程这两个部分。为便于讨论,在本章节的组织结构上,将认知过程和行为过程分开来进行讨论。由于人的认知过程包括了感知和认知,因此,人对环境的认知可以通过“视觉感知”、“时空感知”、“逻辑认知”这三种方式来获得。在对环境的认知中,它们是相互联系、相辅相成的关系。

**动机和需要**

“动机”(motivation)“是一个概括性的术语,是对所有引起、支配和维持生理和心理活动的过程的概括”[1]。动机可分为“内在动机”和“外在动机”两大类。外在动机是因外界刺激而引发的,主要指来自于社会的刺激,如名誉、地位、团结、友爱等。内在动机又可以分为两种,一种是“本能”,它是人的最

[1] [美]理查德·格里格、菲利普·津巴多著.心理学与生活(第 16 版).王垒、王甦等译.北京:人民邮电出版社,2003,325

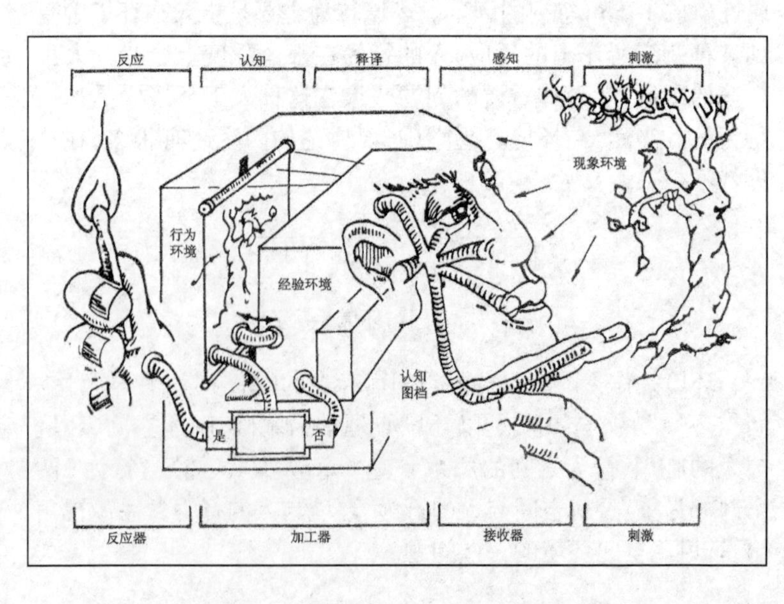


图 5-4 环境—行为相互作用图解

基本的内在动机；另一种是“需要”，心理学上把这种基于人的需要的动机称之为“内驱力”。长期以来，在西方心理学界，围绕着人的需要问题展开了一系列的讨论，并形成了相关的需要理论。其中，以美国心理学家、人本主义心理学创始人马斯洛（Abraham Harold Maslow）提出的“需要层次”理论影响较大，并被广泛接受。马斯洛认为，人的需要或动机可分为生理需要、安全需要、归属与爱的需要、尊重需要、认知需要、审美需要、自我实现的需要和超越需要等层次。具体而言，包括以下几个方面：

（1）生理需要，如食物、水、氧气、休息的需要，性欲表达的需要，消除紧张的需要。

（2）安全需要，如安全、舒适、宁静、不害怕的需要。

（3）归属与爱的需要，如融入别人中间的需要，与他人建立关系的需要，爱与被爱的需要。

（4）尊重需要，如自信的需要，价值和能力感的需要，自尊和受别人尊敬的需要。

（5）认知需要，如知识的需要，理解的需要，了解新奇事物的需要。

（6）审美需要，如秩序、美感的需要。

（7）自我实现的需要，如发挥潜力的需要，拥有意义深远的目标的需要。

（8）超越需要，如认识宇宙的精神需要[1]。

以上 8 种需要彼此关联，共同排列成为一个由低级向高级逐级上升的层次。从需要的发展来看，当一种需要得到满足时，另一种更高级的需要就会产生，进而支配人的行为，并成为行为组织的中心，而那些已经得到满足的需要便不再起到积极的驱动力作用。尽管人类的真实动机更加复杂，但马斯洛的需要层次理论为总结动机因素提供了一个参考框架（图 5-5）。

**感知**

人类能够认识外部世界并对外部世界形成一定的经验的第一步是感觉。感觉（Sensation）“是客观刺激作用于感受器官，经过脑的信息加工活动所产生的对客观事物的基本属性的反应”[2]。人的感受器官包括眼、耳、鼻、口、皮肤，由于它们与外界事物的直接作用，由此产生了视觉、听觉、嗅觉、味觉和肤觉，合称“五觉”。当然，人的感觉除了这五种之外，还包括动觉、平衡觉等。在人的各种感觉中又以视觉和听觉最为重要。虽然在环境体验中，是以视觉为主导，但我们不能忽视其他感觉的存在，对环境体验的获得，应是通过多种感觉因素综合作用的结果。知觉（Perception）是“人对客观环境和主体状态的感觉和解释过程”[3]。知觉可分为“空间知觉”、“深度知觉”、“时间知觉”

[1]［美］理查德·格里格、菲利普·津巴多著．心理学与生活（第 16 版）．王垒、王甦等译．北京：人民邮电出版社，2003，346

[2]中国大百科全书·心理学．北京：中国大百科全书出版社 1992，95

[3]中国大百科全书·心理学．北京：中国大百科全书出版社 1992，548

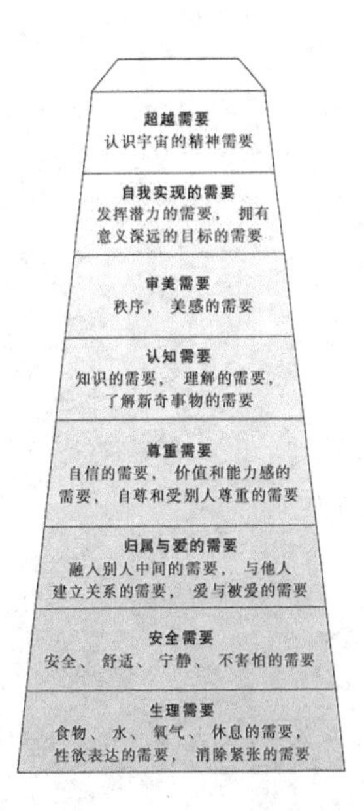


图 5-5　马斯洛的需要层次论

[1] [美]理查德·格里格、菲利普·津巴多著.心理学与生活(第16版).王垒、王甦等译.北京:人民邮电出版社,2003,225

和"运动知觉"等。感觉与知觉既相同也相异,相同的是,两者都属于认识过程的感性阶段,都是对事物的反映;相异的是,作为基本生理要素的感觉,对事物的反映常表现为不完整、没有秩序,且具有被动的性质,而作为纯粹心理活动的知觉,对事物的反映则表现为相对完整、有秩序,且具有主动性和目的性。在现实生活中,人们对外界事物的反映是以知觉的形式直接表现出来的,感觉只是作为形成知觉的前提条件并存在于知觉过程中。心理学为了便于研究,才把它们区分开来并加以讨论。总之,知觉的形成离不开感觉,但知觉的作用使得感觉更具有意义。感觉和知觉统称为"感知"。

在知觉研究方面,运用得较多的是格式塔知觉理论。"格式塔"是德文 Gestalt 的音译,英文常译作"form"(形式)或"shape"(形状)。中文音译为"格式塔"或意译为"完形"。格式塔心理学在1912年由德国心理学家韦特海默(Max Wertheimer,1880-1943)等人首创,它的贡献主要偏重于知觉理论方面。格式塔知觉理论研究的是经人的知觉活动而组织成的经验中的整体,也就是说,经过人的感知活动在心理上所形成的外界事物的形象,而非外界事物本身所具有的属性。格式塔认为,知觉经验是完整的,即知觉的整体性观点;物理现象、生理现象、心理现象都具有相对应的关系,即同构性观点;物理力、生理力和心理力也都具有相对应的完整的动力结构,即场作用力观点。

**认知**

通过感知过程,人获得了对外界事物的感性认识,但从人的认识全过程来看,感性认识并非是认识的终结,还有一个由感性认识上升到理性认识的过程,通过这一过程才能作出由感知得到的对外界事物的判断和决策,因而,理性认识是认识全过程中的重要一环。只有在此基础上,感知才能上升为认知。认知(Cognition)"是各种形式知识的总称"[1]。认知心理学把认知过程解释为是对外界信息进行积极加工的过程,它包括知觉、表象、记忆、思维、语言等过程。

20世纪50年代后,一些心理学家开始对认知进行研究,并形成了相应的认知心理学。其中,以皮亚杰的结构主义的认知心理学为主要代表。他认为,人的心理发展是从婴儿开始,直到成人的,是他与外部世界长期相互作用的结果。皮亚杰把认识的发展过程描述为"图式"、"适应"和"平衡"。图式是人们头脑中的一种意象,它与外界事物本身是有区别的,有的能正确反映外界事物,有的则不能。适应是机体与环境的持续交往。皮亚杰为说明适应过程,又提出了两个补充概念,即"同化"和"调节"。同化是指人们习惯于利用固有的图式去解释新事物,并把获得的新信息纳入到固有的图式之中，然而，当新事物不能为固有的图式所解释时，也即新信息不能被固有的图式所同化时，调节就发生了。调节意味着旧的图式被改造，新的图式形成。人的认识就是这样，当处于同化过程时，认识上得到暂时的平衡，当处于调节过程时，认识上达到新的平衡，这种不断发展的平衡过程，就是认知发展的过程。

## 二、视觉感知

### 视觉和视知觉

据统计，人认识外部世界的信息中有 80% 是通过视觉提供的，这说明视觉为什么是各种感觉中最为重要的因素。视觉的这种能力是由眼睛的视觉感受和辨别特性所决定的，使视觉具有辨别外界事物的形状、深度、色彩、质感等方面的能力。美国心理学家吉伯森（James Jerome Gibson，1904–1979）说："视觉世界和视野必须明确地加以区分。根据他的看法，所谓视觉世界就是指人们所讲的日常生活中看到的外界空间；所谓视野是指眼睛凝视一个固定点时所看到的空间范围。因此，视觉世界是大家看惯的，不作任何努力就可以自然体验到的空间，对外界的认知正是如此。在视觉世界中所看到的空间具有方向稳定性、深度、远近，并且没有边界，可以称为 360° 的广阔空间。"[1]根据吉伯森有关视觉的研究，我们可以了解人通过视觉可感知空间的方位、深度、远近等构成因素，而且人不作什么努力就可以自然地、直观地体验空间（图 5–6）。

[1]［日］相马一郎、佐古顺彦著．环境心理学．周畅、李曼曼译．北京：中国建筑工业出版社，1986，44–45

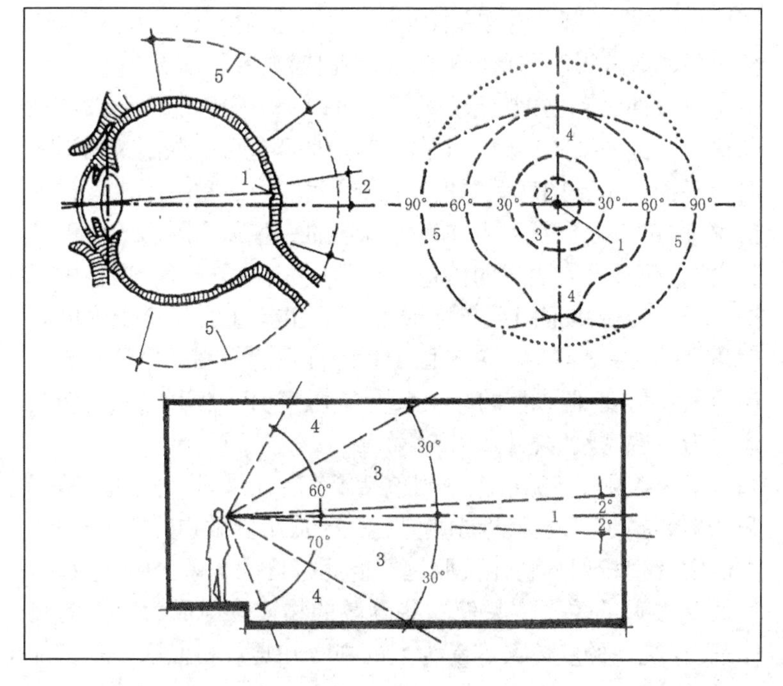


图 5–6　人的眼睛和视野

[1]鲁道夫·阿恩海姆著.视觉思维.滕守尧译.北京:光明日报出版社,1987,63-68

视觉过程除了眼睛的作用以外,同时也包括了人脑的作用。由于人脑在视觉过程中的参与,使得视觉对外界事物的感知,是通过知觉对外界信息进行选择加工,它并不是被动的,而表现为一种“视觉思维”[1]。也即视知觉具有“选择性”、“补足性”和“辨别性”的特征。选择性是指视觉感知能够积极选择它所感兴趣的对象;补足性是指把握对象的整体并能进行简单的分析;辨别性是指对它所看到的对象进行区分并具有这种分辨能力。

根据以上视觉原理,就可以把对环境的视觉感知分为空间知觉、深度知觉、图形知觉等几个方面。由于有些方面可以在下一节“时空感知”中得到进一步讨论,所以在这里,主要针对图形知觉,应用格式塔心理学的知觉理论进行阐述。主要内容包括图形与背景、封闭性和组织原则。

**图形知觉**

图形与背景:这是两个既相互独立又相互联系的概念。人们在观察某一感知对象时,总是把位于最前面的“突出”的部分作为图形,而把位于后面的“退后”的部分作为背景的视知觉方式。如果把看到的图形称为“图”,那么背景就是“图”的“底”,因而图形与背景的关系也称为“图底关系”。由于视觉的双关原理,即图底互易性的格式塔原理,又可使图与底互为反转,也即图形与背景的反转。丹麦学者鲁宾(Rubin)在早些时候就已经注意到这种现象,他所绘制的著名的两可图形就是一个典型的图底反转例子。当我们把黑色部分看作是图形时,它是一个杯子,而把白色部分看作是图形时,它又是两个人头的侧影。这幅图还形象地说明图形与背景的相互依存关系(图5-7)。

图5-7 鲁宾的两可图形

封闭性:指在知觉组织过程中可以把不完整的图形看成是完整的。例如某图形为一个白色三角形和包含一些圆圈图形的白色平面。由于图底关系的作用,给我们的视觉上造成这样的错觉,白色三角形是突出在作为背景的一些圆圈图形的白色平面之上,而且没有边界的白色三角形呈一棵杉树形。这种由于知觉的组织过程把图形与背景区分开,并产生了适合于人的心理角度的“主观轮廓”,就是由于封闭性在起作用。尽管刺激仅仅给人以角度,但人们的知觉系统提供了它们之间的边界,使图形成为一棵完整的杉树(图5-8)。

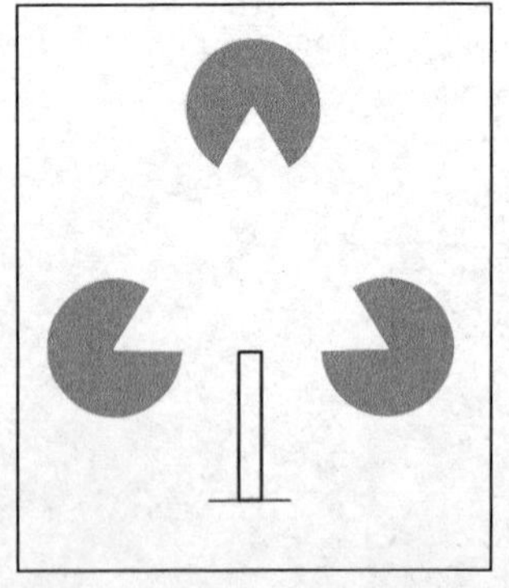

图5-8 由于知觉的封闭性,产生了适合于人的心理角度的主观轮廓

组织原则:知觉组织原则包括了“接近原则”、“相似原则”和“连续原则”等。接近原则是指关于成组刺激物的知觉经验。人们常常把相似的物体按照它们彼此接近的关系分组而成,这种彼此接近的关系容易使这些分散的物体分组成为统一的整体,而这统一的整体又容易为人的视觉知觉。相似原则是指部

分与整体的关系。各个部分由于在形状、大小、方向、颜色等方面存在着相似或类似，并且各部分的接近关系，使部分之间联系起来容易在视觉上形成整体感受。连续原则是指视觉对象的内在连贯性。这种连贯性表现为一组图形越是连贯，它就越易于从背景中凸显出来，连续能构成部分与部分之间的协调关系，并使整体更加完整统一（图 5-9）。

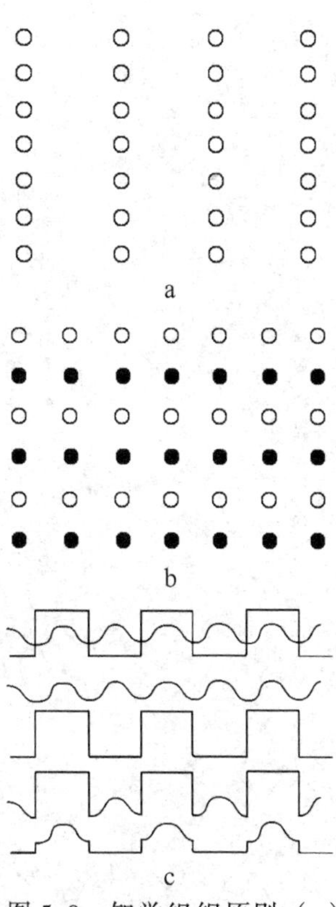


图 5-9　知觉组织原则；（a）接近原则，（b）相似原则，（c）连续原则

**图形与背景分析**

把图形与背景关系运用于城市空间结构的分析，始于 18 世纪的“诺利地图”（Nolli Map）。从城市设计的角度来看，这种分析方法是一种简化城市空间结构的二维平面抽象，通过它可以清楚地表达出在城市建设时所设想的空间形态。1748 年，诺利在绘制罗马城市地图时，把建筑物等实体涂成黑色，而把外部空间留白，即把建筑物作为图形，外部空间作为背景（图 5-10）。于是，从地图中我们可以看到，建筑物与外部空间的关系被清楚地表达出来。由于建筑物的覆盖密度明显大于外部空间，因而外部空间也就很容易地获得“完形”，由背景反转为图形，由“消极空间”转变为“积极空间”。

诺利地图的“图底分析”后来受到许多建筑师的青睐，芦原义信就曾经用诺利地图图底关系的反转来证实由他提出的“逆空间”概念。他认为如果把诺利地图黑白颠倒放在一起看时，并没有什么不妥，这是很有意思的（图 5-11）。芦原义信是想通过诺利地图来说明，建筑师对自己设计的“建筑所占据的空间”十分关心，这是自然的，但是“建筑没有占据的逆空间”，即建筑周围的外部空间也应该受到同等程度的关心，也是十分重要的。

“图底分析”作为一种分析城市空间结构的基本方法，一直沿用至今，并成为中外建筑师对城市用地文脉进行分析的有效方法。据王建国先生研究认为，加拿大建筑师卡·奥托在法国歌剧院设计竞赛的中选方案中用了图底分析的方法，由于确定了依循并尊重原有巴黎城市格局的设计原则，结果获得成功；美国学者罗杰运用此法分析华盛顿、波士顿、哥德堡的城市空间，已故著名学者莫利斯据此分析西方古代城市形态的演化发展也获得成功[1]。

## 三、时空感知

**空间与时间**

知觉可分为“空间知觉”、“深度知觉”、“时间知觉”和“运动知觉”等。空间知觉是对物体形状、大小、距离、方位等空间

[1] 王建国编著．城市设计．南京：东南大学出版社，1999，198

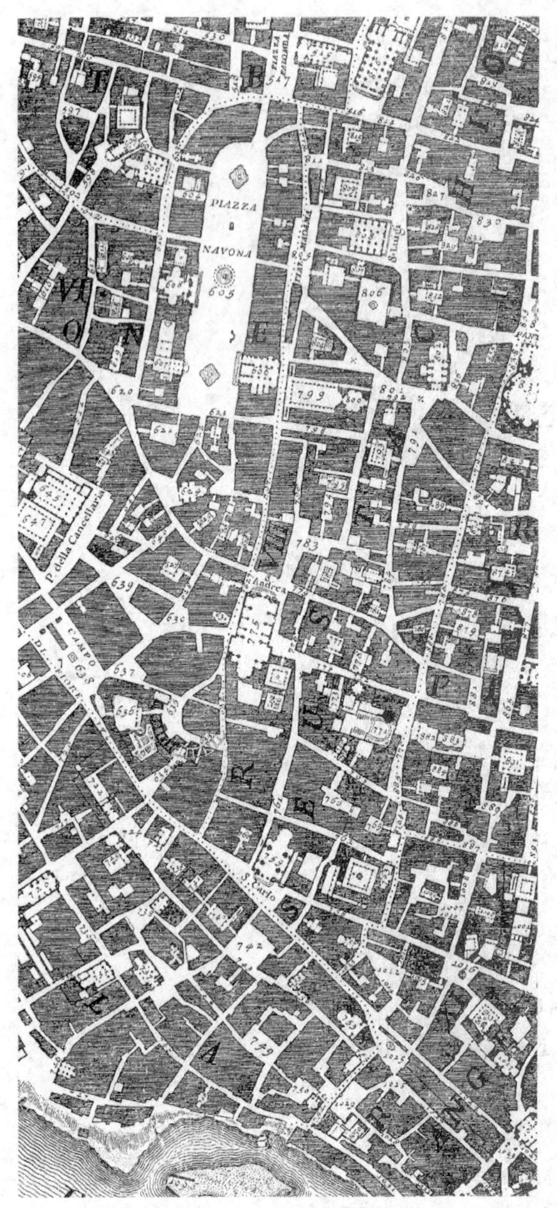


图 5-10　诺利地图

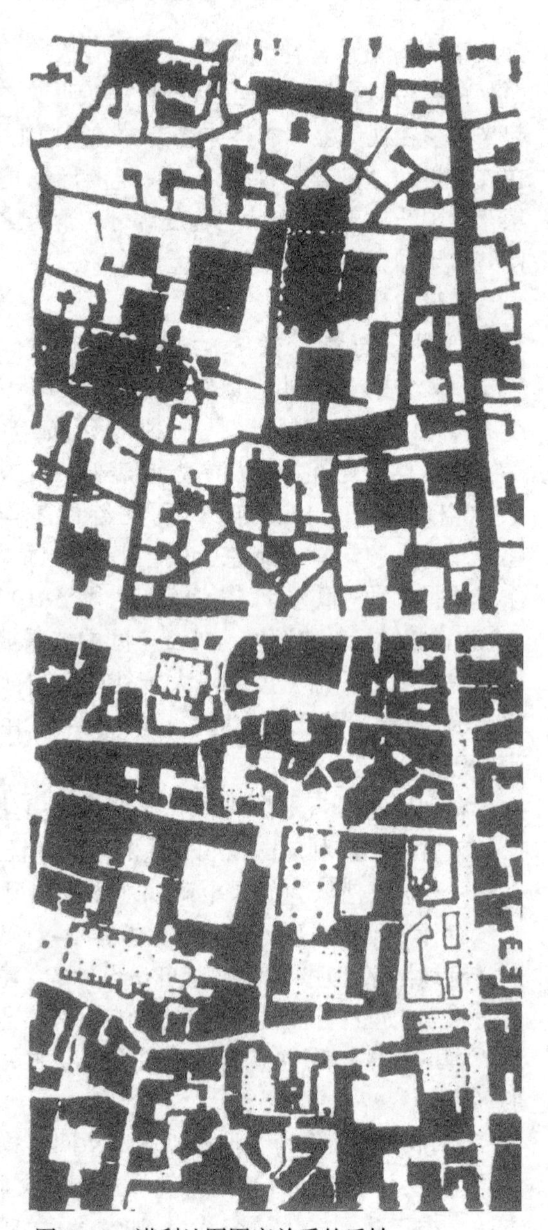

图 5-11　诺利地图图底关系的反转

特性的知觉；深度知觉是对三维空间的远近距离的知觉；时间知觉是对客观现象延续性和顺序性的知觉；运动知觉则是物体的运动特性在人脑中的直接反映[1]。知觉还具有"整体性"、"选择性"和"恒常性"的特性。整体性是指知觉的对象虽由许多部分组成，但人们并不把对象感知为许多个别的部分，而总是把它知觉为一个统一的整体；选择性是指知觉的对象虽然很多，但人们只是选择那些感兴趣并受到吸引的外界事物作为知觉对象；恒常性是指当外界的距离、缩影比、照度等条件改变时，虽

[1] 中国大百科全书·心理学.北京:中国大百科全书出版社 1992,178、327、339、541

知觉对象在视网膜上的成像有不同外形，但知觉上的形象都是一样的，具有相对固定性。

环境感知与以上的知觉类型和知觉特性相关以外，还与时间有着密切的关系。虽然人对环境的感知离不开以视觉为主的各种感觉，但各种感觉作用的形成都是以时间为前提条件，也就是说，对环境感知的基本方式是“时间”和“运动”。所以，鲁道夫·阿恩海姆明确指出：“知觉要占用时间”[1]。人在空间环境中，随着时间和位置的变化，通过各种感觉来得到对空间环境的认识。“为了获得关于周围环境完整的信息，你必须整合从不同空间位置（即空间上的整合）以及在不同时刻（即时间上的整合）所获得的信息”[2]。通过空间上的和时间上的整合，方能获得关于环境的完整认识（图 5-12）。由此，空间与时间连在一起，成了四向度的时空概念。“通过亲自穿越空间，这四度空间所能诱发和使人把握到的是一种亲身体验和动态的成分。……要想完全地感受空间，必须把我们包含在其中，我们必须感受到我们是该建筑机体的组成部分，又是它的量度”[3]。

[1]鲁道夫·阿恩海姆著．视觉思维．滕守尧译．北京：光明日报出版社，1987

[2][美]理查德·格里格、菲利普·津巴多著．心理学与生活(第 16 版)．王垒、王甦等译．北京：人民邮电出版社，2003，116

[3][意]布鲁诺·赛维著．建筑空间论．张似赞译．北京：中国建筑工业出版社，1988，34

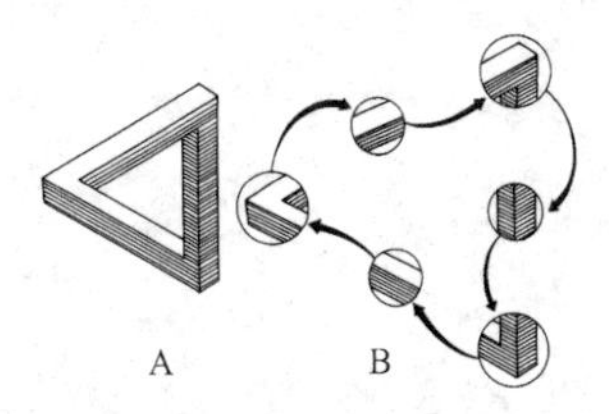


图 5-12　当观看图形 A 时，每一次注视都会认为它是一个可能的三维物体；只有当经过图形 B 的这些注视位置的整合时，才会发现这个物体是不可能的

**空间知觉**

由于空间知觉是对物体形状、大小、距离、方位等空间特性的知觉，因此，空间知觉可以分为形状知觉、大小知觉、距离知觉、深度知觉和方位知觉，通过它们可以认识环境的空间特性。

形状知觉：指通过视觉对物体轮廓的观察，给大脑提供关于物体形状多个部分的信息，再通过观察者知觉的组织过程，便形成了整合的形状知觉。形状是由轮廓与视觉中的其它部分在明暗、色彩、质感等方面的差别所造成并分离出来的面，因此，轮廓面是形状知觉的重要因素。一般来说，轮廓面越显著，其形状越明显，也就越容易被知觉（图 5-13）。

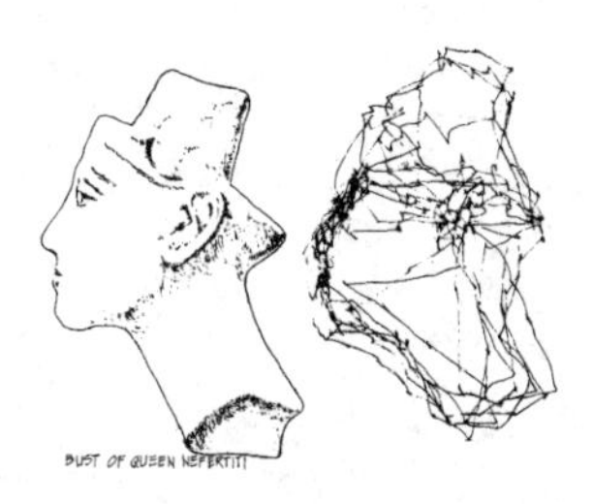

图 5-13　利用埃及女皇头像所做的实验；实验发现，人的视觉主要集中的地方是轮廓曲线最大和轮廓发生变化的地方

大小知觉：指在视觉、触摸觉和运动觉等共同参与下对特定对象大小的知觉。知觉一个对象的大小，往往取决于两个方面，一方面取决于这个对象投射在视网膜上视像的大小，大的对象相应地在视网膜上得到较大的视像，反之小的对象相应地得到较小的视像；另一方面取决于对象的距离，对象较远时视像较小，反之对象较近时视像较大。

距离知觉：指在人的视觉对象中，由于距离远近的不同，而产生不同的距离知觉。这种知觉的形成与对象的相对大小、中间物、明暗、纹理等因素有关。同一物体，处于远外的感觉小，处于近外的感觉大；近于中间物背面的感觉远，近于中间物前面的感觉近；受光明亮的部分感觉近，背光阴暗的部分感觉远；距离远的物体纹理感觉细密，距离近的物体纹理感觉疏松（图 5-14）。

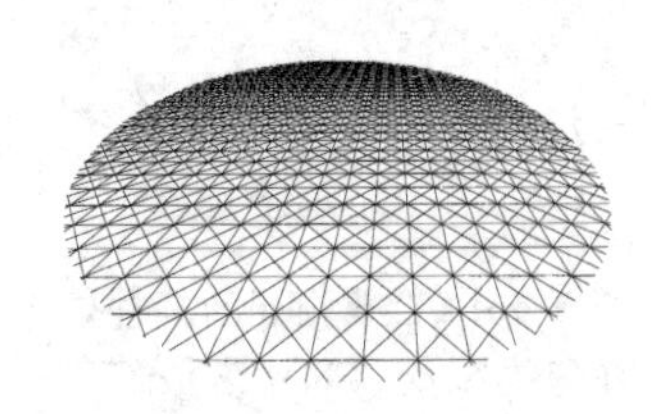

图 5-14　表面纹理梯度

[1]刘先觉主编.现代建筑理论.北京:中国建筑工业出版社,1999,149

深度知觉:是对立体物体或两个物体之间前后相对距离的知觉。视觉的空间关系中的线条、轮廓和表面属性为二维知觉,立体、距离可看成是三维知觉。人的眼睛能在只有长和宽的二维空间的视像的基础上看出深度,是因为人在空间知觉中依靠许多客观的条件和机体自身的条件,来判断物体的空间位置,这些条件又称为“深度线索”[1]。如图5-15中,由于人们一眼就能看出三维的视觉空间,结果原来相等的圆柱体却被看成为不相等,并产生了深度感。

方位知觉:是对物体所处方向的知觉。一个物体在空间中的位置往往借助于周围环境的关系来显现,这些周围环境便形成了该物体方位知觉的参照系。通过这一参照系,就能明确该物体的方向定位。例如一座高层建筑突出于周围建筑环境之上,从各处观看它,都很容易识别它的位置,以及根据它的方位来明确自己所处的相对位置,它既加强了该环境的易识别性,同时也是一种环境的方位知觉(图5-16)。

**空间形式的感知**

在空间认识过程中,对空间形式的感知是第一步。通过视觉等感知因素,经由时间和运动的基本方式,人们获得了对空间形式从直观、局部到综合、整体的认识,并由三维空间上升到四维空间的认识。根据空间知觉原理,人们在体验空间时,会对空间的形状、围合、比例和尺度等有所感知,当把这些单方面的空间感知融入到整个空间中时,就获得了对空间形式的整体认识。

在空间的形状方面,平面形状大致可分为线形和面形,由于它们的特征不同,给人的时空感知也随之不同。线形空间相对于面形空间具有“动”的特质,往往给人一种动的心理感受;面形空间则有“静”的特质,给人一种静的心理感受。立体形状大

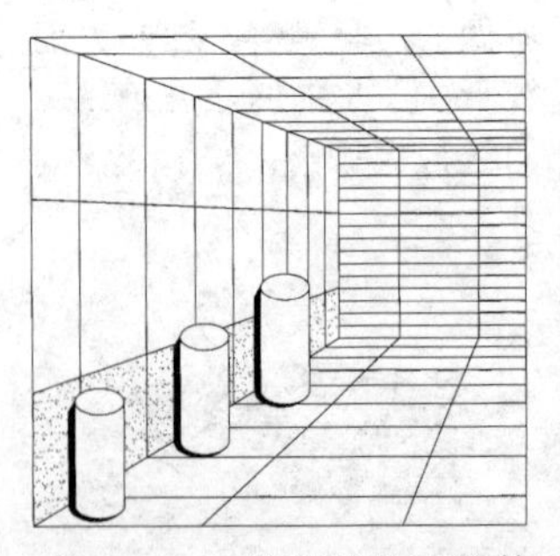

图5-15 二维相等的圆柱体在三维视觉空间中变成了不相等

图5-16 突出于周围建筑环境之上的帕多瓦主教堂

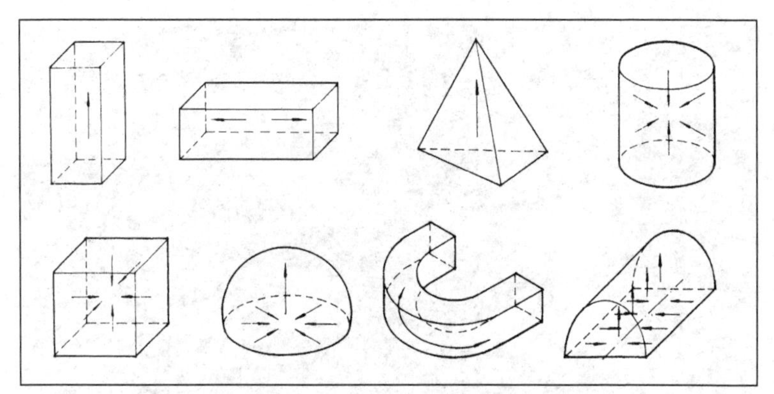

图 5-17　不同形状的空间会产生不同的心理感受

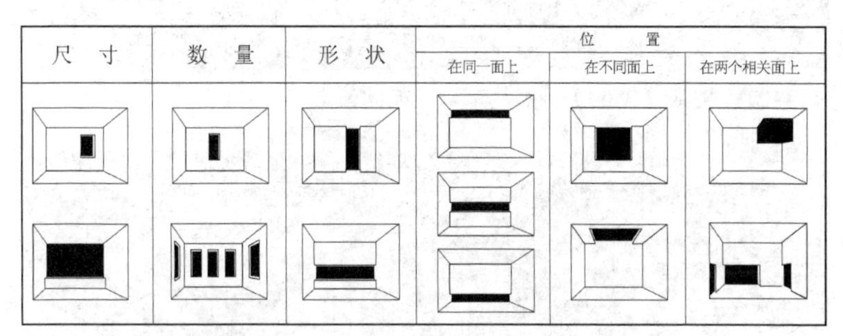


图 5-18　洞口的尺寸、数量、形状和位置对空间围合程度的影响

致可分为球形、锥形和方形，球形空间往往给人以向心感和聚合感；锥形空间给人以上升感和方向感；正方形空间给人以庄重感和静态感，长方形空间则给人以方向感和动态感（图 5-17）。

在空间的围合方面，围合状态可分为开敞和封闭两种，开敞空间给人以开放感，封闭空间则给人以压抑感。空间的围合程度一般与洞口的大小、数量、形状、位置有关。洞口尺寸大，空间开放度也就大。洞口数量多，空间围合感也就减弱。横向洞口与同等面积的竖向洞口相比，空间开放感更强。洞口位置在同一围护面上时，视平面以下的洞口较之视平面以上的洞口空间封闭感更强；洞口位置在不同围护面上时，垂直面上的洞口要比水平面上的洞口空间开放感更强；洞口位置在两个相关围护面上时，转角洞口可增加与相邻空间的连续性和相互穿插的关系，两围护面之间的洞口会随着尺寸的增大空间围合感减弱（图 5-18）。

在空间的比例和尺度方面，比例与空间三个向度即宽度、高度、深度的伸展情况有关，当空间的宽度沿水平方向伸展时，往往给人以开阔感和通畅感；当空间的高度沿垂直方向伸展时，给人以崇高感和雄伟感；当空间的深度沿纵深方向伸展时，则给人以深远感和前进感（图 5-19）。尺度“意味着人们感受到的大小的效果，意味着与人体大小相比的大小的效果”[1]。与人体大小

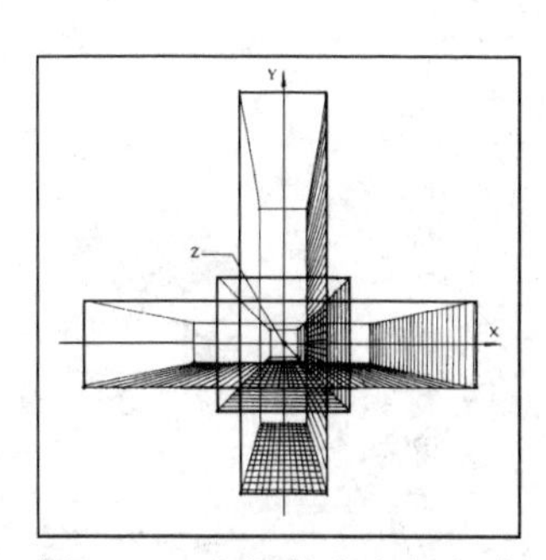


图 5-19　空间的宽度（X）、高度（Y）、深度（Z）的伸展情况都会对空间比例产生影响

[1][意]布鲁诺·赛维著.建筑空间论.张似赞译.北京:中国建筑工业出版社,1988,117

图 5-21　吴良镛先生主持的北京菊儿胡同改造

图 5-22　R.里瓦尔设计的奥林匹克村

相比,就可把空间尺度分为"近人尺度"、"宜人尺度"、"超人尺度"三种,近人尺度使人产生控制感,如家具等(图 5-20);宜人尺度使人产生亲切感,如尺度适宜的住宅空间等(图 5-21、图 5-22);超人尺度则使人产生压抑感,如纪念性建筑空间等(图 5-23)。

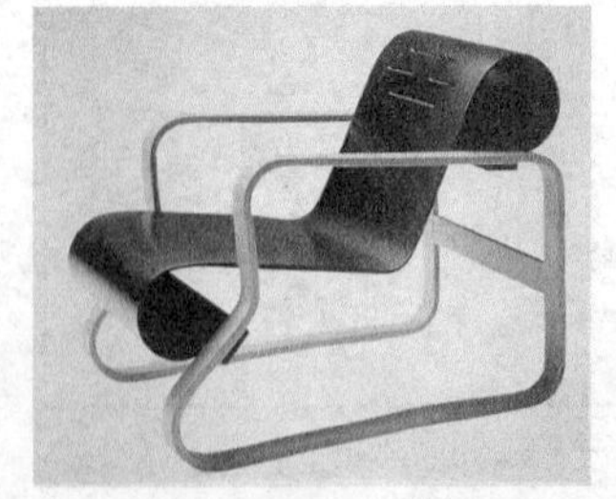

图 5-20　阿尔瓦·阿尔托设计的家具

## 四、逻辑认知

### 思维

如上所述,认知包括了知觉、表象、记忆、思维等,其中,思维是它的核心。思维(Thinking)是"客观现实的间接的和概括的反映"[1]。它是运用抽象、归纳、演绎、分析和综合等方法对信息进行组织加工,并以存储于记忆中的经验为媒介,来反映外界事物的本质和内在关系。人可以通过感知的信息,经由思维的形式，概括地认识外界事物；也可以在不经过感知的情况下，利用相关的经验或学习所获得的信息，经由思维的形式，间接地认识外界事物。思维可分为“具体思维”和“抽象思维”。具体思维是以动作和形象来进行的思维，又称为“动作思维”和“形象思维”。抽象思维是以概念来进行的思维，由于这种思维需要遵循一定的逻辑规律，所以又称为“逻辑思维”。逻辑思维是运用概念进行判断、推理的思维，而联想、想象在思维过程中又起着不可忽视的作用，按照思维形式就可以把逻辑认知分为推理和联想两个部分。

[1]中国大百科全书·心理学.北京：中国大百科全书出版社1992,355

**推理和联想**

判断是对外界事物的一些情况所作出的断定。推理是在判断的基础上，由已知判断作为前提，推出作为结论的未知判断。由于推理得出来的知识是间接的、推出来的知识，因而，要想使推理得出的结论是真实的，就要符合两个基本条件：一是前提本身是真实的；二是推理的形式是正确的。推理有“演绎推理”、“归纳推理”等。演绎推理是由一般性知识的前提推出特殊性知识的结论的推理。归纳推理则是由特殊性知识的前提推出一般性知识的结论的推理。

联想是当当前事物出现时，在大脑中引起与它在形式和意义上相似或相反的其它有关事物出现的心理过程。联想按内容可分为“接近联想”、“对比联想”和“类似联想”。接近联想是指在空间上或时间上相接近的事物的联想。对比联想是指因对比关系的事物的联想。类似联想是指因事物的外部特征或性质相类似的事物的联想。也有的心理学家把联想分为“简单联想”和“复杂联想”两种，认为接近、对比和类似联想都属于对事物外部关系的联想，所以是简单联想，而复杂联想则是对事物意义的联想，所以又称为“意义联想”。

**空间意义的认知**

空间不仅有外在形式，而且也具有其意义。人们可以通过视觉感知、时空感知认识和理解空间形式，然而，要理解和把握空间意义则需要在视觉感知、时空感知的基础上，通过人们的逻辑认知方能实现。这就是说，对空间意义的认知，要经过判断、推理、联想、想象的思维形式。

判断与推理使我们可以根据以往的空间经验或知识，由空间整体意义推理至空间局部意义，反之也可由空间局部意义推理至空间整体意义，这有利于从整体到局部系统地认知空间意义。需要指出的是，从整体到局部或从局部到整体，并不是将空间整体意义分解开来，而是将空间局部意义综合起来，因为对于建筑空间来说，空间整体意义并不是所有空间局部意义的叠加，而是

图 5-23　密斯设计的西格拉姆大厦

[1]高亦兰、王海. 人性化建筑外部空间的创造. 华中建筑，1999 (1),104

[2]高亦兰、王海. 人性化建筑外部空间的创造. 华中建筑，1999 (1),104

对空间局部意义的复合，即通过人的认知而产生的复合感受。

联想与想象在空间的欣赏和体验中起着不可忽视的作用，联想的作用可概括为 :(1)使艺术表现的物质材料转化为生动的艺术形象 ;(2)使建筑空间的艺术象征得以理解 ;(3)使移情得以产生，以联想为中介，从而使移情的感性经验和理性经验作用于具体的欣赏 ;(4)领悟“弦外音味外味”[1]。所谓移情“即主观情感向客观对象的移入，移情必须具备两个条件 :一是移情的形象，首先要能唤起某种情感体验的类似联想 ;二是形象同时能表现这种被唤起的情感”[2]。在空间意义的认知活动中，正是移情使主体情感与空间对象建立了一种必然的联系，使主体情感的客体化与空间对象的拟人化相统一，保证了空间意义的传达和接收的一致性。

例如，由辛克尔(Karl Friedrich Schinkel，1781-1841)设计的柏林旧博物馆，既有对古典建筑的指代意义，又在某些方面极具时代感。建筑正立面是一个简单的门廊，门廊所采用的 18 根列柱及门厅入口的 4 根柱子，都是希腊爱奥尼式的 ;门厅的楼

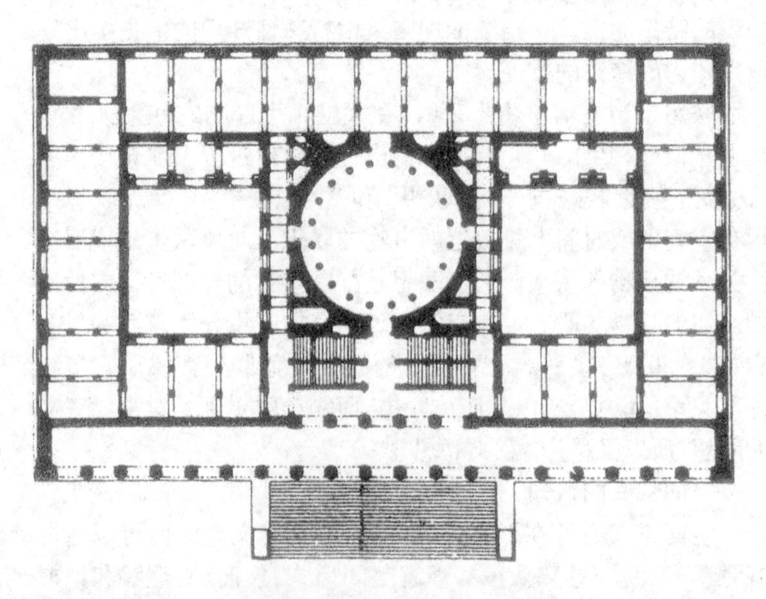

图 5-24　柏林旧博物馆平面

图 5-25　柏林旧博物馆二层门厅

图 5-26　柏林旧博物馆正立面

梯栏杆、地面铺装和顶棚设计也是竭力按照希腊建筑的形制，中央大厅则是模仿罗马万神庙的。当参观者经由门廊，进入门厅，来到中央大厅时，经过一系列的空间体验，使空间形象与人的情感产生连锁反应，自然而然地联想到古希腊罗马建筑，进而理解和把握空间所蕴含的古典意义。在这里，需要指出的是，建筑空间之所以有意义还与发生在这些建筑周围的重要事件密切相关。柏林旧博物馆就是如此，它前面的户外广场在希特勒时代是著名的政治集会场所。所以，英国谢菲尔德大学布莱恩·劳森教授（Bryan Lawson）在谈到柏林旧博物馆时说："在柏林墙推倒以前，我对于它惟一的印象就是历史电影胶片上那些可怕的事件。这些印象特别强烈，以至于当我第一次参观这座建筑时，这里的空间仍然在向我讲述这些历史，而我身边的游客似乎已经将这些淡忘了，这不由得使我感到不适。这个地方也许是我印象中最具多重复杂性和混乱意义的空间之一。"[1]（图 5-24~ 图 5-29）

[1]［英］布莱恩·劳森著.空间的语言.杨青娟等译.北京：中国建筑工业出版社，2003，93

图 5-27　柏林旧博物馆正面入口柱廊

图 5-29　柏林旧博物馆中央大厅

图 5-28　柏林旧博物馆中央大厅穹顶

# 第三节　空间与环境行为

## 一、环境行为

行为(Action)是“人的具有明确目的并有一定的预计步骤的活动,是一种既定意向付诸实施的过程”[1]。在环境心理学中,人的行为一直是研究的主要内容。人的行为发生是出于对某种刺激所作出的反应,这种刺激来自于两个方面:一方面,是机体自身产生的,如上文谈到的动机和需要;另一方面,是来自于外部环境。多年来,西方学术界从不同的学科角度对人的行为进行了广泛的研究,形成了众多关于环境与行为关系的理论。目前,“空间行为”已经成为环境心理学的重要研究领域之一,而空间使用方式又是空间行为中的主要研究课题。其中,“个人空间”、“私密性”、“领域性”是这一课题中所要讨论的基本内容,是三个既相互联系又相互区别的重要概念。

**环境决定论**

“环境决定论”在19世纪末20世纪初十分盛行,这主要是受到英国博物学家达尔文(Charles Robert Darwin,1809-1882)“进化论”的深刻影响所导致的。生物机体的进化是以大自然的选择为基础,自然选择是以“遗传”、“变异”和“选择”三种因素综合作用的过程。通过选择,最后能够适合生存的动植物留存下来,而那些不适合外界环境条件的则被无情淘汰。因此,自然环境中的各种因素都有可能控制着人的行为。受这种进化论思想的影响,西方一些学者开始把外界环境与人放在一起进行研究,试图找出环境对人的行为的决定作用。于是,在这种背景下,建筑领域中也有人提出所谓的“建筑决定论”,认为如果能铲除贫民窟和条件极其恶劣的住宅,建造新的和良好的住宅和环境,就可以从本质上治愈社会疾病,缓解阶级矛盾。

**相互作用论**

环境决定论发展到20世纪30、40年代,遭到一些学者的质疑和反对,认为环境决定作用的论调过于绝对化,不足以科学地反映环境与行为的关系。20世纪50年代以后,以美国人本主义心理学家马斯洛为代表,强调人是能够感受和思维的个体,认为人在成熟的过程中建立起了自己的价值系统并实行下去,这就是个人行为形成的原因。这种与环境决定论针锋相对的论点,突出强调了主观能动性在人的行为形成过程中的主导地位。美

[1]中国大百科全书·心理学.北京:中国大百科全书出版社1992,462

国心理学家巴克及其研究小组从1947年开始,在美国小镇德韦斯特建立了心理学现场实验站,目的是对行为场所中人的各种行为现象进行研究。此研究持续了20多年,发表了一系列的研究成果,为行为与环境关系的研究提供了新的方法和手段。美国人类学家霍尔关于人与环境的关系以及领域性行为的研究,直接给予美国建筑师纽曼(Oscar Newman)以启示,纽曼将这些研究发展成为一系列的设计原则。

在这时期,西方心理学家、人类学家、社会学家、建筑师等从各个领域对环境与行为的关系进行了广泛的研究,并取得了丰硕的成果。环境、行为概念已不再是单一的概念而是综合的概念,环境与行为的关系也不再是前者决定后者的关系,而是两者之间交互作用的关系。这种关系具体体现在:(1)环境是行为的潜在因素。环境只有在适当的行为配合下才能产生影响,而不是以一成不变的固定方式影响行为。(2)个人是决定行为的主要因素,反对行为主义的机械决定论,认为外显行为的发生取决于内部原因,人们能够对作用于他们的外部环境进行选择、组织与加工,以此来调节行为。(3)行为是与环境相互作用时的决定因素。行为对环境的影响,一方面可以使环境的因素得以激活,另一方面可以创造环境[1]。

**行为的多样性与环境的多样性**

丹麦建筑师扬·盖尔(Jan Gehl)在他1971年出版的《交往与空间》(Life Between Buildings)一书中,将公共空间中的户外活动划分为三种类型,并指出每一种活动类型对物质环境的要求也大不相同。

必要性活动:包括了日常生活中那些有点不由自主的活动,如上学、上班、购物、等人、候车、出差、递送邮件等。换句话说,就是那些人们在不同程度上都要参与的所有活动。它们的发生很少受到环境构成的影响,一年四季在各种条件下都可能进行,所以,与外部环境关系不大,参与者没有选择的余地。

自发性活动:这种活动是指只有在人们有参与的意愿,并且在时间、地点可能的情况下才会发生,如散步、呼吸新鲜空气、驻足观望有趣的事情以及坐下来晒太阳等。这些活动只有在外部条件适宜、天气和场所具有吸引力时才会发生,所以,特别有赖于外部环境的条件。

社会性活动:是在公共空间中有赖于他人参与的各种活动,包括儿童游戏、互相打招呼、交谈、以及五花八门的社会活动。这些活动产生于各种各样的场合,如住所、公共建筑、工作场所等等。而只要改善公共空间中必要性活动和自发性活动的条件,就会间接地促成社会性活动[2]。

[1]刘先觉主编.现代建筑理论.北京:中国建筑工业出版社,1999,272

[2][丹麦]扬·盖尔著.交往与空间(第四版).何人可译.北京:中国建筑工业出版社,2002,13-18

以上三种活动是以一种交织融会的模式发生的，它们的共同作用使得空间环境变得富有生气和魅力。由于人的行为的多样性，也就决定了要求提供与之相适应的多样的空间环境。

## 二、个人空间

### 个人空间的概念

20世纪60年代西方学者提出了“个人空间”（Personal Space）的概念。美国人类学家霍尔在《隐藏的尺度》（Hidden Dimension）一书中说：“每个人都为一看不见的个人空间气泡所包围，当我们的‘气泡’与他人的相遇重叠时，就会尽量避免由于这种重叠所产生的不适，‘气泡’就是随人而动的个人空间，如同人理所当然的领地，当其受到侵犯时，人就会作出各种无言的反应。”[1]美国心理学家索默（Robert Sommer）在《个人空间》一书中也说：每个人的身体周围都存在着一个既不可见又不可分的空间范围，这个空间范围就像围绕着身体的“空间气泡”，它随着身体的移动而移动，任何对这一空间范围的侵犯与干扰都会引起人的焦虑和不安。它不是人们的共享空间，而是个人在心理上所需要的最小空间范围，因此，也称之为“身体缓冲区”[2]。如图5-30、图5-31所示，在一般情况下，个人身体前面所需要的空间范围要大于后面，侧面的空间范围则相对较小。

[1]高亦兰、王海．人性化建筑外部空间的创造．华中建筑，1999（2），34

[2]刘先觉主编．现代建筑理论．北京：中国建筑工业出版社，1999，151

图5-30　个人空间的形状

### 个人空间的距离

以上阐述了人的身体周围存在着一个属于个人的空间范围，不过，这只是从人的主观感觉上作出了解释，还需要通过客观实验来证实它的存在，也即通过实验来度量个人空间的距离。霍尔提出了被认为是美国社会中白人中产阶级习性标准的四种空间距离，通常也称为“人际距离”（图5-32）。

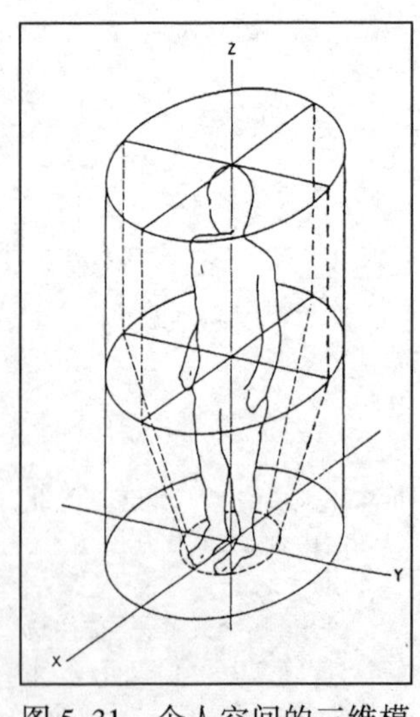


图5-31　个人空间的三维模型

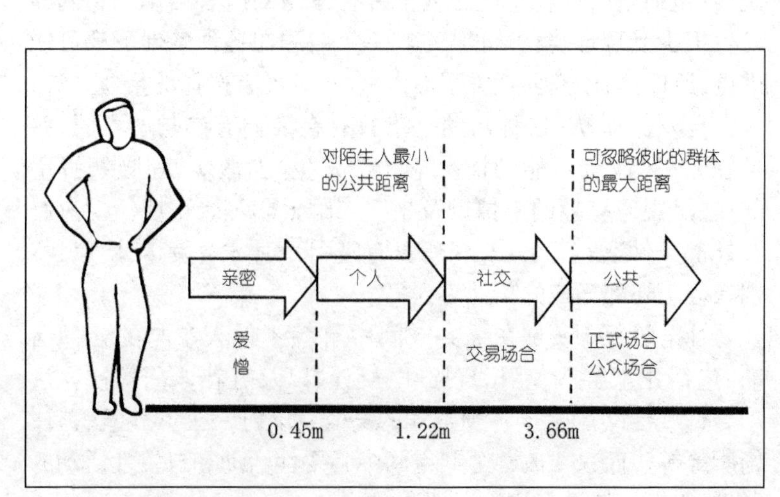


图5-32　四种空间距离

亲密距离：指0–45cm。主要指关系极其亲密所能呈现出来的距离状况，如家人之间、男女谈情说爱之间的距离。这种距离双方的身体最为接近，视线模糊，说话的声音响度也最低，能感受到对方的体温和体味。

个人距离：指45cm—122cm。这种距离可分为两档，较近为45cm—76cm，是能观察到对方面部细节和细微表情的距离；较远为76cm—122cm，此距离与个人空间距离基本一致，说话的声音响度也较为适度。个人距离一般是与好友交谈和握手的距离。

社交距离：指122cm—366cm。同样可分为两档，较近为122cm—214cm，此距离双方不会干扰对方的个人空间，能够看到对方身体的大部分，这一般是人们进行工作、社交时的距离；较远为214cm—366cm，被认为是正规社交场所采用的距离，双方的身体都能被看见，但面部细节被忽略，说话的声音响度稍响，但感觉到声音太响时会自动调节双方的距离。

公共距离：指366cm—762cm。在这种距离时对方的身体细节看不太清楚，声音较大，且讲话的口气较正规，属于陌生人之间的距离，也即进行公众社会性活动的距离。

根据以上四种空间距离，目前，一般把60cm—90cm看成是个人空间的距离。虽然这个空间范围是看不见的，但当有人有意或无意地闯入时，它就会被察觉。因此，只有当得到对方的认可时，方能进入对方的个人空间，否则就是侵犯了对方的个人空间。

**影响个人空间的因素**

霍尔依据美国社会白人中产阶级的习性，归纳出以上四种空间距离。事实上，个人空间距离并不是一成不变的，它会随着多种因素的影响而发生变化。

文化与种族：文化与种族对个人空间的影响主要表现在跨文化的差异上。霍尔曾经说，当阿拉伯人与北美人相遇时，就会因文化习性的不同造成一些麻烦。阿拉伯人在交往时，因感到距离远而不断地向前靠近，北美人则因感到距离近而不断地向后退。这是由于阿拉伯人的个人空间要比美国人的小，讲话声音也大，同时还会触摸对方身体的原因所造成。由于文化与种族因素的影响，一般认为，北美人和西欧、北欧人的人际距离为同一标准；德国人和荷兰人的人际距离较大；希腊人、意大利南部人、巴勒斯坦人的人际距离则较小。

年龄与性别：一般认为，儿童的个人空间较小，随着年龄的增长而不断加大，大约从青春期开始，显示出与成年人相类似的个人空间标准，但到了老年，个人空间又有缩小的倾向。男性与女性的个人空间略有不同，女性的个人空间要略小于男性，女性

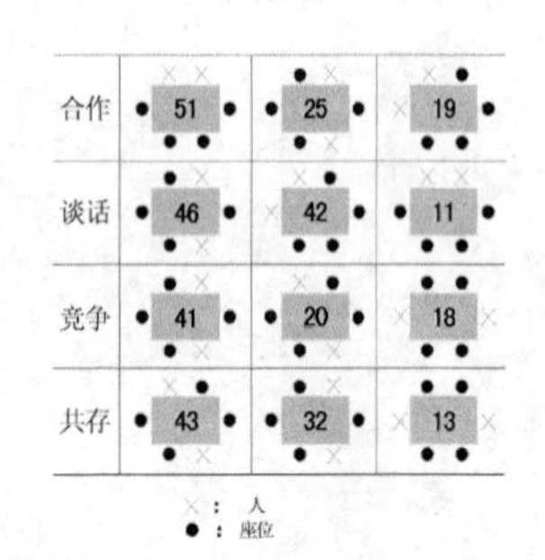


图 5-33　选择座位的百分比

之间交往的个人空间距离也比男姓之间交往的要小些。

归属关系、社会地位、个性、个人状况等：归属关系如家庭、亲朋好友等之间的关系会影响个人空间，这从亲近者与陌生者之间的空间距离就可以清楚地看到。社会地位的差别会影响到个人空间，社会地位显著者要比一般老百姓所占有的个人空间要大。个性对个人空间的影响还有待于进一步研究，如认为性格内向的人要比性格外向的人所占有的个人空间要大，但一些研究表明这种论断并不完全属实。个人状况情绪的好坏也会影响到个人空间，个人情绪的好坏对干扰个人空间的人或物所持有的态度是有差别的。

**两人相处的个人空间行为**

索默曾对两人相处时出现的行为方式做过这样的实验：设想一个有着六个座位的长方形桌子，每长边两个座位，短边各一个座位，他问许多学生，如果他与他的同学要一起从事某项活动，他们将如何选择座位，并解释为什么。学生选择座位的百分比如图 5-33。

合作活动：选择相邻两边的座位过半，认为这样便于共同阅读材料或核对数据、使用工具。

交谈活动：选择相邻两边和面对面的座位较多，认为这样既便于接近也便于眼光接触。

竞争活动：选择面对面座位较多，双方都希望保持一定的距离，通过目光接触可以刺激竞争意识。

共存活动：选择彼此间距离最远的座位较多，认为可以保持秘密，减少目光接触。

布莱恩 · 劳森也对两人相处时出现的行为方式做过研究。他从“空间角色”的角度，观察分析了两个人在从事某项活动时的角色关系，提出了“对峙”、“陪伴”、“共存”三种角色的概念。

对峙角色：当两人处于一场对立冲突中，即使只是游戏，他们也象征性地都以不同视角来看待所处的状态；在这种情形下，由这种关系多表现为面对面而坐。

陪伴角色：两人也许没有什么特别的事情需要集中起来，但他们试图从同样的角度来看待所处的情形；在大多数情况下，由这种关系多表现为并肩坐在一起或相邻的两边。陪伴的形式主要有“交谈”和“合作”。

共存角色：当两个彼此陌生的人共同拥有一个空间而确立起来的一种关系；由于这种关系常表现为尽可能减少视觉接触而采取斜向对面而坐。

劳森提出的三种角色与索默提出的四种活动，虽然各自研究的角度不同，但他们得出的结论却有着许多共同之处。由于角色不同、活动不同,人们在空间中的行为方式也各异。

**办公室家具布置的个人空间行为**

劳森与邓肯·乔尼尔(Duncan Joiner)在对办公室的调查研究中,发现办公室中的家具布置与主人的职业性质有着密切的联系,同时与上文所述的空间角色也相关。

税务管理人员用办公室:常利用办公桌来分隔空间,对于来访者来说,这明显形成了税务人员的独立领域,办公桌成为他们之间的一个真正障碍。家具布置是一种“对峙”的布置方式(图 5-34)。

大学助教用办公室:由于他们的资历较浅,往往会把办公桌靠墙布置,以便进来的学生很自然地就与他们位于办公桌的同一边,办公桌起到了保持他们与学生同一阵线的作用。家具布置是一种“合作”的布置方式(图 5-35)。

大学教授和系主任用办公室:这里例举的是劳森本人的办公室,由二张办公桌一张工作台组成的空间。一张办公桌形成了一个屏障,承担着一系列对话的责任,另一张办公桌上放置着计算机,是用来与研究生讨论工作的地方,最后是一张圆形工作台,这是用来与一位或几位同事进行讨论的区域。家具布置包含了“对峙”、“合作”的布置方式(图 5-36)。

通过对办公室家具布置的研究,劳森指出:“对于大多数人来说,不是一种形式上的构成;相反,它塑造了他们希望设计的行为形式,因此他们可以在与他人相处时扮演需要的角色。有时候我们也会看到空间的数量和形态要么可以限制使用者的能力,要么创造出工作需要的行为方式。”[1]可见,空间设计并不只是一种形式上的构成,而是一种符合和满足人们行为方式的设计。

## 三、私密性

**私密性的概念**

阿尔托曼(Irwin Altman)将“私密性”(Privacy)定义为:对接近自己或自己所在群体的选择性控制。这就是说,私密性不能简单地理解为个人独处的境况,独处是人的需要,而交往也是人的需要,它所强调的是个人或群体相互交往时,对交往方式的选择和控制。所以,私密性是个人或群体有选择和控制自己与他人接近,并决定什么时候、以什么方式、在什么程度上与他人交换信息的需要[2]。与私密性相对的概念是“公共性”,公共性可理解为是人对公共活动和相互交往的需要。它同私密性一样,都是人的社会需要。奥斯蒙德(Osmend)提出的“社会向心空间”和“社会离心空间”的概念,从字面上理解就是找寻中心,所以,社会向心空间有着将人们聚集在一起的意思,而社会离心空间

[1][英]布莱恩·劳森著.空间的语言.杨青娟等译.北京:中国建筑工业出版社,2003,160

[2]林玉莲、胡正凡编著.环境心理学.北京:中国建筑工业出版社,111-112

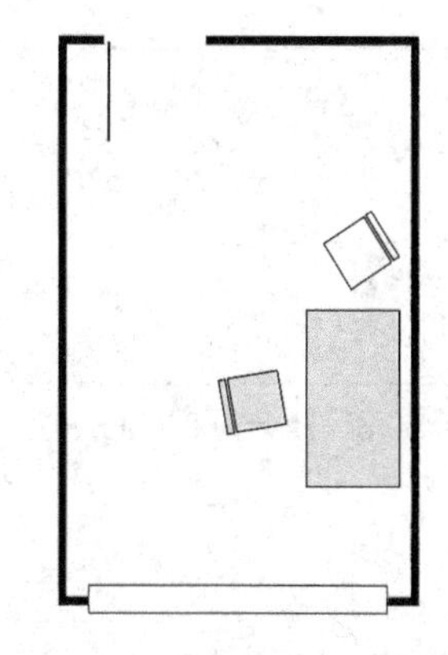

图 5-34　税务管理人员用办公室

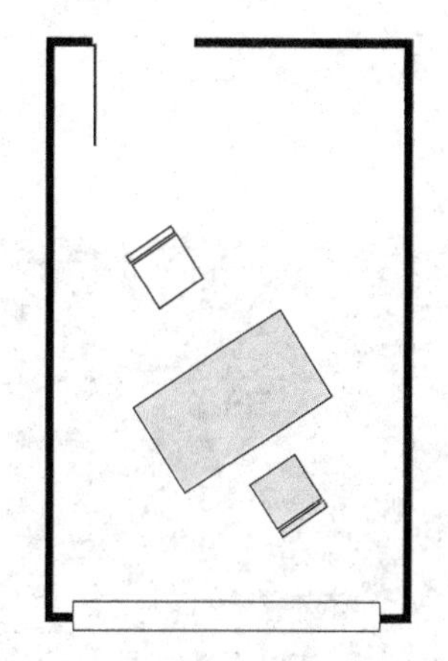

图 5-35　大学助教用办公室

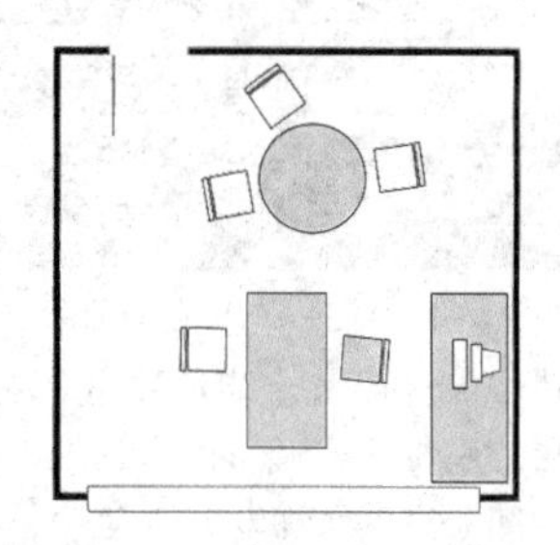

图 5-36　大学教授和系主任用办公室

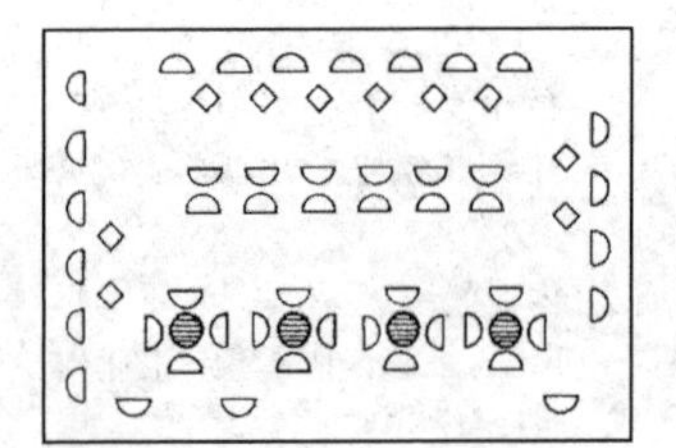

图 5-37　社会离心空间

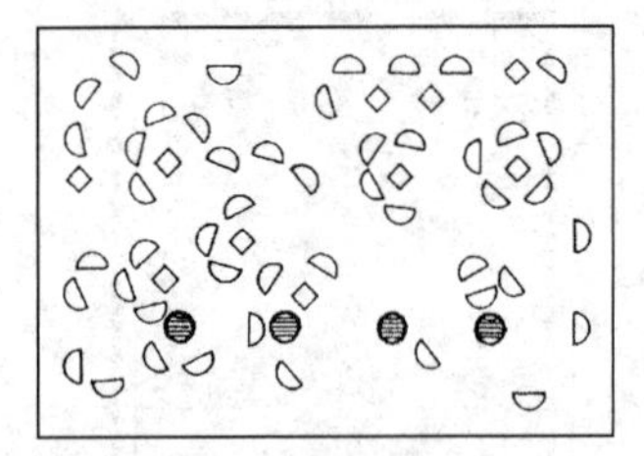

图 5-38　社会向心空间

则有着将人们发散开来的意思。如果把这两种互为相对的空间性质与公共性和私密性的概念联系起来，社会向心空间则具有公共性而缺乏私密性，社会离心空间则具有私密性而缺乏公共性。社会向心、离心空间可以帮助我们更好地理解公共性和私密性之间的关系（图 5-37~ 图 5-40）。

**私密的类型和私密性的作用、层级**

私密的类型可以分为以下几种 :（1）孤独 :指一个人独处不愿受到他人干扰的行为状态 ;（2）亲密 :指几个人亲密相处时也不愿受到他人干扰的行为状态 ;（3）匿名 :反映了个人在人群中不愿出头露面、隐姓埋名的倾向 ;（4）保留 :表示个人对某些事实加以隐瞒或有所保留的倾向。

私密性的作用具体体现在以下几个方面 :（1）个人感 :能使人具有个人感，可以按照个人的想法来支配自己的环境 ;（2）表达感情 :在他人不在场的情况下，也即独处的情况下，可以充分表达自己的感情 ;（3）自我评价 :不仅可以表达感情，还可以使人得以进行自我评价，闭门自省其身 ;（4）隔绝干扰 :能隔绝外界干扰，同时仍可以使人在需要的时候保持与他人接触。

对私密性层级的研究，不同学者有着各自不同的看法，这就形成了不同的划分方式。不过，一般都是从私密性与公共性的关系，去寻找进而分析出一些微妙的层级，以此构成一个连续的层级整体。

图 5-39　高迪在巴塞罗那的戈尔公园中就曾设计出社会离心空间和社会向心空间的座位。人们可以选择在凹进部分（社会向心空间）就坐进行交谈，也可以选择在凸出部分（社会离心空间）就坐进行阅读或只是思考问题

图 5-40　一套完整的社会向心空间，为人们的交往创造了理想的环境

切尔梅夫和亚历山大在《社区与私密性》(Community and Privacy)一书中，将私密性分为三个范围六个层级：(1)都市分为公共的和半公共的，公共的属于社会共有，如道路、广场和公园等；半公共的是指在政府或其他机构控制下的公共使用场所，如市政公共部门、学校、医院等。(2)团体分为公共的和私有的，公共的是指为公共服务的设施，属于特定的团体或个人，如邮件投递站、公共救火器材等；私有的属于社区级共用的设施和场所，如社区中心、游戏场等。(3)家庭分为公共的和个人私有的，家庭公共活动的地方如起居室、餐厅、卫生间等，个人私有的如由个人支配的居住房间等[1]。

[1]刘先觉主编.现代建筑理论.北京：中国建筑工业出版社，1999,283

美国建筑师纽曼最早把领域性原理应用于住宅区规划设计中，提出了著名的“可防卫空间”概念。防卫空间最主要的特点之一就是有明确的领域层级，即从公共到半公共、半私密再到私密的领域。关于领域层级，在下面“领域性”一节中再作进一步介绍。

**住宅空间行为**

在现实生活中，“家”通常是以公寓中的一套住房或一幢独立式住宅的形式呈现出来，由无数套住房组成公寓，再由无数幢公寓组成社区。独立式住宅的情形也是如此。可见，无论是一套住房还是一幢独立式住宅，都是组成社区的一个基本居住单元。从社区完整性和空间整体性的含义来说，住宅空间行为包括了作为“家庭”的空间行为和作为“邻里”的空间行为这两个方面。从私密性与公共性的关系来看，前者更加强调私密性，后者更多注重公共性。

“家庭”是由婚姻、血缘关系而产生的亲属间的共同生活组织。一个家庭的特点、组织及一代与另一代之间的关系都直接反映在这个家庭的空间结构上。对于每个人来说，家意味着安全感、私密性和归宿感。

美国著名建筑与人类学家阿摩斯·拉普卜特曾经对穆斯林、英国和北美三种文化中的住宅私密性问题进行过研究，他认为住宅的私密性与外部环境的公共性之间存在着一道既实际又具有象征意义的界限。通过这道界限，不难发现由于文化的不同，三个地区对住宅的私密性要求也是大不相同。如图 5-41 所示，穆斯林住宅，在基地外围采用高墙围合，被围合的区域内部为私有领域，私密性程度最高；英国人住宅，在基地外围用低篱围合，被围合的区域内部大部分为私有领域，私密性程度一般；北美人住宅，在基地外围用开敞式，外来者只要不擅自闯入住宅或后院即可，私密性程度最弱。根据这一研究方法也可以对其他文化中的住宅私密性问题进行考察和研究。在我国传统住宅

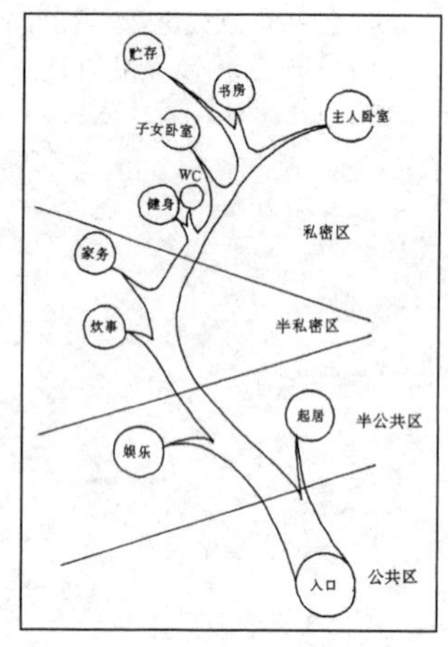


图 5–42　住宅空间私密性序列

图 5–43　住宅中以壁炉为中心的公共性空间之一

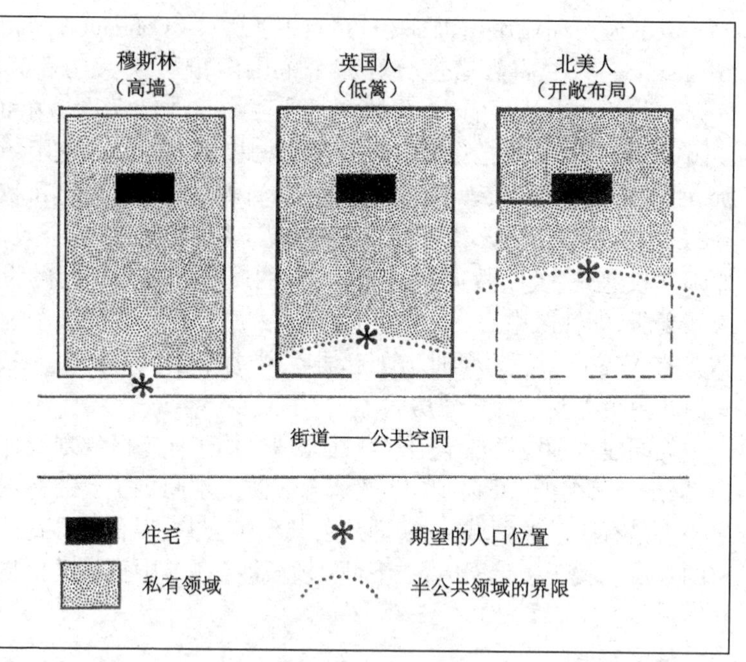


图 5–41　三种不同文化的住宅对私密性的要求

建筑中，就有很多用高墙围合的“深宅大院”，不仅如此，在住宅入口处还用“照壁”作为内与外、私密与公共之间的一种空间过渡，真正做到了内外有别。

住宅内部空间的私密性体现在具体的“居住行为”中，居住行为可分为“生理性行为”、“家务性行为”、“社会性行为”和“文化性行为”四种。在四种行为中，生理性行为对私密性要求较高，而家务性、社会性、文化性行为对私密性要求一般或不高。每一种行为又有各自的具体内容和活动空间，由于年龄、性别、职业、社会阶层、文化修养等的不同，居住行为也就随之不同，不同的居住行为也必然影响到居住空间，对居住空间提出了各种要求。因此，住宅内部空间应为每一位居住者不但要提供一处私密性空间，还要提供一处或多处公共性空间，来满足成人私生活、儿童私生活、家庭共同生活的需要。在西方，这三种不同生活方式又以“家庭炉边生活”为纽带。它是指壁炉前的那块地方，即家庭领域中最核心的公共性空间。劳森把它称为“家庭圣地和社会中心的所在”[1]。对于一个家庭领域来说，私密性空间满足了人之独处的需要，公共性空间特别是壁炉前的那个空间则满足了家庭成员乃至亲朋好友之间交往的需要（图 5–42~ 图 5–45）。

“邻里”是指具有集体性质的家庭基地。对于每个人来说，家是邻里的中心，当人们进入邻里时，就会产生回到了家的感觉，有一种归属感和认同感。邻里一般要在两个方面保持平衡：

[1]［英］布莱恩 · 劳森著 . 空间的语言 . 杨青娟等译 . 北京：中国建筑工业出版社，2003，186

一方面，邻里中的住宅要有自己的私密性；另一方面，邻里中的居民要在尊重各自私密性的前提下，有相互间的交往。邻里关系是指各住户都是邻里中的一名成员，参与邻里中的一些共同活动，由此产生一种凝聚力和集体意识。

图 5-44　住宅中以壁炉为中心的公共性空间之二

"邻里单位"是居住区规划设计中的一种结构形式。20 世纪以来，由于汽车交通迅速增长，城市居民对交通安全和居住环境质量提出了更高的要求。1929 年，美国社会学家佩里（Clerance Perry）首先提出了这一概念。他主张扩大原来较小的住宅街坊，以城市干道所包围的区域作为居住的基本单位，建成具有一定人口规模和用地面积的邻里。在其中，布置住宅建筑、日常生活需要的各种公共设施和绿地，使居民有一个舒适、方便、安全、安静、优美的居住环境，并在心理上对自己所居住的邻里产生一种归属感和认同感（图 5-46）。

图 5-45　住宅中以壁炉为中心的公共性空间之三

邻里单位理论本是社会学和建筑学相结合的产物。20 世纪 60 年代以后，一些西方社会学家又认为它不太符合现代社会生活的要求，因为城市生活是多样化的，人们的活动并不仅仅限于邻里。于是，邻里单位理论又逐渐发展成为"社区"规划理论。持这种理论的社会学家们认为，城市不仅要从建筑角度组织好住宅布局，而且要根据更加错综复杂的社会生活内容把住宅区作为社会的一个单位来加以全面规划。随之，围绕着社区的规划问题，不仅产生了各种与此相关的理论，还在实践中进行了有

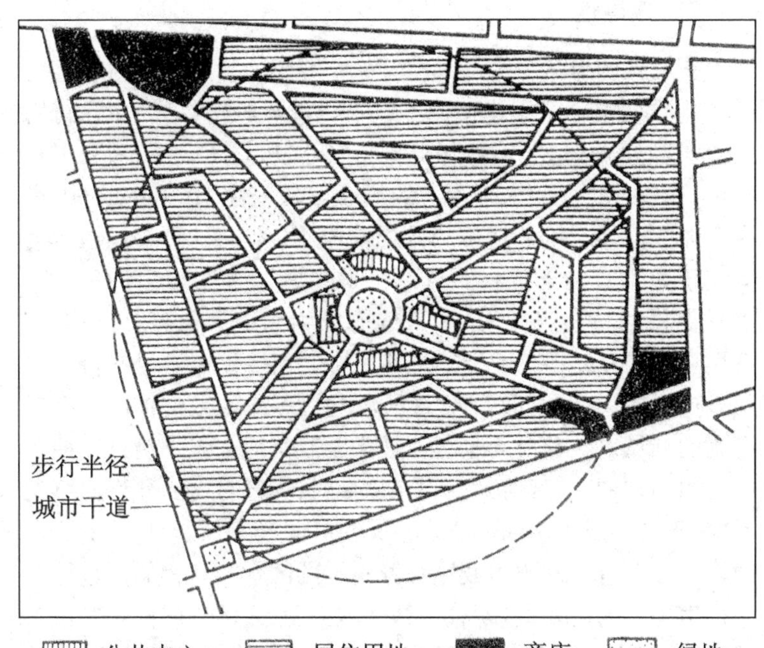

 公共中心　 居住用地　 商店　绿地

图 5-46　邻里单位规划示意

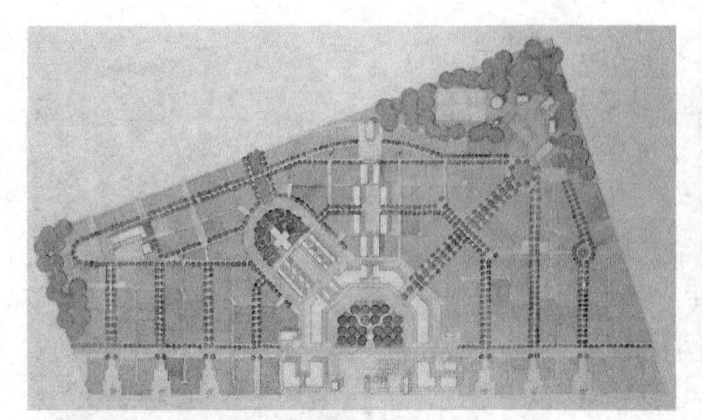

图 5-47 佛罗里达海滨城镇总平面

图 5-48 佛罗里达海滨城镇鸟瞰

图 5-49 佛罗里达海滨城镇的居住区之一

图 5-50 佛罗里达海滨城镇的居住区之二

益的探索。如 1981 年基本建成的美国佛罗里达州的海滨城镇就是一个典型实例(图 5-47~ 图 5-50)。

## 四、领域性

### 领域性的概念

英国鸟类学家霍华德(Eliot Howard)通过对鸟类生活行为的漫长观察和研究,写出了《鸟的生活领域》(Territory in Bird Life)一书,提出了"领域性"的概念。领域性(Territoriality)是指个体或群体对一片地带的排外性控制[1]。将这种领域性行为运用于人本身的分析和研究,是 20 世纪 70 年代以后的事。阿尔托曼将领域性定义为:个人或群体为满足某种需要,拥有或占用一个场所或一个区域,并对其加以人格化和防卫的行为模式。这里所说的"场所"或"区域"也就是个人或群体所拥有或占用的领域,"人格化和防卫"是指能使其他人识别自己所拥有或占用的领域,当其他人想闯入领域时,因没有得到允许而感到不快,于是用眼神、手势、语言,乃至动作来保卫属于自己的这一领域[2]。人与动物的领域性有着根本的区别。动物的领域性是一种生理上的需要,包含着生物性的一面,人的领域性则在很大程度上受到社会、文化的影响,因而它不仅包含着生物性的一

[1]刘先觉主编.现代建筑理论.北京:中国建筑工业出版社,1999,151

[2]林玉莲,胡正凡编著.环境心理学.北京:中国建筑工业出版社,2000,117

面，也包含着社会性的一面。

**领域的类型和领域性的作用、层级**

领域的类型可以分为以下几种：(1)主要领域：指由个人或群体所拥有或占用的空间领域，可限制别人进入，如家、房间以及私人空间等；(2)次要领域：与主要领域相比，显得不是那么专门占有，这类空间领域谁都可以进入，然而还是有个人或群体是这里的常客，所以使这类领域具有半私密、半公共的性质，如俱乐部、酒吧、茶馆等；(3)公共领域：指个人或群体对这类空间领域没有任何的拥有或占用，如果说有占用，那也只是暂时性的，当使用完成且离开后，这种暂时占用也就随即消失，如公用电话亭、公共交通、公园、图书馆等。

领域性的作用体现在以下几个方面：(1)安全：动物或者人为了满足安全的需要而占有领域，在领域中感到有安全感，这是显而易见的。从领域的类型来看，从主要领域、次要领域到公共领域，安全感逐渐减弱，反之不安全感逐渐增强。(2)相互刺激：刺激是机体生存的基本要素，从领域来看，在领域核心地带有安全感，领域边界则是提供刺激的场所。动物之间常常为领域界限而发生竞争，事实上，这种现象在人类之间同样存在，只是所表现出来的形式不同罢了。(3)自我认同：指领域与领域之间为了维持各自所具有的特色，使彼此之间易于识别、易于区别。动物或人都有这种强烈的愿望和感情，一旦控制了某个领域后，便使这种特色具体化。(4)控制范围：控制领域主要有两种方法：一是使领域人格化，二是对领域的防卫。对于一个领域的控制范围来说，边界常常是引起刺激、竞争、矛盾的地方，因此，边界对于空间范围来说具有不可忽视的地位。

领域性层级与私密性层级一样，也可分为若干层次，并且也有多种分类方法。如上文提到的美国建筑师纽曼在提出“可防卫空间”概念的基础上，认为防卫空间作为居住环境的一种模式，是能对罪犯加以防卫的社会组织在物质上的具体表现形式。纽曼不仅在理论上对防卫空间进行了开拓性的研究，而且还将这种理论运用于住宅区的规划设计中，既丰富了理论，又在实践中得到了广泛运用，产生了世界性的影响。防卫空间通过公共、半公共、半私密和私密空间层级的划分，来建立相应的公共领域、半公共领域、半私密领域和私密领域的层级(图5-51)。这种分类方法有助于扩大居民占有空间的活动范围，增加居民对周围环境的认同感，从而加强居民对环境的控制。至于领域边界，可以是真实的障碍物，也可以是象征性的设施，能使外来者通过这些边界意识到正从一个层级领域进入到另一个层级领域。

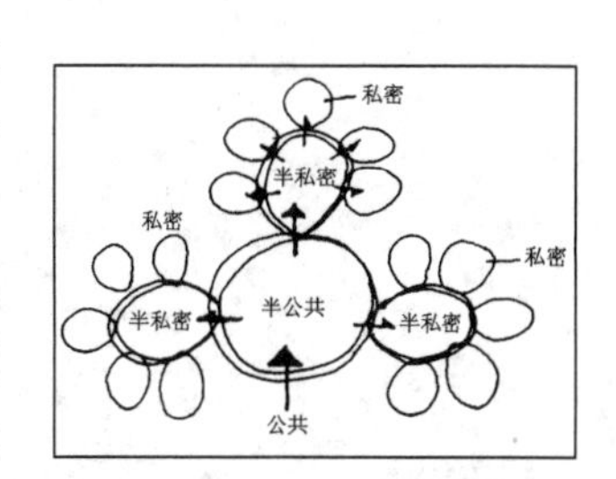


图5-51　纽曼的空间领域层级

图 5-53　城市公共空间中的交往活动之一

图 5-54　城市公共空间中的交往活动之二

图 5-55　城市公共空间中的交往活动之三

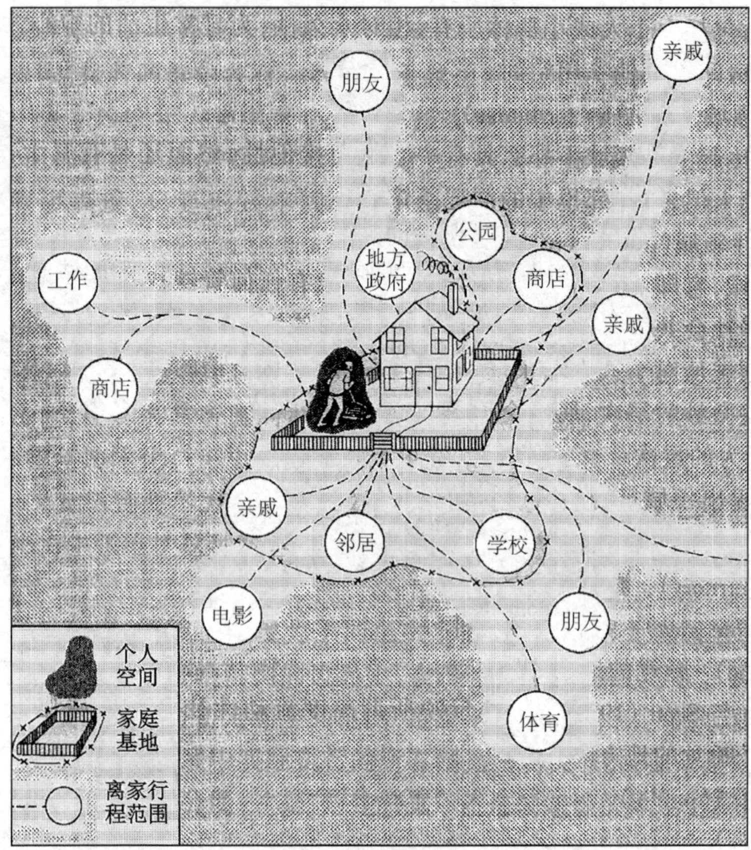


图 5-52　个人空间、家庭基地和离家行程范围

领域层级虽然有多种分类法，但一般来说都离不开这样几种层次，即个人、家庭、城市，乃至国家领域。李道增教授在《环境行为学概论》一书中，在综合了前人多种分类法的基础上，提出了领域行为的三个空间层次："微观环境"、"中观环境" 和"宏观环境"。微观环境或称为个人空间，个人空间又可扩大为一个领域单元，如一间私密性的房间、一把座椅、一张办公桌的周围等；中观环境是比个人空间范围更大的空间，可能属于个人或群体的，如家庭基地与邻里；宏观环境属于离家外出活动最大范围的公共空间，如城市，但个人在城市中通常只限于一定的范围[1]。

**城市空间行为**

人的行为除了个人空间、住宅空间行为以外，还包括离家范围更大的空间行为，即城市空间行为。从图 5-52 中，我们可以清楚地看到不同空间层次之间的关系，以及各空间层次的行为需求。其中，城市空间行为与亲戚朋友的交往、工作、购物、娱乐等相关（图 5-53~ 图 5-61）。这也说明，每个市民对城市空间的

[1]李道增编著. 环境行为学概论. 北京：清华大学出版社，1999，25

图 5-60　古典的私家园林现在已成为人们交往活动的公共园林

图 5-56　城市公共空间中的购物活动之一

图 5-57　城市公共空间中的购物活动之二

图 5-61　宗教空间同样也成为人们交往活动的场所

图 5-58　城市公共空间中的娱乐活动

图 5-59　艺术空间也成为人们交往活动的场所

[1]李道增编著.环境行为学概论.北京:清华大学出版社,1999,64

使用并非遍及全部,而是限于其中的一部分。实际情况也是如此,只有那些与市民生活密切相关的部分,才会驱使人们去了解它并使用它。因此,在讨论城市空间行为时,需要阐明市民在使用部分城市空间时,其活动方式是怎样的?市民在城市空间中的认知意象是怎样的?它又是如何帮助市民的活动方式的?

对市民在城市空间中活动方式的调查研究由来已久,它是为了搞清楚市民在一天当中是如何支配活动时间,以及出行什么样的活动地点。对这些问题的抽样调查、数据统计、结果分析等研究,可以为城市空间设计提供重要的参考依据。通过对市民“时间支配”的调查,按照人的基本行为,可以把活动分为三大类。第一类交往性质,活动分类根据活动进行时是单独一个人,还是在家庭中或者与别人在一起。第二类活动地点,“在家中”或者“不在家中”,是地理空间上的基本区分。第三类义务性的或是自选的,个人的一些活动有的是义务性的,多属于对家庭应尽的义务。其中有的活动必须在家中进行,如家务劳动;有的活动需要离家,或为家里办些事情。所有的个人活动都受到生理、文化与环境的制约[1]。

认知意象与活动方式有着密切的关系。这主要表现在两个方面:一方面,人的活动方式对形成他头脑中的意象有着重要的促进作用。因为认知意象的形成是以人的活动方式为前提条件的,有什么样的活动方式就会产生与之相应的认知意象。从一个人的城市意象中,可以大体上判断出这个人在城市中活动的深度和广度,以及对这个城市的了解程度。对于每个人来说,城市意象都是各不相同的。正如上文所述,个人对城市空间的使用并非遍及全部,而只限于经常离家出行的那一部分。这就是说,只有一部分城市空间是他有切身活动经验并非常熟悉和了解的,既能用语言进行描述,也能用草图进行描绘,形成对这一部分城市空间清晰的意象;而对于其他部分城市空间由于不太熟悉,也就谈不上有多深的了解,只能形成非常模糊的意象。另一方面,清晰的城市意象能提高市民对城市空间环境的满意程度,扩大市民的行为活动范围,鼓励市民之间的社会交往。因此,在城市空间设计中,应通过对城市意象的调查研究,来获得较为准确的行为预测,并根据这种行为预测,组织城市空间中的各种要素。

# 第四节　空间与环境理论

## 一、凯文·林奇的城市意象

**城市意象**

在心理学中，把曾经感知过的外界事物在记忆中重现的形象，称为“意象”或“表象”，把具体空间环境的意象又称为“认知地图”（Cognitive Map）。认知意象作为认知心理学的一种研究方法，最先把它运用于城市空间环境研究上的，是美国著名学者凯文·林奇。1960年，林奇与研究生阿尔文·鲁卡肖克（Alvin Lukashok）一起，根据人们有关城市景观儿时记忆的测验进行了调查分析，在城市意象方面取得了开拓性的研究进展，并将其成果发表在《城市意象》（The Image of The City）一书中（图5-62~图5-64）。林奇把心理学上的意象和认知地图概念运用于城市空间的分析和设计上，并且认识到城市空间的结构不仅要凭借客观物质形象，而且还要依靠人的主观感受来加以判断。由于意象和认知地图是一种心理现象而无法直接感知，因此常需要借助一些间接的方法才能实现，例如，凭记忆请人默画城市意象和地图草图，交谈或书面描述，放映幻灯和录像，做简单模型等。认知意象对城市空间提出了两个基本要求：一是“易识别性”，二是“意象性”。易识别性是意象性的前提和保证，意象性是林奇首创的城市空间评价标准，它不仅要求城市空间结构清晰，个性突出，而且还要求应为不同的人群所接受。

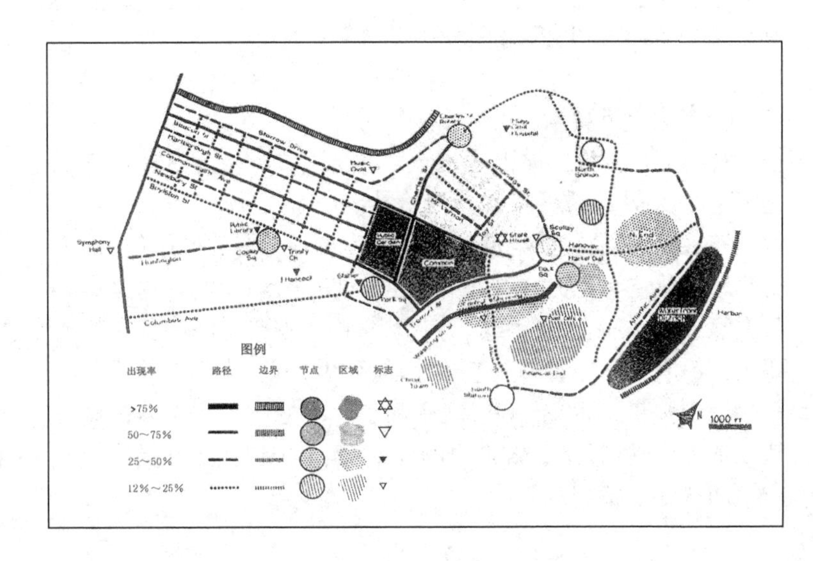


图5-62　从市民草图中得出的波士顿城市意象

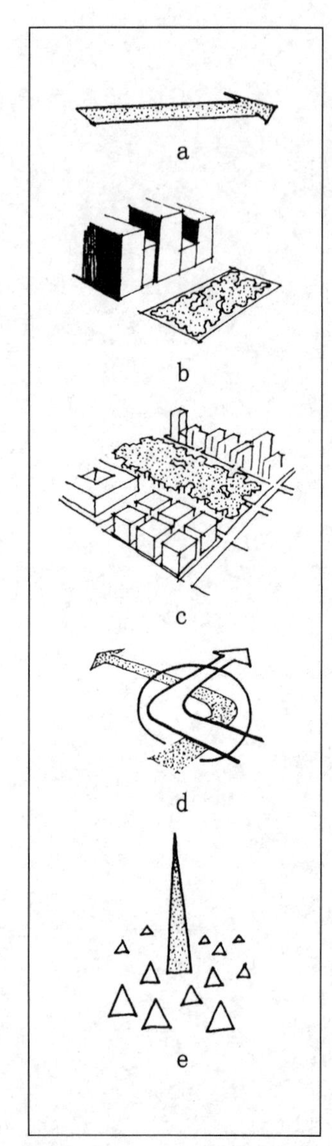


图 5-65 林奇的城市意象五要素；(a)路径,(b)边界,(c)区域,(d)节点,(e)标志

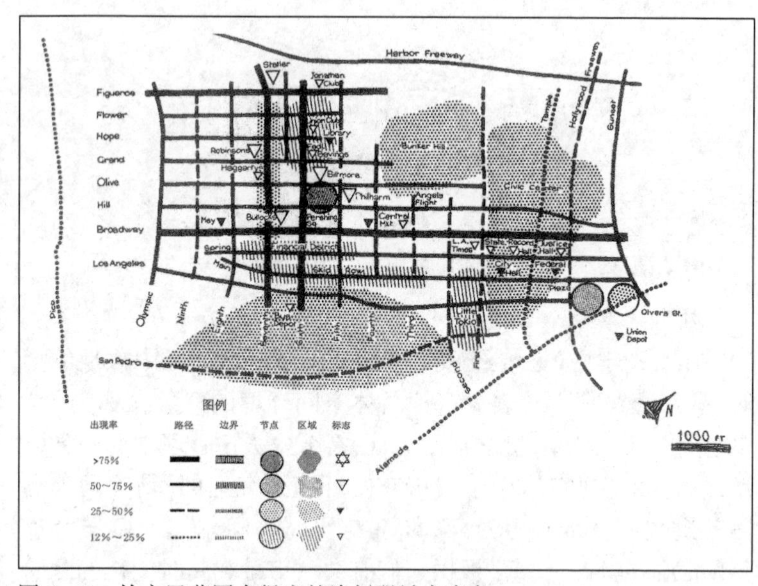


图 5-63 从市民草图中得出的洛杉矶城市意象

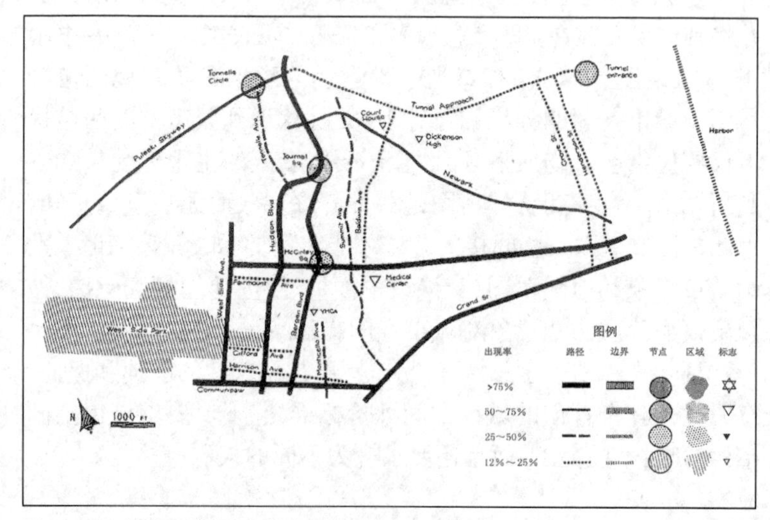


图 5-64 从市民草图中得出的泽西城市意象

## 城市意象五要素

林奇通过研究,提出了构成城市意象的著名五要素,它们是:路径、边界、区域、节点、标志(图 5-65)。

路径:“这是一种渠道。观察者习惯地、偶然地或潜在地沿着它移动。它可以是大街、步行道、公路、铁路、运河。这是大多数人意象中占控制地位的因素”[1]。由于城市空间中其它构成要素是沿着路径布置并与它发生联系的,因此,人们沿着这些路径一边行进的同时,也一边观察和了解了城市。在大多数城市认知地图中,路径是非常重要的要素,而主干道往往又是构成城市空间认知的框架。

[1] [美]凯文·林奇著.城市的印象.项秉仁译.北京:中国建筑工业出版社,1990,41-42

边界:“这是不作路径或不视为路径的线性要素。是两个面的界线,连续中的线状突变”[1]。它包括河岸、路堑、围墙等不可穿越的屏障,也包括树篱、台阶、地面质感等示意性的可穿越的界线。因此,边界是不同区域的分界线,但区域与区域之间又可以以它作为联系的纽带。在将区域联系起来时,它具有像城墙那样构成城市轮廓线所起到的作用。

区域:“主要指的是城市中等或较大的部分,是两度范围内。它在观察者心理中产生进入‘内部’的感受”[2]。区域不仅有较为明确的范围,而且还具有某些共同的特征,这些特征在区域范围内构成了它的共性,但相对于区域范围之外来说,它又成为与众不同的个性,因而使人们易于把区域范围内的各组成要素看作是一个整体。

节点:“节点就是一些要点,是观察者借此而进入城市的战略点,或是日常往来必经之点,多半指的道路交叉口、方向交换处、十字路口或道路汇集处以及结构的交换处等等。也可以简单地说:节点就是集中。它的重要性来自于它是某些用途特征的集中”[3]。这就是说,区域中理想的节点应是有着明确方向感的醒目标志,同时这些标志也应该是审美的对象。因为标志所处的地理位置,决定了节点将成为众人瞩目的对象。因此,节点常构成某一区域的中心和缩影,它的重要程度已经波及整个区域,成为区域的象征。

标志:“这是另一类参考点。观察者不进入其内部,只是在它的外部。通常是明确的限定的具体目标:建筑物、招牌、店铺、山丘。其功能在于它是一大批可能目标中的一个突出因素”[4]。由此,标志可以是日月星辰、自然山川,也可以是人工建筑物或构筑物,甚至一个重要场所,以及难以计数的广告、店面等。对于人们来说,能辨认出的标志越多,也就意味着对路途越是熟悉。

需要指出的是,以上构成城市意象的五要素并不是孤立存在的,它们之间的关系正如林奇指出的那样,区域由节点所构成,受到边界的限定,路径贯穿其间,而标志散布其内,它们是有规律地相互穿插和叠合,由此组成整体。继林奇以后,又有许多学者运用他的认知意象的分析方法,对城市空间、建筑空间以至于室内设计进行研究,也获得了成功。

总之,凯文·林奇的城市意象,对城市意象的形成、性质进行了揭示,开创了城市空间环境研究中认知心理学运用的新领域,并提供了具体的研究方法和手段。

[1][美]凯文·林奇著.城市的印象.项秉仁译.北京:中国建筑工业出版社,1990,42

[2][美]凯文·林奇著.城市的印象.项秉仁译.北京:中国建筑工业出版社,1990,42

[3][美]凯文·林奇著.城市的印象.项秉仁译.北京:中国建筑工业出版社,1990,42

[4][美]凯文·林奇著.城市的印象.项秉仁译.北京:中国建筑工业出版社,1990,43

## 二、诺伯特·舒尔兹的存在空间

**存在空间**

诺伯特·舒尔兹在1977年出版的《存在·空间·建筑》（Existence, Space and Architecture）一书，也是一部具有世界性影响的建筑理论著作。舒尔兹以海德格尔的存在主义哲学、皮亚杰的认知心理学和凯文·林奇的城市意象理论为基础，对"空间"问题进行了研究，提出了"存在空间"这一概念。他在书中写道："所谓'存在空间'，就是比较稳定的知觉图式体系，也即环境的'意象'。"[1]而建筑空间就是把存在空间具体化。

**存在空间三要素**

舒尔兹以皮亚杰对一般图式组织原理的研究，以及林奇对自然景观、城市景观、建筑物等环境要素的论述为基础，从这两个方面出发，建立了自己的存在空间理论，并对存在空间的结构作了具体的分析。他把这种结构划分为存在空间的"诸要素"和"诸阶段"。诸阶段表示存在空间具有层级性，根据范围大小可分为：地理、景观、城市、住房、用具。在每一层级空间中又包含着诸要素。诸要素可以分为：中心与场所、方向与路线、区域与领域（图5-66、图5-67）。

中心与场所：中心指的是出发点或目的地，如家、城市中心、区域中心等；场所是指与一定活动内容联系起来的地方。中心对于人的存在来说，有着极其特殊而重要的意义，人类自古以来就把世界作为中心化的存在来看待，如果说"世界中心"是作为人类理想的共同目标，那么"家"就是每一个人世界中心的直接体现。随着人的行为的多样化，环境中的中心也随之多样起来。各种类型的中心又都是行为的场所，也即都是人的活动场所。中心也即场所。

方向与路线：任何场所都具有方向，概括起来主要有水平方向和垂直方向。路线是许多场所之间的联系，其特点是"连续性"。方向的"垂直性经常被看作是加入空间的神圣向度"，"水平性则表示人的具体行动世界"[2]，所以，水平方向较之于垂直方向更接近于现实生活。在这个以水平方向构成的并插上了垂直方向的无限扩展的平面上，人们选择或创造了连接各个场所之间的路线，它将人们引向目的地，因此与方向联系在一起。方向也即路线。

区域与领域：路线把人的环境分割成各种各样的区域，人们对这些区域的了解程度也是各种各样，"像这样为质限定的区域即称为'领域'"[3]。一般来说，区域既可以是有名的，也可以是一般的，但只有那些高质量的区域才能称得上是领域。领

a　b　c

图5-66　舒尔茨的存在空间三要素；（a）中心，（b）方向，（c）区域

[1]［挪威］诺伯特·舒尔兹著．存在·空间·建筑．尹培桐译．北京：中国建筑工业出版社，1990，19

[1]［挪威］诺伯特·舒尔兹著．存在·空间·建筑．尹培桐译．北京：中国建筑工业出版社，1990，27

[3]［挪威］诺伯特·舒尔兹著．存在·空间·建筑．尹培桐译．北京：中国建筑工业出版社，1990，30

域在存在空间中具有某种统一作用，它使形象充实起来并形成为一个紧密的空间。区域也即领域。

舒尔兹把以上三者作为“存在空间”的构成要素，他认为人对世界的认知图式也可以由这三者来定位，即由场所出发，形成路线，再由路线划分领域，从而获得对世界的认知图式。这种图式是定性的而非定量的，也就是说，“存在空间是从大量现象的类似性中抽象出来，具有‘作为对象的性质’”[1]。当这种图式逐步被整合化时，就形成了经过结构化的作为整体的环境意象。

诺伯特·舒尔兹的存在空间论，与凯文·林奇的一样，为我们提供了又一种认知空间环境的模式，并由于对人的空间的强调，使以往的“只见空间不见人”的空间理论向前推进了一大步。

### 三、阿尔多·罗西的城市建筑

#### 城市建筑

意大利建筑师阿尔多·罗西（Aldo Rossi）在1966年出版了《城市建筑》（Larchitectura della Citta）一书，在书中，他把城市分解为各组成部分来加以研究，并从历史和文化的角度对它们进行分析。首先，从“城市人工物的结构”方面，阐释了书中最重要的建筑类型学观点；其次，从“区域的主要因素和概念”方面，提出了有关城市的三个概念：时间尺度、空间延续性，以及一些具有特别性质的因素；再次，从“城市人工物的个体：建筑”方面，讨论了建筑作为科学探索的领域，分析了建筑在生态学、历史学和心理学上的理解；最后，从“城市人工物的演进”方面，探讨了影响城市建筑发展的经济和政治因素。

#### 类型学

罗西指出：“在建筑中，类型是历史的、空间的产物，也是房屋的用途。类型是暗示性的，一般性的，无法复制的。它是一种意象，而不是一种样板。”[2]罗西抛弃了现代主义对纯粹几何表现的追求，认为建筑只有在与历史或与类型学有关时才能被确立起来。为此，他从城市和建筑的考察入手，一方面从意大利特定的社会政治和历史文化角度，另一方面从更为广泛的人类文化学角度，来确立他的建筑类型学理论。他把类型学解释为：“不是杜朗（J.N.L.Darand）和他的建筑类型的搜集。我指的是生活，类型学是生活。”[3]这就是说，建筑类型是与人的生活方式密切相关的，一种类型就是一种生活方式与一种形式的结合，尽管这种形式因不同的社会会有很大的差异，但结合是必然的。由此，“形式”只是建筑的表层结构，而“类型”才是建筑的深层结构。由这一点还可以引伸出类型可以从历史建筑中抽取

[1]［挪威］诺伯特·舒尔兹著.存在·空间·建筑.尹培桐译.北京：中国建筑工业出版社，1990，19

[2]刘先觉主编.现代建筑理论.北京：中国建筑工业出版社，1999，311

[3]刘先觉主编.现代建筑理论.北京：中国建筑工业出版社，1999，312

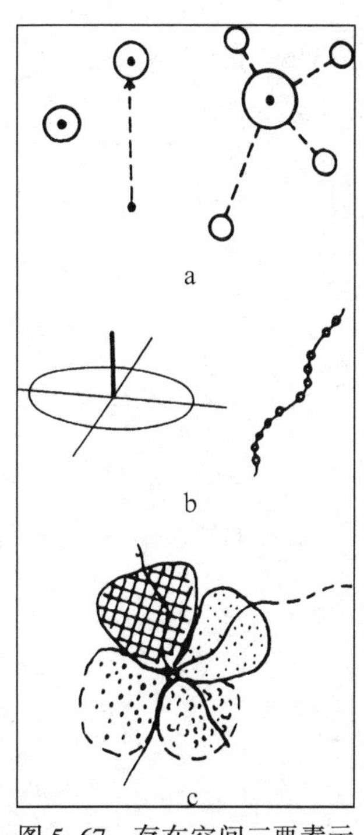


图5-67　存在空间三要素示意；(a)经过“艰辛的旅程”到达中心，从中心到达各个场所；(b)垂直性与水平性，路线的连续性；(c)领域的统一作用

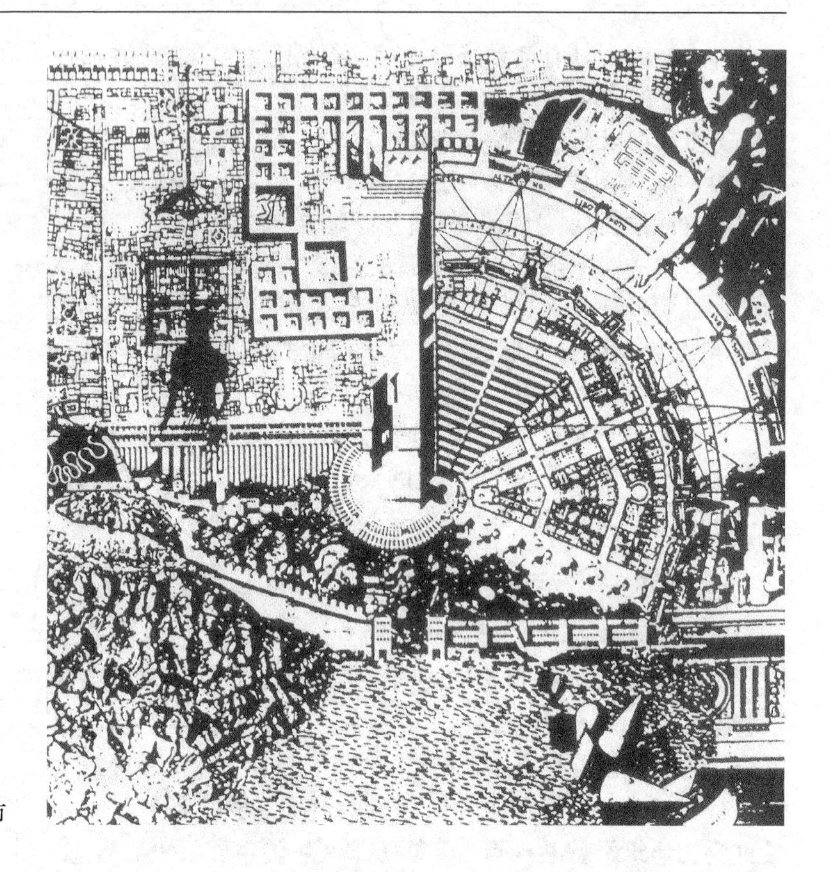

图 5–68　罗西的类似性城市

出来，因为历史建筑不仅仅只有物质的形式，它还带有生活的记忆（图 5–68）。

**集体记忆**

罗西在对城市建筑的研究中，引入了“集体记忆”的重要概念，这一概念和思想明显受到荣格（Carl Gustav Jung）关于“集体无意识”观点的影响。荣格把意识分为三个层次，即意识、个人无意识和集体无意识。他认为：“集体无意识是人类心理的一部分，它可以依据下述事实而同个体无意识做否定性的区别：它不像个体无意识那样依赖个体经验而存在，因而不是一种个人的心理财富。个体无意识主要是由那些曾经被意识但又因遗忘或抑制而从意识中消失的内容所构成的，而集体无意识的内容却从不在意识中，因此从来不曾为单个人所独有，它的存在毫无例外地要经过遗传。集体无意识主要是由‘原型’所组成的”。“有许许多多的原型，正像生活中有许多典型的情景。无穷无尽的重复已经将这些经验铭刻在我们心理构造中了，不是以充满着内容的形象的形式，而首先是作为‘无内容的形式’表现着一种感知和行动的确定类型的可能性，当相应于某一特定原型的境况出现时，该原型便被激活起来成为强制性的显现,像本能冲动一样,对抗着所有的理性和意志为自己开辟道路。"[1]罗西用集体记忆对城市生活的记忆状态进行分析和描述,他认为那些历史建筑要素已经形成为人们在建筑文化上的集体无意识,而作为城市建筑的片段存在于人们的记忆之中。由此,他说:对于建筑的创造,"我们能做的全部只是提供片断——生活的片段、历史的片段和建筑的片断。今天,建筑的努力……是将这些片断拼接在一起,使它们能够激发起一个与每人都有关的公共的主题。"[2]

总之,阿尔多·罗西的城市建筑,通过借鉴心理学等的研究成果,探讨了建筑类型与集体记忆之间的密切关系,提出建筑设计应该依靠集体记忆来确定建筑原型。

### 四、阿摩斯·拉普卜特的环境意义

**环境意义**

在人与环境的关系中,环境是否具有意义、具有怎样的意义?这意义又是如何在人的行为与环境的关系中体现出来?关于这些问题都是环境设计中需要关注的。对此,许多学者做出了积极的探索,其中以美国著名建筑与人类学家阿摩斯·拉普卜特的研究最具有代表性。拉普卜特在1982年出版了《建成环境的意义》(The Meaning of the Built Environment)一书,在书中,他是从环境行为学的角度来研究环境意义的,在他看来,环境行为学是发展环境设计的一门新的学科,它既是人文的,也是科学的;同时,他十分强调文化的作用,并以不同的文化和时期以及环境做出了概括,这样的概括如他所说:"与仅仅根据高雅—风格传统、最近的过去以及仅仅是从西方文化传统所作出的概括相比较,则更为准确。"[3]在研究方法上,拉普卜特采用的是非言语表达方法,它既适用于范围广泛的环境课题,也适合于跨文化的研究。

**环境意义研究**

拉普卜特对环境意义的研究具体体现在以下四个方面:

首先,从环境"功能"方面来探讨它所具有的意义。也就是说,环境的意义,"不是脱离功能的东西,而其本身是功能的一个最重要的方面"[4]。人工环境不仅造成了可见的、稳定的文化类别,同时也含有意义,当这种文化和意义与人们的认知图式相适合时,它们也就可以被认识和理解,并译出其代码。

其次,从意义的起源来看,环境的意义产生于各种复杂的社会因素,其中起主导作用的是文化。这正如他一直致力于把建成环境与文化的探讨结合起来所认为的那样,在相当多的情况下,物质条件如气候条件、地形特征、材料、技术等都只是起着

[1]刘先觉主编.现代建筑理论.北京:中国建筑工业出版社,1999,314

[2]刘先觉主编.现代建筑理论.北京:中国建筑工业出版社,1999,314

[3][美]阿摩斯·拉普卜特著.建成环境的意义.黄兰谷等译.北京:中国建筑工业出版社,1992,初版序

[4][美]阿摩斯·拉普卜特著.建成环境的意义.黄兰谷等译.北京:中国建筑工业出版社,1992,5

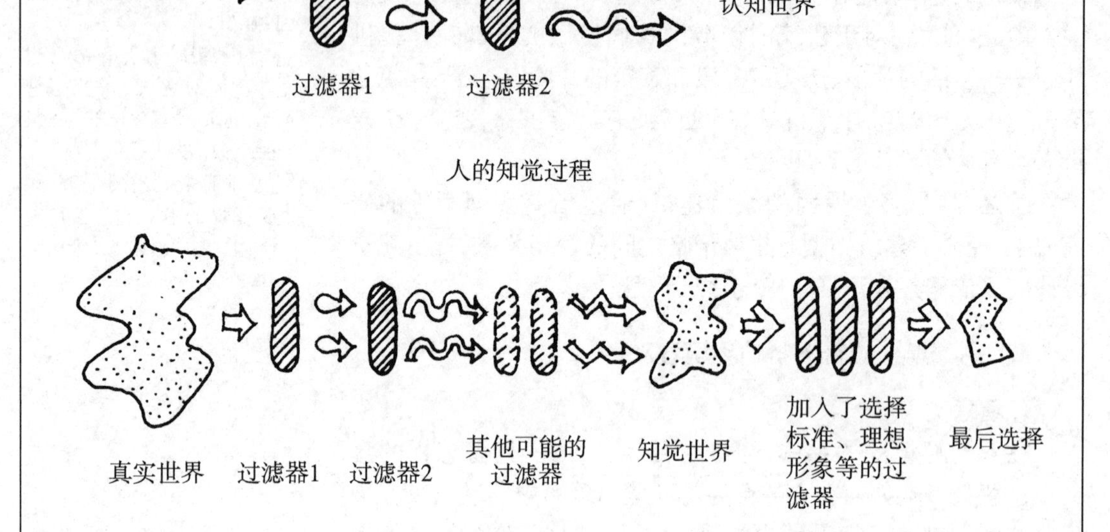


图 5-69　环境意义的产生过程

"修正因子"的作用，而人工环境的"决定性因子"则在宗教、礼仪、习俗等精神文化方面。

再次，从环境意义的产生过程和对它的认知途径来看，包括了从现实环境到人的知觉图式再到最后选择及决策，其中经过了文化意象的过滤器、个人意象的过滤器、其他可能的过滤器、加入了选择标准和理想形象等的过滤器的复杂过程（图 5-69）。

最后，从环境意义的传达方式来看，拉普卜特例举了三种方式："符号学"、"象征"和"非言语表达"，他认为非言语表达是一种最简单、最直接、最快捷，有助于观测推理，也比较容易解释许多其他研究的方式。在对非言语表达方式的讨论中，他特别强调文化濡染、社会交流与脉络、记忆功能的决定作用。

拉普卜特利用非言语表达模式来研究环境意义，"主要包括对各种环境和场景的直接注意，观察其中所表现的线索，并鉴别环境的使用者对这些线索如何解释，即这些线索对人类行为、情感等的特定意义"[1]。为此，拉普卜特将建成环境划分为三个层次："固定特征因素"、"半固定特征因素"和"非固定特征因素"。其中，固定特征因素主要指固定的建筑和城市因素，因其空间组织、大小、位置、顺序、布置等都会传达意义；半固定特

[1]［美］阿摩斯·拉普卜特著．建成环境的意义．黄兰谷等译．北京：中国建筑工业出版社，1992，76

征因素主要指活动的建筑室内家具和城市设施等因素，对环境意义特别重要，往往比固定特征因素传达出更多的意义；非固定特征因素主要指人的非言语行为，正是这一因素构成了非言语表达研究的主题。

总而言之，阿摩斯·拉普卜特的环境意义，通过借鉴人文科学的研究成果，在人与环境关系的领域中提出了开创性的见解，其理论意义和方法论意义都是非常重要的。

## 第五节　空间与环境设计

### 一、巴黎德方斯的大平台

**德方斯规划**

德方斯区位于巴黎城市东西主轴线的西端，是一个现代化的商贸中心。整个德方斯规划用地 760hm$^2$，现已开发 250hm$^2$ 以“巨门”为界，分为 A、B 两区。A 区即东区，用地 160hm$^2$，是一个以商贸为主的商务、办公和居住的综合体。B 区即西区，用地 90hm$^2$，是一个有大片公园的行政、文教和居住相结合的综合体（图 5-70）。

德方斯从 1965 年正式着手开发，开发时段主要集中在 20 世纪 60~80 年代，由于受到当时国际建筑思潮的影响，这一时期建成的建筑及环境多为“国际式”风格。于是，德方斯的开发遭到来自公众和舆论的批评，批评它的塔楼太高，没有人情味，环境平淡，缺乏吸引力等等。由此，引起官方和开发管理部门的反思。特别是德斯坦总统在联合国教科文组织的一次著名演讲中，号召“创造出有法国特色的建筑，要求建筑在体量上与周围环境协调，做到简洁、严谨，摆脱海外传来的冷漠、无个性又霸道的不良建筑思潮的影响”[1]。在这种大背景下，“拉·德方斯规划管理处”（EPAD）对德方斯开发进行了重新定位，主要抓好两件事：一是建“巨门”；二是建设“环境”。

在建“巨门”上，EPAD 在 1972 年、1978 年分别组织了两次国际咨询，密特朗总统当政时，又在 1982 至 1983 年组织了一次国际建筑设计竞赛，终于选中了如今的由丹麦建筑师奥·斯普雷卡尔森设计的“巨门”方案。1989 年，德方斯巨门竣工。它是一座各边长 106m，高 110m，中间掏空、上部有天桥顶盖的立方体，其形状恰似一个门洞式的楼宇（彩图 39）。中央透空的大拱门被誉为“现代凯旋门”、“通往世界的窗口”，将一条历史性

[1] 邓雪娴．德方斯的环境设计与雕塑．世界建筑，1999（2），37

图 5-70　德方斯区航拍

的主轴线通向远方，向着人类的未来。

在建设“环境”上，EPAD 对用地内的空间环境十分重视，构筑了多层次的城市公共空间系统。其中，以主轴线上的大平台最具特色，各建筑群之间，建设了大量的广场、街道、绿地、庭院等。大力建设绿化，已建成的西区就是一个占地 25hm² 的公园区，东区也有占地 1/10 的绿化，种植着 400 余种植物。特别值得一提的是，为改善用地内的环境景观，EPAD 先后邀请了 50 多位世界著名艺术家为德方斯进行环境雕塑创作。据“德方斯艺术指南”中的统计，目前已建成的雕塑有 65 座，其中东区 52 座，西区 13 座。

图 5-71　大平台东端的下沉式庭院、水池和光标

图 5-72　大平台中部被称为"水芭蕾"的喷泉和水池

**德方斯大平台**

在德方斯的环境设计中，最具特色的、最有创新精神的恐怕是"大平台"。它是一个长 600m、宽 70m，用钢筋混凝土建成的大板块，交通系统被全部覆盖在这大板块的下面，机动车辆只能从街区周边驶入板块下面的停车场和地下车库，并有过境的公路、铁路和地铁。因此，大板块之上的平台是一个纯粹步行广场（彩图 40、彩图 41）。这是一个真正意义上的城市公共空间，从东到西为市民营造出一个个充满生气的活动场所，组织起市民的城市生活。

在大平台东端，以一处高架的观景平台为起点，人们在这里可以向轴线以东、以西远眺，东面的雄狮凯旋门、香榭丽舍大街，以及西面的巨门都可尽收眼底。东端平台的中央建有一个 2600m$^2$ 的大水池，水面上矗立着许多金属"光标"，它们好像是在提示人们，德方斯作为巴黎城市发展的副中心将由此开始（图 5-71）。入夜，光标在明镜般水面的反射下，发出五彩斑斓的并具有闪烁感的灯光，显示出德方斯的独特魅力和活力。

在大平台中部，有一组由喷泉水池、下沉式广场、绿地和雕塑共同组成的环境景观。水池中的喷泉被命名为"水芭蕾"，66 个喷嘴喷出的水柱可高达 15m，全部由计算机控制构成音乐喷泉，水池的池壁是用威尼斯特制的彩釉马赛克以抽象的图形铺装而成，洁白的水芭蕾与色彩斑斓的马赛克装饰交相辉映，给大平台增添出欢快的气氛（图 5-72）。喷泉水池的西面是一个下沉式广场，广场的一端耸立着一座"保卫巴黎"（Le D é fense de paris）的铜雕，法语中"D é fense"是"保卫"之意，而拉·德方斯（Le D é fense）就是以该历史性铜雕命名的[1]，它已成为德方斯的精神象征，具有非凡的意义（图 5-73）。下沉式广场的西面有一片 1800m$^2$ 的绿地，绿地里有一个名为"被转移的圆弧"的

[1] 邓雪娴．德方斯的环境设计与雕塑．世界建筑，1999（2），38

图 5-73　大平台中部的下沉式广场和"保卫巴黎"雕塑

图 5-74　大平台中部被称为"被转移的圆弧"的绿色景观

图 5–75　大平台中部的 “红蜘蛛” 雕塑

图 5–76　大平台中部米罗的巨雕

图 5–77　从大平台眺望巨门透空部分里的 “棚盖”

图 5–78　巨门透空部分里的 “棚盖” 为人们提供了一个亲切的活动场所

图 5–79　巨门西侧的光标

绿色景观，它是一个直径为 22m 的圆形草坪，好像是将其中的一半切除，放在了另一半的上面(图 5–74)。此外，在这个绿色景观的两边，还分别设有 “红蜘蛛”、“米罗的巨雕” 等雕塑(图 5–75、图 5–76)。

在大平台西端，即巨门周围，其环境设计不像中部、东端那样密集，以凸显出巨门的宏伟和端庄，但西端也有它精彩的设计之处。从大平台中部眺望巨门，不仅能看到拱门，而且也能看到拱门透空部分里的帐篷式棚盖，洁白、轻盈的棚盖犹如一片漂浮在空中的 “白云”，更加衬托出拱门的壮观。虽然棚盖属于巨门的一部分，但它却没有巨门般的大尺度，而是采用更贴近环境的尺度，为人们的交往提供了一个亲切的活动场所，消除了巨门给人们心理上所带来的压抑感(图 5–77、图 5–78)。在巨门西侧，又有 17 个 “光标” 与东端的光标相呼应，引起人们的联想和思索(图 5–79)。

德方斯大平台，除了以上所说的环境设计之外，在它们之间还布置了各种环境设施和环境小品，使大平台变得十分人性化，充满生气和活力，令人流连忘返。人们在其间可以完全不受汽车的干扰，尽情地游览、散步、休憩、交往、做游戏、玩杂要，同时时常还有各种文艺演出、公众集会、集市等等，是一处名副其实的 “开放的城市客厅”。

## 二、维也纳煤气罐新城的购物街

### 煤气罐改建

在靠近维也纳老城区的东南部地区，耸立着 4 个由砖墙砌筑的巨型煤气储罐,每个直径达60m,高65m,顶部有金属结构的穹顶覆盖。煤气储罐建于19世纪末,一直以来,用于储存供维也纳城区用的煤气。20世纪中下期,由于城区用气由煤气转换为天然气,这些储罐从1985年起就先后被废弃,完成了它们的使命。于是,将煤气罐的内部设备拆除,仅留下了古典式的建筑外观。随着城市化的发展,以煤气罐为中心的该地区也被列入了被开发的计划。这一开发首先要面对的问题,就是如何处置用地上的4个煤气罐。

新城区开发计划的回答是,充分尊重4个煤气罐在城市历史中所扮演的角色,以它们为中心,创造一个以煤气罐为标志的新城区。于是,整个开发都是以保护煤气罐原有建筑外观为出发点,通过对其内部的改建,功能的置换,使其适应现代城市生活的需要。根据开发要求,4个煤气罐将改建为大型综合体,包括居住、办公、商业、娱乐和服务设施等。由于改建设计的特殊性和挑战性,此项目吸引了奥地利及其他欧洲国家的一些著名建筑师们的注意。最后,4个煤气罐的改建设计:A座由法国的让·努维尔(Jean Nouvel)、B座由奥地利的蓝天设计室(COOPHIMMELB(L)AU)、C座由奥地利的曼弗雷迪·威道恩(Manfred Wehdorn)教授、D座由奥地利的维尔海姆·霍茨鲍耶(Wilhelm Holzbauer)教授分别完成。改建后的4个罐状建筑,其上部共提供了600多套公寓,底部几层为商业、娱乐、服务、办公等公共用房,地下为多层车库和商业库房等(彩图42、彩图43)。

为进一步完善新城区的功能设置,在4个煤气罐的对面,又新建了一座多功能的电影城,被称为E座。

**煤气罐新城购物街**

在煤气罐的改建设计中,极富创意的是在4座建筑的底部

图5-80　煤气罐新城示意

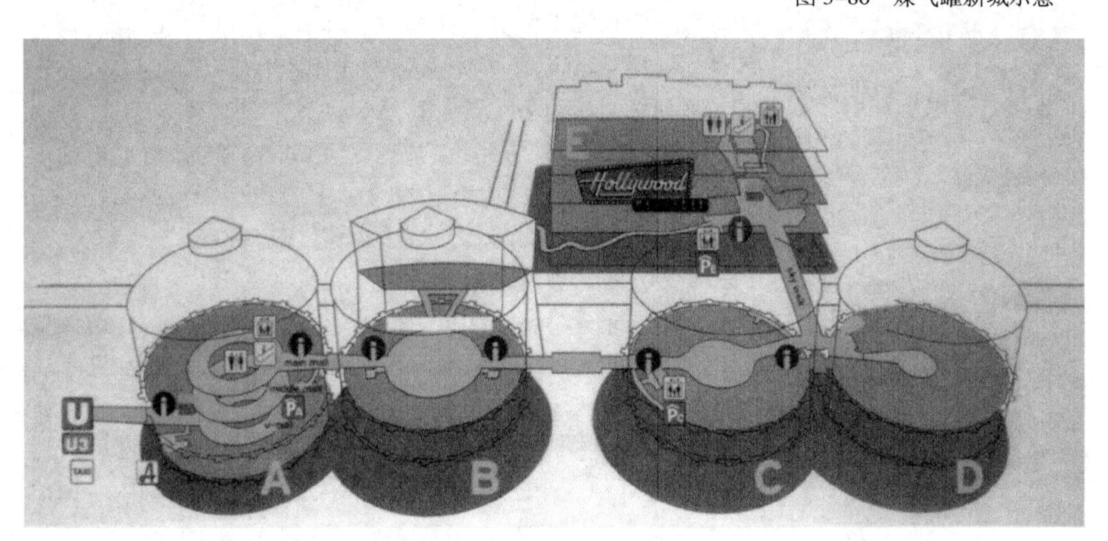

图 5-81　A 座改建示意

图 5-82　B 座改建示意

图 5-83　C 座改建示意

图 5-84　紧邻 A 座主入口的地铁站

图 5-85　A 座一层的咖啡座和休息区

图 5-86　A 座中庭空间

几层用一条贯通的室内“购物街”将彼此之间串联起来，使得原来相对独立的 4 个储罐组合成为一个整体。与此同时，在位于 A、B、C、D 座的购物街的首尾两端，与地铁站、E 座相连接，形成了一个“L”形的完整的公共空间（图 5-80~ 图 5-83）。

为开发这一新城区，特意对城市交通进行了改造，把地铁 U3 线一直延伸到 A 座前的“夜广场”。由地铁站出来，迎面就是 A 座的主入口，交通十分便捷（图 5-84）。让 · 努维尔在 A 座改建设计中，把地面 1~3 层设计为一个商业性的中庭空间，成为整个购物街上的第一个节点。共有 3 层的中庭空间，每层周围都布置了商店，中央为 3 层高的中庭，中庭下面的 1 层设有咖啡座和休息区，两旁及背面有自动扶梯和玻璃电梯，可直达第 2、3 层，阳光透过原建筑的玻璃穹顶和改建的弧形玻璃顶洒满中庭和周围的店铺，为市民的购物、休憩、交往等活动，提供了一个充满阳光、空气和绿化的空间环境（图 5-85~ 图 5-87）。从 A 座第 3 层可直接到达由蓝天组改建设计的 B 座的大堂空间，它位于 B 座的第 3 层，与 A 座的第 3 层在同一平面上，构成了整个购物街上的第二个节点。在这里，同样设有咖啡座、休息区以及商店等设施，同样有阳光从顶部洒入，为市民提供了一个休闲的活动场所（图 5-88）。值得一提的是，蓝天组在 B 座的改建设计中，与其他 3 座的改建有所不同，他们并不仅仅局限于保护

图 5-87　A 座三层的玻璃电梯和采光天棚

图 5-88　B 座大堂空间

图 5-89　从连廊看 C 座大堂空间

图 5-90　玻璃连廊之一

图 5-91　玻璃连廊之二

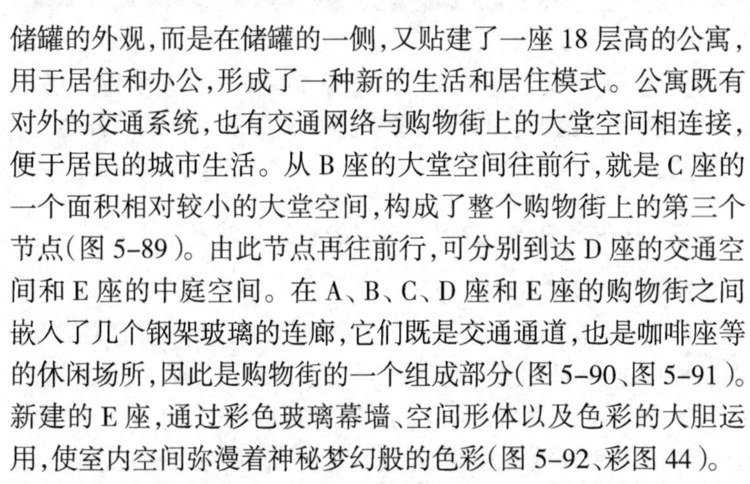

储罐的外观，而是在储罐的一侧，又贴建了一座 18 层高的公寓，用于居住和办公，形成了一种新的生活和居住模式。公寓既有对外的交通系统，也有交通网络与购物街上的大堂空间相连接，便于居民的城市生活。从 B 座的大堂空间往前行，就是 C 座的一个面积相对较小的大堂空间，构成了整个购物街上的第三个节点（图 5-89）。由此节点再往前行，可分别到达 D 座的交通空间和 E 座的中庭空间。在 A、B、C、D 座和 E 座的购物街之间嵌入了几个钢架玻璃的连廊，它们既是交通通道，也是咖啡座等的休闲场所，因此是购物街的一个组成部分（图 5-90、图 5-91）。新建的 E 座，通过彩色玻璃幕墙、空间形体以及色彩的大胆运用，使室内空间弥漫着神秘梦幻般的色彩（图 5-92、彩图 44）。

从 A 座到 E 座或从 E 座到 A 座的室内购物街，通过对中庭空间、大堂空间、交通空间和连廊空间的营造，形成了一个共享的交往空间，市民在这里可以进行多种活动，购物、休憩、交往、就餐、玩游戏、看电影、看人或被人看等等。

建成后的煤气罐新城，极大地激活了该地区的活力，由于它所蕴含的历史文化价值，独特的建筑外观，成功的改建设计和便

图 5–92　E 座交通空间

捷的交通，使它成为现今维也纳举办多种文化活动的重要场所之一，同时，源源不断的参观者也为新城带来了可观的社会、经济效益。

### 三、马尔默 Bo01 欧洲住宅展的空间领域

#### Bo01 欧洲住宅展规划

2001 年，在瑞典的马尔默市举办了 Bo01 欧洲住宅展览会，瑞典语中的“Bo”是居住、住房的意思，“Bo01”即“住 01”。此次展览会的主题为“明天的城市”。展览会的选址位于离市中心很近的一个海滨工业区，开发计划是将原工业区转变为一个具有完整生活、工作和学习功能的新住区。新住区的规划面积约为 18 万 $m^2$，包括三个方面的内容：住宅区、住宅单元样板以及临时展览、园林和公共艺术品。

规划设计的目标是：（1）提供一种较为粗放的城市结构，以适应未来发展的需要；（2）为展现城市精神创造条件，即鼓励和体现不同人群和文化的碰撞和交融；（3）采取渐进式开发，以小

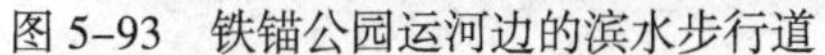

图 5-93　铁锚公园运河边的滨水步行道

图 5-94　运河东侧的铁锚公园

规模地块规划，提供不同的居住环境；(4)允许汽车穿行，但要保证行人优先；(5)创造多种独特而且积极的城市空间，在大尺度空间与小尺度空间之间形成一种张力；(6)创造多种类型的绿化空间，从私家花园到沿水道贯穿全区的公共绿化带[1]。

[1]Bo01欧洲住宅展览会，马尔默，瑞典．世界建筑，2004(10)，39

展览会在规划设计上，在场地的边界地带，特别是面向大海的一侧，为屏蔽海风，将建筑的高度适当超过内部的高度，形成了一圈类似于“城墙”的屏障。内部的建筑空间以传统的北欧城市为范本——低层，布局紧凑，重视私密空间等等，使土地的使用十分高效。在建筑设计上，展示了优秀建筑设计的重要性，提出了多元化的设计思想和方法(彩图 45)。欧洲当代的一些重要建筑师和事务所共同打造了这一新的城市住宅空间，如瑞士的圣地亚哥・卡拉特拉瓦(Santiago Calatrava)设计了“旋转的主体”，瑞典的哥尔特・温郭德(Gert Wingårdh)设计了“海岸 01”，瑞典的拉尔夫・厄斯金(Ralph Erskine)设计了“斯堪尼亚广场”，还有瑞典的 SWECO FFNS 事务所与美国的摩尔・鲁伯・于德尔(Moore Ruble Yudell)事务所合作设计的“探戈 - 魔法盒”等等。

**Bo01 欧洲住宅展空间领域**

Bo01 欧洲住宅展的规划设计和建筑设计，其成功之处不仅体现在住宅类型的多样性方面，也体现在住宅空间的领域性方面。在这里，既有公寓、联排住宅和别墅，也有公共的、半公共的或半私密的、私密的空间层次(彩图 46、彩图 47)。

在住区公共空间的设计上，住区西面和南面与海水相邻的堤岸被设计为海滨休闲空间，居民可以走下宽大的台阶接触海水，也可以沿着海滨步行道散步、浏览、观光；休闲空间还专设了一个方形平台，是青少年喜爱的旱冰和滑板区。西北角沿海部分则以著名的“丹尼尔”公园作为空间上的结束点，是观海、看日落，以及眺望跨海大桥的最佳处。住区东面为运河、铁锚公园，有浮桥将滨水步行道与公园连在一起，蜿蜒曲折的步道为居

图 5–95 新住区的街道空间之一

图 5–96 新住区的街道空间之二

图 5–97 一层设有餐厅的“斯堪尼亚广场”

图 5–98 侧楼一层设有咖啡厅的“海岸 01”

民提供了一个极佳的休闲场所(图 5–93、图 5–94)。由于住区在规划上吸取了欧洲中世纪城镇的传统,住宅建筑尺度适宜,空间环境亲切宜人且变化丰富,形成了许多有特色的街道空间,加上尽可能地禁止汽车通行,采取自行车道和步行道的措施,建筑首层开设为咖啡厅、餐厅等等,所有这些公共空间的创造,都为居民之间的社会交往提供了可能(图 5–95~ 图 5–98)。

在住宅半公共或半私密空间的设计上,由于住宅设计出自不同国家建筑师之手,使得不同的建筑形态呈现在各个住宅街坊的设计之中。作为住宅中的半公共或半私密的庭院空间也是如此。从庭院空间的围合方式来看,有用住宅围合、墙体围合、

图 5-99　“探戈—魔法盒”的庭院空间

图 5-100　“联排住宅”的庭院空间

木栏杆围合，也有用植物围合等多种手法。从庭院空间的设计主题、主体来看，有以水为主题，强调住宅整体与鄂来松海峡的关系，或静或动、或明或暗的水面环绕着具有象征意义的中心小岛，周围种植着各种植物，如“探戈 - 魔法盒”（图 5-99）；有以砾石铺地为主体，周围布置木棚架、景观水池和植物，如“联排住宅”（图 5-100）；还有以下沉式草坪为主体，周围布置木廊架、景观水池和植物，如“沙龙住宅街坊”（图 5-101）等。通过对庭院空间的精心设计，为居民创造了一个既能接触自然，又能进行邻里交往的空间。

图 5-101　“沙龙住宅街坊”的庭院空间

在住宅私密空间的设计上，首先需要指出的是，相对于以上住区公共空间、住宅半公共或半私密空间，这里所说的住宅私密空间主要指的是住宅室内空间。从已建成的大多数住宅来看，室内空间中的承重墙一般都很少，住户可根据个人的生活习惯，对室内的功能布局进行灵活调整。具体方法是采用一些“技术性”的手段，如用多功能的“智能墙”分隔室内空间，形成以卧室、浴室等私密性较强的和以起居室、厨房等公共性较强的两

图 5-102　“探戈—魔法盒”的室内空间

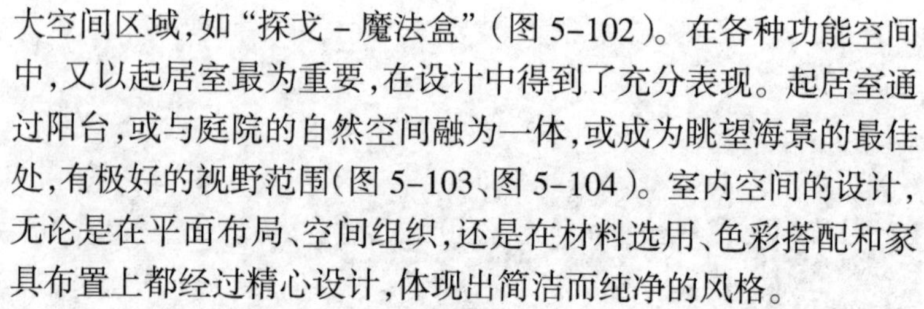
大空间区域，如“探戈－魔法盒”（图 5-102）。在各种功能空间中，又以起居室最为重要，在设计中得到了充分表现。起居室通过阳台，或与庭院的自然空间融为一体，或成为眺望海景的最佳处，有极好的视野范围（图 5-103、图 5-104）。室内空间的设计，无论是在平面布局、空间组织，还是在材料选用、色彩搭配和家具布置上都经过精心设计，体现出简洁而纯净的风格。

Bo01 欧洲住宅展，由于成功的规划设计和建筑设计，充满活力和生气的住区公共空间、住宅半公共或半私密空间，以及灵活多变的住宅私密空间，在长达近半年的展览会举办期间，吸引了来自世界各地的大量参观者，成为 2001 年夏季瑞典最大的盛会。即使是在许多居民已经入住的今天，这里的海滨公园、滨水步行道、街道、广场、庭院、花园等仍然吸引着络绎不绝的参观者。

## 四、当代欧洲博物馆的公共空间

### 博物馆功能设置的发展

第十届国际博物馆协会大会将博物馆定义为：“博物馆是一个不追求盈利，为社会和社会发展服务的、公共的永久性机构，它为研究、教育和欣赏的目的，对人类和人类环境的见证物进行收集、保护、研究、传播和展览。”[1]随着博物馆事业的发展，当代博物馆的价值取向，不仅改变了博物馆展陈空间的形态和结构特征，也使功能设置与以往博物馆相比迥然不同，最突出的特征表现在对商业服务娱乐功能的开发和建设上。

图 5-103 “联排住宅”可直接进入私家花园的厨房空间

20 世纪 80 年代以前的博物馆，可以说是一直扼守着非盈利机构的性质，当席卷全球的经济不景气来临之后，使得许多博物馆陷入了非常困难的境地，于是一些博物馆开始通过设置商店、餐饮等商业功能，以此来作为博物馆正常运转的收入渠道。经过这段非常困难的时期，商业功能逐渐成为博物馆必要的功能组成部分。因此，1989 年，国际博物馆协会大会对博物馆定义进行了修订，由“不追求盈利”改为“不以盈利为目的”[2]，正式承认了商业功能在博物馆中的合法地位。由此，各类咖啡厅、餐厅、特色商店、书店、信息咨询中心、停车场、坡道、座椅、休息场所、家庭活动室，以及残障人士所需要的设施等，逐渐出现在博物馆里，为观众提供了全方位的服务。

应该说，博物馆对商业服务娱乐功能的重视，不仅是博物馆自身发展，观众文化体验过程的需要，也是当代社会情境中，城市生活的需要。

图 5-104 “海岸 01”的起居空间

### 博物馆公共空间的拓展

由于博物馆功能设置的发展，使得当今的博物馆从内容到

[1] 王路著．德国当代博物馆建筑．北京：清华大学出版社，2002，9

[2] 张谨．当代博物馆建筑功能理念的新趋势．建筑学报，2004（12），24

形式都发生了很大的改变。许多新建和改建的博物馆纷纷利用现有资源、闲置时间和空间为社会提供服务，在博物馆室内或室外，增设以往博物馆完全没有的商业服务娱乐功能，使博物馆功能设置向多元化、综合化方向发展，出现了大量在以往博物馆建设中被认为是“毫无用处”的公共空间。然而，正是这些公共空间，使博物馆具有了公共性质，并成为城市生活中最具活力的公共交流场所。

例如，1989年扩建完成的卢浮宫博物馆，观众从金字塔主入口进入中庭后(图5-105、彩图48、彩图49)，可经由黎塞留馆、叙利馆、德农馆分别到达博物馆的各个展陈空间，同时，在中庭与倒置金字塔所在的空间之间，还设有多媒体、网上卢浮宫、咖啡厅、餐厅、商店、书店等，由它们共同构成了一条文化购物街，

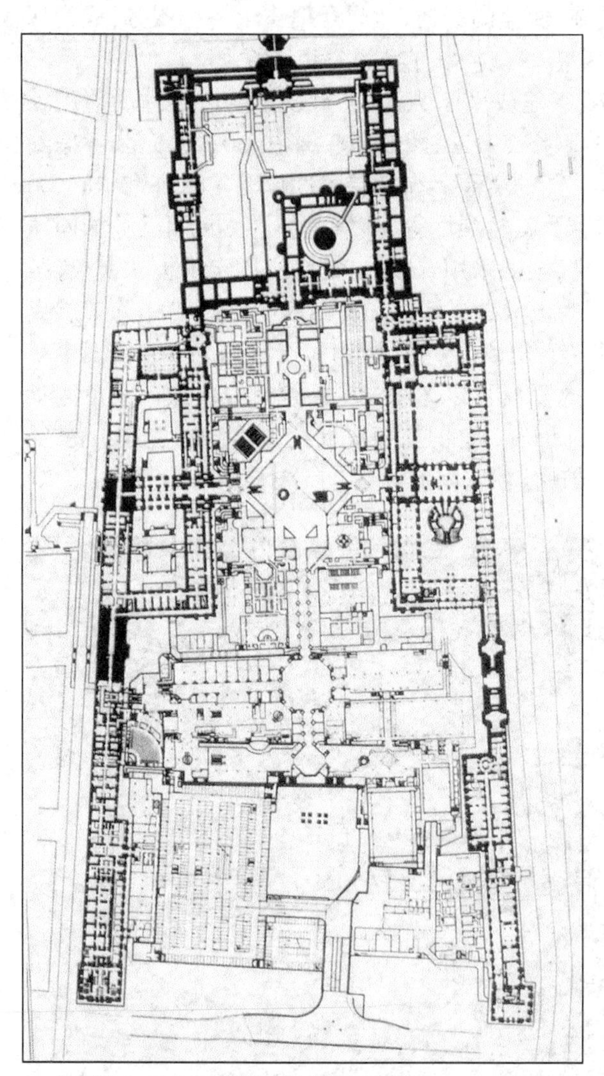
图5-105　卢浮宫地下层平面图

图5-106　卢浮宫的文化购物街

图5-107　卢浮宫的倒置玻璃金字塔

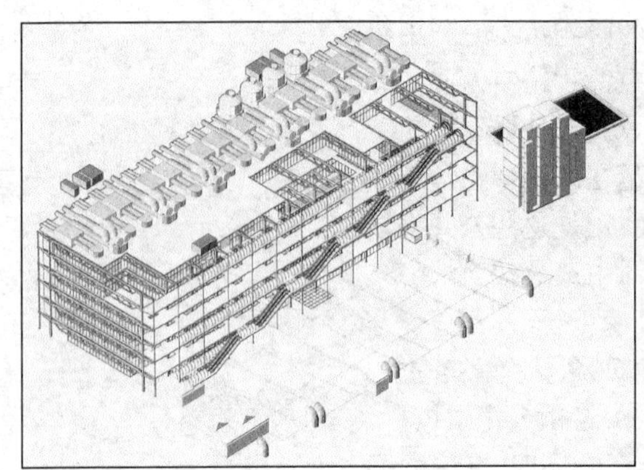

图 5-108　蓬皮杜艺术与文化中心轴测

图 5-109　现代艺术博物馆南面的广场

沿购物街再往前行就是停车场、地铁站等(图 5-106、图 5-107)。通过一流的设施、便捷的交通,为观众提供了各种服务,成为深受观众欢迎的富有文化艺术气息的公共场所。

又如,1976 年建成又于 20 世纪末经过改造设计的蓬皮杜艺术与文化中心(图 5-108、图 5-109、彩图 50),也充分考虑到商业服务娱乐功能的需要。在首层大厅设有信息咨询中心、咖啡座、商店、书店及临时展厅等,其信息牌、标志、商品等如同蓬皮杜的展品一样,全部采用开放式,并没有固定的模式,只有区域的划分,表现为极大的灵活性和自由度(彩图 51)。除首层大厅外,在六层还专门开辟了一个就餐区,分为室外和室内两个空间区域,观众在这里既可以休憩、交往,也可以俯瞰巴黎市区景观(图 5-110)。值得一提的是,蓬皮杜在当初设计之时,就已经考虑到中心与城市公共空间的关系。在中心的南面和西面设置

图 5-110　现代艺术博物馆的六层餐厅

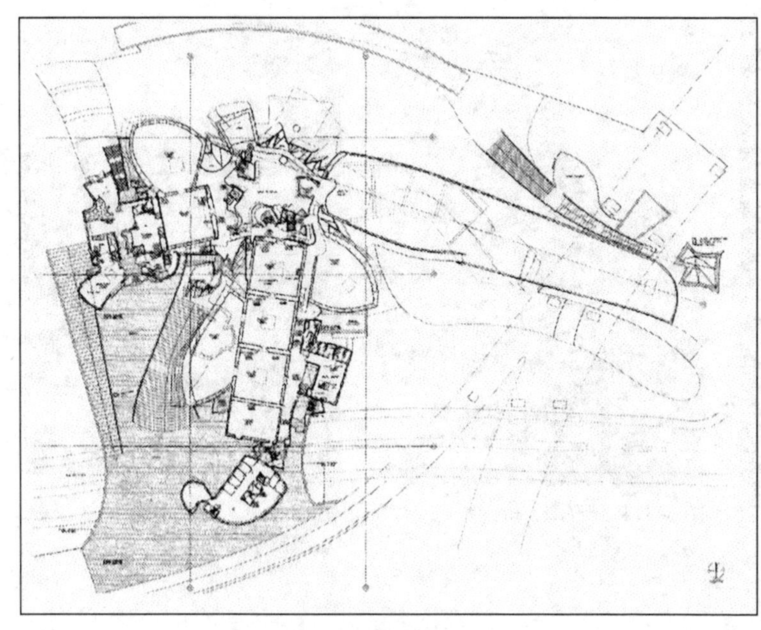

图 5-111　毕尔巴鄂古根汉姆博物馆平面

图 5-112　毕尔巴鄂古根汉姆博物馆外观

了两个互为相通的广场，它们就像两个非常平常的街边广场一样，没有对称的轴线、巨大的尺度，也没有安静的环境、令人肃然起敬的气氛，但它们却拥有大量的观众，深受观众的喜爱。人们在这里可以尽情地游览、休憩、交往、做游戏、玩杂耍，应有尽有，气氛欢乐而祥和。

如果说，蓬皮杜艺术与文化中心在与城市公共空间的关系上进行了有益的探索，并获得成功，那么，当今的一些博物馆在新建和改建设计中，则已经把博物馆作为城市公共空间系统的一个节点来加以考虑。1997 年建成的毕尔巴鄂古根汉姆博物馆，就是如此。为了振兴城市经济，带动文化开发，创建旅游产业，当地政府制定了建造博物馆的计划。当博物馆刚刚落成，就立刻成为该城市的图标，每年吸引着 140 万的参观者到此一睹它的风采，对于这座人口仅 40 万的城市来说，犹如天方夜谭，成为由一座建筑促成一个城市复兴的经典实例(图 5-111、图 5-112)。博物馆不仅有着独特的外观造型，而且有着功能齐全的展陈空间，而博物馆的核心空间则是一个面积达 300m$^2$，高度达 50m 的巨大中庭。中庭底层周围布置有各种辅助用房，包括餐厅、咖啡厅、书店、图书馆等，中庭上空各层都有环廊与展厅相连，环廊上依附着多部电梯和楼梯。由凌空飞腾的柱子，舞动的电梯和楼梯，交错的材料质感和明丽的自然光线，共同创造了一个令人愉悦和惊奇的中庭空间(图 5-113~ 图 5-115)。但“它并不用作展示，而是作为新的公共空间贡献给城市，希望能为建

图 5-113　毕尔巴鄂古根汉姆博物馆中庭空间之一

图 5-114　毕尔巴鄂古根汉姆博物馆中庭空间之二

图 5-115　毕尔巴鄂古根汉姆博物馆中庭空间之二

筑内外带来舒畅的交流环境”[1]。

2000 年改建完成的大英博物馆也有类似的举措，对原来长期被遗忘的“戈雷院”的中央庭院进行了改建，增设信息咨询中心、书店、咖啡厅、餐厅及一个临时展厅等，为博物馆创造了一个公共空间的核心。而所有这些可能性，都归功于庭院上空覆盖了一个巨大的玻璃穹顶，使原来露天的中央庭院转变为一个充满阳光的室内中庭（图 5-116、彩图 52、彩图 53）。不仅如此，为进一步完善中央庭院的公共性质，对博物馆的入口广场也进行了改建，从原来的停车、储藏功能解放出来，形成为一个新的供市民驻足的室外公共空间（图 5-117）。如今，这两大公共空间同时从早晨到夜晚对外开放，为公众创造了一个引人注目的休闲娱乐场所。

2000 年改建完成的泰特现代艺术博物馆，在设计策略上，更是将位于泰晤士河南岸的博物馆作为从北岸中心区吸引人流的公共空间，以此来激活南岸旧工业区。为此，在改建设计中，运用了南北和东西两条轴线，南北轴线把北岸中心区通过圣保罗大教堂、千年桥、河边花园、泰特现代以及南部萨瑟克区串联起来；东西轴线则把建筑物以西的一条巨型坡道与泰特现代连在一起（图 5-118、图 5-119、彩图 54）。两条轴线从不同的方向把人流引向泰特现代，而泰特现代在室内首层专门设置了一个长 152m，宽 24m，高 30m 的巨大虚空体——涡轮大厅，以此来迎接来自四面八方的人流（图 5-120、彩图 55）。人们在这个大厅里可以感受和体验到，它既是一座博物馆，更是一条城市街道，在其间可以自由穿行、停留、休憩、交往、参观等，从这个意义

[1] 苏珊娜·费里尼. 博物馆作为城市图标. 世界建筑，2006（9），17

图 5-116　大英博物馆的戈雷院之二

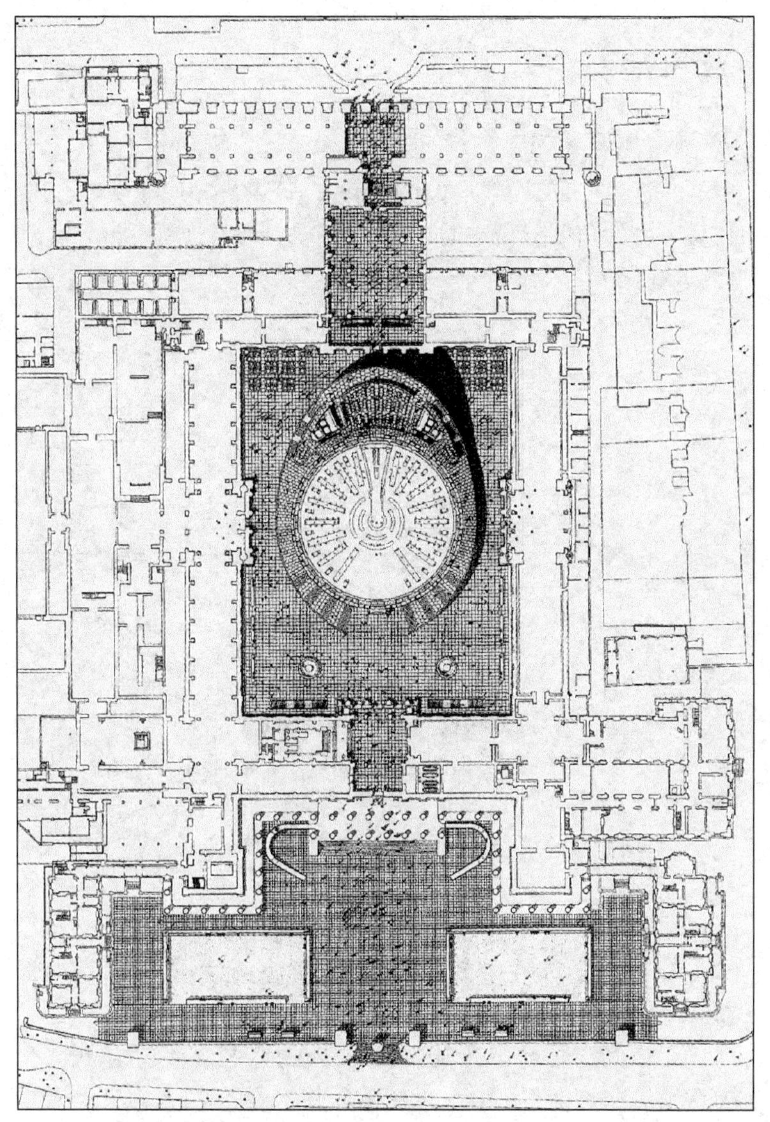
图 5-117　大英博物馆总平面

图 5-118　千年桥与泰特现代

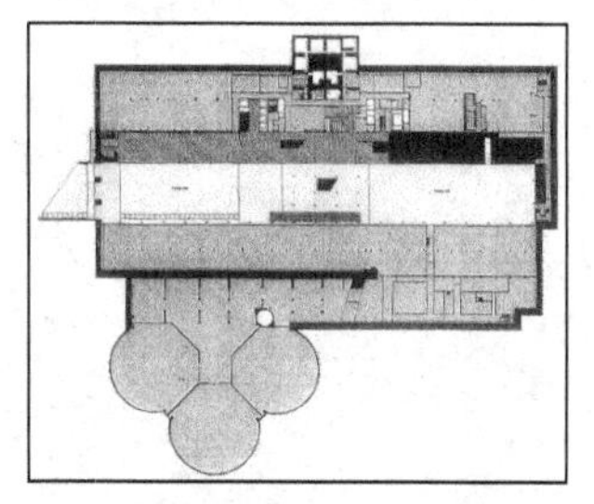
图 5-119　泰特现代一层平面

图 5-120　泰特现代的公共大厅之二

上讲，建筑使城市、人群、艺术和空间汇合在了一起。

总之，当代博物馆建筑已不再是精英文化的聚宝盒，而是从城市生活的需要出发，融入了各种商业服务娱乐功能，使博物馆与城市生活的关系日益紧密，成为城市公共空间系统、公共领域的重要节点。

[ 教学目的 ]

1. 从环境心理学的角度,认识和理解空间与环境的关系。

2. 通过空间环境认知和行为的理论讲授和作业练习,提高从环境的角度分析空间、研究空间,进而设计空间的能力。

[ 教学框架 ]

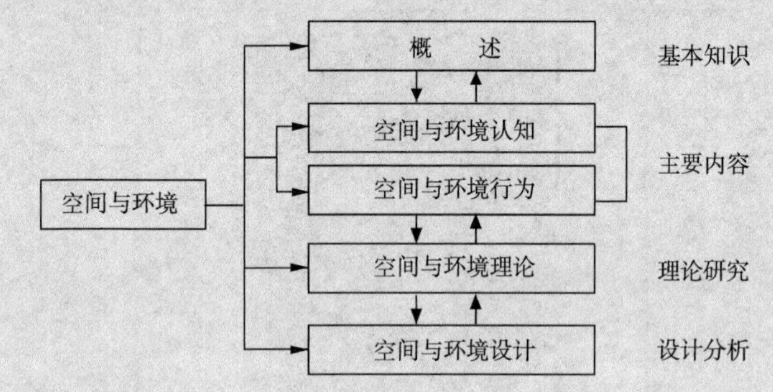


[ 教学内容 ]

1. 概述 :环境、空间与环境、环境心理学。

2. 空间与环境认知 :环境认知、视觉感知、时空感知、逻辑认知。

3. 空间与环境行为 :环境行为、个人空间、私密性、领域性。

4. 空间与环境理论 :凯文 · 林奇的城市意象、诺伯特 · 舒尔兹的存在空间、阿尔多 · 罗西的城市建筑、阿摩斯 · 拉普卜特的环境意义。

5. 空间与环境设计 :巴黎德方斯的大平台、维也纳煤气罐新城的购物街、马尔默 Bo01 欧洲住宅展的空间领域、当代欧洲博物馆的公共空间。

[ 教学练习题 ]

1. 根据给定的建筑平面图,在现场踏勘与识读图纸的基础上,以凯文 · 林奇的城市意象方法,对建筑空间作认知分析。

2. 以某建筑的室内空间或室外空间为对象,从空间行为的角度,对空间的私密性—公共性层次进行划分,并以图式的方式加以表示。

3. 以城市中某小型公共空间为调研对象,通过观察、记录人们在其间的各种行为活动,出具该活动场所使用情况的调研报告。并从环境—行为相互关系的角度,分析该活动场所的成败原因,针对不足之处提出设计上的改进意见。

# 参考文献

## 第一章　空间概念

[1]辞海.上海:上海辞书出版社,2002
[2]中国大百科全书·哲学.北京:中国大百科全书出版社,1992
[3][德]恩斯特·卡西尔著.人论.甘阳译.上海:上海译文出版社,2003
[4][法]莫里斯·梅洛·庞蒂著.知觉现象学.姜志辉译.北京:商务印书馆,2001
[5][美]弗雷德里克·詹姆逊著.文化转向.胡亚敏等译.北京:中国社会科学出版社,2000
[6]朱立元主编.当代西方文艺理论.上海:华东师范大学出版社,2005
[7]包亚明主编.现代性与空间的生产.上海:上海教育出版社,2003
[8]冯雷著.理解空间:现代空间观念的批判与重构.北京:中央编译出版社,2008
[9]彭茨等编.剑桥年度主题讲座:空间.马光亭等译.北京:华夏出版社,2006
[10]吴国盛.希腊人的空间概念.哲学研究,1992(11)
[11]王晓磊.论西方哲学空间概念的双重演进逻辑.北京理工大学学报(社会科学版),第12卷第2期
[12]麦永雄.后现代多维空间与文学间性——德勒兹后结构主义关键概念与当代文论的建构.清华大学学报(哲学社会科学版),2007(02)
[13][挪威]诺伯格·舒尔兹著.存在·空间·建筑.尹培桐译.北京:中国建筑工业出版社,1990
[14][意]布鲁诺·赛维著.建筑空间论.张似赞译.北京:中国建筑工业出版社,1985
[15][英]彼得·柯林斯著.现代建筑设计思想的演变(1750—

1950). 英若聪译. 北京:中国建筑工业出版社,1987
[16][日]芦原义信著. 外部空间设计. 尹培桐译. 北京:中国建筑工业出版社,1985
[17]维特鲁威著. 建筑十书. 高履泰译. 北京:知识产权出版社,2001
[18][美]查尔斯·詹克斯,卡尔·克罗普夫编著. 当代建筑的理论和宣言. 周玉鹏等译. 北京:中国建筑工业出版社,2005
[19]任军. 当代建筑的科学观. 建筑学报,2009(11)
[20]陈红汗. 后现代之后的新光明——从博依斯到当今德国空间表现主义艺术家:克雷兹曼和奥麦尔. 画刊,2008(04)
[21]黑川纪章. 日本的灰调子文化. 世界建筑,1981(1)
[22]周振甫译注. 周易译注. 北京:中华书局,1991
[23]陈鼓应著. 老子注译及评介. 北京:中华书局,1984
[24]宗白华著. 艺境. 北京:北京大学出版社,1997
[25]王伯敏著. 中国绘画通史(上、下册). 北京:生活·读书·新知三联书店,2000
[26]关洪著. 空间——从相对论到 M 理论的历史. 北京:清华大学出版社,2004
[27]范景中编译. 贡布里希论设计. 长沙:湖南科学技术出版社,2001
[28]王贵祥. 东西方的建筑空间. 北京:中国建筑工业出版社,1998
[29]黄亚平编著. 城市空间理论与空间分析. 南京:东南大学出版社,2002
[30]吴葱著. 在投影之外:文化视野下的建筑图学研究. 天津:天津大学出版社,2004
[31]罗小未,张家骥,王恺. 中国建筑的空间概念. 顾孟潮等主编. 当代建筑文化与美学. 天津:天津科学技术出版社,1989
[32]赵冰. 人的空间. 顾孟潮等主编. 当代建筑文化与美学. 天津:天津科学技术出版社,1989
[33]童明. 空间神话. 建筑师,2003(5)
[34]李凯生,彭努. 现代主义的空间神话与存在空间的现象学分析. 时代建筑,2003(6)
[35]董豫赣. 透视空间. 建筑师,2003(5)
[36]朱永春. 宗白华建筑美学思想初探. 建筑学报,2002(11)

# 第二章 空间历史

[1][英]伯特兰·罗素著.西方的智慧.崔权醴译.北京:文化艺术出版社,2005
[2]梁漱溟著.东西文化及其哲学.北京:商务印书馆,1999
[3]徐行言主编.中西文化比较.北京:北京大学出版社,2004
[4][挪]克里斯蒂安·诺伯格·舒尔茨著.西方建筑的意义.李路珂,欧阳恬之译.北京,中国建筑工业出版社,2005,
[5][意]布鲁诺·赛维著.建筑空间论.张似赞译.北京:中国建筑工业出版社,1985
[6][英]帕瑞克·纽金斯著.世界建筑艺术史.顾孟潮,张百平译.合肥:安徽科学技术出版社,1990
[7]陈志华著.外国建筑史(19世纪末叶以前)(第三版).北京:中国建筑工业出版社,2004
[8]罗小未主编.外国近现代建筑史(第二版).北京:中国建筑工业出版社,2004
[9][英]贡布里希著.艺术发展史.范景中译.天津:天津人民美术出版社,1992
[10][美]约翰·派尔著.世界室内设计史.刘先觉等译.北京:中国建筑工业出版社,2003
[11]梁思成著.中国建筑史.天津:百花文艺出版社,1998
[12]梁思成著.梁思成全集(第七卷).北京:中国建筑工业出版社,2001
[13]刘敦桢主编.中国古代建筑史(第二版).北京:中国建筑工业出版社,1984
[14]潘谷西主编.中国建筑史(第四版).北京:中国建筑工业出版社,2001
[15]萧默主编.中国建筑艺术史(上、下卷).北京:文物出版社,1999
[16]傅熹年著.中国科学技术史·建筑卷.北京:科学出版社,2008
[17]王贵祥.东西方的建筑空间.北京:中国建筑工业出版社,1998
[18]王贵祥.科学革命与西方建筑空间发展的阶段性特征.吴焕加,吕丹编.建筑史研究论文集(1946—1996).北京:清华大学出版社,1997

[19]王贵祥. 论建筑空间的文化内涵. 建筑师总 67 期
[20]王贵祥. 建筑如何面对自然. 建筑师总 37 期
[21]李允著. 华夏意匠. 香港:广角镜出版社出版,中国建筑工业出版社重印,1985
[22]宗白华著. 艺境. 北京:北京大学出版社,1997
[23]李泽厚著. 美的历程. 天津:天津社会科学院出版社,2001
[24]罗哲文,王振复主编. 中国建筑文化大观. 北京:北京大学出版社,2001

## 第三章　空间与形态

[1]辞海. 上海:上海辞书出版社,2002
[2]现代汉语词典. 北京:商务印书馆,1983
[3][瑞士]皮亚杰著. 结构主义. 倪连生,王琳译. 北京:商务印书馆,1984
[4][美]费朗西斯·D·K·钦著. 建筑:形式·空间和秩序. 邹德侬,方千里译. 北京:中国建筑工业出版社,1987
[5]清华大学田学哲主编. 建筑初步(第二版). 北京:中国建筑工业出版社,1999
[6]建筑设计资料集编委会. 建筑设计资料集(第二版)(1). 北京:中国建筑工业出版社,1994
[7][日]小林克弘编著. 建筑构成手法. 陈志华,王小盾译. 北京:中国建筑工业出版社,2004
[8]段进,季松,王海宁著. 城镇空间解析. 北京:中国建筑工业出版社,2002
[9]伯纳德·卢本,克里斯多夫·葛拉福,妮可拉·柯尼格,马克·蓝普,彼德·狄齐威著. 设计与分析. 林尹星等译. 天津:天津大学出版社,2003
[10]赫曼·赫茨伯格著. 建筑学教程:设计原理. 仲德崑译. 天津:天津大学出版社,2003
[11]赫曼·赫茨伯格著. 建筑学教程 2:空间与建筑师. 刘大馨,古红缨译. 天津:天津大学出版社,2003
[12]东南大学潘谷西主编. 中国建筑史(第四版). 北京:中国建筑工业出版社,2001
[13]同济大学等四校. 外国近现代建筑史. 北京:中国建筑工业出版社,1982
[14]沈玉麟编著. 外国城市建设史. 北京:中国建筑工业出版

社,1989
[15][俄]M. Я. 金兹堡著. 风格与时代. 陈志华译. 西安:陕西师范大学出版社,2004
[16][美]阿尔森·波布尼著. 抽象绘画. 王端亭译. 南京:江苏美术出版社,1993
[17][美]肯尼斯·弗兰姆普顿著. 现代建筑:一部批判的历史. 原山等译. 北京:中国建筑工业出版社,1988
[18]刘先觉主编. 现代建筑理论. 北京:中国建筑工业出版社,1999
[19]张钦楠. 构成主义、结构主义与解构主义. 世界建筑,1989(3)
[20][美]保罗·拉索著. 图解思考. 邱贤丰译. 北京:中国建筑工业出版社,1988
[21]王立全著. 走向有机空间——从传统岭南庭园到现代建筑空间. 北京:中国建筑工业出版社,2004
[22]任军. 当代建筑的科学之维——新科学观下的建筑形态研究. 东南大学出版社,2009
[23]帕特里克·舒马赫. 作为建筑风格的参数化主义——参数化主义者的宣言. 世界建筑,2009(8)

## 第四章 空间与场所

[1][德]海德格尔著. 人,诗意地栖居. 郜元宝译. 上海:远东出版社,1995
[2]海德格尔著. 建·居·思. 陈伯冲译. 建筑师,第47期
[3]诺伯格·舒尔兹著. 场所精神. 施植明译. 台北:田园城市文化事业有限公司,1995
[4][挪威]诺伯格·舒尔兹著. 存在·空间·建筑. 尹培桐译. 北京:中国建筑工业出版社,1990
[5][美]肯尼斯·弗兰姆普敦著. 现代建筑:一部批判的历史. 张钦楠等译. 北京:三联书店,2004
[6]吴良镛. 世纪之交的凝思:建筑学的未来. 北京:清华大学出版社,1999
[7]吴良镛. 建筑文化与地区建筑学. 华中建筑,1997(2)
[8]吴良镛. 乡土建筑现代化,现代建筑地方化. 华中建筑,1998(1)
[9]吴良镛. 树立"建筑意"观念. 建筑意,第一辑,2003,7

[10][意]L. 贝纳沃罗著. 世界城市史. 薛钟灵等译. 北京:科学出版社,2000
[11][美]埃德蒙·N·培根著. 城市设计(修订版). 黄富厢、朱琪译. 北京:中国建筑工业出版社,2003
[12]东南大学潘谷西主编. 中国建筑史(第四版). 北京:中国建筑工业出版社,2001
[13]同济大学等四校. 外国近现代建筑史. 北京:中国建筑工业出版社,1982
[14]沈玉麟编著. 外国城市建设史. 北京:中国建筑工业出版社,1989
[15]张彤著. 整体地区建筑. 南京:东南大学出版社,2003
[16]王其亨主编. 风水理论研究. 天津:天津大学出版社,1992
[17]项秉仁. 赖特. 北京:中国建筑工业出版社,1992
[18]刘先觉编著. 阿尔瓦·阿尔托. 北京:中国建筑工业出版社,1998
[19]王建国,张彤编著. 安藤忠雄. 北京:中国建筑工业出版社,1999
[20]朱文一. 迈向知识时代的建筑与环境. 建筑学报,1998(9)
[21]宋晔皓. 鲍罗·索勒里的城市建筑生态学. 世界建筑,1999(2)
[22]林楠. 在神秘的面纱背后——埃及建筑师哈桑·法赛评析. 世界建筑,1992(6)
[23]王辉. 印度建筑师查尔斯·柯里亚. 世界建筑,1990(6)
[24]叶晓健著. 查尔斯·柯里亚的建筑空间. 北京:中国建筑工业出版社,2003
[25]林京. 杨经文及其生物气候学在高层建筑中的运用. 世界建筑,1996(4)

## 第五章 空间与环境

[1]中国大百科全书·环境科学. 北京:中国大百科全书出版社,1983
[2]中国大百科全书·心理学. 北京:中国大百科全书出版社,1992
[3][美]理查德·格里格,菲利普·津巴多著. 心理学与生活(第16版). 王垒,王甦等译. 北京:人民邮电出版社,2003
[4][英]布莱恩·劳森著. 空间的语言. 杨青娟等译. 北京:中国

建筑工业出版社,2003
[5][日]相马一郎,佐古顺彦著.环境心理学.周畅,李曼曼译.北京:中国建筑工业出版社,1986
[6][美]鲁道夫·阿恩海姆著.艺术与视知觉.滕守尧,朱疆源译.成都:四川人民出版社,1998
[7][美]鲁道夫·阿恩海姆著.视觉思维.滕守尧译.北京:光明日报出版社,1987
[8][美]凯文·林奇著.城市的印象.项秉仁译.北京:中国建筑工业出版社,1990
[9][美]凯文·林奇著.城市意象.方益萍,何晓军译.北京:华夏出版社,2001
[10][挪威]诺伯特·舒尔兹著.存在·空间·建筑.尹培桐译.北京:中国建筑工业出版社,1990
[11][美]阿摩斯·拉普卜特著.建成环境的意义.黄兰谷等译.北京:中国建筑工业出版社,1992
[12][丹麦]扬·盖尔著.交往与空间(第四版).何人可译.北京:中国建筑工业出版社,2002
[13]李道增编著.环境行为学概论.北京:清华大学出版社,1999
[14]林玉莲,胡正凡编著.环境心理学.北京:中国建筑工业出版社,2000
[15]刘先觉主编.现代建筑理论.北京:中国建筑工业出版社,1999
[16]高亦兰,王海.人性化建筑外部空间的创造.华中建筑,1999(1)
[17]黄亚平编著.城市空间理论与空间分析.南京:东南大学出版社,2002
[18]建筑设计资料集编委会.建筑设计资料集(第二版)(1).北京:中国建筑工业出版社,1994
[19]邓雪娴.德方斯的环境设计与雕塑.世界建筑,1999(2)
[20]邓雪娴.变废为宝——旧建筑的开发利用.世界建筑,2002(12)
[21]Bo01欧洲住宅展.世界建筑,2004(10)
[22]张谨.当代博物馆建筑功能理念的新趋势.建筑学报,2004(12)
[23]伦敦新建筑.世界建筑,2002(6)